Modern Commercial Calculus

莊紹容　楊精松　編著

現代商用微積分

3e

東華書局

國家圖書館出版品預行編目資料

現代商用微積分 / 莊紹容, 楊精松編著. -- 三版. -- 臺北市 : 臺灣東華, 2014.02

424 面 ; 19x26 公分

ISBN 978-957-483-767-0 (平裝)

1. 微積分

314.1　　　　　　　　　　　　102025795

現代商用微積分

編 著 者	莊紹容　楊精松
發 行 人	陳錦煌
出 版 者	臺灣東華書局股份有限公司
地　　址	臺北市重慶南路一段一四七號三樓
電　　話	(02) 2311-4027
傳　　眞	(02) 2311-6615
劃撥帳號	00064813
網　　址	www.tunghua.com.tw
讀者服務	service@tunghua.com.tw
門　　市	臺北市重慶南路一段一四七號一樓
電　　話	(02) 2371-9320
出版日期	2014 年 2 月 3 版 2019 年 1 月 3 版 5 刷

ISBN　　978-957-483-767-0

版權所有 · 翻印必究

編輯大意

一、今日科學進步甚速，微積分已成為商學院學生學習統計學、經濟學之必備工具。惟國內有關微積分之教科書，皆採用英文本，中文本頗不易得，編者從事經濟數學與商用數學教學多年，深知商學院學生對於微積分之需求與理工學院不同，乃憑多年之教學經驗編著此書，俾使同學瞭解微積分在經濟學及統計學上之應用。

二、本書以實用為主，編排條理分明，循序漸進，敘述簡明扼要，俾使學生養成正確之數學觀念，並能應用到商學經濟學上。

三、本書可供商管學院各系一年級學生，每週兩小時，一學年講授之用。

四、三角函數部分對商管學院的學生並不重要，故置於本書第十一章。

五、有關高中數學複習（預備數學）置於本書第 0 章；另本書附有教學配件以供老師使用。

六、本書雖經編者精心編著，惟謬誤之處在所難免，尚祈學者先進大力斧正，以匡不逮。

七、本書得以順利出版，要感謝東華書局董事長卓劉慶弟女士的鼓勵與支持，並承蒙編輯部全體同仁的鼎力相助，在此一併致謝。

目 錄

CHAPTER 0
預備數學 — 1

- **0-1** 實數的性質 — 1
- **0-2** 坐標平面與距離公式 — 5
- **0-3** 直線方程式 — 6
- **0-4** 二次曲線 — 8

CHAPTER 1
函數與圖形 — 15

- **1-1** 函數 — 15
- **1-2** 函數的圖形 — 19
- **1-3** 合成函數 — 26
- **1-4** 商學與經濟學上的一些例子 — 30

CHAPTER 2
函數的極限與連續 — 45

- **2-1** 極限的定義 — 45
- **2-2** 有關極限的一些定理 — 50
- **2-3** 單邊極限 — 56
- **2-4** 連續性 — 61
- **2-5** 無窮極限與漸近線 — 69

CHAPTER 3
微 分 — 89

- **3-1** 導函數 — 89
- **3-2** 微分的法則 — 99
- **3-3** 連鎖法則 — 112
- **3-4** 視導數為變化率 — 116
- **3-5** 隱函數微分法 — 124
- **3-6** 增量與微分 — 128

CHAPTER 4
對數函數與指數函數的導函數 — 141

- **4-1** 反函數與反函數的導數 — 141
- **4-2** 指數函數與對數函數 — 147
- **4-3** 對數函數的導函數 — 154
- **4-4** 指數函數的導函數 — 159
- **4-5** 指數的成長律與衰變律 — 163
- **4-6** 經濟學上的應用 — 171

CHAPTER 5
微分的應用 — 183

- **5-1** 函數的遞增與遞減 — 183
- **5-2** 函數的極大值與極小值 — 188
- **5-3** 凹性,反曲點 — 196
- **5-4** 函數圖形的描繪 — 203
- **5-5** 相關變化率 — 208
- **5-6** 極值的應用問題 (含商業與經濟學上的應用) — 212
- **5-7** 均值定理 — 221
- **5-8** 羅必達法則 — 226

CHAPTER 6
不定積分 — 237

- **6-1** 不定積分 — 237
- **6-2** 不定積分之代換積分法 — 241
- **6-3** 與對數函數有關的積分 — 243
- **6-4** 與指數函數有關的積分 — 245
- **6-5** 分部積分法 — 248
- **6-6** 代數技巧的應用 — 251
- **6-7** 不定積分在經濟學上的應用 — 254

CHAPTER 7
定積分   **261**

- **7-1** 面積的概念   261
- **7-2** 黎曼和與定積分   266
- **7-3** 定積分的代換積分法   275
- **7-4** 瑕積分   278

CHAPTER 8
定積分之應用   **285**

- **8-1** 定積分之均值定理與函數之平均值   285
- **8-2** 平面區域的面積   290
- **8-3** 定積分在經濟學上的應用   295
- **8-4** 定積分在商業上的應用   301

CHAPTER 9
偏導數   **311**

- **9-1** 多變數函數   311
- **9-2** 二元函數的極限與連續   317
- **9-3** 偏導函數   320
- **9-4** 偏導數在幾何上的應用   326
- **9-5** 偏導數在經濟學上的應用   328
- **9-6** 全微分   331
- **9-7** 最佳化   335

CHAPTER 10
重積分   **355**

- **10-1** 反函數與反函數的導數   355
- **10-2** 二重積分   359
- **10-3** 二重積分的應用   368

CHAPTER 11
三角函數   **373**

- **11-1** 三角函數與其極限   373
- **11-2** 三角函數的導函數   378
- **11-3** 與三角函數有關的積分   384

習題答案   **389**

CHAPTER 0

預備數學

0-1 實數的性質

在微積分以前的數學中，**實數**就已經使用得相當廣泛了，**正整數** 1, 2, 3, 4, … 可由實數 1 的連續相加而得，而**整數系**是所有**正整數**、**負整數**與**實數** 0 的集合。**有理數**是可以表示成 $\frac{p}{q}$ 的形式的實數，其中 p, q 皆為整數，且 $p \neq 0$。此外，**有限小數**與**循環小數**都可以簡化成分數 $\frac{p}{q}$ 的形式，因此，有限小數或循環小數都是有理數，而不能寫成 $\frac{p}{q}$ 形式的數稱為**無理數**，例如，π、$\sqrt{2}$ 等都是無理數。若有理數全體所成的集合記為 $\mathbb{Q}$，而實數全體所成的集合記為 $\mathbb{R}$，整數全體所成的集合記為 $\mathbb{Z}$，自然數全體所成的集合記為 $\mathbb{N}$，則可知

$$\mathbb{N} \subset \mathbb{Z} \subset \mathbb{Q} \subset \mathbb{R}$$

今於直線上任取一點，以表實數 0，稱為**原點**，並另取一點以表實數 1，稱為**單位點**，直線上以原點為起點，我們規定指向單位點的方向稱為**正方向**，另一方向為**負方向**。以原點和單位點為基準，依相等的間隔取點，將正整數 1, 2, 3, 4, … 等依次排列於原點的右邊，並將各數的加法反元素排列於原點的左邊與各數相對稱的地方，則所有整數均排列於直線上，如圖 0-1 所示。

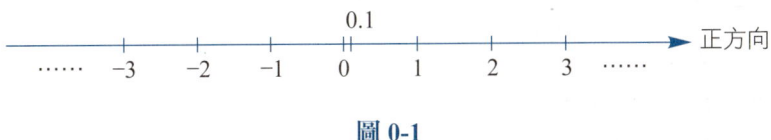

圖 0-1

如將上述的每一區間分成十等分，則可將帶有一位小數的有理數排列於直線上，最後我們可將所有實數亦排列到直線上。於是，直線上的每一點恰有一實數代表它，而每一實數亦恰有直線上的一點與之對應，這一佈滿實數的直線就稱為**數**

線，而上述直線稱為坐標線。對應於直線上一點 p 的數 a 就稱為該點的坐標，常以 $p(a)$ 表坐標為 a 之點 p，我們利用數線來定義實數的大小次序。若 $p(b)$ 在 $p(a)$ 之正向，則稱 a 小於 b 或 b 大於 a，記為 $a<b$ 或 $b>a$。設實數 $a<b$，則下面數線上的點集合 (或各實數的集合) 均稱為有限區間，a、b 稱為其端點。區間可用下列符號表示之。

閉區間：$[a, b] = \{x \mid a \leq x \leq b\}$

開區間：$(a, b) = \{x \mid a < x < b\}$

半開 (或半閉) 區間：$[a, b) = \{x \mid a \leq x < b\}$

半開 (或半閉) 區間：$(a, b] = \{x \mid a < x \leq b\}$

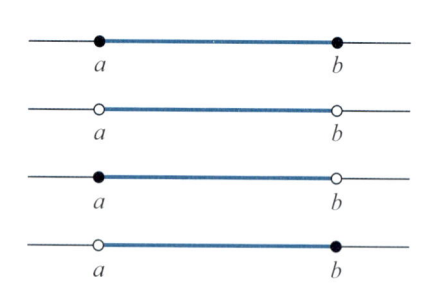

同理，我們稱下面的集合為無限區間。設 $a \in I\!R$，則

$[a, \infty) = \{x \mid x \geq a\}$

$(a, \infty) = \{x \mid x > a\}$

$(-\infty, b] = \{x \mid x \leq b\}$

$(-\infty, b) = \{x \mid x < b\}$

$(-\infty, \infty) = \{x \mid x \in I\!R\}$

圖 0-2(i)

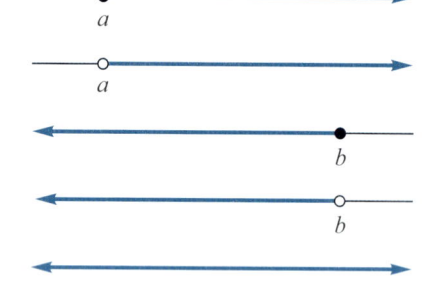

圖 0-2(ii)

例如，$(1, \infty)$ 表示所有大於 1 的實數，符號 ∞ 表示"無限大"，僅為一符號而已，並非一個實數。

實數是有大小次序的，關於實數的次序關係，有下列重要的基本性質。

定理 0-1

設 a、b、c 與 d 皆為實數。

(1) 若 $a<b$，且 $b<c$，則 $a<c$。

(2) 若 $a<b$，則 $a+c<b+c$。

(3) 若 $a<b$，則 $a-c<b-c$。

(4) 若 $a<b$，且 $c<d$，則 $a+c<b+d$。

(5) 若 $a<b$，且 $c>0$，則 $ac<bc$。

(6) 若 $a<b$，且 $c<0$，則 $ac>bc$。

另外有關**絕對值**的觀念在微積分上十分有用，必須深熟其技巧。對於任一實數 a 而言，$a \geq 0$ 與 $a < 0$ 兩者之中恰有一者為真。又若 $a < 0$，則 $-a > 0$。故對任一 $a \in \mathbb{R}$ 而言，可存在一非負的實數 (或為 a 或為 $-a$) 與之對應。因此，定義 a 的絕對值，記為 $|a|$，如下

$$|a| = \begin{cases} a, & \text{當 } a \geq 0 \\ -a, & \text{當 } a < 0 \end{cases}$$

並由此定義得知，對任意 $a \in \mathbb{R}$ 而言，有

$$\sqrt{a^2} = |a|$$

由幾何的觀點而言，$|a|$ 表數線上坐標為 a 之點與原點的**距離**。一般而言，數線上任意兩點 a、b 之距離為 $|a-b|$。

定理 0-2　絕對值的性質

設 $a, b \in \mathbb{R}$，則
(1) $|a| = |-a|$
(2) $|ab| = |a||b|$
(3) $|a^2| = |a|^2$
(4) $\left|\dfrac{a}{b}\right| = \dfrac{|a|}{|b|}$，$b \neq 0$
(5) $-|a| \leq a \leq |a|$
(6) $|a| \leq r \Leftrightarrow -r \leq a \leq r \ (r \geq 0)$
(7) $|a| > r \Leftrightarrow a > r$ 或 $a < -r \ (r \geq 0)$
(8) $|a+b| \leq |a| + |b|$　(三角不等式)
(9) $|a-b| \geq ||a| - |b||$

【例題 1】解不等式 $3 + 7x < 2x - 5$。

【解】$3 + 7x < 2x - 5 \Rightarrow 7x - 2x < -5 - 3$

$$\Rightarrow 5x < -8$$

$$\Rightarrow x < -\frac{8}{5}$$

故集合為 $\left\{x \mid x < -\dfrac{8}{5}\right\} = \left(-\infty, -\dfrac{8}{5}\right)$。

【例題 2】 解不等式 $8 \leq 2-5x < 9$。

【解】 $8 \leq 2-5x < 9 \Rightarrow 8-2 \leq -5x < 9-2$

$$\Rightarrow 6 \leq -5x < 7$$

$$\Rightarrow -\frac{7}{5} < x \leq -\frac{6}{5}$$

故解集合為 $\left\{ x \mid -\frac{7}{5} < x \leq -\frac{6}{5} \right\} = \left(-\frac{7}{5}, -\frac{6}{5} \right]$。∎

【例題 3】 解不等式 $|2x-7| \geq 1$。

【解】 $|2x-7| \geq 1 \Rightarrow 2x-7 \geq 1$ 或 $2x-7 \leq -1$

$$\Rightarrow 2x \geq 1+7 \text{ 或 } 2x \leq -1+7$$

$$\Rightarrow 2x \geq 8 \text{ 或 } 2x \leq 6$$

$$\Rightarrow x \geq 4 \text{ 或 } x \leq 3$$

故解集合為 $\{x \mid x \geq 4 \text{ 或 } x \leq 3\} = (-\infty, 3] \cup [4, \infty)$。∎

【例題 4】 解不等式 $|2x-3| < 7$。

【解】 $|2x-3| < 7 \Rightarrow -7 < 2x-3 < 7$

$$\Rightarrow -7+3 < 2x < 7+3$$

$$\Rightarrow -4 < 2x < 10$$

$$\Rightarrow -2 < x < 5$$

故解集合為 $\{x \mid -2 < x < 5\} = (-2, 5)$。∎

【例題 5】 解不等式 $(x+2)(x-5) > 0$。

【解】 其解為使得因式 $x+2$ 與 $x-5$ 同號的 x 值，該解為使得 $x<-2$ 或 $x>5$ 的 x，故解集合為 $\{x \mid x<-2 \text{ 或 } x>5\} = (-\infty, -2) \cup (5, \infty)$。∎

【例題 6】 解不等式 $|3-2x| \leq |x+4|$。

【解】 $|3-2x| \leq |x+4| \Rightarrow \sqrt{(3-2x)^2} \leq \sqrt{(x+4)^2}$

$$\Rightarrow (3-2x)^2 \leq (x+4)^2$$

$$\Rightarrow 9-12x+4x^2 \leq x^2+8x+16$$

$$\Rightarrow 3x^2-20x-7 \leq 0$$

$$\Rightarrow (x-7)(3x+1) \leq 0$$

故解集合為 $\left\{x \mid -\dfrac{1}{3} \leq x \leq 7\right\} = \left[-\dfrac{1}{3},\ 7\right]$。 ■

0-2 坐標平面與距離公式

　　正如直線上的點與實數構成一一對應一樣，平面上的點也與利用交於原點的兩垂直坐標線所成實數對構成一一對應。通常，其中一條直線為水平而向右為正方向，另一條直線為垂直而向上為正方向；兩直線稱為**坐標軸**，其中水平線稱為 **x-軸**，垂直線稱為 **y-軸**，兩坐標軸合併形成所謂的**直角坐標系**或**笛卡兒坐標系**，兩坐標軸的交點記為 O 而稱為坐標系的**原點**。

　　引進直角坐標系的平面稱為**坐標平面**或**笛卡兒平面**，而分別使用 x 與 y 標記水平軸與垂直軸的坐標平面稱為 **xy-平面**。若 P 是坐標平面上的點，則我們畫出通過 P 的兩條直線，一條垂直於 x-軸，而另一條垂直於 y-軸。若第一條直線交 x-軸於具有坐標 a 的點，而第二條直線交 y-軸於具有坐標 b 的點，則我們對於 P 賦予有序數對 (a, b)。數 a 稱為 P 的 **x-坐標**或**橫坐標**，而數 b 稱為 P 的 **y-坐標**或**縱坐標**；我們稱 P 為具有坐標 (a, b) 的點而記為 $P(a, b)$，如圖 0-3 所示。

　　在坐標平面上的每一點決定唯一的有序數對。反之，我們以一對實數 (a, b) 開始，作出垂直 x-軸於具有坐標 a 之點的直線，垂直 y-軸於具有坐標 b 之點的直線；這兩條直線的交點決定了在坐標平面上具有坐標 (a, b) 的唯一點 P。於是，在有序數對與坐標平面上之點間有一個一一對應。

　　兩坐標軸將平面分成四個部分，稱為**象限**，分別為第一象限、第二象限、第三象限與第四象限。x-坐標與 y-坐標皆為正的點位於第一象限，具有負的 x-坐標與正的 y-坐標的點位於第二象限，x-坐標與 y-坐標皆為負的點位於第三象限，具有正的 x-坐標與負的 y-坐標的點位於第四象限，如圖 0-4 所示。

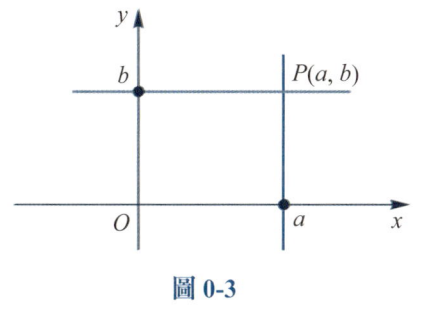

圖 0-3

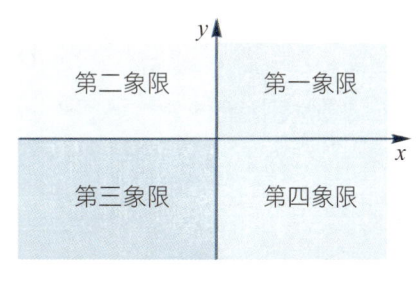

圖 0-4

現代商用微積分

坐標平面上的兩點 P_1 與 P_2 之間的距離，如圖 0-5 所示為

$$d(P_1, P_2) = \sqrt{(x_2 - x_1)^2 + (y_2 - y_1)^2} \qquad (0\text{-}1)$$

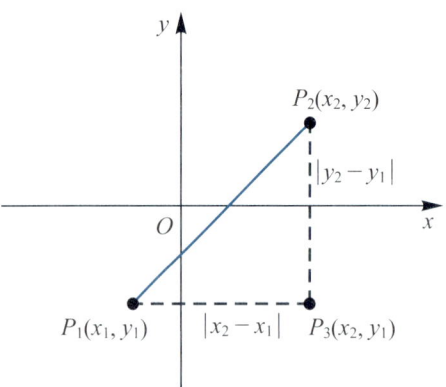

圖 0-5

0-3 直線方程式

直線的斜率

$$m = \frac{\text{縱距}}{\text{橫距}} = \frac{\Delta y}{\Delta x} = \frac{y_2 - y_1}{x_2 - x_1} \qquad (0\text{-}2)$$

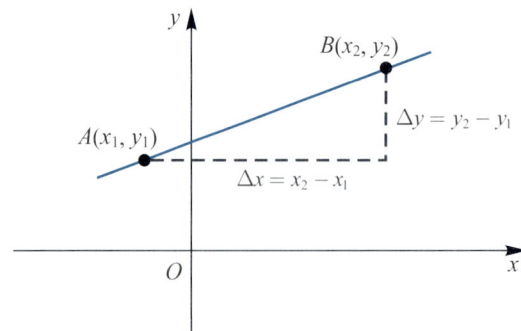

圖 0-6

直線方程式

1. 點斜式：$y - y_0 = m(x - x_0)$
2. 斜截式：$y = mx + b$
3. 兩點式：$\dfrac{y - y_1}{x - x_1} = \dfrac{y_1 - y_2}{x_1 - x_2}$ (0-3)
4. 截距式：$\dfrac{x}{a} + \dfrac{y}{b} = 1$
5. 一般式：$ax + by + c = 0$，a 與 b 皆不為零。

直線的平行與垂直

兩條非垂直線 L_1 與 L_2 平行 $\Leftrightarrow m_1 = m_2$

兩條非垂直線 L_1 與 L_2 垂直 $\Leftrightarrow m_1 \cdot m_2 = -1$

【例題 1】已知一直線通過點 $(3, -3)$ 且垂直於直線 $2x + 3y = 6$，求其方程式。

【解】因 $2x + 3y = 6$，可得 $y = -\dfrac{2}{3}x + 2$，故所求直線的斜率為 $m = \dfrac{3}{2}$。所求直線的方程式為

$$y - (-3) = \dfrac{3}{2}(x - 3)$$

即

$$y = \dfrac{3}{2}x - \dfrac{15}{2}$$

【例題 2】已知一直線通過點 $(3, -3)$ 且平行於通過兩點 $(-1, 2)$ 及 $(3, -1)$ 的直線，求其方程式。

【解】所求直線的斜率為

$$m = \dfrac{(-1) - 2}{3 - (-1)} = -\dfrac{3}{4}$$

故該直線的方程式為

$$y - (-3) = -\dfrac{3}{4}(x - 3)$$

即

$$y = -\dfrac{3}{4}x - \dfrac{3}{4}$$

0-4　二次曲線

圓

定義 0-1

在坐標平面上，與一定點等距離的所有點所成的軌跡稱為圓，此定點稱為圓心，圓心與圓上各點的距離稱為半徑。

圓心為 (h, k) 且半徑為 r 之圓的方程式為

$$(x-h)^2 + (y-k)^2 = r^2 \tag{0-4}$$

圓形如圖 0-7 所示。

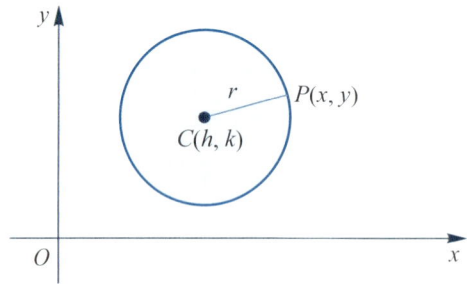

圖 0-7

若令 $h = 0$，$k = 0$，則上式可化為

$$x^2 + y^2 = r^2$$

故圓心為原點且半徑為 r 的圓方程式為

$$x^2 + y^2 = r^2 \tag{0-5}$$

(0-4) 與 (0-5) 式皆稱為圓的標準式。

註　圓心在原點且半徑為 1 的圓 $x^2 + y^2 = 1$ 稱為單位圓。

【例題 1】已知一圓之圓心為 (−1, −2)，半徑為 $\sqrt{5}$，試求此圓的方程式。

【解】利用 (0-4) 式，可知此圓的方程式為

$$(x+1)^2 + (y+2)^2 = (\sqrt{5})^2$$

展開成

$$x^2 + y^2 + 2x + 4y = 0$$

【例題 2】試求圓 $x^2 + y^2 - 2x + 2y - 14 = 0$ 的圓心與半徑。

【解】因

$$\begin{aligned}x^2 + y^2 - 2x + 2y - 14 &= x^2 - 2x + y^2 + 2y + 1 - 16\\ &= (x-1)^2 + (y+1)^2 - 16\\ &= 0\end{aligned}$$

故原式可改寫成

$$(x-1)^2 + (y+1)^2 = 4^2$$

由 (0-4) 式知，此圓的圓心為 (1, −1)，半徑為 4。

拋物線

定義 0-2

在同一個平面上，與一個定點及一條定直線的距離相等之所有點所成的軌跡稱為**拋物線**，定點稱為**焦點**，定直線稱為**準線**。

拋物線的方程式如圖 0-8、0-9 所示。

拋物線方程式	頂點	焦點	對稱軸	準線	開口
$x^2 = 4cy$	(0, 0)	(0, c)	$x = 0$	$y = -c$	向上 ($c>0$)，向下 ($c<0$)
$y^2 = 4cx$	(0, 0)	(c, 0)	$y = 0$	$x = -c$	向右 ($c>0$)，向左 ($c<0$)

【例題 3】求拋物線 $x^2 = -y$ 的頂點、焦點及準線方程式。

【解】寫成 $x^2 = 4(-\dfrac{1}{4})y$，可知 $c = -\dfrac{1}{4}$，故頂點為 (0, 0)，焦點為 $F\left(0, -\dfrac{1}{4}\right)$，準線為 $y = \dfrac{1}{4}$。

現代商用微積分

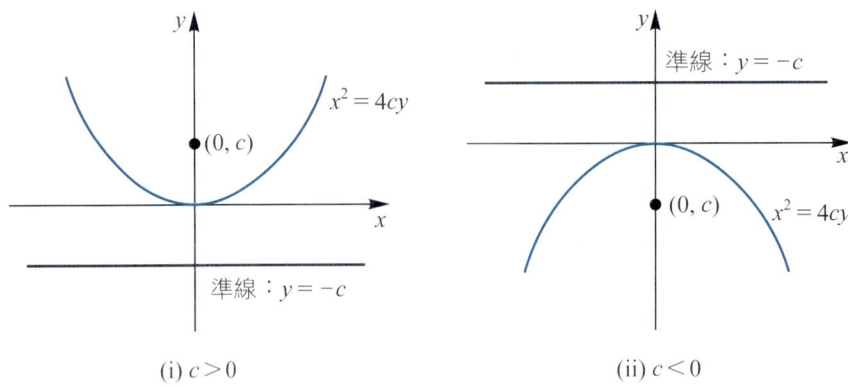

(i) $c > 0$　　　　　　　　　　(ii) $c < 0$

圖 0-8

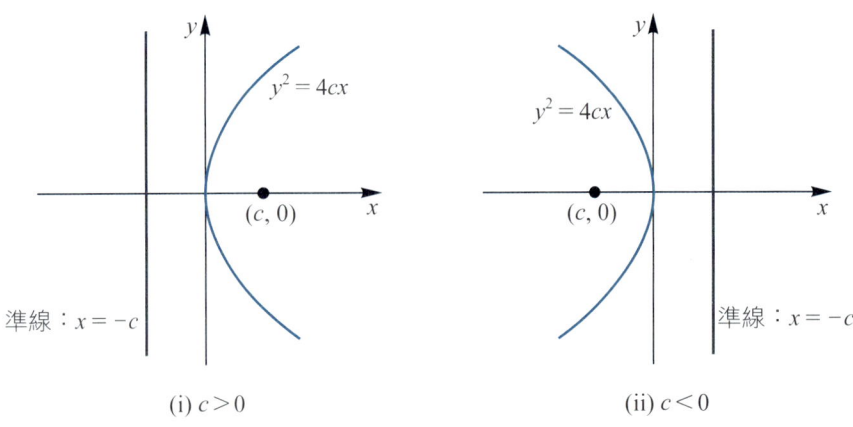

(i) $c > 0$　　　　　　　　　　(ii) $c < 0$

圖 0-9

橢圓

定義 0-3

在同一個平面上,與兩個定點的距離和等於定數 $2a$ ($a > 0$) 的所有點所成的軌跡,稱為**橢圓**,此兩個定點稱為橢圓的**焦點**。

橢圓方程式	中心	焦點	長軸的長	短軸的長
設 $a > b > 0$ $\dfrac{x^2}{a^2} + \dfrac{y^2}{b^2} = 1$	$(0, 0)$	$(c, 0), (-c, 0)$	$2a$	$2b$
$\dfrac{x^2}{b^2} + \dfrac{y^2}{a^2} = 1$	$(0, 0)$	$(0, c), (0, -c)$	$2a$	$2b$

註 $c^2 = a^2 - b^2$。

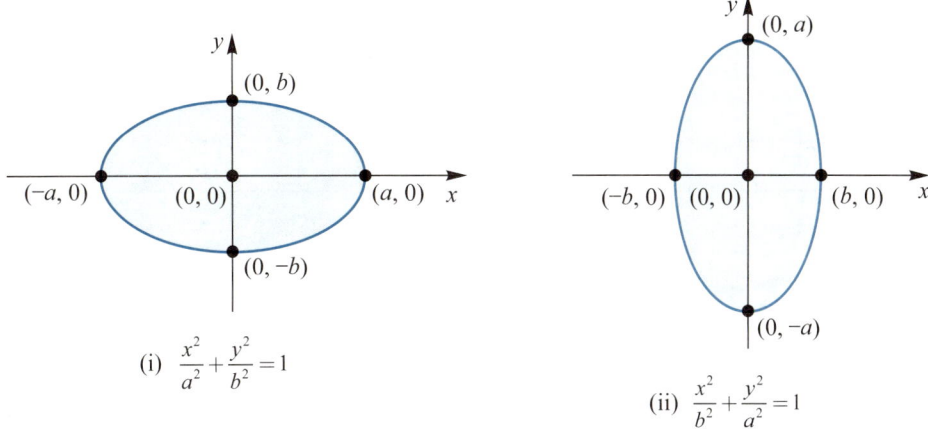

(i) $\frac{x^2}{a^2}+\frac{y^2}{b^2}=1$

(ii) $\frac{x^2}{b^2}+\frac{y^2}{a^2}=1$

圖 0-10

橢圓的方程式如圖 0-10 所示。

【例題 4】 求橢圓 $4x^2+9y^2=36$ 的焦點、頂點、長軸的長、短軸的長。

【解】 $4x^2+9y^2=36 \Rightarrow \frac{x^2}{9}+\frac{y^2}{4}=1 \Rightarrow a^2=9$，$b^2=4$。

故 $a=3$，$b=2$，$c=\sqrt{a^2-b^2}=\sqrt{5}$。

因為 $a>b$，所以橢圓的長軸在 x-軸上，短軸在 y-軸上。

(i) 焦點：$F(\sqrt{5},0)$、$F'(-\sqrt{5},0)$。

(ii) 頂點：$A(3,0)$、$A'(-3,0)$、$B(0,2)$、$B'(0,-2)$。

(iii) 長軸的長 $=2a=6$。

(iv) 短軸的長 $=2b=4$。

雙曲線

定義 0-4

在同一個平面上，與兩定點之距離的差等於定數 $2a\ (a>0)$ 的所有點所成的軌跡稱為**雙曲線**，此兩定點稱為雙曲線的**焦點**。

雙曲線的方程式如圖 0-11 所示。

雙曲線方程式		頂點	中心	焦點	漸近線	貫軸長	共軛軸長
$\dfrac{x^2}{a^2}-\dfrac{y^2}{b^2}=1$	$(a>0, b>0)$	$(a, 0), (-a, 0)$	$(0, 0)$	$(c, 0), (-c, 0)$	$y=\pm\dfrac{b}{a}x$	$2a$	$2b$
$\dfrac{y^2}{a^2}-\dfrac{x^2}{b^2}=1$	$(a>0, b>0)$	$(0, a), (0, -a)$	$(0, 0)$	$(0, c), (0, -c)$	$y=\pm\dfrac{a}{b}x$	$2a$	$2b$

註 $c^2=a^2+b^2$。

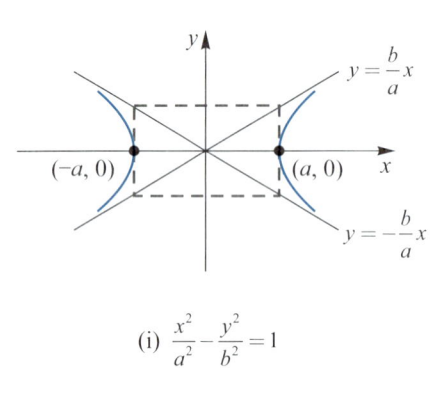

(i) $\dfrac{x^2}{a^2}-\dfrac{y^2}{b^2}=1$

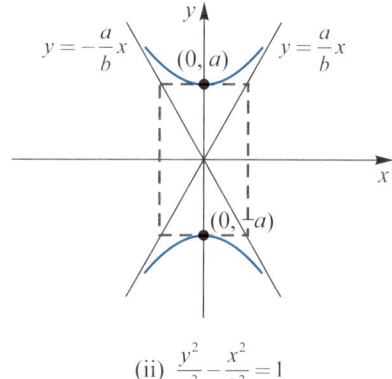

(ii) $\dfrac{y^2}{a^2}-\dfrac{x^2}{b^2}=1$

圖 0-11

【例題 5】求雙曲線 $40x^2-9y^2=360$ 的頂點、焦點、貫軸的長與共軛軸的長。

【解】將 $40x^2-9y^2=360$ 寫成 $\dfrac{x^2}{9}-\dfrac{y^2}{40}=1$

所以，$a=3$，$b=\sqrt{40}=2\sqrt{10}$，$c=\sqrt{a^2+b^2}=\sqrt{9+40}=7$

(i) 頂點：$A(3, 0)$、$A'(-3, 0)$。
(ii) 焦點：$F(7, 0)$、$F'(-7, 0)$。
(iii) 貫軸的長 $=2a=6$。
(iv) 共軛軸的長 $=2b=4\sqrt{10}$。

習題 0-1

1. 若 $|x-y|<\dfrac{1}{2}$ 且 $|x+2|<\dfrac{1}{3}$，則 $|y+2|<a$，求 a。

2. 試求下列各不等式的解集合。

   (1) $|2x+1|>5$　　(2) $-1<\dfrac{3-7x}{4}\leq 6$　　(3) $2x^2-9x+7<0$

   (4) $2x^2+9x+4\geq 0$　　(5) $2x^2<5x-3$　　(6) $\left|\dfrac{x}{2}+7\right|\geq 2$

   (7) $|3x+1|<2|x-6|$　　(8) $\dfrac{2x-1}{x-3}>1$

3. 一直線通過點 (2, 3) 且斜率為 4，試求其方程式。

4. 一直線之 y-截距為 4 且斜率為 -2，試求其方程式。

5. 一直線通過兩點 (2, 3) 與 (4, 8)，試求其方程式。

6. 一直線通過 (3, −3) 且平行於直線 $2x+3y=6$，試求其方程式。

7. 試求直線 $4x+5y=4$ 的斜率與 y-截距。

8. 一直線平分兩點 (−2, 1) 與 (4, −7) 之間所連線段且垂直於此線段，試求此直線的方程式。

9. 設 $A(-2, 1)$ 及 $B(4, -5)$ 為圓之直徑的兩端點，求此圓的方程式。

10. 求頂點為原點，軸是 y-軸且通過點 (4, −3) 的拋物線方程式。

11. 求中心為原點，一焦點為 $F(4, 0)$，長軸的長為 10 的橢圓方程式。

12. 一雙曲線的兩焦點為 (0, 3) 及 (0, −3)，一頂點為 (0, 1)，試求此雙曲線的方程式。

現代商用微積分

CHAPTER 1

函數與圖形

1-1 函數

函數在數學上是一個非常重要的概念，也是學習微積分之基礎，許多數學理論皆需用到函數的觀念。函數可以想成是兩個集合之間元素的對應，使集合 A 中的每一個元素對應至集合 B 中的一個且為唯一的元素。譬如，假設 A 代表書架中書的集合，B 為整數所成的集合，若將每一本書與其頁數對應，則可得出一個由 A 映到 B 的函數。但需注意，B 中有些元素並未與 A 的元素對應。例如，負整數即是，因圖書的頁數不可能是負數。

定義 1-1

設 f 為由非空集合 A 至非空集合 B 的一種對應關係，且滿足對 A 中的每一元素 x，在 B 中恰有唯一元素 y 與之對應，則稱 f 為一個由 A 映到 B 的函數 (簡稱 f 為 x 的函數)，記作

$$f : A \to B$$

集合 A 稱為函數 f 的定義域，記為 D_f，集合 B 稱為函數 f 的對應域。元素 y 稱為 x 在 f 之下的像或值，以 $f(x)$ 表示之。函數 f 的定義域 A 中之所有元素在 f 之下的像所成的集合，稱為 f 的值域，記為 R_f，即，

$$R_f = f(A) = \{f(x) \mid x \in A\}$$

x 稱為自變數，而 y 稱為因變數。

此定義的說明如圖 1-1 所示。

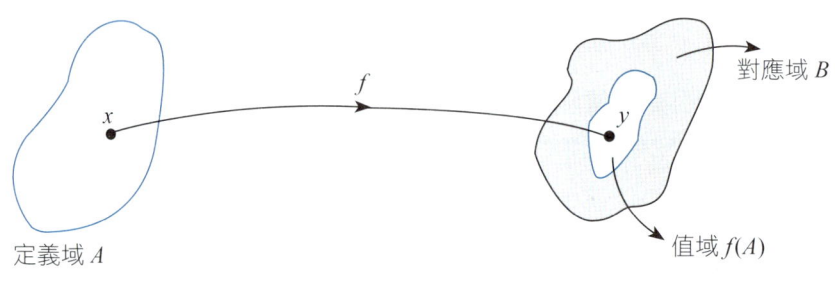

圖 1-1

【例題 1】設 $A = \{1, 2, 3, 4\}$，$B = \{a, b, c, d\}$，$f: A \to B$，其對應關係如圖 1-2 所示。試問該對應關係是否為函數？若為函數，則求其值域。

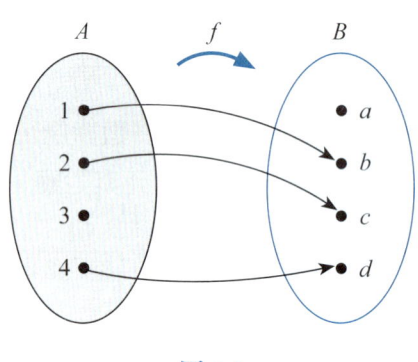

圖 1-2

【解】此對應不是函數，因為 A 中之元素 3，在 B 中無元素與之對應。∎

依據函數的定義知，函數定義域中不同的元素可以有相同的像，若所有的像皆不同，則這個函數稱為一對一函數。

定義 1-2

設 f 為由 A 映到 B 的函數，若對 A 中任意兩相異元素 a 與 b，恆有 $f(a) \neq f(b)$，則稱 f 為一對一函數。

註 在定義 1-2 中，"$a \neq b \Rightarrow f(a) \neq f(b)$" 可以改寫成 "$f(a) = f(b) \Rightarrow a = b$"。

若 f 為一對一，則值域中每一 $f(x)$ 恰好是 A 中唯一元素的像，又，若 f 之值域為 B，且 f 為一對一，則集合 A 與 B 稱為**一對一對應**。在這種情形，B 的唯一元素恰好是 A 中唯一元素的像。實數與坐標直線上的點的對應就是一個一對一對應的例子。

微積分中所討論的函數的定義域及值域通常都是實數系 $\mathbb{R}$ 的子集合，這種函數稱為**實函數**。以 $y = f(x)$ 定義一函數，如果定義域沒有明確說明，一般是指 $\mathbb{R}$ 的子集合，而這集合中的每一個元素 x 都使 $f(x)$ 為一確定的實數。

【例題 2】 函數 $f(x) = x^2 + x + 1$ 的定義域為 $\mathbb{R}$。 ■

【例題 3】 試求函數 $f(x) = \dfrac{x}{x^2 - 4}$ 的定義域。

【解】 因分母 $x^2 - 4 \neq 0$，故定義域為 $D_f = \{x \mid x \in R，x \neq \pm 2\}$。 ■

【例題 4】 試求函數 $f(x) = \sqrt{x - x^2}$ 的定義域。

【解】 因 $x - x^2 \geq 0$，即，$x(1 - x) \geq 0$，可得 $0 \leq x \leq 1$，故定義域為 $D_f = \{x \mid 0 \leq x \leq 1\} = [0, 1]$。 ■

【例題 5】 試求函數 $f(x) = \dfrac{x}{|x|}$ 之定義域與值域。

【解】 因 $|x| \neq 0$，故 $D_f = \{x \mid x \neq 0\}$

因 $x > 0$ 時，$\dfrac{x}{|x|} = 1$；$x < 0$ 時，$\dfrac{x}{|x|} = -1$，所以，$R_f = \{-1, 1\}$。 ■

一些常在微積分中出現的實函數如下：

1. **常數函數**：$f(x) = c$，其中 c 為常數。
2. **恆等函數**：$f(x) = x$。
3. **多項式函數**：$P(x) = a_n x^n + a_{n-1} x^{n-1} + \cdots + a_1 x + a_0$，$n$ 為正整數。
4. **冪函數**：$f(x) = cx^r$，其中 c 為非零常數且 r 為實數。
5. **絕對值函數**：$f(x) = |x|$。

現代商用微積分

6. **有理函數**：$R(x) = \dfrac{P(x)}{Q(x)}$，其中 $P(x)$ 與 $Q(x)$ 皆為多項式函數，$Q(x) \neq 0$。

註　若一函數僅由常數函數與恆等函數透過加法、減法、乘法、除法與開方等五種運算中的任意運算而獲得，則稱為代數函數。例如，上面 1～5 所敘述的函數皆為代數函數，又 $f(x) = 3x^{2/5}$，$g(x) = \dfrac{\sqrt{x}}{x + \sqrt[3]{x^2 - 2}}$ 亦為代數函數。非代數函數，例如，三角函數、反三角函數、指數函數與對數函數，皆稱為超越函數。

定義 1-3

對任意 $x \in D_f$，若 $f(-x) = f(x)$，則稱 f 為偶函數；又若 $f(-x) = -f(x)$，則稱 f 為奇函數。

圖 1-3 分別表示偶函數與奇函數的圖形，偶函數的圖形對稱於 y-軸，奇函數的圖形對稱於原點。

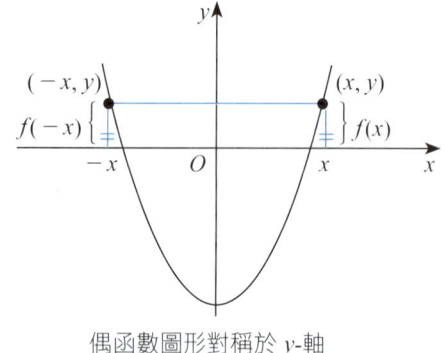
偶函數圖形對稱於 y-軸

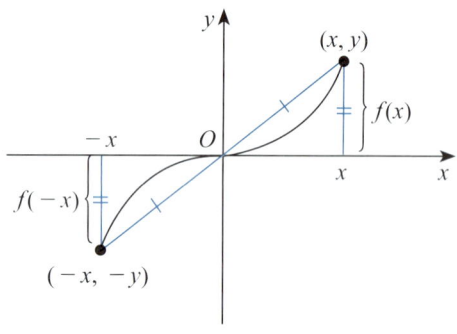
奇函數圖形對稱於原點

圖 1-3

【例題 6】(1) 絕對值函數 $f(x) = |x|$ 為偶函數。

(2) 函數 $f(x) = 3x^4 + 2x^2 + 1$ 為偶函數。(為什麼？)

(3) $f(x) = x^3$ 為奇函數。(為什麼？)

習題 1-1

1. 若 $f(x)=\sqrt{x-1}+2x$，求 $f(1), f(3)$ 與 $f(10)$。

2. 設函數 $f(x)=|x|+|x-1|+|x-2|$，求 $f\left(\dfrac{1}{2}\right)$ 為何？$f\left(\dfrac{3}{2}\right)$ 為何？

3. 試決定下列各函數之定義域與值域。
   (1) $f(x)=4-x^2$
   (2) $f(x)=\sqrt{x^2-4}$
   (3) $f(x)=|x-9|$
   (4) $f(x)=|x|-4$

4. 試判斷下列各函數是否為一對一函數？
   (1) $f(x)=2x+9$
   (2) $f(x)=\dfrac{1}{5x+9}$
   (3) $f(x)=2x^2-x-3$
   (4) $f(x)=|x|$

5. 試判斷下列各函數為奇函數或偶函數？
   (1) $f(x)=0$
   (2) $g(x)=(x^3+x)^{1/3}$
   (3) $h(x)=x|x|$

6. 設 $f(x)=ax^2+bx+c$，已知 $f(0)=1, f(-1)=2, f(1)=3$，求 a,b,c 的值。

7. 若 $g(x)=x^2-4x$，試求 (1) $\dfrac{g(3+h)-g(3)}{h}$，(2) $\dfrac{g(x+p)-g(x)}{p}$。

1-2 函數的圖形

定義 1-4

設 $f: A \to B$ 為一從 $\mathbb{R}$ 的子集合 A 映到 $\mathbb{R}$ 的子集合 B 的函數，則坐標平面上一切以 $(x, f(x))$ 為坐標的點所構成的集合

$$\{(x, f(x)) \mid x \in A\}$$

稱為<u>函數 f 的圖形</u>，而函數 f 的圖形也叫作方程式 $y=f(x)$ 的圖形。

若 x 在 f 的定義域中，我們稱 f 在 x 有定義，或稱 $f(x)$ 存在；反之，"f 在 x 無定義"意指 x 不在 f 的定義域中。如以 $(x, f(x))$ 作為一有序數對，即可在坐標平面上描出若干點 $P(x, f(x))$，然後再適當地連接之，則可得函數的概略圖形。

【例題 1】試作符號函數

$$\operatorname{sgn}(x) = \begin{cases} \dfrac{|x|}{x} & ，若\ x \neq 0 \\ 0 & ，若\ x = 0 \end{cases}$$

的圖形。

【解】 (i) 若 $x > 0$，則

$$\operatorname{sgn}(x) = \dfrac{|x|}{x} = \dfrac{x}{x} = 1$$

(ii) 若 $x < 0$，則

$$\operatorname{sgn}(x) = \dfrac{|x|}{x} = \dfrac{-x}{x} = -1$$

(iii) 若 $x = 0$，則 $\operatorname{sgn}(x) = 0$。其圖形如圖 1-4 所示。

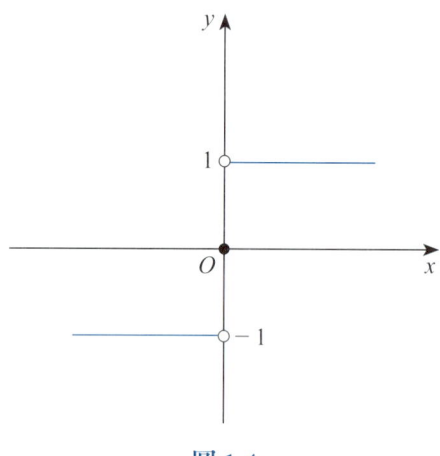

圖 1-4

【例題 2】試作絕對值函數 $f(x) = |x|$ 的圖形。

【解】
$$f(x) = \begin{cases} x & ,\text{若 } x \geq 0 \\ -x & ,\text{若 } x < 0 \end{cases}$$

先作 $y = x$ 的圖形，再作 $y = -x$ 的圖形，則得 f 之圖形，如圖 1-5 所示。其中 m 表直線之斜率。

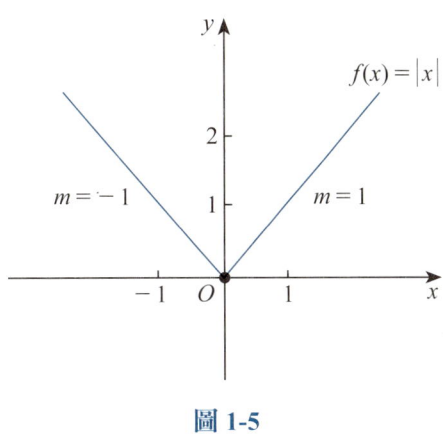

圖 1-5

【例題 3】對於任意實數 x，$[x]$ 表示小於或等於 x 的最大整數，則 $f(x) = [x]$ 為一從實數系 $\mathbb{R}$ 映到整數系 $\mathbb{Z}$ 的一個函數，這函數叫做**高斯函數**或**最大整數函數**。一般而言，高斯函數定義為

$$f(x) = [x] = \begin{cases} n-1 & ,\text{若 } n-1 \leq x < n \\ n & ,\text{若 } n \leq x < n+1 \end{cases}$$

其中 n 為整數。試作高斯函數之圖形。

【解】圖形上一些點的橫坐標與縱坐標可列表如下。

x	$f(x)$
…………	…………
$-3 \leq x < -2$	-3
$-2 \leq x < -1$	-2
$-1 \leq x < 0$	-1
$0 \leq x < 1$	0
$1 \leq x < 2$	1
$2 \leq x < 3$	2
$3 \leq x < 4$	3
…………	…………

高斯函數 $f(x) = [x]$ 的圖形為階梯狀，如圖 1-6 所示。

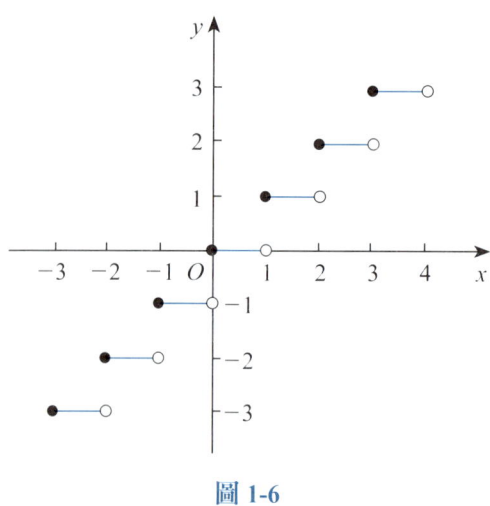

圖 1-6

高斯函數具有下列之重要性質：

1. 高斯不等式

(1) 任意 $x \in I\!R$，$[x] \leq x < [x] + 1$。

(2) 任意 $x \in I\!R$，$x - 1 < [x] \leq x$。

2. 高斯等式

(1) 任意 $x \in I\!R$，$m \in \mathbb{Z}$，$[x + m] = [x] + m$。

(2) 任意 $x \in I\!R$，$m \in \mathbb{Z}$，$[x - m] = [x] - m$。

【例題 4】已知 $f(x) = [x + 1]$，求 $f(1.3)$ 與 $f(2.1)$ 之值。

【解】
$$f(1.3) = [1.3 + 1] = [1.3] + 1 = 2$$
$$f(2.1) = [2.1 + 1] = [2.1] + 1 = 3$$

下面的例題是關於**分段定義函數**之圖形的繪法。

【例題 5】試作函數

$$f(x) = \begin{cases} \sqrt{x-1} & \text{，若 } x \geq 1 \\ 1-x & \text{，若 } x < 1 \end{cases}$$

的圖形。

【解】因 f 對 $x \geq 1$ 與 $x < 1$ 皆有定義，故函數之定義域為實數集合 $\mathbb{R}$。若 $x < 1$，則 $f(x) = 1 - x$，這表示當 $x < 1$ 時，應當用 $1 - x$ 去求函數值。所以，當 $x < 1$ 時，則 f 的圖形與直線 $y = 1 - x$ 相同，我們將此圖形的此一部分繪於 x-軸之上方，如圖 1-7 所示。當 $x \geq 1$ 時，則利用 $\sqrt{x-1}$ 去求 f 的函數值，因此 f 之圖形的這一部分與方程式 $y = \sqrt{x-1}$ 的圖形一樣，f 在 $x \geq 1$ 之圖形如圖 1-7 所示。

【例題 6】試作函數

$$f(x) = \begin{cases} x - 1, & \text{若 } -2 < x \leq 1 \\ 2, & \text{若 } 1 < x < 2 \\ -x + 2, & \text{若 } 2 \leq x \leq 4 \end{cases}$$

的圖形。

【解】函數 f 的定義域為 $\{x \mid -2 < x \leq 4\}$，其圖形由三部分所組成：在 $-2 < x \leq 1$ 之部分，與直線 $y = x - 1$ 相同；在 $1 < x < 2$ 之部分，與直線 $y = 2$ 相同；在 $2 \leq x \leq 4$ 之部分，與直線 $y = -x + 2$ 相同。其圖形如圖 1-8 所示。

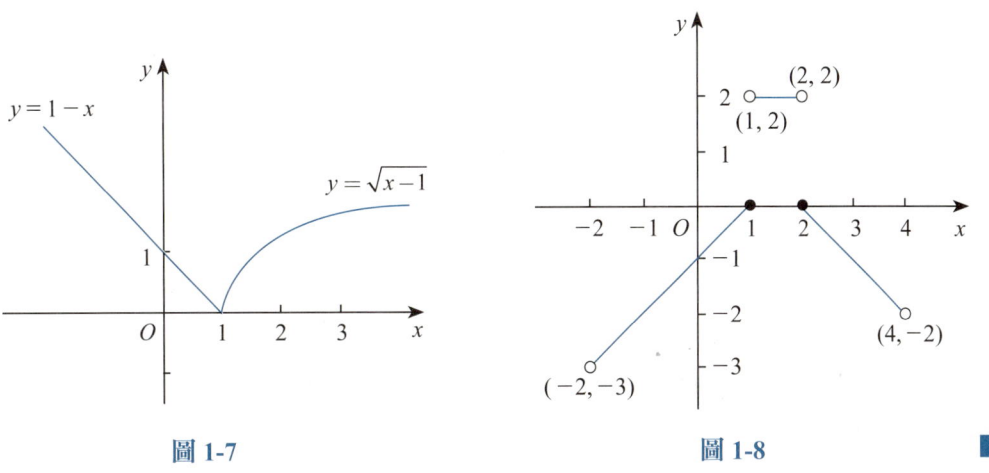

圖 1-7　　　　　　　　　　圖 1-8

函數圖形之平移

某些較複雜之函數圖形可由較簡單之函數圖形，利用平移 (translation) 之方法而得之。

一、垂直平移

我們考慮對相同的 x 值，$y = x^2 + 2$ 的 y 值較 $y = x^2$ 的 y 值多 2，故 $y = x^2 + 2$ 之圖形在形狀上與 $y = x^2$ 之圖形相同，但位於 $y = x^2$ 圖形上方 2 個單位。如圖 1-9 所示。

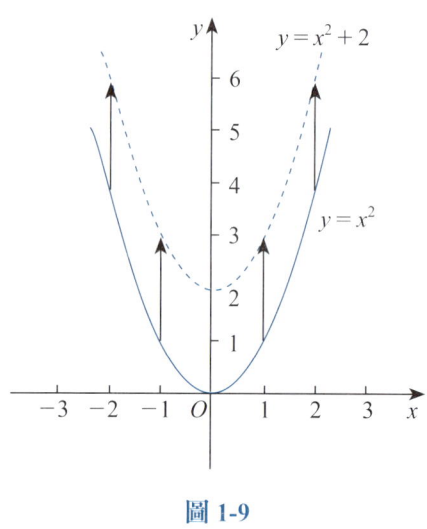

圖 1-9

一般而言，垂直平移 ($c > 0$) 定義如下：

$y = f(x) + c$ 的圖形位於 $y = f(x)$ 的圖形上方 c 個單位。

$y = f(x) - c$ 的圖形位於 $y = f(x)$ 的圖形下方 c 個單位。

二、水平平移

我們考慮平方根函數 $f(x) = \sqrt{x}$，其定義域為 $\{x \mid x \geq 0\}$。圖形"開始"處在 $x = 0$，如圖 1-10 所示。同理，函數 $f(x) = \sqrt{x-1}$，其定義域為 $\{x \mid x \geq 1\}$，圖形的"開始"處在 $x = 1$，如圖 1-11 所示。$y = \sqrt{x-1}$ 之圖形是將 $y = \sqrt{x}$ 之圖形向右平移一個單位而得。

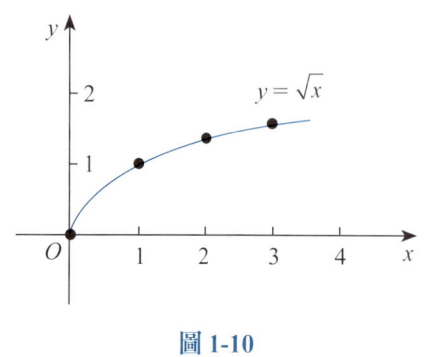

圖 1-10

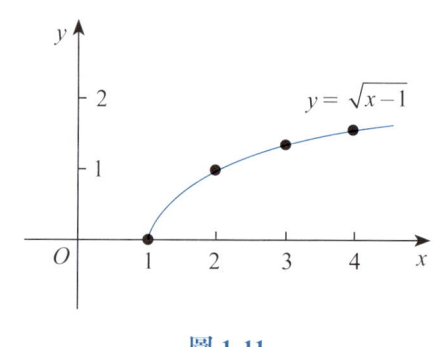

圖 1-11

一般而言，水平平移 $(c > 0)$ 定義如下：

$y = f(x - c)$ 之圖形是在 $y = f(x)$ 之圖形右邊 c 個單位。
$y = f(x + c)$ 之圖形是在 $y = f(x)$ 之圖形左邊 c 個單位。

如圖 1-12 所示。

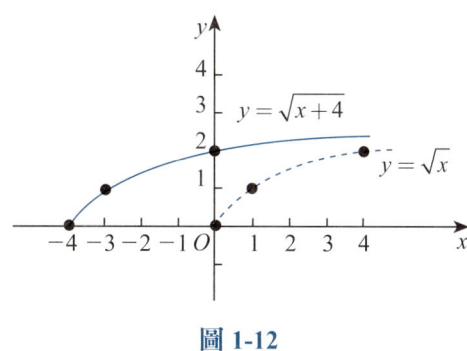

圖 1-12

【例題 7】試用平移繪圖之方法作 $f(x) = x^2 + 4x + 6$ 之圖形。

【解】因 $f(x) = x^2 + 4x + 6 = x^2 + 4x + 4 + 2 = (x + 2)^2 + 2$

首先將 $y = x^2$ 之圖形向左平移 2 個單位，然後再向上平移 2 個單位，則得 $y = x^2 + 4x + 6$ 之圖形。如圖 1-13 所示。

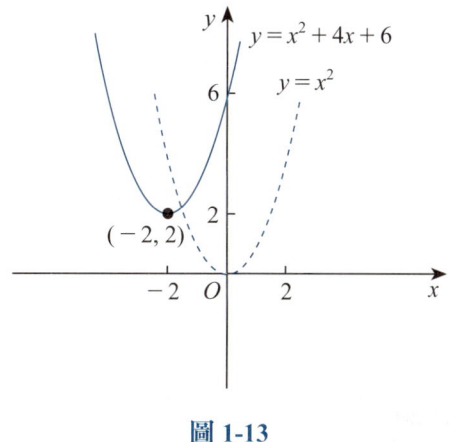

圖 1-13

現代商用微積分

習題 1-2

試作下列各函數之圖形。

1. $f(x) = \begin{cases} -x, & \text{若 } x < 0 \\ 2, & \text{若 } 0 \leq x < 1 \\ x^2, & \text{若 } x \geq 1 \end{cases}$

2. $f(x) = \begin{cases} x, & \text{若 } x \leq 1 \\ -x^2, & \text{若 } 1 < x < 2 \\ x, & \text{若 } x \geq 2 \end{cases}$

3. $f(x) = \begin{cases} 2x-4, & \text{若 } x \geq 3 \\ |x|, & \text{若 } -5 < x < 3 \\ 1+x, & \text{若 } x \leq -5 \end{cases}$

4. $f(x) = \begin{cases} x^2, & \text{若 } x \leq 0 \\ 2x+1, & \text{若 } x > 0 \end{cases}$

5. $f(x) = \begin{cases} x^2, & \text{若 } x \geq 3 \\ 2, & \text{若 } -5 < x < 3 \\ -3x+2, & \text{若 } x \leq -5 \end{cases}$

6. $f(x) = \begin{cases} |x-1|, & \text{若 } x \neq 1 \\ 1, & \text{若 } x = 1 \end{cases}$

7. $f(x) = \begin{cases} -x+1, & \text{若 } x < 0 \\ 3, & \text{若 } 0 \leq x < 2 \\ x^2, & \text{若 } x \geq 2 \end{cases}$

8. $f(x) = x - [x]$

9. 先作 $g(x) = \sqrt{x}$ 之圖形後，再利用平移方法作出 $f(x) = \sqrt{x-2} - 3$ 之圖形。

10. 先作 $h(x) = |x|$ 之圖形後，再利用平移方法作出 $g(x) = |x+3| - 4$ 之圖形。

11. 用平移之方法作 $f(x) = (x-2)^2 - 4$ 之圖形。

12. 試利用函數圖形之水平平移與垂直平移繪出 $y = 2 + \dfrac{1}{x+1}$ 之圖形。

1-3 合成函數

在 1-1 節中我們討論了函數的意義，在本節中我們將引用定義 1-1，來討論什麼是合成函數。

考慮函數 $y = (2x+1)^3$，如果我們寫成 $y = f(u) = u^3$ 且 $u = g(x) = 2x+1$，則依取

代之過程，我們可得到原來之函數，亦即 $y = f(u) = f(g(x)) = (2x+1)^3$。此一過程稱為**合成**。故原來的函數可視為一合成函數。

定義 1-5

給予兩函數 f 與 g，則合成函數記作 $f \circ g$（讀作"f circle g"）定義為

$$(f \circ g)(x) = f(g(x))$$

此處 $f \circ g$ 之定義域為函數 g 定義域內所有 x 之集合，使得 $g(x)$ 在 f 之定義域內，如圖 1-14 深色部分。

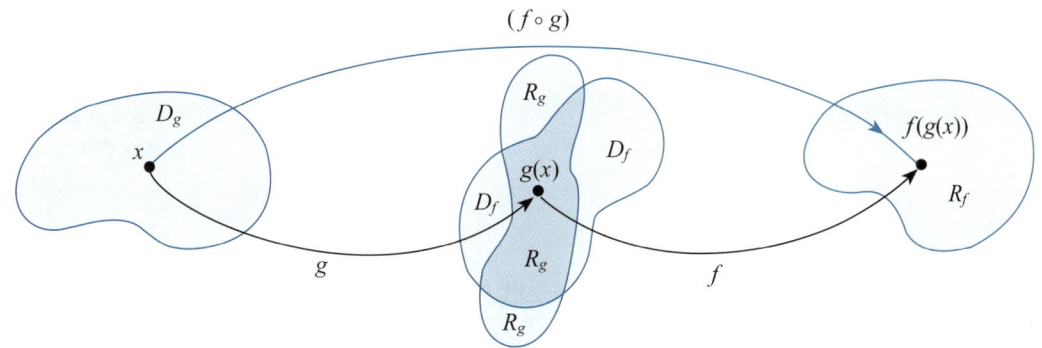

圖 1-14　合成函數的圖示

合成函數 $f \circ g$ 之對應可示於圖 1-14 中。

【例題 1】設 $f(x) = x^2 + x$，且 $g(x) = \dfrac{2}{x+3}$。試求 (1) $f(g(2))$，(2) $g(f(2))$。

【解】(1) $g(2) = \dfrac{2}{2+3} = \dfrac{2}{5}$，故 $f(g(2)) = f\left(\dfrac{2}{5}\right) = \left(\dfrac{2}{5}\right)^2 + \dfrac{2}{5} = \dfrac{14}{25}$

(2) $f(2) = (2)^2 + 2 = 6$，故 $g(f(2)) = g(6) = \dfrac{2}{6+3} = \dfrac{2}{9}$

【例題 2】 已知 $f(x)$ 與 $g(x)$ 的函數值如下

x	1	2	3	4	5	6
$f(x)$	1	4	9	16	25	36

x	1	2	3	4	5	6
$g(x)$	3	4	5	6	7	8

求 (1) $(f \circ g)(2)$，(2) $(f \circ g)(4)$，(3) $(g \circ f)(1)$，(4) $(g \circ f)(2)$。

【解】 (1) 因 $g(2) = 4$，所以 $(f \circ g)(2) = f(g(2)) = f(4) = 16$
(2) 因 $g(4) = 6$，所以 $(f \circ g)(4) = f(g(4)) = f(6) = 36$
(3) 因 $f(1) = 1$，所以 $(g \circ f)(1) = g(f(1)) = g(1) = 3$
(4) 因 $f(2) = 4$，所以 $(g \circ f)(2) = g(f(2)) = g(4) = 6$

【例題 3】 若 $f(x) = 2x - 3$，$g(x) = x^2 + 1$，試求 $f(g(x))$ 與 $g(f(x))$。

【解】 (i) $f(g(x)) = 2(g(x)) - 3$　　　　　計算函數 f 在 $g(x)$ 的值
　　　　　　　　　$= 2(x^2 + 1) - 3$　　　　$g(x)$ 以 (x^2+1) 代之
　　　　　　　　　$= 2x^2 - 1$　　　　　　　化簡

　　　(ii) $g(f(x)) = (f(x))^2 + 1$　　　　　計算函數 g 在 $f(x)$ 的值
　　　　　　　　　$= (2x - 3)^2 + 1$　　　　$f(x)$ 以 $(2x-3)$ 代之
　　　　　　　　　$= 4x^2 - 12x + 10$　　　化簡

讀者應注意，在例題 3 中，$f(g(x))$ 與 $g(f(x))$ 不同，亦即，$f \circ g \neq g \circ f$。

【例題 4】 若 $g(x) = x - 1$，且 $f(x) = 3x + \sqrt{x}$，試求 $(f \circ g)(x)$ 與該合成函數的定義域。

【解】 依 g 與 f 的定義，求得 $(f \circ g)(x)$。

$$(f \circ g)(x) = f(g(x)) = f(x - 4) = 3(x - 4) + \sqrt{x - 4}$$
$$= 3x - 12 + \sqrt{x - 4}$$

由上面最後一個等式顯示，僅當 $x \geq 4$ 時，$(f \circ g)(x)$ 為實數，所以合成函數 $(f \circ g)(x)$ 的定義域必須將 x 限制在區間 $[4, \infty)$。

【例題 5】 若 $H(x) = \sqrt[3]{2 - 3x}$，求 f 與 g 使得 $(f \circ g)(x) = H(x)$。

【解】 令 $f(x) = \sqrt[3]{x}$，$g(x) = 2 - 3x$，所以，

$$(f \circ g)(x) = f(g(x)) = f(2-3x)$$
$$= \sqrt[3]{2-3x}$$
$$= H(x)$$

習題 1-3

1. 已知 $f(x)$ 與 $g(x)$ 之函數值如下：

x	1	2	3	4
$f(x)$	2	3	1	4

x	1	2	3	4
$g(x)$	4	3	2	1

   試求 $(f \circ g)(2)$，$(f \circ g)(4)$，$(g \circ f)(1)$，$(g \circ f)(3)$。

2. 在下列各函數中，求 $(f \circ g)(x)$ 與 $(g \circ f)(x)$。

   (1) $f(x) = \sqrt{x^2+4}$, $g(x) = \sqrt{7x^2+1}$

   (2) $f(x) = 3x^2+2$, $g(x) = \dfrac{1}{3x^2+2}$

   (3) $f(x) = x^3-1$, $g(x) = \sqrt[3]{x+1}$

3. 在下列各函數中，求 f 與 g 使得 $(f \circ g)(x) = H(x)$。

   (1) $H(x) = \sqrt{x^2+x-1}$ (2) $H(x) = \left(1 - \dfrac{1}{x^2}\right)^2$

   (3) $H(x) = \sqrt[3]{2-3x}$

4. 若 $h(x) = x^{1/3}$，$g(x) = (x^9+x^6)^{1/2}$ 及 $q(x) = x(x+1)^{1/2}$，試證明 $g(h(x)) = q(x)$。

5. 設 $f(x) = 2x+1$，$g(x) = x^2$，$h(x) = 5x+2$，試求

   (1) $((g \circ f) \circ h)(1)$ (2) $((h \circ f) \circ g)(0)$

6. 若 $f(x) = 3x+2$ 與 $g(x) = 2x-p$，試求 p 使得 $(f \circ g)(x) = (g \circ f)(x)$。

7. 設函數 $f\left(\dfrac{1}{x}\right) = \dfrac{1-x}{1+x}$（其中 $x \neq 0, -1$），試求 $f(x)$。

現代商用微積分

1-4　商學與經濟學上的一些例子

我們先瞭解什麼是平均變化率，形如 $f(x) = mx + b$ 之函數 (稱為線性函數) 其平均變化率又是什麼呢？

定義 1-6

對函數 $y = f(x)$，當 x 由 x 變至 $x + \Delta x$ 時，y 對於 x 之平均變化率定義為

$$\frac{y\text{之變化量}}{x\text{之變化量}} = \frac{f(x+\Delta x) - f(x)}{(x+\Delta x) - x} = \frac{f(x+\Delta x) - f(x)}{\Delta x} = \frac{\Delta y}{\Delta x}$$

依據定義 1-6 得知線性函數 $f(x) = mx + b$ 之平均變化率為

$$\frac{\Delta y}{\Delta x} = \frac{f(x+\Delta x) - f(x)}{\Delta x} = \frac{m(x+\Delta x) + b - mx - b}{\Delta x}$$
$$= \frac{m\Delta x}{\Delta x} = m \qquad (\text{直線 } y = mx + b \text{ 之斜率})$$

銷售分析

下面的例題是藉由銷售變動之平均變化率來比較兩家公司在銷售上之變化情形。

【例題 1】下表係說明甲、乙兩家公司在不同年度內之銷售金額。

公司	88 年銷售金額	91 年銷售金額
甲	10,000 元	16,000 元
乙	5,000 元	14,000 元

依公司管理部門之研究報告顯示，兩家公司之銷售金額均呈線性遞增 (亦即，銷售可完全用一線性函數去近似模擬)。
(1) 試求甲、乙兩家公司銷售之趨勢線方程式並繪其圖形。

(2) 預估甲、乙兩家公司在 92 年之銷售金額。

(3) 甲、乙兩家公司銷售金額之平均變化率 (即成長率) 為何？

【解】(1) 欲求甲、乙兩家公司銷售之趨勢線方程式，我們可令 $x=0$ 代表 88 年，所以 91 年對應於 $x=3$。則依上表所示，通過點 (0, 10,000) 與 (3, 16,000) 之直線就代表甲公司銷售之趨勢線。

該直線之斜率為 $\dfrac{16{,}000-10{,}000}{3-0}=2{,}000$

利用點斜式，則可求得甲公司銷售之趨勢線方程式為

$$y-10{,}000=2{,}000(x-0)$$

即 $\qquad y=2{,}000x+10{,}000 \qquad\cdots\cdots\cdots\cdots\cdots$ ①

如圖 1-15 所示。

同理，依上表所示，通過點 (0, 5,000) 與 (3, 14,000) 之直線就代表乙公司銷售之趨勢線。

利用點斜式，則可求得乙公司銷售之趨勢線方程式為

$$y-5{,}000=3{,}000(x-0)$$

即 $\qquad y=3{,}000x+5{,}000 \qquad\cdots\cdots\cdots\cdots\cdots$ ②

如圖 1-16 所示。

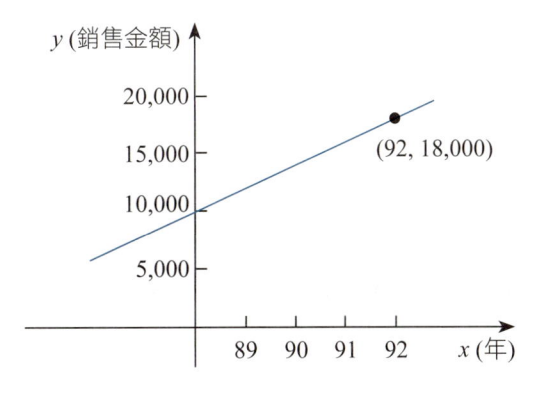

圖 1-15 甲公司銷售之趨勢線

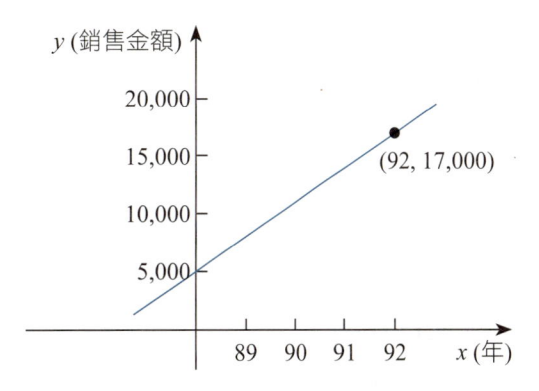

圖 1-16 乙公司銷售之趨勢線

(2) 預估甲、乙兩家公司在 92 年之銷售金額，我們以 $x = 4$ 分別代入 ① 與 ② 式中，則可求得甲、乙兩公司在 92 年之銷售金額分別為

$$y = 18,000 \quad 與 \quad y = 17,000$$

即甲公司之銷售金額為 18,000 元，而乙公司之銷售金額為 17,000 元。

(3) 甲公司之銷售金額在 88 年至 91 年的期間中由 10,000 元增至 16,000 元，這表示在三年中全部增加 6,000 元。故

$$甲公司銷售金額之平均變化率 = \frac{6,000 \text{ 元}}{3} = 2,000 \text{ 元} / \text{年}$$

此恰與甲公司銷售之趨勢線的斜率相同。同理，

$$乙公司銷售金額之平均變化率 = \frac{9,000 \text{ 元}}{3} = 3,000 \text{ 元} / \text{年}$$

此恰與乙公司銷售之趨勢線的斜率相同。

成本與損益分析

若以 x 表生產某貨品 (或銷售某貨品) 之單位數，p 表每單位貨品之價格，$C(x)$ 表生產 x 單位貨品之**總成本** (total cost)。則

$$C(x) = 固定成本 + (平均可變成本) \cdot (產量) \tag{1-1}$$

$$R(x) = px \tag{1-2}$$

$R(x)$ 表銷售 x 單位貨品之**總收益** (total revenue)，又

$$P(x) = R(x) - C(x) \tag{1-3}$$

$P(x)$ 表銷售 x 單位貨品之**總利潤** (total profit)。

而利潤為零之銷售水準 (即 $R(x) = C(x)$) 稱之為**損益平衡點** (break-even point)，如圖 1-17 所示。

由式 (1-3) 中得知

1. $R(x) > C(x)$ 時，$P(x) > 0$，我們稱之為獲利。
2. $R(x) < C(x)$ 時，$P(x) < 0$，我們稱之為虧損。

图 1-17

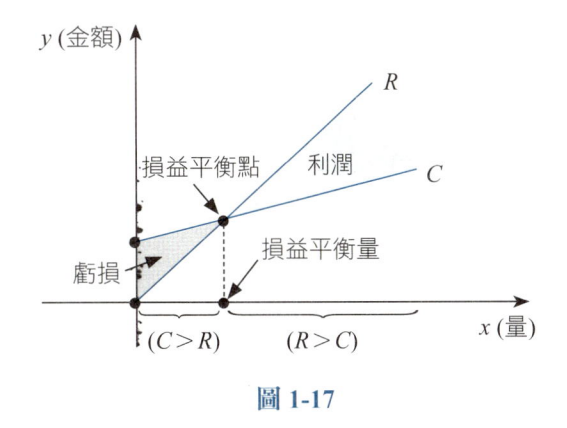

3. $R(x) = C(x)$ 時，$P(x) = 0$，公司之營運呈現損益平衡狀態。此時 $R(x) = C(x)$ 之 x 值，就稱之為<u>損益平衡量</u>。

【例題 2】某公司之固定生產成本為 5,000 元，用以生產每單位成本 $\frac{22}{9}$ 元且售價 8 元的產品。
(1) 求生產之總成本函數。
(2) 求收益函數。
(3) 求利潤函數。
(4) 試分別計算在 1,800、900 及 450 單位產品的生產水準之損益情形。

【解】(1) 總成本函數 $C(x) = 5,000 + \frac{22}{9}x$

(2) 收益函數 $R(x) = 8x$

(3) 利潤函數 $P(x) = R(x) - C(x) = 8x - \left(5,000 + \frac{22}{9}x\right) = \frac{50}{9}x - 5,000$

(4) $$P(1,800) = \frac{50}{9} \times 1,800 - 5,000 = 5,000$$

即生產 1,800 單位產品則賺錢 5,000 元。

$$P(900) = \frac{50}{9} \times 900 - 5,000 = 0$$

即生產 900 單位產品不賺錢也不賠錢。

$$P(450) = \frac{50}{9} \times 450 - 5,000 = -2,500$$

即生產 450 單位產品則賠錢 2,500 元。

【例題 3】 某公司生產且銷售 x 台 (以千為單位) 電腦,其每月之收益與成本 (以千元為單位) 分別為

$$R(x) = 32x - 0.21x^2 \text{ (元)}$$
$$C(x) = 195 + 12x \text{ (元)}$$

試決定該公司之損益平衡點。

【解】 令 $P(x)$ 為利潤函數,則

$$P(x) = R(x) - C(x) = (32x - 021x^2) - (195 + 12x)$$
$$= -0.21x^2 + 20x - 195$$

損益平衡點發生於 $P(x) = 0$ 時,故必須解

$$-0.21x^2 + 20x - 195 = 0$$

由一元二次方程式根的公式知,

$$x = \frac{-20 \pm \sqrt{(20)^2 - 4(-0.21)(-195)}}{2 \times (-0.21)} = \frac{-20 \pm \sqrt{236.2}}{-0.42}$$
$$\approx 47.62 \pm 36.59$$
$$= 11.03 \text{ 或 } 84.21$$

損益平衡點發生於公司每月的生產水準達 11,030 台或 84,210 台電腦,方可使公司之營運維持損益平衡,如圖 1-18 所示。

若 $0 < x < 11,030$ 台,則成本大於收益。若 $11,030$ 台 $< x < 84,210$ 台,則收益大於成本。若 $x > 84,210$ 台,則成本大於收益。

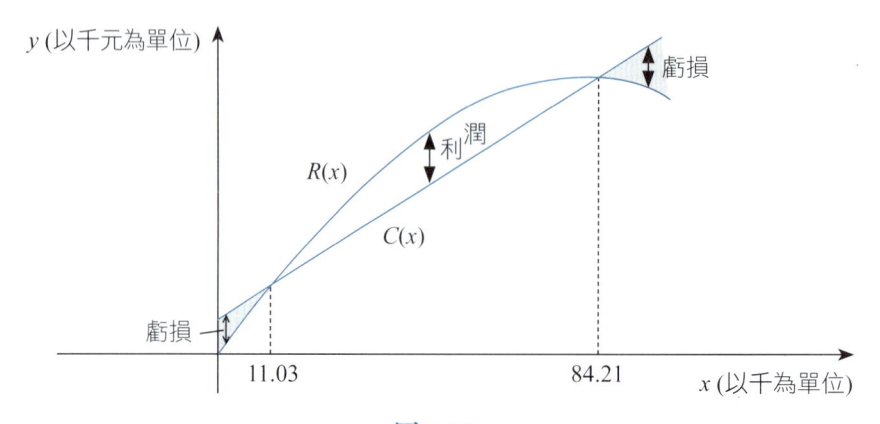

圖 1-18

【例題 4】 某公司生產且銷售個人電腦,每台電腦的成本為 25 元,且公司每月之固定成本為 10,000 元。試將公司每月之總成本表為銷售 x 台電腦的函數,且計算當 $x = 500$ 台的成本。

【解】 每月的變動成本為 $25x$ 元,於是

$$C(x) = 固定成本 + 變動成本$$

即

$$C(x) = 10,000 + 25x$$

當每月銷售 500 台電腦時,則總成本為

$$C(500) = 10,000 + 25(500) = 22,500 \ (元)$$

如圖 1-19 所示。

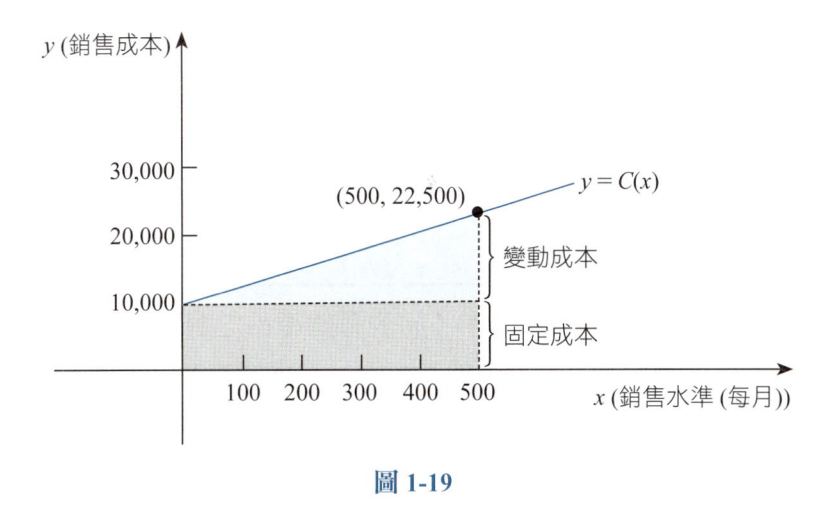

圖 1-19

【例題 5】 假設某公司生產印表機之總成本可近似於

$$C(x) = 10x + 120$$

此處 $C(x)$ 為生產 x 台印表機之成本,以元為單位。試求生產 0 台印表機之成本與生產第 251 台印表機之實際成本各為多少?

【解】 (1) 生產 0 台印表機之成本為

$$C(0) = 10(0) + 120 = 120 \ (元)$$

120 元即為固定成本。

(2) 生產第 251 台印表機的實際成本,也就等於生產前 251 台印表機之總成

本，與生產前 250 台印表機之總成本的差額。因此，實際的成本為

$$C(251) - C(250) = (10 \cdot 251 + 120) - (10 \cdot 250 + 120) = 10 \text{ (元)}$$

由上題同理可推得，生產第 501 台印表機的實際成本為

$$C(501) - C(500) = (10 \cdot 501 + 120) - (10 \cdot 500 + 120) = 10 \text{ (元)}$$

事實上，第 $(n + 1)$ 台印表機的實際成本亦為

$$C(n + 1) - C(n) = [10(n + 1) + 120] - (10n + 120) = 10 \text{ (元)}$$

讀者應注意數字 10 為線性成本函數 $C(x) = 10x + 120$ 圖形之斜率，為一常數。

但在經濟學上，數字 10 稱之為邊際成本 (marginal cost)，對直線型的成本函數而言，產量為 x 單位之邊際成本是再多生產一個單位產品之額外成本。但就非直線型的成本函數而言，所謂的邊際成本大約是再多生產一個單位產品的成本，此留待第三章導函數中再予以介紹。

定理 1-1

在型如 $C(x) = mx + b$ 之成本函數中，m 表每個產品之邊際成本且 b 為固定成本。反之，若生產一個產品之固定成本為 b 且邊際成本為 m，則生產 x 個產品之線性成本函數 $C(x)$ 為 $C(x) = mx + b$。

定義 1-7

若 $C(x)$ 為製造 x 個產品之總成本，則每個產品之平均成本 (average cost) 定義為

$$\overline{C}(x) = \frac{C(x)}{x}$$

在例題 5 中，製造 x 台印表機之平均成本為每台印表機

$$\overline{C}(x) = \frac{C(x)}{x} = \frac{10x + 120}{x} = 10 + \frac{120}{x} \text{ (元)}$$

當生產水準增加，製造每台印表機之固定成本以 $\frac{120}{x}$ 表示之，此時平均成本應趨近於生產之固定單位成本每台印表機 10 元。

【例題 6】 某工廠生產腳踏車每台之邊際成本為 12 元，而生產 100 台腳踏車之成本為 1,500 元。

(1) 試求成本函數 $C(x)$ (已知其為線性)。

(2) 試求生產 50 台與 300 台之平均成本。

【解】 (1) 因為成本函數為線性，故可以表示為 $C(x) = mx + b$ 之形式，由於每台腳踏車之邊際成本為 12 元，即 $m = 12$，故得 $C(x) = 12x + b$。欲求 b 之值，可利用生產 100 台腳踏車之成本為 1,500 元或 $C(100) = 1,500$，將 $x = 100$ 代入 $C(x) = 12x + b$ 中，

$$C(100) = 12(100) + b$$
$$1,500 = 12(100) + b$$

得 $b = 300$

故生產腳踏車之成本函數為 $C(x) = 12x + 300$，其中固定成本為 300 元。

(2) 生產 x 台腳踏車之平均成本為

$$\overline{C}(x) = \frac{C(x)}{x} = \frac{12x + 300}{x} = 12 + \frac{300}{x}$$

若生產 50 台，則平均成本為

$$\overline{C}(50) = 12 + \frac{300}{50} = 18$$

即每台腳踏車 18 元。

若生產 300 台，則平均成本為

$$\overline{C}(300) = 12 + \frac{300}{300} = 13$$

即每台腳踏車 13 元。

市場均衡分析

一自由市場經濟中，對一特殊商品消費者之需求與商品的單位價格有關。一需

求方程式表示單位價格與需求量之間的關係，需求方程式之圖形稱之為需求曲線。一般而言，需求量受價格變動的影響最大，因此若"假定其他情況不變"，則商品之需求量 x，可視為價格 p 的函數，記作 $x = d(p)$，或寫成 $p = f(x)$。函數 $x = d(p)$ 及 $p = f(x)$ 中，價格 p 降低時，需求量 x 隨之增加；價格 p 上升時，需求量 x 隨之減少。因此 $x = d(p)$ 及 $p = f(x)$ 均為遞減函數，即需求曲線在第一象限內由左上方往右下方延伸。如圖 1-20(i) 所示。

一競爭市場中，商品之單位價格與市場中商品之可獲性之間也有關係。一般而言，商品之單位價格增加誘使生產者增加商品之供給。反之，單位價格減少普遍地導致供給降低。表示單位價格與供給量之間的關係式稱為供給方程式，供給方程式之圖形稱之為供給曲線。一供給函數定義為 $x = s(p)$，或寫成 $p = g(x)$。函數 $x = s(p)$ 及 $p = g(x)$ 均為遞增函數，即供給曲線在第一象限內由左下方往右上方延伸。如圖 1-20(ii) 所示。

純粹競爭之下，商品之價格藉下列條件之指引最後將置於一水準；商品之供給量等於對它的需求量，如果價格太高，消費者將不買，但如果價格太低，供給者將不生產，最普通的市場均衡是當生產量等於需求量。於市場均衡時之生產量稱為均衡量，且所對應之價格稱為均衡價格。市場均衡時之對應點在該點需求曲線與供給曲線相交。如圖 1-21 所示，x_e 表均衡量且 p_e 表均衡價格，點 (x_e, p_e) 位於供給曲線上所以滿足供給方程式。同時，它亦位於需求曲線上，故滿足需求方程式。於是，求得點 (x_e, p_e)，因此得均衡量與價格，但必須 x_e 與 p_e 均為正值才有意義。

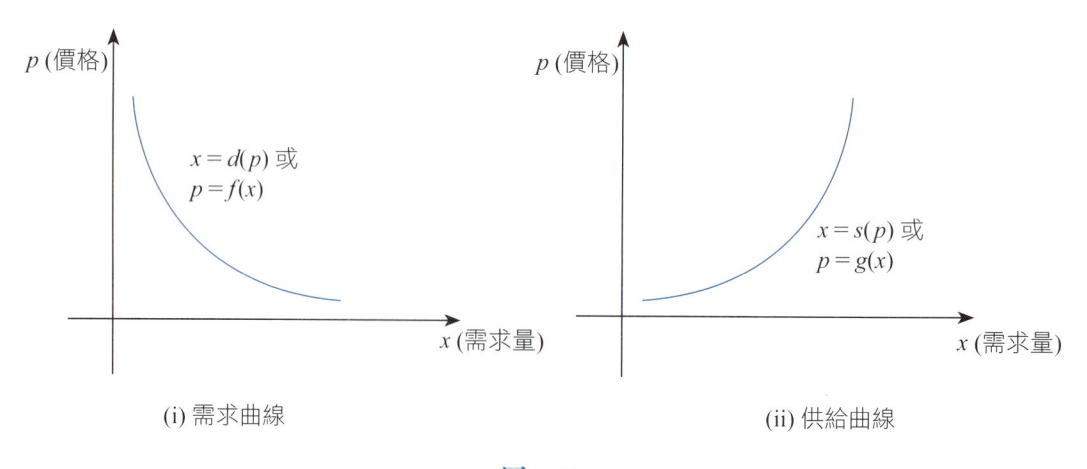

(i) 需求曲線　　　(ii) 供給曲線

圖 1-20

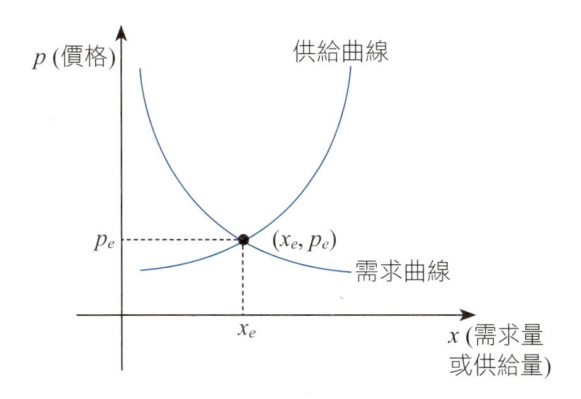

圖 1-21　市場均衡對應於 (x_e, p_e)，供給與需求曲線相交於市場均衡點

【例題 7】勝利公司所生產之原子筆的需求函數為

$$p = d(x) = -0.01x^2 - 0.2x + 8$$

且所對應之供給函數為

$$p = s(x) = 0.01x^2 + 0.1x + 3$$

此處 p 以元為單位且 x 以千枝為單位，試求均衡量與價格。

【解】我們解下列之方程組

$$\begin{cases} p = -0.01x^2 - 0.2x + 8 \\ p = 0.01x^2 + 0.1x + 3 \end{cases}$$

$$-0.01x^2 - 0.2x + 8 = 0.01x^2 + 0.1x + 3$$
$$\Rightarrow 0.02x^2 + 0.3x - 5 = 0$$
$$\Rightarrow 2x^2 + 30x - 500 = 0$$
$$\Rightarrow x^2 + 15x - 250 = 0$$
$$\Rightarrow (x + 25)(x - 10) = 0$$

但 $x = -25$ 不符合經濟意義，於是 $x = 10$，即均衡量為 10,000 枝原子筆。

均衡價格為　　　　$p = 0.01(10)^2 + 0.1(10) + 3 = 5$

即每枝原子筆 5 元，圖形如圖 1-22 所示。

現代商用微積分

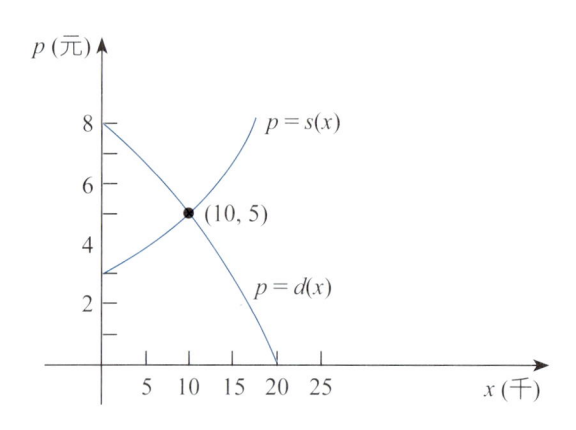

圖 1-22 供給曲線與需求曲線相交於點 (10, 5)

【例題 8】金葉公司每月銷售家電用品 200 項產品,每項售價 500 元。若售價每降低 40 元,則每月銷售量可增加 50 單位。試求需求函數與總收益函數。

【解】由題意我們知道,每次售價 p 元只要比原來之售價 500 元降低 40 元,則 x (在單位價格 p 之下所願意購買之數量) 就會增加 50 單位,故列式如下

$$x = 200 + 50 \times \left(\frac{500-p}{40}\right)$$
$$= 200 + \frac{5}{4}(500-p)$$
$$= 200 + 625 - \frac{5}{4}p$$
$$= 825 - \frac{5}{4}p$$

p 以 x 表示,解得

$$p = 660 - \frac{4}{5}x, \ 0 \leq x \leq 825 \qquad \text{需求函數}$$

則收益函數為

$$R(x) = px = \left(660 - \frac{4}{5}x\right)x = 660x - \frac{4}{5}x^2 \qquad \text{收益函數}$$

此需求函數繪於圖 1-23,讀者應注意當價格遞減時,需求量則遞增。

$$p = 660 - \frac{4}{5}x$$

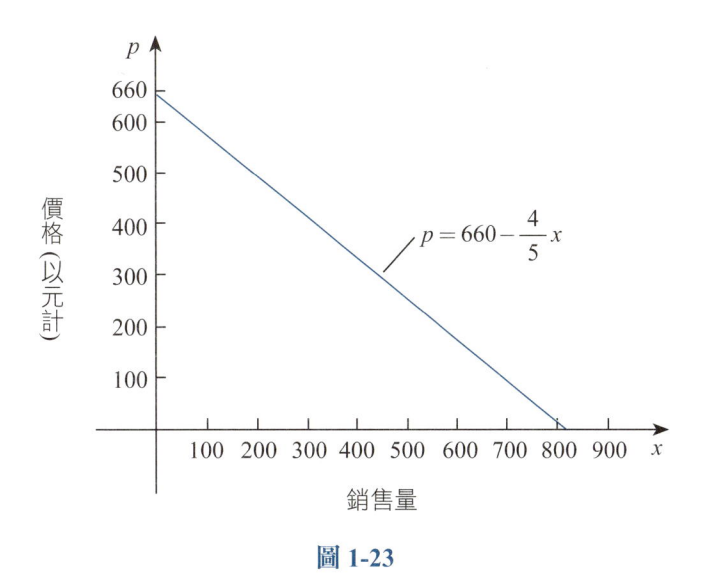

價格（以元計）

銷售量

圖 1-23

習題 1-4

1. 某公司銷售電視機數量滿足下列之關係式

$$S(x) = 300x + 2{,}000$$

   此處 $S(x)$ 代表在 x 年銷售電視機之數量，以台為單位，令 $x = 0$ 代表 92 年。試求
   (1) 下列各年之銷售數量：① 92 年，② 95 年，③ 96 年。
   (2) 電視機銷售之每年變化率。

2. 利台公司之管理部門對該公司生產之電冰箱的銷售情況進行一項研究，按以往的銷售情形可近似於一線性函數。依紀錄顯示，81 年銷售金額為 850,000 元，而 86 年之銷售金額為 1,262,500 元。令 $x = 0$ 代表 81 年。
   (1) 試求利台公司銷售電冰箱之趨勢線方程式並繪其圖形。
   (2) 預估 93 年利台公司之銷售金額。
   (3) 若想銷售金額超過 2,170,000 元，預期會發生於何年？

3. 設某一製造商的固定成本為 50,000 元，而且每增加一單位產品需 500 元，試求此製造商的總成本函數及平均總成本函數。

4. 某製造商生產印表機 x 台之總成本為 $C(x) = 500{,}000 + 4.75x$ (以元計)。試求
   (1) 生產 100,000 台印表機之總成本為何？
   (2) 第 100,001 台印表機之邊際成本為何？

5. 某工廠生產 x 台腳踏車之總成本為 $C(x) = 800 + 20x$ (以元計)。試求
   (1) $x = 10$，(2) $x = 50$，(3) $x = 200$ 之平均成本。

6. 已知某品牌錄音帶之需求方程式為 $p = 80 - 0.2x$，試導出收益函數並求銷售 90 卷錄音帶所得之總收益。

7. 某公司的成本函數及收益函數分別為 $C(x) = 12x + 20,000$ 與 $R(x) = 20x$，試求該公司之損益平衡點。

8. 某公司之固定生產成本為 30,000 元，用以生產每單位成本 6 元且售價 10 元的產品，試求該公司之損益平衡點。

9. 假設方程式 $p = 0.02x + 3$ 表示每單位價格 p (以元計) 與供給量 x 之關係。試求
   (1) 當每單位之價格為 4 元時，供給之單位數量為何？
   (2) 當每單位之價格為 4.5 元時，供給之單位數量為何？

10. 試利用供給方程式 $p = 0.02x + 3$ 去導出成本函數，並求供給為 85 單位時之總成本。

11. 假設某產品之需求方程式為 $p = 17 - 0.2x$ (以元計) 且供給方程式為 $p = 0.4x + 8$ (以元計)。試求
    (1) 均衡量，(2) 均衡價格，(3) 均衡點。

12. 某品牌原子筆之需求函數為

    $$p = d(x) = -\frac{2}{15}x + 4$$

    此處 $d(x)$ 為批發價格，每打以元計，且 x 為每週之需求量，以千打計。原子筆之供給函數為

    $$p = s(x) = \frac{1}{75}x^2 + \frac{1}{10}x + \frac{3}{2}$$

    此處 $s(x)$ 為批發價格，每打以元計，且 x 為每週之供給量，以千打計，原子筆可藉由供給者每週在市場中獲得。
    (1) 描繪函數 d 與 s 之圖形。
    (2) 試求均衡量與價格。

13. 若自行車每輛單價為 50 元，則廠商將每週提供 200 輛以為市場銷售。若單價增為 100 元時，則將提供 2,000 輛應市。已知自行車的單價與其供給量之間存有線性關係，試求供給方程式。

本章摘要

1. 設 $f: A \to B$,若對 A 中任意兩相異元素 a 與 b,恆有 $f(a) \neq f(b)$,則稱 f 為一對一函數。

2. 對任意 $x \in D_f$,若 $f(-x) = -f(x)$,則稱 f 為奇函數;又若 $f(-x) = f(x)$,則稱 f 為偶函數。

3. 絕對值函數定義為 $f(x) = |x| = \begin{cases} x, & \text{若 } x \geq 0 \\ -x, & \text{若 } x < 0 \end{cases}$。

4. 高斯函數定義為 $f(x) = [x] = \begin{cases} n-1, & \text{若 } n-1 \leq x < n \\ n, & \text{若 } n \leq x < n+1 \end{cases}$,其中 n 為整數。

5. 高斯不等式:
   (1) 任意 $x \in \mathbb{R}$,$[x] \leq x < [x] + 1$。
   (2) 任意 $x \in \mathbb{R}$,$x - 1 < [x] \leq x$。

6. 兩函數 f 與 g 的合成函數定義為

$$(f \circ g)(x) = f(g(x))$$

且 $x \in D_g$ 使得 $g(x) \in D_f$。一般而言,$f(g(x)) \neq g(f(x))$。

7. $C(x) = $ 固定成本 $+$ (平均可變成本)$\cdot$(產量)　　($C(x)$ 表總成本)
   $R(x) = px$ 　　　　　　　　　　　　　　　　　　($R(x)$ 表總收益)
   $p(x) = R(x) - C(x)$ 　　　　　　　　　　　　　　($P(x)$ 表總利潤)

CHAPTER 2

函數的極限與連續

2-1 極限的定義

函數極限的概念為學習微積分基本觀念之一，但它並不是很容易就能熟悉的。的確，初學者必須由各種不同的角度，多次研習其定義，始可明瞭其意義。

我們以直觀的方式來介紹極限的觀念。

設 $f(x) = x + 2$，$x \in \mathbb{R}$ (實數集合)。當 x 趨近 2 時，看看函數 f 的變化如何？我們選取 x 為接近 2 的數值，作成下表：

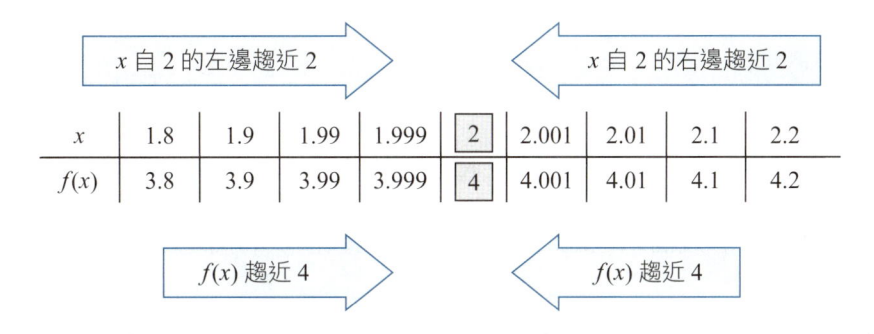

←── x 自 2 的左邊趨近 2 ──→　　←── x 自 2 的右邊趨近 2 ──→

x	1.8	1.9	1.99	1.999	2	2.001	2.01	2.1	2.2
$f(x)$	3.8	3.9	3.99	3.999	4	4.001	4.01	4.1	4.2

←── $f(x)$ 趨近 4 ──→　　←── $f(x)$ 趨近 4 ──→

函數 f 的圖形如圖 2-1 所示。

由上表與圖 2-1 可以看出，若 x 愈接近 2，則函數值 $f(x)$ 愈接近 4。此時，我們說，"當 x 趨近 2 時，$f(x)$ 的極限為 4"，記為

$$\text{當 } x \to 2 \text{ 時，} f(x) \to 4$$

或

$$\lim_{x \to 2} f(x) = 4$$

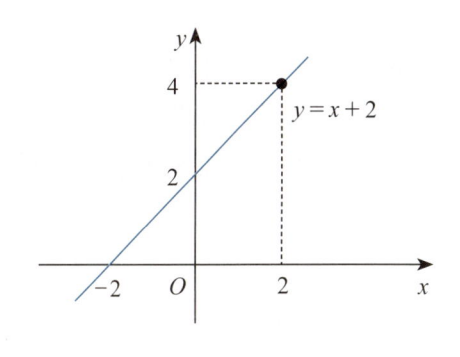

圖 2-1

現代商用微積分

定義 2-1　直觀的定義

設函數 f 定義在包含 a 的某開區間，但可能在 a 除外，且 L 為一實數。
當 x 趨近 a 時，$f(x)$ 的**極限** (或稱**雙邊極限**) 為 L，記為

$$\lim_{x \to a} f(x) = L$$

其意義為：當 x 充分靠近 a (但不等於 a) 時，$f(x)$ 的值充分靠近 L。

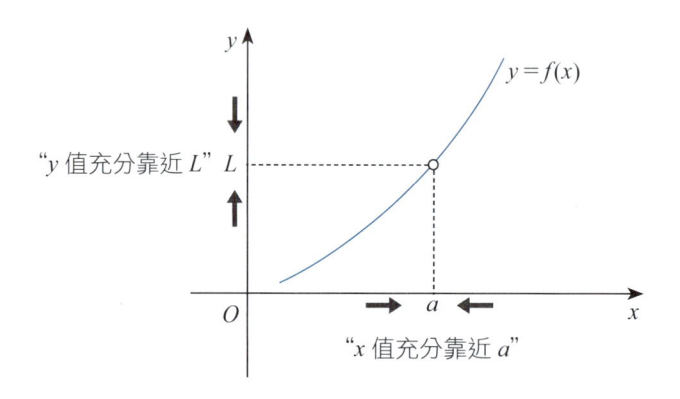

圖 2-2　$\lim_{x \to a} f(x) = L$

讀者應注意，若有一個定數 L 存在，使 $\lim_{x \to a} f(x) = L$，則稱當 x 趨近 a 時，$f(x)$ 的極限存在，或稱 f 在 a 的極限為 L，或 $\lim_{x \to a} f(x)$ 存在，如圖 2-2 所示。

現在，我們看看幾個以直觀的方式來計算函數極限的例題。

【例題 1】設函數 $g(x)$ 定義為 $g(x) = \dfrac{x^2 - 4}{x - 2}$，$x \neq 2$，求 $\lim_{x \to 2} g(x)$。

【解】因為 2 不在函數 g 的定義域內，故 $g(2)$ 不存在。但在 $x = 2$ 的近旁，函數值皆存在，如圖 2-3 所示。

若 $x \neq 2$，則函數 g 可以寫成

$$g(x) = \dfrac{x^2 - 4}{x - 2} = \dfrac{(x-2)(x+2)}{x - 2} = x + 2 \quad \text{消去公因式 } (x-2)$$

故

$$\lim_{x \to 2} g(x) = 4$$

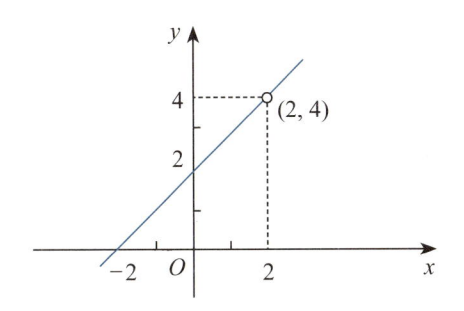

圖 2-3　$g(x) = \dfrac{x^2 - 4}{x - 2}$　$x \neq 2$

【例題 2】設函數 $h(x)$ 定義為 $h(x) = \begin{cases} \dfrac{x^2-4}{x-2} &, \text{若 } x \neq 2 \\ 1 &, \text{若 } x = 2 \end{cases}$，求 $\lim\limits_{x \to 0} h(x)$。

【解】函數 h 的圖形如圖 2-4 所示。

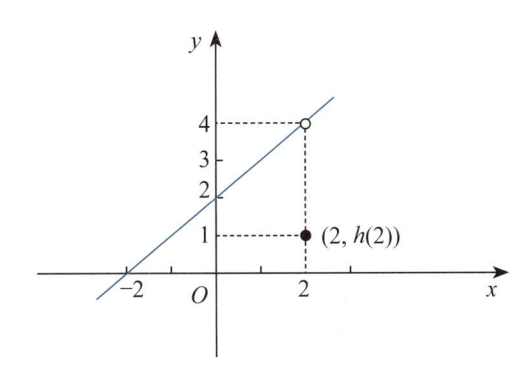

圖 2-4

$$\lim_{x \to 2} h(x) = \lim_{x \to 2} \frac{x^2-4}{x-2} = \lim_{x \to 2}(x+2) = 4$$

$\lim\limits_{x \to 2} h(x)$ 存在，但不等於 $h(2)$。

由前面的討論，函數 g 與 h 除了在 $x = 2$ 處有所不同外，在其他實數處皆完全相同，即

$$g(x) = h(x) = x + 2 \text{,} x \neq 2$$

當 x 趨近 2 時，這兩個函數的極限皆為 4，因此，我們可以得出下面的結論

在 x 趨近 2 時，函數的極限僅與函數在 $x=2$ 之近旁的定義有關，至於 2 是否屬於函數的定義域，或者其函數值為何，完全沒有關係。

在一般函數的極限中，這個結論依然成立，這是函數極限中的一個非常重要的概念。

【例題 3】求 $\lim\limits_{x\to 0}\dfrac{x}{\sqrt{1-2x}-1}$。

【解】
$$\lim_{x\to 0}\frac{x}{\sqrt{1-2x}-1}$$

$\leftarrow \lim\limits_{x\to 0} x = 0$
$\leftarrow \lim\limits_{x\to 0}(\sqrt{1-2x}-1) = 0$

由於分子與分母之極限均為零，故以分母之共軛根式 $\sqrt{1-2x}+1$，同乘以分子與分母，得

$$\lim_{x\to 0}\frac{x}{\sqrt{1-2x}-1} = \lim_{x\to 0}\frac{x(\sqrt{1-2x}+1)}{(\sqrt{1-2x}-1)(\sqrt{1-2x}+1)} = \lim_{x\to 0}\frac{x(\sqrt{1-2x}+1)}{1-2x-1}$$

$$= -\frac{1}{2}\lim_{x\to 0}(\sqrt{1-2x}+1) = -\frac{1}{2}\cdot 2$$

$$= -1$$

【例題 4】求 $\lim\limits_{h\to 0}\dfrac{1}{h}\left(\dfrac{1}{\sqrt{1+h}}-1\right)$。

【解】 $\lim\limits_{h\to 0}\dfrac{1}{h}\left(\dfrac{1}{\sqrt{1+h}}-1\right) = \lim\limits_{h\to 0}\dfrac{1-\sqrt{1+h}}{h\sqrt{1+h}} = \lim\limits_{h\to 0}\dfrac{(1-\sqrt{1+h})(1+\sqrt{1+h})}{h\sqrt{1+h}(1+\sqrt{1+h})}$

$$= \lim_{h\to 0}\frac{1-(1+h)}{h\sqrt{1+h}(1+\sqrt{1+h})} = \lim_{h\to 0}\frac{-1}{\sqrt{1+h}(1+\sqrt{1+h})}$$

$$= -\frac{1}{2}$$

【例題 5】求 $\lim\limits_{x\to 1}\left(\dfrac{1}{x-1}-\dfrac{2}{x^2-1}\right)$。

【解】若 $x \neq 1$，則 $\dfrac{1}{x-1} - \dfrac{2}{x^2-1} = \dfrac{(x+1)-2}{(x-1)(x+1)} = \dfrac{x-1}{(x-1)(x+1)} = \dfrac{1}{x+1}$

所以，$\displaystyle\lim_{x\to 1}\left(\dfrac{1}{x-1} - \dfrac{2}{x^2-1}\right) = \lim_{x\to 1}\dfrac{1}{x+1} = \dfrac{1}{2}$

此題不可寫成 $\displaystyle\lim_{x\to 1}\left(\dfrac{1}{x-1} - \dfrac{2}{x^2-1}\right) = \lim_{x\to 1}\dfrac{1}{x-1} - \lim_{x\to 1}\dfrac{2}{x^2-1}$，為什麼？ ■

習題 2-1

求 1～11 題中的極限。

1. $\displaystyle\lim_{x\to -3}(x^3+2x^2+6)$

2. $\displaystyle\lim_{x\to -1}\dfrac{x-2}{x^2+4x-3}$

3. $\displaystyle\lim_{x\to -2}\dfrac{x^3-x^2-x+10}{x^2+3x+2}$

4. $\displaystyle\lim_{x\to 1}\dfrac{x^4-1}{x-1}$

5. $\displaystyle\lim_{x\to 2}\dfrac{\sqrt{x}-\sqrt{2}}{x-2}$ (提示：分子與分母同乘 $\sqrt{x}+\sqrt{2}$)

6. $\displaystyle\lim_{x\to 0}\dfrac{(2+x)^3-8}{x}$ (提示：$a^3-b^3=(a-b)(a^2+ab+b^2)$)

7. $\displaystyle\lim_{h\to 0}\dfrac{\dfrac{1}{x+h}-\dfrac{1}{x}}{h}$

8. $\displaystyle\lim_{x\to 0}\dfrac{(1+x)^{-\frac{1}{2}}-1}{x}$

9. $\displaystyle\lim_{x\to 0}\dfrac{\sqrt[3]{1+x}-1}{x}$ (提示：$(a^{1/3}-1)(a^{2/3}+a^{1/3}+1)=a-1$)

10. $\displaystyle\lim_{x\to 1}\dfrac{\sqrt[3]{x}-1}{\sqrt{x}-1}$

11. $\displaystyle\lim_{x\to 1}\dfrac{4-\sqrt{x+15}}{x^2-1}$ (提示：分子與分母同乘 $(4+\sqrt{x+15})$)

12. 設 $f(x)=\begin{cases}\dfrac{x-9}{\sqrt{x}-3}, & \text{若 } x \neq 9 \\ 5, & \text{若 } x = 9\end{cases}$，求 $f(9)$ 與 $\displaystyle\lim_{x\to 9}f(x)$。

13. 求 $\displaystyle\lim_{x\to 0}\dfrac{\sqrt{x+4}-2}{x}$。(提示：分子與分母同乘 $(\sqrt{x+4}+2)$)

對下列各函數 $f(x)$，求 $\displaystyle\lim_{h\to 0}\frac{f(x+h)-f(x)}{h}$。

14. $f(x) = 2x^2 + x$

15. $f(x) = ax^2 + bx + c$；a, b, c 為常數。

16. $f(x) = \sqrt{x+1}$

2-2 有關極限的一些定理

本節的目的在介紹一些定理，用來求出函數的極限。

定理 2-1

若 $\displaystyle\lim_{x\to a} f(x) = L_1$，$\displaystyle\lim_{x\to a} f(x) = L_2$，$L_1$ 與 L_2 皆為實數，則 $L_1 = L_2$。

定理 2-2

設 m 與 c 皆為常數，$\displaystyle\lim_{x\to a} f(x) = L$ 且 $\displaystyle\lim_{x\to a} g(x) = M$，則

(1) $\displaystyle\lim_{x\to a} c = c$
(2) $\displaystyle\lim_{x\to a} (mx + c) = ma + c$
(3) $\displaystyle\lim_{x\to a} [f(x) + g(x)] = L + M$
(4) $\displaystyle\lim_{x\to a} [f(x) - g(x)] = L - M$
(5) $\displaystyle\lim_{x\to a} [f(x)g(x)] = LM$
(6) $\displaystyle\lim_{x\to a} \frac{f(x)}{g(x)} = \frac{L}{M}$ ($M \neq 0$)

定理 2-2 可以推廣為：若 $\displaystyle\lim_{x\to a} f_i(x)$ 存在，$i = 1, 2, \cdots, n$，則

1. $\displaystyle\lim_{x\to a} [c_1 f_1(x) + c_2 f_2(x) + \cdots + c_n f_n(x)]$
$= c_1 \displaystyle\lim_{x\to a} f_1(x) + c_2 \displaystyle\lim_{x\to a} f_2(x) + \cdots + c_n \displaystyle\lim_{x\to a} f_n(x)$

其中 $c_1, c_2, \cdots, c_n$ 皆為任意常數。

2. $\lim\limits_{x \to a} [f_1(x) \cdot f_2(x) \cdot \cdots \cdot f_n(x)] = [\lim\limits_{x \to a} f_1(x)][\lim\limits_{x \to a} f_2(x)] \cdots [\lim\limits_{x \to a} f_n(x)]$

定理 2-3

設 $P(x)$ 為 n 次多項式函數，則對任意實數 a，

$$\lim_{x \to a} P(x) = P(a)$$

證明 設 $P(x) = c_0 + c_1 x + c_2 x^2 + \cdots + c_n x^n$，$c_n \neq 0$，依定理 2-2 的推廣，可得

$$\lim_{x \to a} x^n = (\lim_{x \to a} x)^n = a^n$$

故

$$\begin{aligned}
\lim_{x \to a} P(x) &= \lim_{x \to a} (c_0 + c_1 x + c_2 x^2 + \cdots + c_n x^n) \\
&= c_0 + c_1 \lim_{x \to a} x + c_2 \lim_{x \to a} x^2 + \cdots + c_n \lim_{x \to a} x^n \\
&= c_0 + c_1 a + c_2 a^2 + \cdots + c_n a^n \\
&= P(a)
\end{aligned}$$

【例題 1】求 $\lim\limits_{x \to 2} (2x^4 + 3x^3 - x^2 + 2x + 5)$。

【解】因 $P(x) = 2x^4 + 3x^3 - x^2 + 2x + 5$ 為一多項式函數，故

$$\lim_{x \to 2} P(x) = P(2) = 61$$

定理 2-4

設 $R(x)$ 為有理函數，且 a 在 $R(x)$ 的定義域內，則

$$\lim_{x \to a} R(x) = R(a)$$

【例題 2】求 $\lim\limits_{x \to -2} \dfrac{x^3 + 1}{x^2 + 2x - 2}$。

【解】令 $R(x) = \dfrac{x^3 + 1}{x^2 + 2x - 2}$，因有理函數之分母不為零，故

現代商用微積分

$$\lim_{x \to -2} \frac{x^3+1}{x^2+2x-2} = \frac{(-2)^3+1}{(-2)^2+2(-2)-2} = \frac{7}{2}$$ 直接代入

【例題 3】求 $\lim\limits_{x \to 3} \dfrac{x^3-27}{x^2-2x-3}$。

【解】
$$\lim_{x \to 3} \frac{x^3-27}{x^2-2x-3}$$
← $\lim\limits_{x \to 3}(x^3-27)=0$
← $\lim\limits_{x \to 3}(x^2-2x-3)=0$

因有理函數之分子與分母在 $x=3$ 皆為零，故不可直接代入。

由於，分子與分母之極限均為零，故有 $(x-3)$ 之公因式。因此對所有 $x \neq 3$，我們可以消去此因式，故

$$\lim_{x \to 3} \frac{x^3-27}{x^2-2x-3} = \lim_{x \to 3} \frac{(x-3)(x^2+3x+9)}{(x-3)(x+1)}$$ 因式分解

$$= \lim_{x \to 3} \frac{\cancel{(x-3)}(x^2+3x+9)}{\cancel{(x-3)}(x+1)}$$ 消去公因式 $(x-3)$

$$= \lim_{x \to 3} \frac{x^2+3x+9}{x+1}$$

$$= \frac{27}{4}$$

定理 2-5　合成函數之極限

若兩函數 f 與 g 的合成函數 $f(g(x))$ 存在，且

(1) $\lim\limits_{x \to a} g(x) = b$　　　　(2) $\lim\limits_{y \to b} f(y) = f(b)$

則
$$\lim_{x \to a} f(g(x)) = f(\lim_{x \to a} g(x)) = f(b)$$

【例題 4】設 $g(x) = \sqrt{\dfrac{x}{x^2+1}}$，$f(x) = \sqrt{x^2+2}$，求 $\lim\limits_{x \to 1} f(g(x))$。

【解】因
$$\lim_{x \to 1} g(x) = \lim_{x \to 1} \sqrt{\frac{x}{x^2+1}} = \sqrt{\frac{1}{2}}$$

故 $\displaystyle\lim_{x\to 1} f(g(x)) = f(\lim_{x\to 1} g(x)) = f\left(\sqrt{\frac{1}{2}}\right) = \sqrt{\left(\sqrt{\frac{1}{2}}\right)^2 + 2} = \sqrt{\frac{5}{2}}$

另解：先求 $f(g(x))$，得 $f(g(x)) = \sqrt{(g(x))^2 + 2} = \sqrt{\left(\sqrt{\frac{x}{x^2+1}}\right)^2 + 2}$

$$= \sqrt{\frac{x}{x^2+1} + 2} = \sqrt{\frac{2x^2+x+2}{x^2+1}}$$

取極限得，

$$\lim_{x\to 1} f(g(x)) = \lim_{x\to 1} \sqrt{\frac{2x^2+x+2}{x^2+1}} = \sqrt{\frac{5}{2}}$$ ■

定理 2-6

若 $a > 0$，n 為正整數，或者，若 $a \leq 0$，n 為正奇數，則

$$\lim_{x\to a} \sqrt[n]{x} = \sqrt[n]{a}$$

若 m 與 n 皆為正整數，且 $a > 0$，則可得

$$\lim_{x\to a} \left(\sqrt[n]{x}\right)^m = \left(\lim_{x\to a} \sqrt[n]{x}\right)^m = \left(\sqrt[n]{a}\right)^m$$

利用分數指數，上式可表示成

$$\lim_{x\to a} x^{m/n} = a^{m/n}$$

定理 2-6 的結果可推廣到負指數。

【例題 5】求 $\displaystyle\lim_{x\to 2}\left(\sqrt{x} + \frac{1}{\sqrt{x}}\right)^5$。

【解】$\displaystyle\lim_{x\to 2}\left(\sqrt{x} + \frac{1}{\sqrt{x}}\right)^5 = \left(\lim_{x\to 2}\left(\sqrt{x} + \frac{1}{\sqrt{x}}\right)\right)^5 = \left(\sqrt{2} + \frac{1}{\sqrt{2}}\right)^5$

$$= \left(\frac{3}{\sqrt{2}}\right)^5 = \frac{243}{4\sqrt{2}}$$ ■

【例題 6】求 $\lim\limits_{x \to 16} \dfrac{2\sqrt{x} - x^{3/2}}{\sqrt[4]{x} + 6}$。

【解】$\lim\limits_{x \to 16} \dfrac{2\sqrt{x} - x^{3/2}}{\sqrt[4]{x} + 6} = \dfrac{\lim\limits_{x \to 16}(2\sqrt{x} - x^{3/2})}{\lim\limits_{x \to 16}(\sqrt[4]{x} + 6)}$ 定理 2-2 (6)

$= \dfrac{\lim\limits_{x \to 16} 2\sqrt{x} - \lim\limits_{x \to 16} x^{3/2}}{\lim\limits_{x \to 16} \sqrt[4]{x} + \lim\limits_{x \to 16} 6}$

$= \dfrac{2\sqrt{16} - 16^{3/2}}{\sqrt[4]{16} + 6} = -\dfrac{56}{8} = -7$ ■

定理 2-7

(1) 若 n 為正奇數，則 $\lim\limits_{x \to a} \sqrt[n]{f(x)} = \sqrt[n]{\lim\limits_{x \to a} f(x)}$。

(2) 若 n 為正偶數，且 $\lim\limits_{x \to a} f(x) > 0$，則 $\lim\limits_{x \to a} \sqrt[n]{f(x)} = \sqrt[n]{\lim\limits_{x \to a} f(x)}$。

【例題 7】求 $\lim\limits_{x \to 2} \sqrt[3]{\dfrac{x^3 - 4x - 1}{x + 6}}$。

【解】$\lim\limits_{x \to 2} \sqrt[3]{\dfrac{x^3 - 4x - 1}{x + 6}} = \sqrt[3]{\lim\limits_{x \to 2} \dfrac{x^3 - 4x - 1}{x + 6}} = \sqrt[3]{\dfrac{8 - 8 - 1}{2 + 6}} = -\dfrac{1}{2}$ ■

定理 2-8　夾擠定理

設在一包含 a 的開區間中的所有 x (可能在 a 除外)，恆有 $f(x) \leq h(x) \leq g(x)$，如圖 2-5 所示。

若 $\qquad\lim\limits_{x \to a} f(x) = \lim\limits_{x \to a} g(x) = L$

則 $\qquad\lim\limits_{x \to a} h(x) = L$

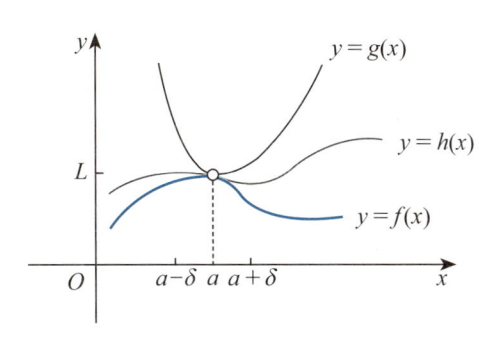

圖 2-5

【例題 8】利用夾擠定理證明

$$\lim_{x \to 0} \frac{|x|}{1+x^2} = 0 \text{。}$$

【解】對任意實數 x 而言，$1+x^2 \geq 1$，可得 $0 \leq \frac{|x|}{1+x^2} \leq |x|$。

又 $\lim\limits_{x \to 0} 0 = 0$， $\lim\limits_{x \to 0} |x| = \lim\limits_{x \to 0} \sqrt{x^2} = \sqrt{\lim\limits_{x \to 0} x^2} = 0$

故依夾擠定理可知 $\lim\limits_{x \to 0} \frac{|x|}{1+x^2} = 0$

【例題 9】求 $\lim\limits_{x \to 0} x^2 \left[\dfrac{1}{x}\right]$。

【解】因 $\dfrac{1}{x} - 1 < \left[\dfrac{1}{x}\right] \leq \dfrac{1}{x}$，$\forall x \neq 0$

又 $x^2 \geq 0$，$\forall x \in I\!R$，則

$$x^2 \left(\frac{1}{x} - 1\right) < x^2 \left[\frac{1}{x}\right] \leq x^2 \frac{1}{x}$$

$\lim\limits_{x \to 0} x^2 \left(\dfrac{1}{x} - 1\right) = \lim\limits_{x \to 0} (x - x^2) = 0$，$\lim\limits_{x \to 0} x^2 \cdot \dfrac{1}{x} = \lim\limits_{x \to 0} x = 0$

由夾擠定理知，$\lim\limits_{x \to 0} x^2 \left[\dfrac{1}{x}\right] = 0$。

習題 2-2

試利用極限之性質求 1～8 題之極限。

1. $\lim_{x \to 2}(x^2+1)(x^2+4x)$
2. $\lim_{x \to -2}(x^2+x+1)^5$
3. $\lim_{x \to 1}\dfrac{x+2}{x^2+4x+3}$
4. $\lim_{x \to 64}(\sqrt[3]{x}+3\sqrt{x})$
5. $\lim_{x \to -2}\sqrt[3]{\dfrac{4x+3x^3}{3x+10}}$
6. $\lim_{x \to 3}\dfrac{3(8x^2-1)}{2x^2(x-1)^4}$
7. $\lim_{x \to -2}\left(\dfrac{x^2}{x+2}+\dfrac{2x}{x+2}\right)$
8. $\lim_{x \to 0}\left(\dfrac{1}{x\sqrt{1+x}}-\dfrac{1}{x}\right)$

9. 試利用夾擠定理證明

$$\lim_{x \to 0}\dfrac{|x|}{\sqrt{x^4+3x^2+7}}=0$$

2-3 單邊極限

當我們在定義 $\lim_{x \to a} f(x)$ 時，我們很謹慎地將 x 限制在包含 a 之開區間內 (a 可能除外)，但是函數 f 在點 a 的極限存在與否，與函數 f 在點 a 兩旁之定義有關，而與函數 f 在點 a 之值無關。如果我們找不到一個定數 L 為 $f(x)$ 所趨近者，那麼我們就稱 f 在點 a 的極限不存在，或者說當 x 趨近 a 時，f 沒有極限。

【例題 1】已知 $f(x)=\dfrac{|x|}{x}$，求 $\lim_{x \to 0} f(x)$。

【解】因 (1) 若 $x>0$，則 $|x|=x$。
(2) 若 $x<0$，則 $|x|=-x$。

故　$f(x)=\dfrac{|x|}{x}=\begin{cases} 1, & x>0 \\ -1, & x<0 \end{cases}$

f 的圖形如圖 2-6 所示。因此，當 x 分別自 0 的右邊及 0 的左邊趨近於 0 時，$f(x)$ 不能趨近某一定數，所以 $\lim_{x \to 0} f(x)$ 不存在。

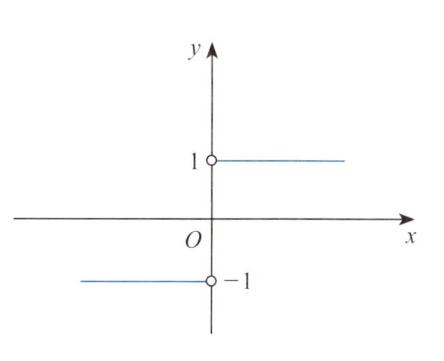

圖 2-6　$f(x)=\dfrac{|x|}{x}$，$x \neq 0$

由上面的例題，我們引進了單邊極限的觀念。

定義 2-2　直觀的定義

(1) 當 x 自 a 的右邊趨近 a 時，$f(x)$ 的右極限為 M，即，f 在 a 的右極限為 M，記為

$$\lim_{x \to a^+} f(x) = M$$

其意義為：當 x 自 a 的右邊充分靠近 a 時，$f(x)$ 的值充分靠近 M。

(2) 當 x 自 a 的左邊趨近 a 時，$f(x)$ 的左極限為 L，即，f 在 a 的左極限為 L，記為

$$\lim_{x \to a^-} f(x) = L$$

其意義為：當 x 自 a 的左邊充分靠近 a 時，$f(x)$ 的值充分靠近 L。

右極限與左極限皆稱為單邊極限。

如圖 2-7 所示。在定義 2-2 中，符號 $x \to a^+$ 用來表示 x 的值恆比 a 大，而符號 $x \to a^-$ 用來表示 x 的值恆比 a 小。

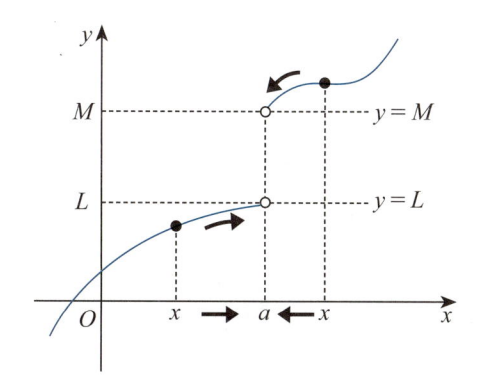

圖 2-7　$\lim\limits_{x \to a} f(x)$ 不存在，但 $\lim\limits_{x \to a^-} f(x) = L$，$\lim\limits_{x \to a^+} f(x) = M$

依極限的定義可知，若 $\lim\limits_{x \to a} f(x)$ 存在，則右極限與左極限皆存在，且

$$\lim_{x \to a^+} f(x) = \lim_{x \to a^-} f(x) = \lim_{x \to a} f(x)$$

反之，若右極限與左極限皆存在，並不能保證雙邊極限存在。

下面定理談到單邊極限與極限 (雙邊極限) 之間的關係。

定理 2-9

$\lim_{x \to a} f(x) = L$，若且唯若 $\lim_{x \to a^+} f(x) = \lim_{x \to a^-} f(x) = L$。

【例題 2】求 $\lim_{x \to 2^+} \dfrac{\sqrt{(x-2)^2}}{x-2}$。

【解】因 $\sqrt{(x-2)^2} = |x-2|$，故

$$\lim_{x \to 2^+} \frac{\sqrt{(x-2)^2}}{x-2} = \lim_{x \to 2^+} \frac{|x-2|}{x-2} = \lim_{x \to 2^+} \frac{x-2}{x-2} = \lim_{x \to 2^+} 1 = 1$$

【例題 3】求 $\lim_{x \to 1} \dfrac{|x-1|}{x-1}$。

【解】(i) 當 $x \to 1^+$ 時，$|x-1| = x-1$，故

$$\lim_{x \to 1^+} \frac{|x-1|}{x-1} = \lim_{x \to 1^+} \frac{x-1}{x-1} = \lim_{x \to 1^+} 1 = 1 \qquad \text{絕對值的定義}$$

(ii) 當 $x \to 1^-$ 時，$|x-1| = 1-x$，故

$$\lim_{x \to 1^-} \frac{|x-1|}{x-1} = \lim_{x \to 1^-} \frac{1-x}{x-1} = \lim_{x \to 1^-} (-1) = -1 \qquad \text{絕對值的定義}$$

因 $\lim_{x \to 1^-} \dfrac{|x-1|}{x-1} \neq \lim_{x \to 1^+} \dfrac{|x-1|}{x-1}$，故 $\lim_{x \to 1} \dfrac{|x-1|}{x-1}$ 不存在。

【例題 4】求 $\lim_{x \to 0^-} x\sqrt{1 + \dfrac{4}{x^2}}$。

【解】$\lim_{x \to 0^-} x\sqrt{1 + \dfrac{4}{x^2}} = \lim_{x \to 0^-} x\sqrt{\dfrac{x^2+4}{x^2}} = \lim_{x \to 0^-} x \dfrac{\sqrt{x^2+4}}{|x|}$

$$= \lim_{x \to 0^-} x \frac{\sqrt{x^2+4}}{-x} = -\lim_{x \to 0^-} \sqrt{x^2+4}$$
$$= -2$$

【例題 5】若
$$f(x) = \begin{cases} -2x^2+4 \text{ , 若 } x < 1 \\ x^2+1 \text{ , 若 } x \geq 1 \end{cases}$$

試求 (1) $\lim_{x \to 1^-} \dfrac{f(x)-f(1)}{x-1}$, (2) $\lim_{x \to 1^+} \dfrac{f(x)-f(1)}{x-1}$ 。

【解】f 的圖形，如圖 2-8 所示。

(1) 若 $x \to 1^-$，取 $f(x) = -2x^2+4$

$$\lim_{x \to 1^-} \frac{f(x)-f(1)}{x-1} = \lim_{x \to 1^-} \frac{-2x^2+4-2}{x-1} = \lim_{x \to 1^-} \frac{-2(x^2-1)}{x-1} = -2 \lim_{x \to 1^-}(x+1)$$
$$= -4$$

(2) 若 $x \to 1^+$，取 $f(x) = x^2+1$

$$\lim_{x \to 1^+} \frac{f(x)-f(1)}{x-1} = \lim_{x \to 1^+} \frac{x^2+1-2}{x-1} = \lim_{x \to 1^+}(x+1) = 2$$

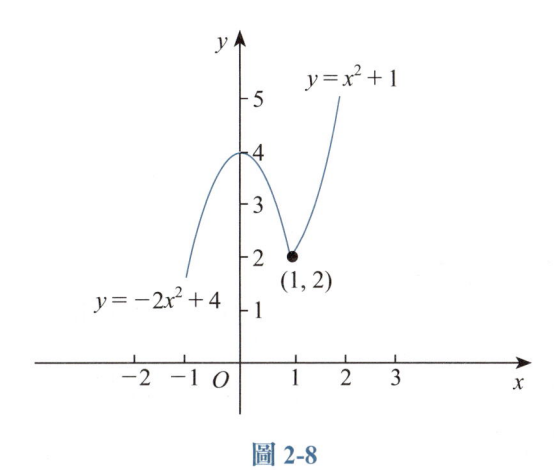

圖 2-8

習題 2-3

求 1～6 題中的極限。

1. $\lim_{x \to -10^+} \dfrac{x+10}{\sqrt{(x+10)^2}}$
2. $\lim_{x \to -4^+} \dfrac{2x^2+5x-12}{x^2+3x-4}$
3. $\lim_{x \to 3^+} \dfrac{x-3}{\sqrt{x^2-9}}$

4. $\lim_{x \to 0} \dfrac{x}{x^2+|x|}$ (提示：$|x| = \begin{cases} x, & \text{若 } x \geq 0 \\ -x, & \text{若 } x < 0 \end{cases}$，利用單邊極限。)

5. $\lim_{x \to 3^-} \dfrac{|x-3|}{x-3}$

6. $\lim_{x \to 0} \dfrac{|x^3-x|}{x^2+2x}$ (提示：$|x^3-x| = |x(x^2-1)| = |x||x^2-1|$)

7. $\lim_{x \to n}([x]-x^2)$，$n \in \mathbb{N}$

8. $\lim_{x \to 0^+} x^2\left[\dfrac{1}{x} - \dfrac{1}{x^2}\right]$ ([ ] 表高斯符號)

9. $\lim_{x \to n}[x-[x]]$，$n \in \mathbb{N}$

10. $\lim_{x \to 3} \dfrac{x-[x]}{x-1}$

11. 設 $f(x) = \begin{cases} 3-x, & \text{若 } x < 2 \\ \dfrac{x}{2}+1, & \text{若 } x > 2 \end{cases}$，試繪 f 的圖形，並求 $\lim_{x \to 2} f(x)$。

12. 設 $f(x) = \begin{cases} x^2-2x, & \text{若 } x < 2 \\ 1, & \text{若 } x = 2 \\ x^2-6x+8, & \text{若 } x > 2 \end{cases}$，試繪 f 的圖形，並求 $\lim_{x \to 2} f(x)$。

13. 設 $f(x)$ 與 $g(x)$ 分別定義如下：

$$f(x) = \begin{cases} x^2+2x, & x \leq 1 \\ 2x, & x > 1 \end{cases} \quad g(x) = \begin{cases} 2x^3, & x \leq 1 \\ 3, & x > 1 \end{cases}$$

試求 $\lim_{x \to 1}[f(x) \cdot g(x)]$ (倘若此極限存在)。

14. 若 $f(x) = \begin{cases} 3x+5 &, 若 x \leq 2 \\ 13-x &, 若 x > 2 \end{cases}$，試計算下列的極限。

   (1) $\lim\limits_{x \to 2^-} \dfrac{f(x)-f(2)}{x-2}$ (2) $\lim\limits_{x \to 2^+} \dfrac{f(x)-f(2)}{x-2}$

15. "若 $\lim\limits_{x \to a} |f(x)| = |M|$，則 $\lim\limits_{x \to a} f(x) = M$ 成立"，該敘述若為正確則證明之，若錯誤則舉反例。

2-4 連續性

在介紹極限 $\lim\limits_{x \to a} f(x)$ 定義的時候，我們強調 $x \neq a$ 的限制，而並不考慮 a 是否在 f 的定義域內；縱使 f 在 a 沒有定義，$\lim\limits_{x \to a} f(x)$ 仍可能存在，若 f 在 a 有定義，且 $\lim\limits_{x \to a} f(x)$ 存在，則此極限可能等於，也可能不等於 $f(a)$。

現在，我們用極限的方法來定義函數的連續。

定義 2-3

若下列條件：
(1) $f(a)$ 有定義 (2) $\lim\limits_{x \to a} f(x)$ 存在 (3) $\lim\limits_{x \to a} f(x) = f(a)$

皆滿足，則稱函數 f 在 a 為**連續**。

若在此定義中有任何條件不成立，則稱 f 在 a 為**不連續**，a 稱為 f 的**不連續點**，如圖 2-9 所示。

如果函數 f 在開區間 (a, b) 中的所有點皆連續，則稱 f 在 (a, b) 為**連續**，在 $(-\infty, \infty)$ 為連續的函數稱為**處處連續**，或簡稱為**連續**。

關於定義 2-3(3) 不成立時之不連續，我們可重新定義 $f(a)$ 之值，使得 $\lim\limits_{x \to a} f(x) = f(a)$，因而 $f(x)$ 在 $x = a$ 為連續。故稱 $f(x)$ 為**可移去之不連續**，即 $f(x)$ 在 $x = a$ 具有一可移去之不連續點。

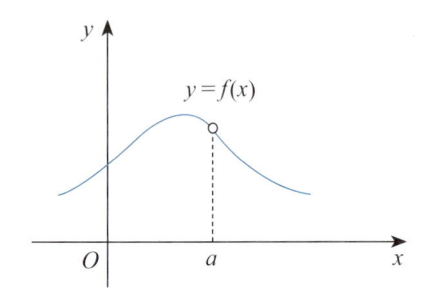

(i) $f(x)$ 在 $x = a$ 為不連續，因為 $f(a)$ 無定義。

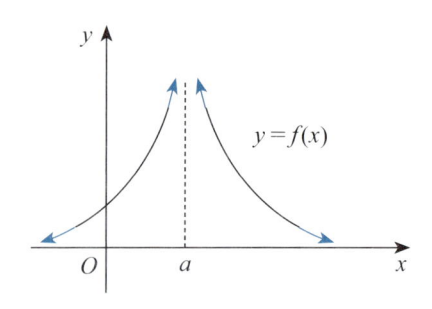

(ii) $f(x)$ 在 $x = a$ 為無窮不連續，因為 $f(x)$ 在 $x = a$ 無定義。

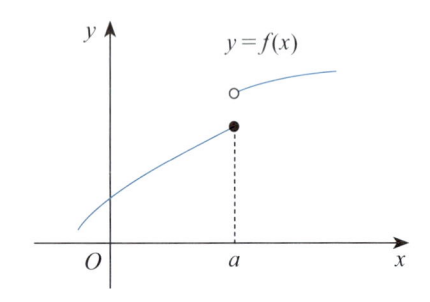

(iii) $f(x)$ 在 $x = a$ 為跳躍不連續，因為 $\lim_{x \to a^-} f(x) \neq \lim_{x \to a^+} f(x)$。

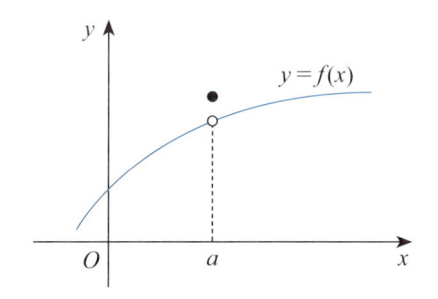

(iv) $f(x)$ 在 $x = a$ 為可移去之不連續，因為 $\lim_{x \to a} f(x) \neq f(a)$。

圖 2-9

【例題 1】設 $f(x) = \dfrac{1}{x-3}$，因 $f(x)$ 在 $x = 3$ 不可定義，故 f 在 $x = 3$ 為不連續。此種不連續稱之為**無窮不連續**。

【例題 2】設

$$f(x) = \frac{x^2 - 9}{x - 3}, \quad g(x) = \begin{cases} \dfrac{x^2 - 9}{x - 3}, & x \neq 3 \\ 3, & x = 3 \end{cases}$$

因 $f(3)$ 無定義，故 f 在 $x = 3$ 為不連續 (圖 2-10(i))。

又， $\lim\limits_{x \to 3} g(x) = \lim\limits_{x \to 3} \dfrac{x^2 - 9}{x - 3} = \lim\limits_{x \to 3}(x + 3) = 6 \neq g(3)$

故 g 在 $x = 3$ 為不連續 (圖 2-10(ii))。但如果我們重新定義 $g(3) = 6$，則 $\lim\limits_{x \to 3} g(x) = g(3) = 6$，故 g 在 $x = 3$ 為連續。

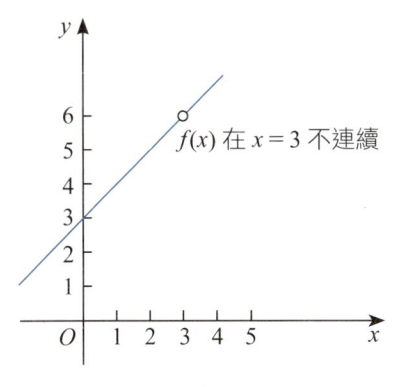

第 2 章 函數的極限與連續

(i) $f(x) = \dfrac{x^2 - 9}{x - 3}$，$x \neq 3$

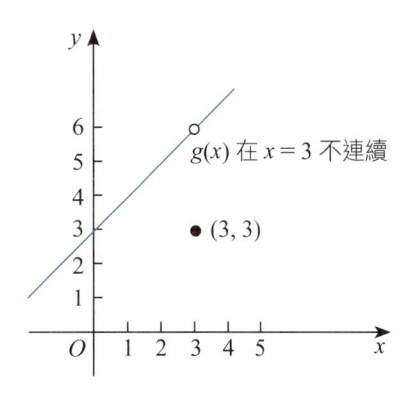

(ii) $g(x) = \dfrac{x^2 - 9}{x - 3}$，$x \neq 3$；$g(3) = 3$

圖 2-10

【例題 3】若函數定義為 $f(x) = \begin{cases} 4x^2 - 2, & \text{若 } x \geq 0 \\ 2x + 2, & \text{若 } x < 0 \end{cases}$，試問函數 $f(x)$ 在 $x = 0$ 處是否連續？

【解】$\lim\limits_{x \to 0^+} f(x) = \lim\limits_{x \to 0^+} (4x^2 - 2) = -2$，$\lim\limits_{x \to 0^-} f(x) = \lim\limits_{x \to 0^-} (2x + 2) = 2$

由於 f 在 $x = 0$ 的左、右極限不相等，故 $\lim\limits_{x \to 0} f(x)$ 不存在，由連續的定義知 f 在 $x = 0$ 不連續，此種不連續稱之為<u>跳躍不連續</u>。如圖 2-11 所示。

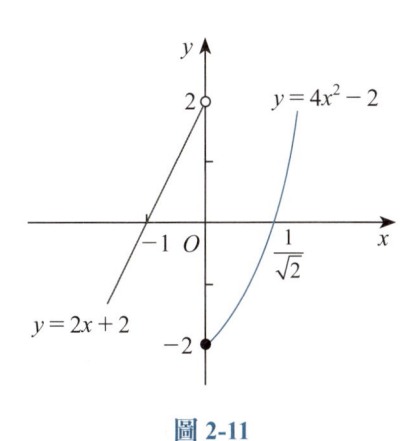

圖 2-11

【例題 4】設 $f(x) = \begin{cases} \dfrac{x - 4}{\sqrt{x} - 2}, & x \neq 4 \\ k, & x = 4 \end{cases}$，若 $f(x)$ 在 $x = 4$ 時連續，試求 k 值。

【解】因 $\lim\limits_{x \to 4} f(x) = \lim\limits_{x \to 4} \dfrac{x - 4}{\sqrt{x} - 2} = \lim\limits_{x \to 4} \dfrac{(x - 4)(\sqrt{x} + 2)}{(\sqrt{x} - 2)(\sqrt{x} + 2)}$

$= \lim\limits_{x \to 4} \dfrac{(x - 4)(\sqrt{x} + 2)}{x - 4} = \lim\limits_{x \to 4} (\sqrt{x} + 2) = 4$

若 $f(x)$ 在 $x=4$ 時連續，則 $\lim_{x \to 4} f(x) = f(4) = k$，所以 $k=4$。

定理 2-2 可用來建立下面的基本結果。

定理 2-10

若兩函數 f 與 g 在 a 皆為連續，則 cf、$f+g$、$f-g$、fg 與 f/g $(g(a) \neq 0)$ 在 a 也為連續。

證明
$$\lim_{x \to a}(f+g)(x) = \lim_{x \to a}[f(x)+g(x)] = \lim_{x \to a} f(x) + \lim_{x \to a} g(x)$$
$$= f(a) + g(a)$$
$$= (f+g)(a)$$

故 $f+g$ 在 a 為連續。

其餘部分的證明也可類推。

上面的定理可以推廣為：若 $f_1, f_2, \cdots, f_n$ 在 a 為連續，則

1. $c_1 f_1 + c_2 f_2 + \cdots + c_n f_n$ 在 a 也為連續，其中 $c_1, c_2, \cdots, c_n$ 皆為任意常數。
2. $f_1 \cdot f_2 \cdot \cdots \cdot f_n$ 在 a 也為連續。

定理 2-11

(1) 多項式函數為連續函數。

(2) 有理函數在除了使分母為零的點以外皆為連續。

【例題 5】函數 $f(x) = \dfrac{x^2-9}{x^2-x-6}$ 在何處連續？

【解】因 $x^2-x-6=0$ 的解為 $x=-2$ 與 $x=3$，故 f 在這些點以外皆為連續。即 f 在集合 $\{x \mid x \in (-\infty,-2) \cup (-2,3) \cup (3,\infty)\}$ 中連續。

定理 2-12

若函數 g 在 a 為連續，且函數 f 在 $g(a)$ 為連續，則合成函數 $f \circ g$ 在 a 也為連續，即

$$\lim_{x \to a} f(g(x)) = f(\lim_{x \to a} g(x)) = f(g(a))$$

【例題 6】設 $f(x) = |x|$，試證：f 在所有實數 a 皆為連續。

【解】
$$\lim_{x \to a} f(x) = \lim_{x \to a} |x| = \lim_{x \to a} \sqrt{x^2} = \sqrt{\lim_{x \to a} x^2}$$
$$= \sqrt{a^2} = |a| = f(a)$$

故 f 在 a 為連續。

【例題 7】試證 $h(x) = |x^2 - 3x + 2|$ 在每一實數皆為連續。

【解】令 $f(x) = |x|$ 且 $g(x) = x^2 - 3x + 2$。因為 $f(x)$ 與 $g(x)$ 在每一實數皆連續，所以此兩函數之合成函數為

$$h(x) = f(g(x)) = |x^2 - 3x + 2|$$

在每一實數也連續。

函數的連續觀念由函數的極限而得，我們現在利用函數單邊極限的觀念來討論函數的單邊連續。

定義 2-4

若下列條件：

(1) $f(a)$ 有定義 (2) $\lim_{x \to a^+} f(x)$ 存在 (3) $\lim_{x \to a^+} f(x) = f(a)$

皆滿足，則稱函數 f 在 a 為右連續。

若下列條件：

(1) $f(a)$ 有定義 (2) $\lim_{x \to a^-} f(x)$ 存在 (3) $\lim_{x \to a^-} f(x) = f(a)$

皆滿足，則稱函數 f 在 a 為左連續。

右連續與左連續皆稱為單邊連續。

【例題 8】 對每一整數 n，高斯函數 $f(x) = [x]$ 為右連續而非左連續。因為

$$\lim_{x \to n^+} f(x) = \lim_{x \to n^+} [x] = n = f(n)$$

但 $$\lim_{x \to n^-} f(x) = \lim_{x \to n^-} [x] = n-1 \neq f(n)$$

如同定理 2-9，我們可得到下面的定理。

定理 2-13

函數 f 在 a 為連續，若且唯若 $\lim_{x \to a^+} f(x) = \lim_{x \to a^-} f(x) = f(a)$。

【例題 9】 設 $g(x) = \begin{cases} kx+1, & \text{若 } x \leq 3 \\ 2-kx, & \text{若 } x > 3 \end{cases}$ 在 $x = 3$ 為連續，試求 k 值。

【解】
$$\lim_{x \to 3^+} g(x) = \lim_{x \to 3^+} (2-kx) = 2-3k$$
$$\lim_{x \to 3^-} g(x) = \lim_{x \to 3^-} (kx+1) = 3k+1 = g(3)$$

因 $g(x)$ 在 $x = 3$ 為連續，故 $2-3k = 3k+1$，得 $k = \dfrac{1}{6}$。

由函數在一點上之連續，可利用<u>單邊連續</u>定義函數在區間上之連續。

定義 2-5

若下列條件：
(1) f 在 (a, b) 為連續　　(2) f 在 a 為右連續　　(3) f 在 b 為左連續
皆滿足，則稱函數 f 在閉區間 $[a, b]$ 為連續。

【例題 10】 試證函數 $f(x) = 1 - \sqrt{1-x^2}$ 在閉區間 $[-1, 1]$ 中為連續。

【解】 (1) 若 $-1 < a < 1$，利用極限定理，得

$$\lim_{x \to a} f(x) = \lim_{x \to a} [1 - \sqrt{1-x^2}] = \lim_{x \to a} 1 - \lim_{x \to a} \sqrt{1-x^2}$$
$$= 1 - \sqrt{1-a^2} = f(a)$$

故 $f(x)$ 於 $(-1, 1)$ 中連續。

(2) $\lim_{x \to -1^+} f(x) = \lim_{x \to -1^+} [1 - \sqrt{1-x^2}] = 1 = f(-1)$

故 $f(x)$ 在 $x = -1$ 為右連續。

(3) $\lim_{x \to 1^-} f(x) = \lim_{x \to 1^-} [1 - \sqrt{1-x^2}] = 1 = f(1)$

故 $f(x)$ 在 $x = 1$ 為左連續。

依定義 2-5 知 $f(x)$ 在 $[-1, 1]$ 中為連續。

定理 2-14 介值定理

若函數 f 在閉區間 $[a, b]$ 為連續，且 k 為介於 $f(a)$ 與 $f(b)$ 之間的一數，則在開區間 (a, b) 中至少存在一數 c 使得 $f(c) = k$。

此定理又稱為中間值定理，雖然直觀上很顯然，但是不太容易證明，其證明可在高等微積分書本中找到。

設函數 f 在閉區間 $[a, b]$ 為連續，即 f 的圖形在 $[a, b]$ 中沒有斷點。若 $f(a) < f(b)$，則定理 2-14 告訴我們，在 $f(a)$ 與 $f(b)$ 之間任取一數 k，應有一條 y-截距為 k 的水平線，它與 f 的圖形至少相交於一點 P，而 P 點的 x-坐標 c 就是使 $f(c) = k$ 的實數，如圖 2-12 所示。

下面很有用的定理 2-15 是介值定理的直接結果。

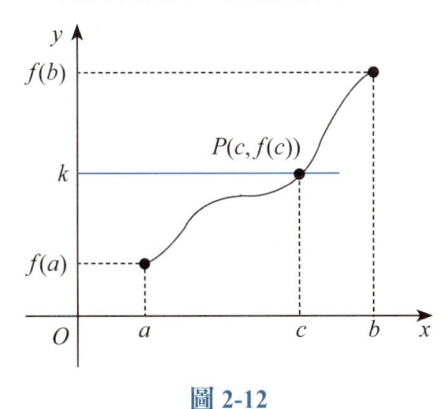

圖 2-12

定理 2-15

若函數 f 在閉區間 $[a, b]$ 為連續，且 $f(a)f(b) < 0$，則方程式 $f(x) = 0$ 在開區間 (a, b) 中至少有一解。

【例題 11】試證：方程式 $x^3 + 3x - 1 = 0$ 在開區間 $(0, 1)$ 中有解。

【解】令 $f(x) = x^3 + 3x - 1$，則 f 在閉區間 $[0, 1]$ 為連續。

又 $f(0) \cdot f(1) = (-1) \cdot 3 = -3 < 0$，故依定理 2-15，方程式 $f(x) = 0$ 在開區間 $(0, 1)$ 中有解，即方程式 $x^3 + 3x - 1 = 0$ 在 $(0, 1)$ 中有解。 ■

習題 2-4

1. 下列的函數於何處不連續？說明其理由，並作圖。

   (1) $f(x) = \dfrac{x^2 - x - 2}{x - 2}$

   (2) $f(x) = \begin{cases} \dfrac{x^2 - x - 2}{x - 2}, & \text{若 } x \neq 2 \\ 2, & \text{若 } x = 2 \end{cases}$

   (3) $f(x) = \begin{cases} \dfrac{1}{x^2}, & \text{若 } x \neq 0 \\ 2, & \text{若 } x = 0 \end{cases}$

   (4) $f(x) = \begin{cases} 2x + 2, & \text{若 } x \leq -1 \\ x^2, & \text{若 } x > -1 \end{cases}$

2. 設 $f(x) = \begin{cases} \dfrac{x - 2}{\sqrt{x + 2} - 2}, & x \neq 2 \\ k, & x = 2 \end{cases}$；若 $f(x)$ 在 $x = 2$ 時連續，試求 k 值。

(提示：求極限時分子與分母同乘以 $(\sqrt{x + 2} + 2)$。)

在 3～6 題中，證明 f 在所予實數 a 為連續。

3. $f(x) = \sqrt{2x - 5} + 3x$；$a = 4$

4. $f(x) = \dfrac{\sqrt[3]{x}}{2x + 1}$；$a = 8$

5. $f(x) = \begin{cases} 4 - 3x^2, & x < 0 \\ 4, & x = 0 \\ \sqrt{16 - x^2}, & 0 < x < 4 \end{cases}$；$a = 0$ $\left(\text{提示：} \lim_{x \to 0} f(x) \text{ 存在} \Leftrightarrow \lim_{x \to 0^-} f(x) = \lim_{x \to 0^+} f(x)\right)$

6. $f(x) = \begin{cases} 5 - x, & 1 \leq x \leq 2 \\ x^2 - 1, & 2 < x \leq 3 \end{cases}$；$a = 2$

7. 設函數 h 定義為 $h(x) = \dfrac{9x^2 - 4}{3x + 2}$，$x \neq -\dfrac{2}{3}$，若要使 h 在 $x = -\dfrac{2}{3}$ 為連續，則

$h\left(-\dfrac{2}{3}\right)$ 應為何值？

8. 試證：方程式 $x^5 - 3x^4 - 2x^3 - x + 1 = 0$ 有一根介於 0 與 1 之間。

2-5 無窮極限與漸近線

在微積分中，除了所涉及的數是實數之外，常採用兩個符號 ∞ 與 $-\infty$，分別讀作 (正) 無限大與負無限大，但它們並不是數。

首先，我們考慮函數 $f(x) = \dfrac{1}{(x-1)^2}$，如圖 2-13 所示。若 x 趨近 1 (但 $x \neq 1$)，則分母 $(x-1)^2$ 趨近 0，故 $f(x)$ 會變得非常大。的確，藉選取充分接近 1 的 x，可使 $f(x)$ 大到所需的程度，$f(x)$ 的這種變化以符號記為

$$\lim_{x \to 1} \dfrac{1}{(x-1)^2} = \infty$$

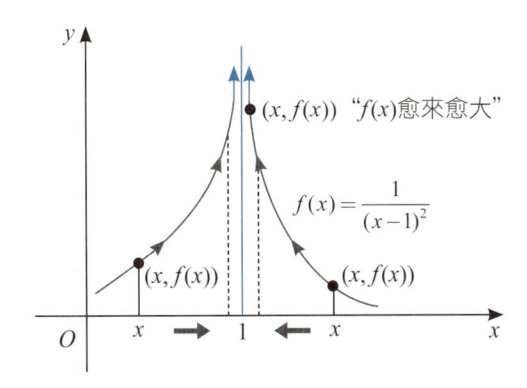

圖 2-13　$\lim\limits_{x \to 1} f(x) = \infty$

此種極限稱之為**無窮極限**。

無窮極限

> **定義 2-6　直觀的定義**
>
> 設函數 f 定義在包含 a 的某開區間，但可能在 a 除外。敘述
>
> $$\lim_{x \to a} f(x) = \infty$$
>
> 的意義為：當 x 充分趨近 a 時，$f(x)$ 的值變成任意大。

$\lim\limits_{x \to a} f(x) = \infty$ 可讀作："當 x 趨近 a 時，$f(x)$ 的極限為無限大。" 或 "當 x 趨近 a 時，$f(x)$ 的值變成無限大。" 或 "當 x 趨近 a 時，$f(x)$ 的值無限遞增。"

> **定義 2-7　直觀的定義**
>
> 設函數 f 定義在包含 a 的某開區間，但可能在 a 除外，敘述
>
> $$\lim_{x \to a} f(x) = -\infty$$
>
> 的意義為：當 x 充分靠近 a 時，$f(x)$ 的值變成任意小。

$\lim\limits_{x \to a} f(x) = -\infty$ 可讀作："當 x 趨近 a 時，$f(x)$ 的極限為負無限大。" 或 "當 x 趨近 a 時，$f(x)$ 的值變成負無限大。" 或 "當 x 趨近 a 時，$f(x)$ 的值無限遞減。" 此定義的幾何說明如圖 2-14 所示

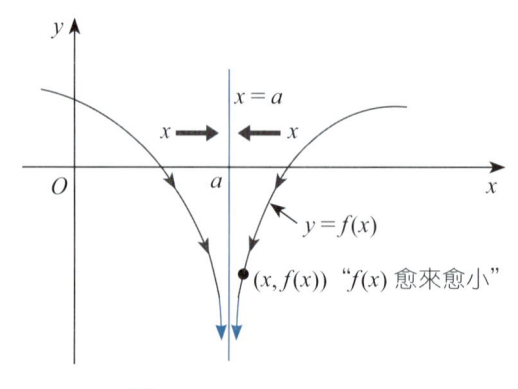

圖 2-14　$\lim\limits_{x \to a} f(x) = -\infty$

仿照單邊極限的定義，讀者可試著將下列單邊極限的定義寫出來

$$\lim_{x \to a^+} f(x) = \infty, \ \lim_{x \to a^+} f(x) = -\infty$$
$$\lim_{x \to a^-} f(x) = \infty, \ \lim_{x \to a^-} f(x) = -\infty$$

下面定理在探求某些極限時相當好用，我們僅敘述而不加以證明。

定理 2-16

(1) 若 n 為正偶數，則

$$\lim_{x \to a} \frac{1}{(x-a)^n} = \infty$$

(2) 若 n 為正奇數，則

$$\lim_{x \to a^+} \frac{1}{(x-a)^n} = \infty, \ \lim_{x \to a^-} \frac{1}{(x-a)^n} = -\infty$$

定理 2-17

若 $\lim\limits_{x \to a} f(x) = \infty$ 且 $\lim\limits_{x \to a} g(x) = M$，則

(1) $\lim\limits_{x \to a} [f(x) \pm g(x)] = \infty$

(2) $\lim\limits_{x \to a} [f(x) \cdot g(x)] = \infty$ ， $\lim\limits_{x \to a} \dfrac{f(x)}{g(x)} = \infty$ (若 $M > 0$)

(3) $\lim\limits_{x \to a} [f(x) \cdot g(x)] = -\infty$ ， $\lim\limits_{x \to a} \dfrac{f(x)}{g(x)} = -\infty$ (若 $M < 0$)

(4) $\lim\limits_{x \to a} \dfrac{g(x)}{f(x)} = 0$

上面定理中的 $x \to a$ 改成 $x \to a^+$ 或 $x \to a^-$ 時，仍可成立。對於 $\lim\limits_{x \to a} f(x) = -\infty$ 也可得出類似的定理。

【例題 1】求 $\lim\limits_{x\to 1^-}\dfrac{|x^2-1|+1}{x^2-1}$。

【解】當 $x\to 1^-$ 時，$|x^2-1|+1\to 1$ 且 $x^2-1\to 0^-$，故

$$\lim_{x\to 1^-}\dfrac{|x^2-1|+1}{x^2-1}=-\infty$$

【例題 2】設 $f(x)=\dfrac{x+3}{x^2-4}$，試討論 $\lim\limits_{x\to 2^+}f(x)$ 與 $\lim\limits_{x\to 2^-}f(x)$。

【解】首先將 $f(x)$ 寫成

$$f(x)=\dfrac{x+3}{(x-2)(x+2)}=\dfrac{1}{x-2}\cdot\dfrac{x+3}{x+2}$$

因

$$\lim_{x\to 2^+}\dfrac{1}{x-2}=\infty,\ \lim_{x\to 2^+}\dfrac{x+3}{x+2}=\dfrac{5}{4}$$

故由定理 2-17(2) 可知

$$\lim_{x\to 2^+}f(x)=\lim_{x\to 2^+}\left(\dfrac{1}{x-2}\cdot\dfrac{x+3}{x+2}\right)=\infty$$

因

$$\lim_{x\to 2^-}\dfrac{1}{x-2}=-\infty,\ \lim_{x\to 2^-}\dfrac{x+3}{x+2}=\dfrac{5}{4}$$

故

$$\lim_{x\to 2^-}f(x)=\lim_{x\to 2^-}\left(\dfrac{1}{x-2}\cdot\dfrac{x+3}{x+2}\right)=-\infty$$

定義 2-8　函數圖形的垂直漸近線

若

(1) $\lim\limits_{x\to a^+}f(x)=\infty$ 　　　　(2) $\lim\limits_{x\to a}f(x)=\infty$

(3) $\lim\limits_{x\to a^+}f(x)=-\infty$ 　　　(4) $\lim\limits_{x\to a}f(x)=-\infty$

中有一者成立，則稱直線 $x=a$ 為函數 f 之圖形的垂直漸近線。

函數 $f(x) = \dfrac{1}{(x+2)^2}$ 的圖形如圖 2-15 所示。在該圖形中，直線 $x = -2$ 為垂直漸近線，f 在 $x = -2$ 處為不連續。

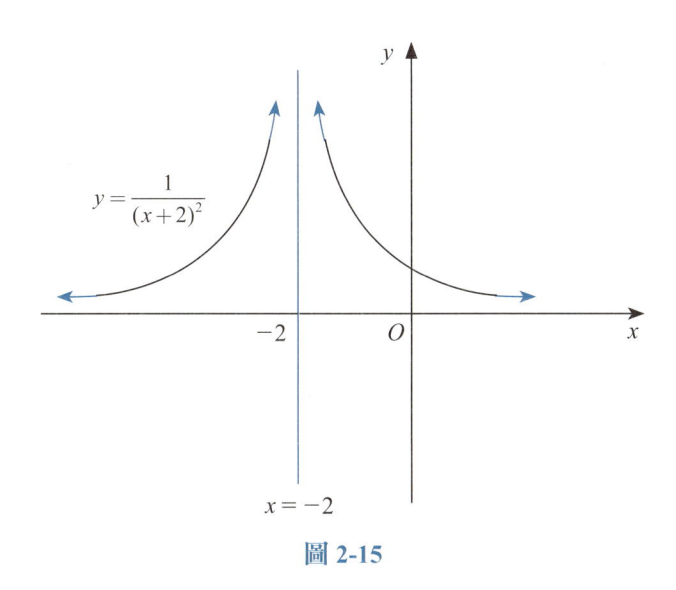

圖 2-15

【例題 3】試求下列函數圖形之所有垂直漸近線。

$$f(x) = \dfrac{x^2}{9-x^2}$$

【解】(i) 因 $\displaystyle\lim_{x \to 3^+} f(x) = \lim_{x \to 3^+} \dfrac{x^2}{9-x^2} = \lim_{x \to 3^+} \dfrac{x^2}{3+x} \cdot \lim_{x \to 3^+} \dfrac{1}{3-x}$

$\qquad\qquad = \dfrac{9}{6} \cdot (-\infty) = -\infty$

$\displaystyle\lim_{x \to 3^-} f(x) = \lim_{x \to 3^-} \dfrac{x^2}{9-x^2} = \lim_{x \to 3^-} \dfrac{x^2}{3+x} \cdot \lim_{x \to 3^-} \dfrac{1}{3-x}$

$\qquad\qquad = \dfrac{9}{6} \cdot (\infty) = \infty$

故 $x = 3$ 為垂直漸近線。

(ii) 因 $\displaystyle\lim_{x \to -3^+} f(x) = \lim_{x \to -3^+} \dfrac{x^2}{9-x^2} = \lim_{x \to -3^+} \dfrac{x^2}{3-x} \cdot \lim_{x \to -3^+} \dfrac{1}{3+x}$

$\qquad\qquad = \dfrac{9}{6} \cdot (\infty) = \infty$

$$\lim_{x \to -3^-} f(x) = \lim_{x \to -3^-} \frac{x^2}{9-x^2} = \lim_{x \to -3^-} \frac{x^2}{3-x} \cdot \lim_{x \to -3^-} \frac{1}{3+x}$$
$$= \frac{9}{6} \cdot (-\infty) = -\infty$$

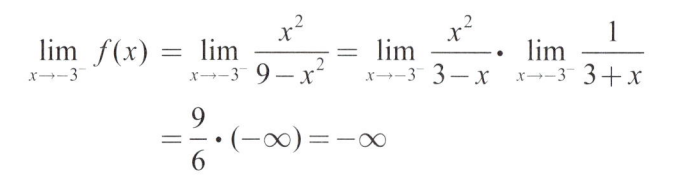

故 $x = -3$ 為垂直漸近線。

在正無限大處或負無限大處之極限

現在，考慮 $f(x) = 1 + \dfrac{1}{x}$，可知

$$\begin{aligned} f(100) &= 1.01 \\ f(1000) &= 1.001 \\ f(10000) &= 1.0001 \\ f(100000) &= 1.00001 \end{aligned}$$

....

換句話說，當 x 為正且夠大時，$f(x)$ 趨近 1，記為

$$\lim_{x \to \infty}\left(1 + \frac{1}{x}\right) = 1$$

同理，

$$\begin{aligned} f(-100) &= 0.99 \\ f(-1000) &= 0.999 \\ f(-10000) &= 0.9999 \\ f(-100000) &= 0.99999 \end{aligned}$$

....

當 x 為負且 $|x|$ 夠大時，$f(x)$ 趨近 1，記為

$$\lim_{x \to -\infty}\left(1 + \frac{1}{x}\right) = 1$$

定義 2-9　直觀的定義

設函數 f 定義在開區間 (a, ∞)，且令 L 為一實數，

$$\lim_{x \to \infty} f(x) = L$$

的意義為：當 x 充分大時，$f(x)$ 的值可任意趨近 L。

$\lim\limits_{x \to \infty} f(x) = L$ 可讀作："當 x 趨近無限大時，$f(x)$ 的極限為 L。"或"當 x 變成無限大時，$f(x)$ 的極限為 L。"或"當 x 無限遞增時，$f(x)$ 的極限為 L。"此定義的幾何說明如圖 2-16 所示。

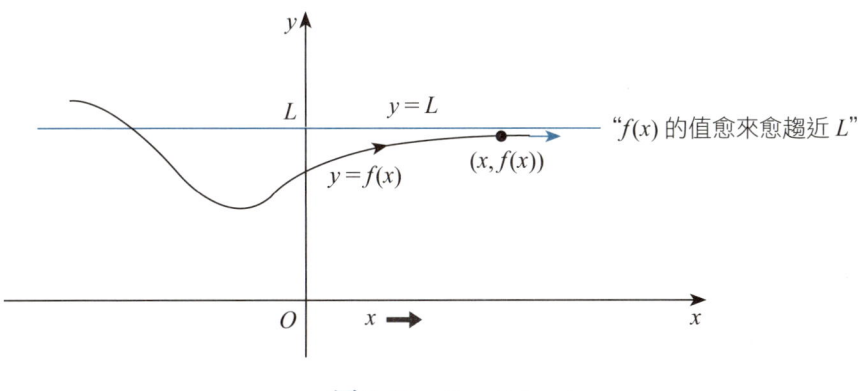

圖 2-16　$\lim\limits_{x \to \infty} f(x) = L$

定義 2-10　直觀的定義

設函數 f 定義在開區間 $(-\infty, a)$，且令 L 為一實數，

$$\lim_{x \to -\infty} f(x) = L$$

的意義為：當 x 充分小時，$f(x)$ 的值可任意趨近 L。

$\lim\limits_{x \to -\infty} f(x) = L$ 可讀作："當 x 趨近負無限大時，$f(x)$ 的極限為 L。"或"當 x 變成負無限大時，$f(x)$ 的極限為 L。"或"當 x 無限遞減時，$f(x)$ 的極限為 L。"此定義的幾何說明如圖 2-17 所示。

圖 2-17　$\lim\limits_{x\to-\infty} f(x) = L$

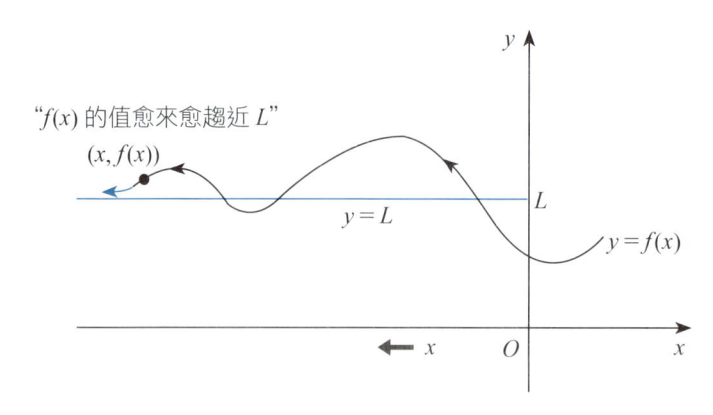

定理 2-2 與 2-7 有關極限之性質對 $x \to \infty$ 或 $x \to -\infty$ 的情形仍然成立，我們不用證明也可得知

$$\lim_{x\to\infty} c = c, \quad \lim_{x\to-\infty} c = c$$

此處 c 為常數。

定理 2-18

若 r 為正有理數，c 為任意實數，則

(1) $\lim\limits_{x\to\infty} \dfrac{c}{x^r} = 0$ 　　　　(2) $\lim\limits_{x\to-\infty} \dfrac{c}{x^r} = 0$

此處假設 x^r 有意義。

定理 2-19

設有理函數 $R(x) = \dfrac{f(x)}{g(x)}$，其中

$$f(x) = a_n x^n + a_{n-1} x^{n-1} + a_{n-2} x^{n-2} + \cdots + a_1 x + a_0 \quad (a_n \neq 0)$$
$$g(x) = b_m x^m + b_{m-1} x^{m-1} + b_{m-2} x^{m-2} + \cdots + b_1 x + b_0 \quad (b_m \neq 0)$$

則

$$\lim_{x\to\pm\infty} \frac{f(x)}{g(x)} = \begin{cases} \pm\infty, & \text{若 } n > m \\ \dfrac{a_n}{b_m}, & \text{若 } n = m \\ 0, & \text{若 } n < m \end{cases}$$

第 2 章　函數的極限與連續

【例題 4】求 $\lim\limits_{x\to\infty}\dfrac{x^2+x+1}{3x^2-4x+5}$。

【解】
$$\lim_{x\to\infty}\frac{x^2+x+1}{3x^2-4x+5} \qquad \leftarrow \lim_{x\to\infty}(x^2+x+1)=\infty \\ \leftarrow \lim_{x\to\infty}(3x^2-4x+5)=\infty$$

$$\lim_{x\to\infty}\frac{x^2+x+1}{3x^2-4x+5}=\lim_{x\to\infty}\frac{1+\dfrac{1}{x}+\dfrac{1}{x^2}}{3-\dfrac{4}{x}+\dfrac{5}{x^2}} \qquad \text{以 } x^2 \text{ 同除分子與分母}$$

$$=\frac{\lim\limits_{x\to\infty}\left(1+\dfrac{1}{x}+\dfrac{1}{x^2}\right)}{\lim\limits_{x\to\infty}\left(3-\dfrac{4}{x}+\dfrac{5}{x^2}\right)} \qquad \text{利用定理 2-2(6)}$$

$$=\frac{\lim\limits_{x\to\infty}1+\lim\limits_{x\to\infty}\dfrac{1}{x}+\lim\limits_{x\to\infty}\dfrac{1}{x^2}}{\lim\limits_{x\to\infty}3-\lim\limits_{x\to\infty}\dfrac{4}{x}+\lim\limits_{x\to\infty}\dfrac{5}{x^2}} \qquad \text{利用定理 2-2(3)}$$

$$=\frac{1}{3} \qquad \text{利用定理 2-18}$$

註　若直接利用定理 2-19，極限值亦為 $\dfrac{1}{3}$。

【例題 5】求 $\lim\limits_{x\to\infty}\sqrt[3]{\dfrac{x-5}{8x+1}}$。

【解】
$$\lim_{x\to\infty}\sqrt[3]{\frac{x-5}{8x+1}}=\sqrt[3]{\lim_{x\to\infty}\frac{x-5}{8x+1}} \qquad \text{利用定理 2-7}$$

$$=\sqrt[3]{\lim_{x\to\infty}\frac{1-\dfrac{5}{x}}{8+\dfrac{1}{x}}} \qquad \text{以 } x \text{ 同除分子與分母}$$

$$=\sqrt[3]{\frac{\lim\limits_{x\to\infty}\left(1-\dfrac{5}{x}\right)}{\lim\limits_{x\to\infty}\left(8+\dfrac{1}{x}\right)}} \qquad \text{利用定理 2-2(6)}$$

$$=\sqrt[3]{\frac{1}{8}}=\frac{1}{2}$$

【例題 6】求 $\lim\limits_{x\to -\infty} \dfrac{x\sqrt{-x}}{\sqrt{1-9x^3}}$。

【解】利用變數變換，令 $y=-x$，則當 $x\to -\infty$ 時，$y\to \infty$。

$$\lim_{x\to -\infty} \frac{x\sqrt{-x}}{\sqrt{1-9x^3}} = \lim_{y\to \infty} \frac{-y\sqrt{y}}{\sqrt{1+9y^3}} = -\lim_{y\to \infty} \frac{\sqrt{y^3}}{\sqrt{1+9y^3}}$$

$$= -\lim_{y\to \infty} \sqrt{\frac{y^3}{1+9y^3}} = -\lim_{y\to \infty} \sqrt{\frac{1}{\frac{1}{y^3}+9}} = -\frac{1}{3}$$

【例題 7】求 $\lim\limits_{x\to -\infty} \dfrac{\sqrt{x^2+2}}{6x-5}$。

【解】我們以 x 同除分子與分母，但在分子中，我們將 x 寫成 $x=-\sqrt{x^2}$（因 x 為負，故 $\sqrt{x^2}=|x|=-x$），於是，

$$\lim_{x\to -\infty}\frac{\sqrt{x^2+2}}{6x-5} = \lim_{x\to -\infty}\frac{\dfrac{\sqrt{x^2+2}}{x}}{\dfrac{6x-5}{x}} = \lim_{x\to -\infty}\frac{\sqrt{x^2+2}/(-\sqrt{x^2})}{6-5/x}$$

$$= \lim_{x\to -\infty}\frac{-\sqrt{1+2/x^2}}{6-5/x} = -\frac{1}{6}$$

【例題 8】求 $\lim\limits_{x\to \infty} \dfrac{[x]}{x}$。

【解】$x-1 < [x] \leq x \quad \forall x \in \mathbb{R}$

因 $x\to \infty$，故 $x>0$。不等式兩邊同除以 x，

$$1-\frac{1}{x} < \frac{[x]}{x} \leq 1 \qquad \text{不等式同除以 } x\,(x>0)$$

由於 $\qquad \lim\limits_{x\to \infty}\left(1-\dfrac{1}{x}\right)=1,\quad \lim\limits_{x\to \infty} 1 = 1$

故依夾擠定理知 $\qquad \lim\limits_{x\to \infty}\dfrac{[x]}{x}=1$

【例題 9】求 $\lim_{x\to\infty}(\sqrt{1+x^2}-x)$。

【解】
$$\lim_{x\to\infty}(\sqrt{1+x^2}-x) = \lim_{x\to\infty}\left[(\sqrt{1+x^2}-x)\cdot\frac{\sqrt{1+x^2}+x}{\sqrt{1+x^2}+x}\right]$$
$$= \lim_{x\to\infty}\frac{1+x^2-x^2}{\sqrt{1+x^2}+x} = \lim_{x\to\infty}\frac{1}{\sqrt{1+x^2}+x} = 0$$

定義 2-11 函數圖形之水平漸近線

若

(1) $\lim_{x\to\infty}f(x)=L$ (2) $\lim_{x\to-\infty}f(x)=L$

中有一者成立，則稱直線 $y=L$ 為函數 f 之圖形的水平漸近線。

【例題 10】求有理函數 $f(x)=\dfrac{2x^2}{x^2+1}$ 之圖形的水平漸近線。

【解】因
$$\lim_{x\to\infty}f(x) = \lim_{x\to\infty}\frac{2x^2}{x^2+1} = \lim_{x\to\infty}\frac{2}{1+\dfrac{1}{x^2}} = 2$$

故直線 $y=2$ 為 f 之圖形的水平漸近線，如圖 2-18 所示。

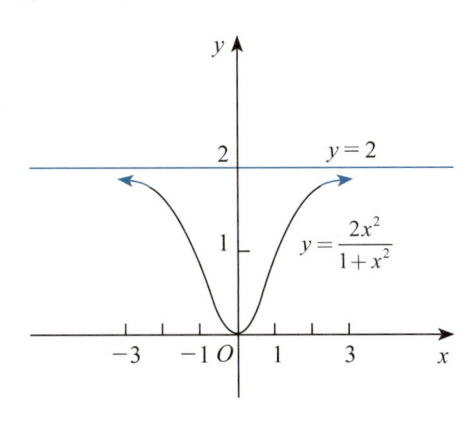

圖 2-18

【例題 11】 試求下列函數圖形的所有漸近線。

$$f(x) = \frac{x^2+2x-8}{x^2-4}$$

【解】 $f(x) = \dfrac{x^2+2x-8}{x^2-4} = \dfrac{(x-2)(x+4)}{(x-2)(x+2)} = \dfrac{x+4}{x+2}$ ，$x \neq 2$　　消去公因式 $(x-2)$

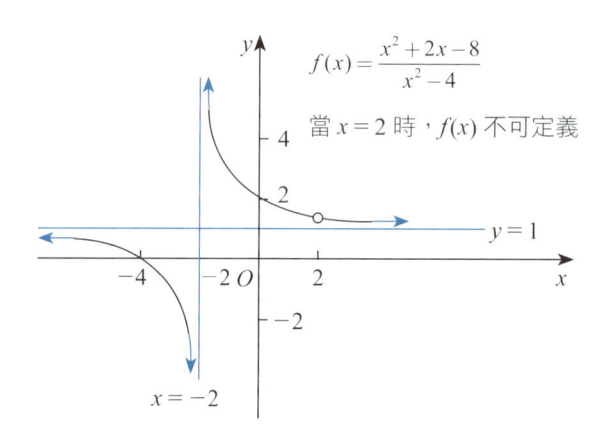

圖 2-19

對所有異於 $x = 2$ 之 x 值，f 之圖形與 $g(x) = \dfrac{x+4}{x+2}$ 之圖形一致。因

$$\lim_{x \to -2^-} \frac{x^2+2x-8}{x^2-4} = -\infty \quad 且 \quad \lim_{x \to -2^+} \frac{x^2+2x-8}{x^2-4} = \infty$$

故 $x = -2$ 為 $f(x)$ 圖形之垂直漸近線，但 $x = 2$ 並非垂直漸近線。又

$$\lim_{x \to \pm\infty} f(x) = \lim_{x \to \pm\infty} \frac{x^2+2x-8}{x^2-4} = 1$$

故 $y = 1$ 為 $f(x)$ 圖形之水平漸近線，圖形如圖 2-19 所示。

【例題 12】 利台公司製造電動打字機，預估製造 x 台打字機之總成本為每年 $C(x) = 100x + 200{,}000$ (元)，已知每台打字機之平均成本為

$$\overline{C}(x) = \frac{C(x)}{x} = \frac{100x + 200{,}000}{x} = 100 + \frac{200{,}000}{x} \text{ (元)}$$

試計算 $\lim\limits_{x \to \infty} \overline{C}(x)$ 並說明其結果。

【解】 $\lim\limits_{x\to\infty} \overline{C}(x) = \lim\limits_{x\to\infty}\left(100 + \dfrac{200,000}{x}\right) = \lim\limits_{x\to\infty} 100 + \lim\limits_{x\to\infty} \dfrac{200,000}{x} = 100$

$\overline{C}(x)$ 之圖形如圖 2-20 所示。

我們若考慮其經濟涵意，當生產水準增加時，每台電動打字機之固定成本以 $\dfrac{200,000}{x}$ (元) 表示之，平均成本下降且趨近於每台電動打字機之固定單位成本 100 元。

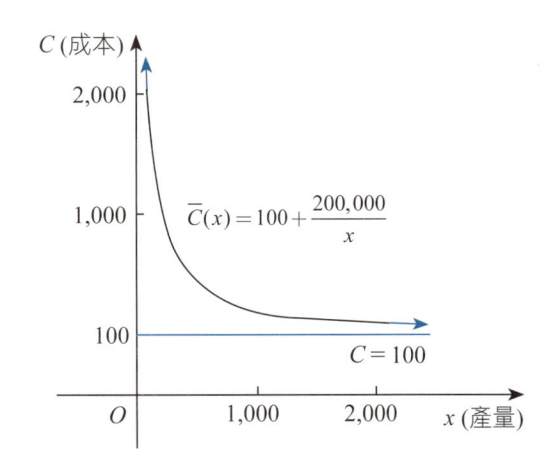

圖 2-20 當生產水準增加，平均成本趨近於每台電動打字機 $100。

定義 2-12 函數圖形之斜漸近線

若 (1) $\lim\limits_{x\to\infty}[f(x)-(ax+b)] = 0$ (2) $\lim\limits_{x\to-\infty}[f(x)-(ax+b)] = 0$ $(a\neq 0)$

中有一者成立，則稱直線 $y = ax + b$ 為函數 f 之圖形的斜漸近線。

此定義的幾何意義，即當 $x\to\infty$ 或 $x\to-\infty$ 時，介於圖形上點 $(x, f(x))$ 與直線上

點 $(x, ax+b)$ 之間的垂直距離 $d(x)$ 趨近於零,如圖 2-21 所示。

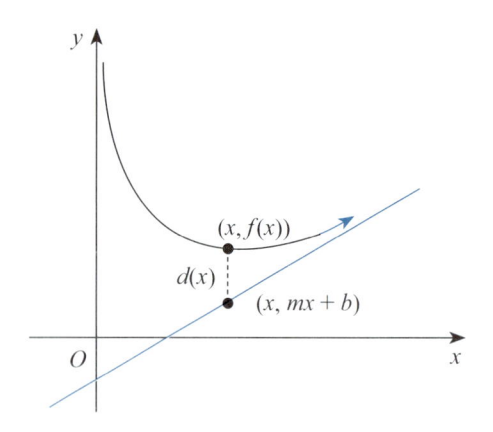

圖 2-21 $\lim_{x \to \infty} d(x) = 0$

若 $f(x) = \dfrac{P(x)}{Q(x)}$ 為有理函數,且 $P(x)$ 的次數較 $Q(x)$ 的次數多 1,則 f 之圖形有一條斜漸近線。欲知理由,我們可利用長除法,得到

$$f(x) = \frac{P(x)}{Q(x)} = ax + b + \frac{R(x)}{Q(x)}$$

此處餘式 $R(x)$ 的次數小於 $Q(x)$ 的次數。又

$$\lim_{x \to \infty} \frac{R(x)}{Q(x)} = 0 \text{ , } \lim_{x \to -\infty} \frac{R(x)}{Q(x)} = 0$$

此告訴我們,當 $x \to \infty$,或 $x \to -\infty$ 時,$f(x) = \dfrac{P(x)}{Q(x)}$ 的圖形接近斜漸近線 $y = ax + b$。

【例題 13】求曲線 $2x^2 - 2xy + 3x - y - 15 = 0$ 之漸近線。

【解】由已知方程式解得

$$y = \frac{2x^2 + 3x - 15}{2x + 1}$$

令

$$y = f(x) = \frac{2x^2 + 3x - 15}{2x + 1} = x + 1 - \frac{16}{2x + 1}$$

則

$$\lim_{x \to \pm\infty} [f(x) - (x+1)] = -\lim_{x \to \pm\infty} \frac{16}{2x+1} = 0$$

故 $y = x+1$ 為曲線，$y = \dfrac{2x^2+3x-15}{2x+1}$ 之斜漸近線。

又 $$\lim_{x \to (-1/2)^+} y = \lim_{x \to (-1/2)^+} \left(x+1 - \dfrac{16}{2x+1} \right) = -\infty$$

或 $$\lim_{x \to (-1/2)^-} y = \lim_{x \to (-1/2)^-} \left(x+1 - \dfrac{16}{2x+1} \right) = \infty$$

故 $x = -\dfrac{1}{2}$ 為曲線 $y = \dfrac{2x^2+3x-15}{2x+1}$ 之垂直漸近線。

在正或負無限大處的無窮極限

符號 $\lim\limits_{x \to \infty} f(x) = \infty$ 的意義為：當 x 充分大時，$f(x)$ 的值變成任意大。其他的符號還有：

$$\lim_{x \to -\infty} f(x) = \infty, \quad \lim_{x \to \infty} f(x) = -\infty, \quad \lim_{x \to -\infty} f(x) = -\infty$$

例如，$\lim\limits_{x \to \infty} x^3 = \infty$, $\lim\limits_{x \to -\infty} x^3 = -\infty$, $\lim\limits_{x \to \infty} \sqrt{x} = \infty$, $\lim\limits_{x \to \infty}(x+\sqrt{x}) = \infty$

$\lim\limits_{x \to -\infty} \sqrt[3]{x} = -\infty$, $\lim\limits_{x \to \infty} e^x = \infty$, $\lim\limits_{x \to \infty} \ln x = \infty$

【例題 14】求 (1) $\lim\limits_{x \to \infty}(x^2 - x)$　(2) $\lim\limits_{x \to \infty}(x - \sqrt{x})$

【解】(1) 注意，我們不可寫成

$$\lim_{x \to \infty}(x^2 - x) = \lim_{x \to \infty} x^2 - \lim_{x \to \infty} x = \infty - \infty$$

極限定理無法適用於無窮極限，因為 ∞ 不是一個數 ($\infty - \infty$ 無法定義)。但是，我們可以寫成

$$\lim_{x \to \infty}(x^2 - x) = \lim_{x \to \infty} x(x-1) = \infty$$

(2) $\lim\limits_{x \to \infty}(x - \sqrt{x}) = \lim\limits_{x \to \infty} \sqrt{x}(\sqrt{x} - 1) = \infty$

習題 2-5

試求 1～14 題中的極限。

1. $\lim\limits_{x\to\infty}\dfrac{3x^3-x+1}{6x^3+2x^2-7}$

2. $\lim\limits_{x\to\infty}\dfrac{2x^2-x+3}{x^3+1}$

3. $\lim\limits_{x\to-\infty}\dfrac{4x-3}{\sqrt{x^2+1}}$

4. $\lim\limits_{x\to\infty}(x-\sqrt{x^2-3x})$

5. $\lim\limits_{x\to\infty}\dfrac{x^{1/3}}{x^3+1}$

6. $\lim\limits_{x\to-\infty}\dfrac{(2x-5)(3x+1)}{(x+7)(4x-9)}$

7. $\lim\limits_{x\to-\infty}\dfrac{-5x^2+6x+3}{\sqrt{x^4+x^2+1}}$ (提示：分子與分母同除以 $x^2=\sqrt{x^4}$)

8. $\lim\limits_{x\to\infty}x(\sqrt{x+1}-\sqrt{x})$

9. $\lim\limits_{x\to\infty}\dfrac{4x+5}{[x]+6}$ (提示：分子與分母同除以 x)

10. $f(x)=\begin{cases}\dfrac{1}{x},&\text{若 }x>0\\-x^2,&\text{若 }x\le 0\end{cases}$，求 $\lim\limits_{x\to 0}f(x)$。

11. $\lim\limits_{x\to\infty}x\left[\dfrac{1}{x}\right]$

12. $\lim\limits_{x\to\infty}(\sqrt{x^2+ax}-x)$ (a 為常數)

13. $\lim\limits_{x\to\infty}(\sqrt{x^2+ax}-\sqrt{x^2+bx})$ (a,b 為常數)

14. $\lim\limits_{x\to-\infty}\dfrac{1+\sqrt[5]{x}}{1-\sqrt[5]{x}}$

15. 設 $f(x)=\dfrac{a\sqrt{x^2+5}-b}{x-2}$，若 $\lim\limits_{x\to\infty}f(x)=1$，且 $\lim\limits_{x\to 2}f(x)$ 存在，試求 a 與 b 之值，並求 $\lim\limits_{x\to 2}f(x)$。

試求 16～26 題各函數圖形的所有漸近線。

16. $f(x)=\dfrac{2x}{(x+2)^2}$

17. $f(x)=\dfrac{2x^2-3}{x^2-1}$

18. $f(x)=\dfrac{x^2-2}{x^2+5}$

19. $f(x)=\dfrac{2x}{\sqrt{x^2+5}}$

20. $f(x)=\dfrac{3x+2}{2x+4}$

21. $f(x)=\dfrac{2x^2}{9-x^2}$

22. $f(x) = \dfrac{x^2 + 3x + 2}{x^2 + 2x - 3}$ 23. $f(x) = \dfrac{3x^2}{(2x-9)^2}$ 24. $f(x) = \dfrac{x^2}{\sqrt{x^2 - 4}}$

25. $f(x) = \dfrac{x^2 - 2x + 4}{x - 2}$ 26. $f(x) = \dfrac{x^2}{2(1+x)}$

27. 試求曲線 $3x^2 + 2x - 1 + y - 4xy = 0$ 之斜漸近線。

28. 試證函數 $f(x) = \sqrt{x^2 + 4}$ 之圖形具有一斜漸近線 $y = |x|$。

29. 一冰箱製造商每月之固定成本為 28,000 元,且預估每台冰箱之勞動及材料成本為 300 元。假設每月可製造 x 台冰箱且每台以 475 元銷售,試求 x 愈來愈大時,每台冰箱平均利潤的極限值為何?

本章摘要

1. **極限定理**：設 m 與 c 皆為常數，$\lim_{x \to a} f(x) = L$，且 $\lim_{x \to a} g(x) = M$，則

    (1) $\lim_{x \to a} c = c$

    (2) $\lim_{x \to a} (mx + c) = ma + c$

    (3) $\lim_{x \to a} [f(x) + g(x)] = L + M$

    (4) $\lim_{x \to a} [f(x) - g(x)] = L - M$

    (5) $\lim_{x \to a} [f(x)g(x)] = LM$

    (6) $\lim_{x \to a} \dfrac{f(x)}{g(x)} = \dfrac{L}{M}\ (M \neq 0)$

2. **夾擠定理**：設在一包含 a 的開區間中的所有 x（可能在 a 除外），恆有 $f(x) \leq h(x) \leq g(x)$，若 $\lim_{x \to a} f(x) = \lim_{x \to a} g(x) = L$，則 $\lim_{x \to a} h(x) = L$。

3. $\lim_{x \to a} f(x) = L \Leftrightarrow \lim_{x \to a^+} f(x) = \lim_{x \to a^-} f(x) = L$

4. 若 $\lim_{x \to a^+} f(x) \neq \lim_{x \to a^-} f(x)$，則 $\lim_{x \to a} f(x)$ 不存在。

5. f 在 a 處為**連續** $\begin{cases} (1)\ f(a)\ \text{存在} \\ (2)\ \lim_{x \to a} f(x)\ \text{存在} \\ (3)\ \lim_{x \to a} f(x) = f(a) \end{cases}$

6. 函數 f 在 a 處為**右連續** $\Leftrightarrow \lim_{x \to a^+} f(x) = f(a)$。

7. 函數 f 在 a 處為**左連續** $\Leftrightarrow \lim_{x \to a^-} f(x) = f(a)$。

8. 函數 f 在 a 處為**連續** $\Leftrightarrow \lim_{x \to a^+} f(x) = \lim_{x \to a^-} f(x) = f(a)$。

9. 若 r 為正有理數，c 為任意實數，則

    (1) $\lim_{x \to \infty} \dfrac{c}{x^r} = 0$

    (2) $\lim_{x \to -\infty} \dfrac{c}{x^r} = 0$，此處假設 x^r 有定義。

10. 若 $\lim_{x \to a^+} f(x) = \pm\infty$ 或 $\lim_{x \to a^-} f(x) = \pm\infty$，則直線 $x = a$ 為 f 之圖形的**垂直漸近線**。

11. 若 $f: \mathbb{R} \to \mathbb{R}$ 為一連續函數，則 f 必無垂直漸近線。

12. 若 $\lim\limits_{x \to \infty} f(x) = L$ 或 $\lim\limits_{x \to -\infty} f(x) = L$，則直線 $y = L$ 為 f 之圖形的 水平漸近線。

13. 多項式函數 $f(x)$（$f(x)$ 之次數 ≥ 2）必無垂直與水平漸近線。

14. 若 $\lim\limits_{x \to \infty}[f(x) - (mx+b)] = 0$ 或 $\lim\limits_{x \to -\infty}[f(x) - (mx+b)] = 0$ 成立，則直線 $y = mx + b$ 為 f 之圖形的 斜漸近線。

現代商用微積分

CHAPTER 3 微 分

3-1 導函數

在介紹過極限與連續的觀念之後，從本章開始，正式進入微分學的範疇。在本章中，我們將詳述導函數的觀念。

我們複習一下前面所遇到過的觀念，若 $P(a, f(a))$ 與 $Q(x, f(x))$ 為函數 f 之圖形上的相異兩點，則連接 P 與 Q 之割線的斜率為

$$m_{\overline{PQ}} = \frac{f(x) - f(a)}{x - a} \tag{3-1}$$

見圖 3-1(i)。若令 x 趨近 a，則 Q 將沿著 f 的圖形趨近 P，且通過 P 與 Q 的割線將趨近在 P 的切線 L。於是，當 x 趨近 a 時，割線的斜率將趨近切線的斜率 m，所以，由 (3-1) 式，

$$m = \lim_{x \to a} \frac{f(x) - f(a)}{x - a} \tag{3-2}$$

另外，若令 $h = x - a$，則 $x = a + h$，而當 $x \to a$ 時，$h \to 0$。於是，(3-2) 式又可寫成

$$m = \lim_{h \to 0} \frac{f(a + h) - f(a)}{h} \tag{3-3}$$

見圖 3-1(ii)。

現代商用微積分

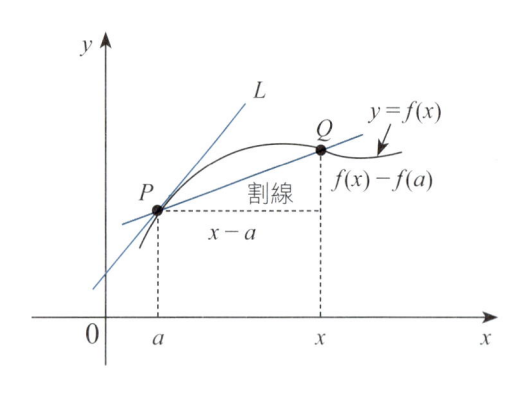

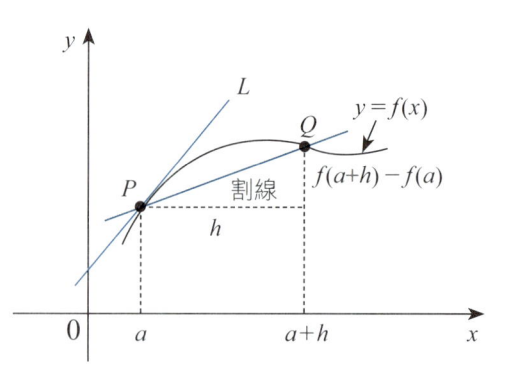

(i) $m_{\overline{PQ}} = \dfrac{f(x) - f(a)}{x - a}$

(ii) $m_{\overline{PQ}} = \dfrac{f(a+h) - f(a)}{h}$

圖 3-1

定義 3-1

若 $P(a, f(a))$ 為函數 f 的圖形上一點，則在點 P 之切線的斜率為

$$m = \lim_{h \to 0} \frac{f(a+h) - f(a)}{h}$$

或

$$m = \lim_{x \to a} \frac{f(x) - f(a)}{x - a}$$

倘若上面的極限存在。

【例題 1】設 $f(x) = x^2$，試求在 f 的圖形上點 $(2, 4)$ 之切線的斜率及切線方程式。

【解】利用定義 3-1，可得

$$\begin{aligned} m &= \lim_{h \to 0} \frac{f(2+h) - f(2)}{h} = \lim_{h \to 0} \frac{(2+h)^2 - 2^2}{h} \\ &= \lim_{h \to 0} \frac{4 + 4h + h^2 - 4}{h} = \lim_{h \to 0} \frac{4h + h^2}{h} \\ &= \lim_{h \to 0} \frac{h(4+h)}{h} = \lim_{h \to 0} (4+h) = 4 \end{aligned}$$

故利用點斜式可得切線方程式為

$$y - 4 = 4(x - 2)$$

或

$$4x - y - 4 = 0$$

定義 3-2

函數 f 在 a 的導數，記為 $f'(a)$，定義如下

$$f'(a) = \lim_{h \to 0} \frac{f(a+h) - f(a)}{h}$$

或

$$f'(a) = \lim_{x \to a} \frac{f(x) - f(a)}{x - a}$$

倘若上述之極限存在。

定義 3-3

若 $f'(a)$ 存在則稱函數 f 在 a 可微分或有導數或導數存在。若在開區間 (a, b) (或 (a, ∞) 或 $(-\infty, a)$ 或 $(-\infty, \infty)$) 中之每一數皆為可微分，則稱在該區間為可微分。

特別注意，若函數 f 在 a 為可微分，則由定義 3-1 與定義 3-2，可知

$$f'(a) = \lim_{h \to 0} \frac{f(a+h) - f(a)}{h} = m$$

換句話說，$f'(a)$ 為曲線 $y = f(x)$ 在點 $P(a, f(a))$ 之切線的斜率。

定義 3-4

函數 f' 稱為函數 f 的導函數，定義如下

$$f'(x) = \lim_{h \to 0} \frac{f(x+h) - f(x)}{h}$$

倘若上述的極限存在。

在定義 3-4 中，f' 的定義域是由使得該極限存在之所有 x 所組成的集合，但與 f 之定義域不一定相同。

【例題 2】若 $f(x)=\sqrt{x}$,求 $f'(x)$,並比較 f 與 f' 的定義域。

【解】
$$f'(x) = \lim_{h \to 0}\frac{f(x+h)-f(x)}{h} = \lim_{h \to 0}\frac{\sqrt{x+h}-\sqrt{x}}{h} \qquad \text{乘以 } \frac{\sqrt{x+h}+\sqrt{x}}{\sqrt{x+h}+\sqrt{x}}$$
$$= \lim_{h \to 0}\frac{x+h-x}{h(\sqrt{x+h}+\sqrt{x})}$$
$$= \lim_{h \to 0}\frac{h}{h(\sqrt{x+h}+\sqrt{x})} \qquad \text{消去 } h$$
$$= \lim_{h \to 0}\frac{1}{\sqrt{x+h}+\sqrt{x}}$$
$$= \frac{1}{2\sqrt{x}}$$

f' 的定義域為 $(0, \infty)$,而 f 定義域為 $[0, \infty)$,兩者顯然不同。∎

求導函數的過程稱為**微分**,其方法稱為**微分法**。通常,在自變數為 x 的情形下,常用的**微分算子**有 D_x,與 $\frac{d}{dx}$,當它作用到函數 f 上時,就產生了新函數 f'。因而常用的導數符號如下

$$f'(x) = y' = \frac{dy}{dx} = \frac{df}{dx} = \frac{d}{dx}f(x) = Df(x) = D_x f(x)$$

$D_x f(x)$ 或 $\frac{d}{dx}f(x)$ 唸成 " f 對 x 的導函數" 或 " f 對 x 微分",上面例題中的 $f'(x)$ 若用符號 D_x 與 $\frac{d}{dx}$ 來表示,則可寫成

$$D_x \sqrt{x} = \frac{1}{2\sqrt{x}} \quad \text{或} \quad \frac{d}{dx}\sqrt{x} = \frac{1}{2\sqrt{x}}$$

又,我們對函數 f 在 a 的導數 $f'(a)$ 常常寫成如下

$$f'(a) = f'(x)\big|_{x=a} = D_x f(x)\big|_{x=a} = \frac{d}{dx}f(x)\big|_{x=a}$$

註 符號 $\frac{dy}{dx}$ 是由萊布尼茲所提出。

【例題 3】試求一函數 f 及實數 a 使得

$$\lim_{h \to 0}\frac{(2+h)^6 - 64}{h} = f'(a)$$

【解】 令 $f(x) = x^6$，則

$$\lim_{h \to 0} \frac{f(2+h) - f(2)}{h} = \lim_{h \to 0} \frac{(2+h)^6 - 64}{h} = f'(2)$$

故 $f(x) = x^6$，$a = 2$。

【例題 4】 若 $f(x) = \dfrac{x(1+x)(2+x)(3+x)}{(1-x)(2-x)(3-x)}$，求 $f'(0)$。

【解】 $f'(0) = \lim\limits_{x \to 0} \dfrac{f(x) - f(0)}{x - 0} = \lim\limits_{x \to 0} \dfrac{\dfrac{x(1+x)(2+x)(3+x)}{(1-x)(2-x)(3-x)}}{x}$

$= \lim\limits_{x \to 0} \dfrac{(1+x)(2+x)(3+x)}{(1-x)(2-x)(3-x)} = \dfrac{1 \cdot 2 \cdot 3}{1 \cdot 2 \cdot 3} = 1$

【例題 5】 若 $y = 4x^2 - 3$，求 $\left.\dfrac{dy}{dx}\right|_{x=1}$。

【解】 $\dfrac{dy}{dx} = \lim\limits_{h \to 0} \dfrac{f(x+h) - f(x)}{h} = \lim\limits_{h \to 0} \dfrac{[4(x+h)^2 - 3] - (4x^2 - 3)}{h}$

$= \lim\limits_{h \to 0} \dfrac{4x^2 + 8xh + 4h^2 - 3 - 4x^2 + 3}{h}$

$= \lim\limits_{h \to 0} \dfrac{8xh + 4h^2}{h} = \lim\limits_{h \to 0} (8x + 4h)$

$= 8x$

故 $\left.\dfrac{dy}{dx}\right|_{x=1} = 8$。

我們在前面曾討論到，若 $\lim\limits_{h \to 0} \dfrac{f(a+h) - f(a)}{h}$ 存在，則定義此極限為 $f'(a)$。如果我們只限制 $h \to 0^+$ 或 $h \to 0^-$，此時就產生**單邊導數**的觀念了。

定義 3-5

(1) 若 $\lim\limits_{h \to 0^+} \dfrac{f(a+h)-f(a)}{h}$ 或 $\lim\limits_{x \to a^+} \dfrac{f(x)-f(a)}{x-a}$ 存在，則稱此極限為 f 在 a 的**右導數**，記為

$$f'_+(a) = \lim_{h \to 0^+} \frac{f(a+h)-f(a)}{h}$$

或

$$f'_+(a) = \lim_{x \to a^+} \frac{f(x)-f(a)}{x-a}$$

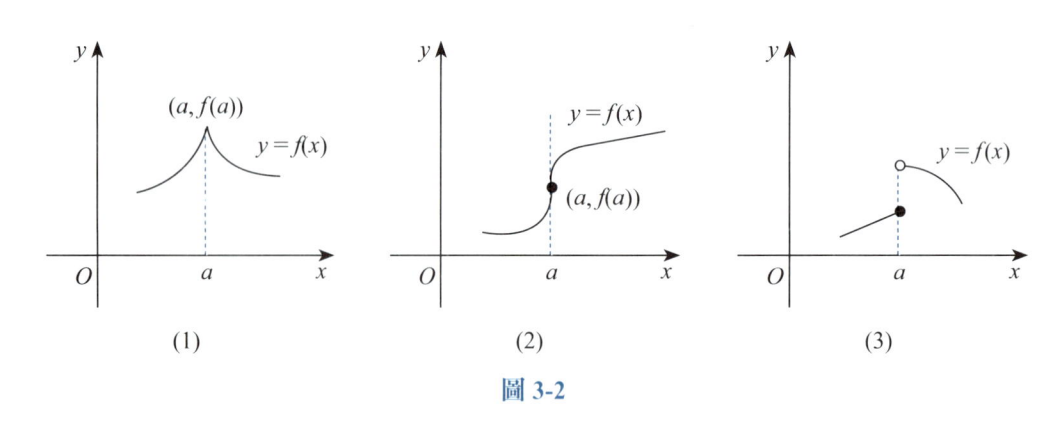

(2) 若 $\lim\limits_{h \to 0^-} \dfrac{f(a+h)-f(a)}{h}$ 或 $\lim\limits_{x \to a^-} \dfrac{f(x)-f(a)}{x-a}$ 存在，則稱此極限為 f 在 a 的**左導數**，記為

$$f'_-(a) = \lim_{h \to 0^-} \frac{f(a+h)-f(a)}{h}$$

或

$$f'_-(a) = \lim_{x \to a^-} \frac{f(x)-f(a)}{x-a}$$

(1)   (2)   (3)

圖 3-2

由定義 3-5，讀者應注意到，若函數 f 在 (a, ∞) 為可微分且 $f'_+(a)$ 存在，則稱函數 f 在 $[a, \infty)$ 為可微分。同理，函數 f 在 $(-\infty, a)$ 為可微分且 $f'_-(a)$ 存在，則稱函數 f 在 $(-\infty, a]$ 為可微分。又，若函數 f 在 (a, b) 為可微分，且 $f'_+(a)$ 與 $f'_-(b)$ 皆存在，則稱 f 在 $[a, b]$ 為可微分。很明顯地，

$$f'(c) \text{ 存在} \Leftrightarrow f'_+(c) \text{ 與 } f'_-(c) \text{ 皆存在且 } f'_+(c) = f'_-(c) \text{。}$$

一般，我們所遇到的不可微分點有三類 (見圖 3-2)：

1. 尖點 (含折角)。
2. 具有垂直切線的點。
3. 不連續點。

【例題 6】絕對值函數 $f(x) = |x|$ 在 $x = 0$ 是否可以微分，並說明理由。

【解】$f(x) = |x|$ 在 $x = 0$ 不可微分，因為

$$f'_+(0) = \lim_{x \to 0^+} \frac{f(x) - f(0)}{x - 0} = \lim_{x \to 0^+} \frac{|x| - 0}{x - 0}$$ 右導數的定義

$$= \lim_{x \to 0^+} \frac{|x|}{x}$$

$$= \lim_{x \to 0^+} \frac{x}{x}$$ 絕對值的定義

$$= \lim_{x \to 0^+} 1$$

$$= 1$$

又

$$f'_-(0) = \lim_{x \to 0^-} \frac{f(x) - f(0)}{x - 0} = \lim_{x \to 0^-} \frac{|x| - 0}{x - 0}$$ 左導數的定義

$$= \lim_{x \to 0^-} \frac{|x|}{x}$$

$$= \lim_{x \to 0^-} \frac{-x}{x}$$ 絕對值的定義

$$= \lim_{x \to 0^-} (-1)$$

$$= -1$$

由於 $f'_-(0) \neq f'_+(0)$，故 $f'(0)$ 不存在，亦即 f 在 $x = 0$ 為不可微分。但 f 在 $x = 0$ 為連續。∎

【例題 7】函數 $f(x) = x|x|$ 在 $x = 0$ 是否可微分？

【解】

$$f'_+(0) = \lim_{x \to 0^+} \frac{f(x) - f(0)}{x - 0} = \lim_{x \to 0^+} \frac{x^2 - 0}{x - 0}$$

$$= \lim_{x \to 0^+} \frac{x^2}{x} = \lim_{x \to 0^+} x = 0$$

現代商用微積分

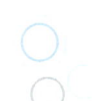

$$f'_-(0) = \lim_{x \to 0^-} \frac{f(x)-f(0)}{x-0} = \lim_{x \to 0^-} \frac{-x^2-0}{x-0}$$
$$= \lim_{x \to 0^-} \frac{-x^2}{x} = \lim_{x \to 0^-}(-x) = 0$$

因 $f'_+(0) = f'_-(0) = 0$，可知 $f'(0) = 0$，故 f 在 $x = 0$ 為可微分。 ◼

【例題 8】試證 $f(x) = \begin{cases} x[x], & \text{若 } x < 2 \\ 2x-2, & \text{若 } x \geq 2 \end{cases}$ 在 $x = 2$ 處不可微分。

【解】$f'_-(2) = \lim_{x \to 2^-} \frac{f(x)-f(2)}{x-2} = \lim_{x \to 2^-} \frac{x[x]-2}{x-2} = \lim_{x \to 2^-} \frac{x-2}{x-2} = 1$

$f'_+(2) = \lim_{x \to 2^+} \frac{f(x)-f(2)}{x-2} = \lim_{x \to 2^+} \frac{2x-2-2}{x-2} = \lim_{x \to 2^+} \frac{2x-4}{x-2} = 2$

因 $f'_-(2) \neq f'_+(2)$，故 $f(x)$ 在 $x = 2$ 處不可微分。 ◼

下面定理說明連續性與可微分性的關係。

定理 3-1

若函數 f 在 a 為可微分，則 f 在 a 為連續。

證明 設 $x \neq a$，則

$$f(x) = \frac{f(x)-f(a)}{x-a}(x-a) + f(a)$$

對上式等號兩邊取極限，可得

$$\lim_{x \to a} f(x) = \left[\lim_{x \to a} \frac{f(x)-f(a)}{x-a}\right][\lim_{x \to a}(x-a)] + \lim_{x \to a} f(a)$$
$$= f'(a) \cdot 0 + f(a)$$
$$= f(a) \qquad\qquad\qquad\text{導數的定義}$$

故 f 在 a 為連續。

定理 3-1 之逆敘述不一定成立，即，雖然函數 f 在 a 為連續，但不能保證 f 在 a 為可微分。例如，函數 $f(x) = |x|$ 在 $x = 0$ 為連續但不可微分。

讀者應注意下列的敘述

函數 f 在 a 為可微分 $\Rightarrow f$ 在 a 為連續 $\Rightarrow \lim_{x \to a} f(x)$ 存在

【例題 9】設 $f(x) = \begin{cases} x^2, & \text{若 } x \leq 1 \\ ax-1, & \text{若 } x > 1 \end{cases}$，試求 a 之值使得 $f'(1)$ 存在。

【解】若 $f'(1)$ 存在，則 $f(x)$ 在 $x=1$ 必連續，故 $\lim_{x \to 1} f(x)$ 存在。

$$\lim_{x \to 1^-} f(x) = \lim_{x \to 1^-} x^2 = 1$$

$$\lim_{x \to 1^+} f(x) = \lim_{x \to 1^+} (ax-1) = a-1$$

$$1 = a-1, \therefore a = 2$$

當 $a = 2$ 時，由於

$$f'_-(1) = \lim_{x \to 1^-} \frac{f(x) - f(1)}{x-1} = \lim_{x \to 1^-} \frac{x^2-1}{x-1} = \lim_{x \to 1^-} (x+1) = 2$$

$$f'_+(1) = \lim_{x \to 1^+} \frac{f(x) - f(1)}{x-1} = \lim_{x \to 1^+} \frac{2x-1-1}{x-1} = \lim_{x \to 1^+} 2 = 2$$

故 $f'(1) = 2$ (存在)。

【例題 10】試證 $f(x) = x^{1/3}$ 於 $x = 0$ 處不可微分，並說明其幾何意義。

【解】因

$$f'(a) = \lim_{h \to 0} \frac{f(a+h) - f(a)}{h}$$

故

$$f'(0) = \lim_{h \to 0} \frac{h^{1/3}}{h} = \lim_{h \to 0} h^{-2/3} = \infty$$

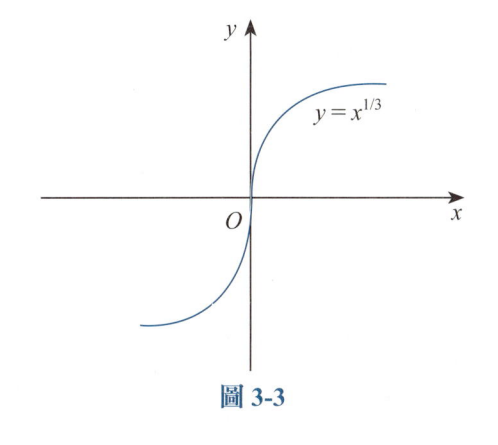

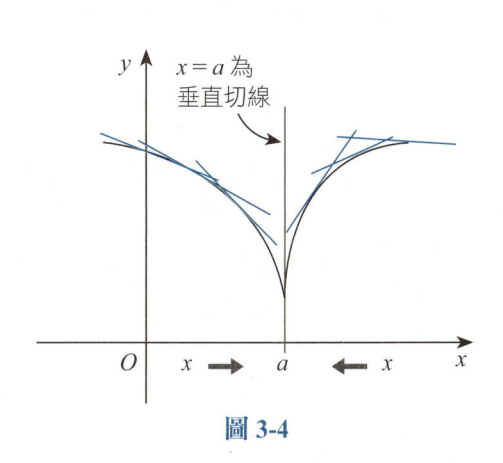

圖 3-3

圖 3-4

因為 $f'(0)$ 不存在，所以 $f(x)=x^{1/3}$ 在 $x=0$ 不可微分。其幾何意義說明 $f(x)=x^{1/3}$ 的圖形在 $x=0$ 處之切線的斜率為無限大，因曲線在原點有一垂直切線，即 $x=0$ (y-軸)，如圖 3-3 所示。

讀者應注意曲線在 $x=a$ 有一**垂直切線**之條件為 f 在 a 必**連續**且 $\lim_{x \to a} |f'(x)| = \infty$，如圖 3-4 所示。

習題 3-1

1. 求 $f(x)=\sqrt{x}$ 的圖形在點 $(4, 2)$ 之切線的斜率。

2. 求 $f(x)=\dfrac{1}{x+1}$ 的圖形在點 $\left(1, \dfrac{1}{2}\right)$ 之切線的斜率。

3. 若 $f(x)=1-x^3$，求 $f'(0)$。

4. 求 $f(x)=3x^2-5x$ 的圖形在點 $(2, 2)$ 之切線方程式。

5. 試求曲線 $y=\sqrt{x-1}$ 上一點的坐標使在該點的切線斜角為 $\dfrac{\pi}{4}$。

6. 已知拋物線 $y=-x^2+5x-6$ 交 x-軸於兩點，試求在該兩點之切線的斜率。

7. 在曲線 $y=x^2-2x+5$ 上哪一點之切線垂直於直線 $y=x$？

試寫出 8～11 題中之極限為哪個函數在哪一點之導數？

8. $\lim\limits_{h \to 0} \dfrac{\sqrt{1+h}-1}{h}$

9. $\lim\limits_{h \to 0} \dfrac{(2+h)^3-8}{h}$

10. $\lim\limits_{x \to 1} \dfrac{x^9-1}{x-1}$

11. $\lim\limits_{h \to 0} \dfrac{\sqrt[3]{8+h}-\sqrt[3]{8}}{h}$

在 12～14 題中，求各函數的導函數。

12. $f(x)=7x^2-5$

13. $f(x)=\dfrac{1}{x-2}$

14. $f(x)=\dfrac{7}{\sqrt{x}}$

15. 設 $f(x)=\dfrac{(x^5-1)(x^2-4)(x+1)}{x-4}$，試求 $f'(2)$。

16. 設 $f(x)=\dfrac{x(1+x)(2+x)\cdots(n+x)}{(1-x)(2-x)\cdots(n-x)}$，試求 $f'(0)$。

17. 令 $f(x) = \begin{cases} \dfrac{x^2-x-6}{x-3} &,\ x \neq 3 \\ 4 &,\ x = 3 \end{cases}$

   (1) $f(x)$ 於 $x = 3$ 是否連續？　　　　(2) $f(x)$ 於 $x = 3$ 是否可微分？

18. 設函數 f 定義如下
$$f(x) = \begin{cases} -2x^2+4 &,\ \text{若 } x < 1 \\ x^2+1 &,\ \text{若 } x \geq 1 \end{cases}$$

   試證明 $f(x)$ 在 $x = 1$ 連續但不可微分。

19. 試判斷函數 $f(x) = |x^2 - 4|$ 在 $x = 2$ 是否可以微分？

3-2　微分的法則

　　在求一個函數的導函數時，若依導函數的定義去做，則相當繁雜。在本節中，我們要導出一些法則，而利用這些法則，可以很容易地將導函數求出來。

定理 3-2　常數法則

若 f 為常數函數，即，$f(x) = k$，則
$$\frac{d}{dx}f(x) = \frac{d}{dx}k = 0$$

證明　依導函數的定義，
$$\frac{d}{dx}k = \lim_{h \to 0}\frac{k-k}{h} = \lim_{h \to 0}0 = 0$$

定理 3-3　冪函數的導數

若 n 為正整數,則

$$\frac{d}{dx}x^n = nx^{n-1}$$

證明　依定義 3-3,

$$\frac{d}{dx}x^n = \lim_{h \to 0}\frac{(x+h)^n - x^n}{h}$$

利用二項式定理展開 $(x+h)^n$,可得

$$\frac{d}{dx}x^n = \lim_{h \to 0}\frac{\left[x^n + nx^{n-1}h + \frac{n(n-1)}{2!}x^{n-2}h^2 + \cdots + nxh^{n-1} + h^n\right] - x^n}{h}$$

$$= \lim_{h \to 0}\frac{nx^{n-1}h + \frac{n(n-1)}{2!}x^{n-2}h^2 + \cdots + nxh^{n-1} + h^n}{h}$$

$$= \lim_{h \to 0}\left[nx^{n-1} + \frac{n(n-1)}{2!}x^{n-2}h + \cdots + nxh^{n-2} + h^{n-1}\right]$$

$$= nx^{n-1}$$

在定理 3-3 中,若 n 為任意實數時,結論仍可成立,即

$$\frac{d}{dx}x^n = nx^{n-1},\ n \in \mathbb{R}$$

【例題 1】$\dfrac{d}{dx}x^3 = 3x^2$,$\dfrac{d}{dx}x^{-3} = -3x^{-4}$,$\dfrac{d}{dx}\sqrt{x} = \dfrac{d}{dx}(x^{1/2}) = \dfrac{1}{2}x^{-1/2} = \dfrac{1}{2\sqrt{x}}$,

$\dfrac{d}{dx}x^\pi = \pi x^{\pi-1}$

【例題 2】若 $f(x) = |x^3|$,求 $f'(x)$。

【解】(1) 當 $x > 0$ 時,$f(x) = |x^3| = x^3$,$f'(x) = 3x^2$。

(2) 當 $x < 0$ 時,$f(x) = |x^3| = -x^3$,$f'(x) = -3x^2$。

(3) 當 $x=0$ 時，依定義

$$\lim_{x\to 0^+}\frac{f(x)-f(0)}{x-0}=\lim_{x\to 0^+}\frac{x^3}{x}=\lim_{x\to 0^+}x^2=0$$

$$\lim_{x\to 0^-}\frac{f(x)-f(0)}{x-0}=\lim_{x\to 0^-}\frac{-x^3}{x}=\lim_{x\to 0^-}(-x^2)=0$$

可得 $f'(x)=0$

所以，$f'(x)=\begin{cases}-3x^2 &,\text{若 } x<0\\ 0 &,\text{若 } x=0\\ 3x^2 &,\text{若 } x>0\end{cases}$

定理 3-4　常數積的導數

若 f 為可微分函數，且 c 為常數，則 cf 也為可微分函數，且

$$\frac{d}{dx}[cf(x)]=c\frac{d}{dx}f(x)$$

或
$$(cf)'=cf'$$

證明
$$\begin{aligned}\frac{d}{dx}[cf(x)]&=\lim_{h\to 0}\frac{cf(x+h)-cf(x)}{h}\\ &=c\lim_{h\to 0}\frac{f(x+h)-f(x)}{h}\\ &=cf'(x)\\ &=c\frac{d}{dx}f(x)\end{aligned}$$

【例題 3】$\dfrac{d}{dx}(-2x^4)=-2\dfrac{d}{dx}(x^4)=-2(4x^3)=-8x^3$

定理 3-5　兩函數和的導數

若 f 與 g 皆為可微分函數，則 $f+g$ 也為可微分函數，且

$$\frac{d}{dx}[f(x)+g(x)] = \frac{d}{dx}f(x) + \frac{d}{dx}g(x)$$

或

$$(f+g)' = f' + g'$$

證明

$$\begin{aligned}
\frac{d}{dx}[f(x)+g(x)] &= \lim_{h \to 0} \frac{[f(x+h)+g(x+h)]-[f(x)+g(x)]}{h} \\
&= \lim_{h \to 0} \frac{[f(x+h)-f(x)]+[g(x+h)-g(x)]}{h} \\
&= \lim_{h \to 0} \frac{f(x+h)-f(x)}{h} + \lim_{h \to 0} \frac{g(x+h)-g(x)}{h} \\
&= \frac{d}{dx}f(x) + \frac{d}{dx}g(x)
\end{aligned}$$

利用定理 3-4 與定理 3-5 可得下列的結果：

1. 若 f 與 g 皆為可微分函數，則 $f-g$ 也為可微分函數，且

$$\frac{d}{dx}[f(x)-g(x)] = \frac{d}{dx}f(x) - \frac{d}{dx}g(x)$$

2. 若 $f_1, f_2, \cdots, f_n$ 皆為可微分函數，$c_1, c_2, \cdots, c_n$ 皆為常數，則 $c_1 f_1 + c_2 f_2 + \cdots + c_n f_n$ 也為可微分函數，且

$$\begin{aligned}
&\frac{d}{dx}[c_1 f_1(x) + c_2 f_2(x) + \cdots + c_n f_n(x)] \\
&= c_1 \frac{d}{dx} f_1(x) + c_2 \frac{d}{dx} f_2(x) + \cdots + c_n \frac{d}{dx} f_n(x)
\end{aligned} \tag{3-4}$$

【例題 4】曲線 $y = x^4 - 2x^2 + 2$ 於何處有水平切線？

【解】令 $f(x) = x^4 - 2x^2 + 2$，則

$$f' = \frac{d}{dx}(x^4 - 2x^2 + 2) = 4x^3 - 4x = 4x(x^2 - 1)$$

令 $f'(x) = 0$，則 $4x(x^2 - 1) = 0$，得：$x = 0, 1, -1$。

當 $x = 0$ 時，　　　　　　　　$y = 2$
當 $x = 1$ 時，　　　　　　　　$y = 1^4 - 2 \cdot 1^2 + 2 = 1$
當 $x = -1$ 時，　　　　　　　$y = (-1)^4 - 2(-1)^2 + 2 = 1$

故曲線在點 $(0, 2), (1, 1)$ 與 $(-1, 1)$ 有水平切線，其圖形如圖 3-5 所示。■

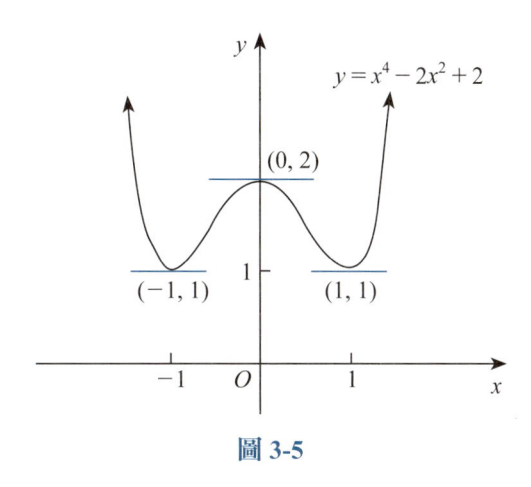

圖 3-5

定理 3-6　兩函數乘積的導數

若 f 與 g 皆為可微分函數，則 fg 也為可微分函數，且

$$\frac{d}{dx}[f(x)g(x)] = f(x)\frac{d}{dx}g(x) + g(x)\frac{d}{dx}f(x)$$

或

$$(fg)' = fg' + gf'$$

證明

$$\frac{d}{dx}[f(x)g(x)] = \lim_{h \to 0} \frac{f(x+h)g(x+h) - f(x)g(x)}{h}$$

$$= \lim_{h \to 0} \frac{f(x+h)g(x+h) - f(x+g)g(x) + f(x+h)g(x) - f(x)g(x)}{h}$$

$$= \lim_{h \to 0} \left[f(x+h)\frac{g(x+h) - g(x)}{h} + g(x)\frac{f(x+h) - f(x)}{h} \right]$$

$$= \left[\lim_{h\to 0} f(x+h)\right]\left[\lim_{h\to 0} \frac{g(x+h)-g(x)}{h}\right]$$

$$+ \left[\lim_{h\to 0} g(x)\right]\left[\lim_{h\to 0} \frac{f(x+h)-f(x)}{h}\right]$$

$$= f(x)\frac{d}{dx}g(x) + g(x)\frac{d}{dx}f(x)$$

定理 3-6 可以推廣到 n 個函數之乘積的情形。若 $f_1, f_2, \cdots, f_n$ 皆為可微分函數，則 $f_1 f_2 \cdots f_n$ 也為可微分函數，且

$$\frac{d}{dx}(f_1 f_2 \cdots f_n) = \left(\frac{d}{dx}f_1\right)f_2 \cdots f_n + f_1\left(\frac{d}{dx}f_2\right)f_3 \cdots f_n + \cdots + f_1 f_2 \cdots \left(\frac{d}{dx}f_n\right)$$

$$= f_1 f_2 \cdots f_n \left(\frac{\frac{d}{dx}f_1}{f_1} + \frac{\frac{d}{dx}f_2}{f_2} + \cdots + \frac{\frac{d}{dx}f_n}{f_n}\right)$$

$$= f_1 f_2 \cdots f_n \left(\frac{f_1'}{f_1} + \frac{f_2'}{f_2} + \cdots + \frac{f_n'}{f_n}\right) \tag{3-5}$$

【例題 5】若 $f(x) = (5x+6)(4x^3-3x+2)$，求 $f'(x)$。

【解】$f'(x) = \dfrac{d}{dx}[(5x+6)(4x^3-3x+2)]$

$$= (5x+6)\frac{d}{dx}(4x^3-3x+2) + (4x^3-3x+2)\frac{d}{dx}(5x+6)$$

$$= (5x+6)(12x^2-3) + 5(4x^3-3x+2)$$

$$= 80x^3 + 72x^2 - 30x - 8$$

【例題 6】若 $f(x) = (x+2)(2x+3)(3x+4)(4x+5)$，求 $f'(x)$。

【解】$f'(x) = \dfrac{d}{dx}[(x+2)(2x+3)(3x+4)(4x+5)]$

$$= (x+2)(2x+3)(3x+4)(4x+5)\left(\frac{1}{x+2} + \frac{2}{2x+3} + \frac{3}{3x+4} + \frac{4}{4x+5}\right)$$

定理 3-7　導數的一般乘冪公式

若 f 為可微分函數，n 為正整數，則 f^n 也為可微分函數，且

$$\frac{d}{dx}[f(x)]^n = n[f(x)]^{n-1}\frac{d}{dx}f(x)$$

或 $$(f^n)' = nf^{n-1}f'$$

本定理在 n 為實數時仍可成立。

證明
$$\frac{d}{dx}[f(x)]^n = \frac{d}{dx}\overbrace{f(x) \cdot f(x) \cdots f(x)}^{n}$$

$$= \overbrace{f(x) \cdot f(x) \cdots f(x)}^{n\text{個}} \cdot \left(\overbrace{\frac{f'(x)}{f(x)} + \frac{f'(x)}{f(x)} + \cdots + \frac{f'(x)}{f(x)}}^{n\text{個}}\right) \quad \text{(由 (3-5) 式)}$$

$$= [f(x)]^n \left(n \cdot \frac{f'(x)}{f(x)}\right) = n[f(x)]^{n-1}f'(x)$$

【例題 7】若 $f(x) = (x^2 - 2x + 5)^{20}$，求 $f'(x)$。

【解】$f'(x) = \dfrac{d}{dx}(x^2 - 2x + 5)^{20} = 20(x^2 - 2x + 5)^{19}\dfrac{d}{dx}(x^2 - 2x + 5)$

$$= 40(x^2 - 2x + 5)^{19}(x - 1)$$

【例題 8】若 $y = x^2\sqrt{1 - x^2}$，求 $\dfrac{dy}{dx}$。

【解】$\dfrac{dy}{dx} = \dfrac{d}{dx}[x^2\sqrt{1 - x^2}]$

$\qquad = x^2 \dfrac{d}{dx}[(1 - x^2)^{1/2}] + (1 - x^2)^{1/2}\dfrac{d}{dx}(x^2)$　　　兩函數乘積的導數公式

$\qquad = x^2\left[\dfrac{1}{2}(1 - x^2)^{-1/2}(-2x)\right] + (1 - x^2)^{1/2}(2x)$　　　導數的一般乘冪公式

$\qquad = -x^3(1 - x^2)^{-1/2} + 2x(1 - x^2)^{1/2}$

$$= x(1-x^2)^{-1/2}[-x^2 + 2(1-x^2)]$$
提出公因式

$$= x(1-x^2)^{-1/2}(2-3x^2)$$

$$= \frac{x(2-3x^2)}{\sqrt{1-x^2}}$$

【例題 9】 若 $y = \sqrt{x + \sqrt{x}}$，求 $\dfrac{dy}{dx}$。

【解】 $\dfrac{dy}{dx} = \dfrac{d}{dx}(x+\sqrt{x})^{1/2} = \dfrac{1}{2}(x+\sqrt{x})^{-1/2}\dfrac{d}{dx}(x+\sqrt{x})$

$$= \frac{1}{2\sqrt{x+\sqrt{x}}}\left(1+\frac{d}{dx}\sqrt{x}\right)$$

$$= \frac{1}{2\sqrt{x+\sqrt{x}}}\left(1+\frac{1}{2\sqrt{x}}\right)$$

$$= \frac{2\sqrt{x}+1}{4\sqrt{x}\sqrt{x+\sqrt{x}}}$$

定理 3-8　函數 $\dfrac{1}{g(x)}$ 的導數公式

若 g 為一可微分函數，則 $\dfrac{1}{g}$ 也為可微分函數，且

$$\frac{d}{dx}\left[\frac{1}{g(x)}\right] = \frac{-\dfrac{d}{dx}g(x)}{[g(x)]^2}$$

或

$$\left(\frac{1}{g}\right)' = -\frac{g'}{g^2}$$

證明　$\dfrac{d}{dx}\left[\dfrac{1}{g(x)}\right] = \lim\limits_{h\to 0}\dfrac{\dfrac{1}{g(x+h)}-\dfrac{1}{g(x)}}{h}$
導數的定義

$$= \lim_{h\to 0}\frac{\dfrac{g(x)-g(x+h)}{g(x+h)g(x)}}{h}$$
通分

第 3 章　微　分

$$= \lim_{h \to 0} \left[\frac{1}{g(x+h)g(x)} \right] \left[-\frac{g(x+h)-g(x)}{h} \right] \qquad \text{化成乘積形式}$$

$$= \frac{1}{[g(x)]^2} \left[-\lim_{h \to 0} \frac{g(x+h)-g(x)}{h} \right] \qquad \text{極限性質}$$

$$= -\frac{\dfrac{d}{dx}g(x)}{[g(x)]^2} \qquad \text{導數的定義}$$

【例題 10】若 $y = \dfrac{4}{x^3}$，求 $\dfrac{dy}{dx}$。

【解】$\dfrac{dy}{dx} = \dfrac{d}{dx}\left(\dfrac{4}{x^3}\right) = \underbrace{4\dfrac{d}{dx}\left(\dfrac{1}{x^3}\right)}_{\text{常數積的導數}} = \underbrace{4 \cdot \dfrac{-\dfrac{d}{dx}(x^3)}{(x^3)^2}}_{\text{利用定理 3-8}}$

$$= 4 \cdot \dfrac{-3x^2}{x^6} = -\dfrac{12}{x^4}$$

【例題 11】若 $y = \dfrac{3}{\sqrt{x^2+1}}$，求 $\left.\dfrac{dy}{dx}\right|_{x=1}$。

【解】$\dfrac{dy}{dx} = \dfrac{d}{dx}\left(\dfrac{3}{\sqrt{x^2+1}}\right)$

$$= \underbrace{3\dfrac{d}{dx}\left(\dfrac{1}{\sqrt{x^2+1}}\right)}_{\text{常數積的導數}} = \underbrace{3 \cdot \dfrac{-\dfrac{d}{dx}(\sqrt{x^2+1})}{(\sqrt{x^2+1})^2}}_{\text{利用定理 3-8}}$$

$$= 3 \cdot \dfrac{-\overbrace{\dfrac{2x}{2\sqrt{x^2+1}}}^{\text{導數的一般乘冪公式}}}{x^2+1} = \dfrac{-3x}{(x^2+1)^{3/2}}，故\ \left.\dfrac{dy}{dx}\right|_{x=1} = \dfrac{-3}{(2)^{3/2}}。$$

定理 3-9　兩函數商的導數

若 f 與 g 皆為可微分函數，且 $g(x) \neq 0$，則 $\dfrac{f}{g}$ 也為可微分函數，且

$$\frac{d}{dx}\left[\frac{f(x)}{g(x)}\right] = \frac{g(x)\dfrac{d}{dx}f(x) - f(x)\dfrac{d}{dx}g(x)}{[g(x)]^2}$$

若

$$\left(\frac{f}{g}\right)' = \frac{gf' - fg'}{g^2}$$

證明

$$\frac{d}{dx}\left[\frac{f(x)}{g(x)}\right] = \frac{d}{dx}\left[f(x) \cdot \frac{1}{g(x)}\right]$$

$$= \underbrace{f(x)\frac{d}{dx}\left[\frac{1}{g(x)}\right] + \frac{1}{g(x)}\frac{d}{dx}f(x)}_{\text{利用定理 3-6}}$$

$$= f(x)\underbrace{\left(\frac{-\dfrac{d}{dx}g(x)}{[g(x)]^2}\right)}_{\text{利用定理 3-8}} + \frac{\dfrac{d}{dx}f(x)}{g(x)}$$

$$= \frac{-f(x)\dfrac{d}{dx}g(x) + g(x)\dfrac{d}{dx}f(x)}{[g(x)]^2}$$

$$= \frac{g(x)\dfrac{d}{dx}f(x) - f(x)\dfrac{d}{dx}g(x)}{[g(x)]^2}$$

【例題 12】 若 $y = \left(\dfrac{1-x}{1+x^2}\right)^3$，求 $\dfrac{dy}{dx}$。

【解】 $\dfrac{dy}{dx} = \dfrac{d}{dx}\left(\dfrac{1-x}{1+x^2}\right)^3$

$$= 3\overset{\downarrow n}{}\overbrace{\left(\frac{1-x}{1+x^2}\right)^2}^{f^{n-1}}\overbrace{\frac{d}{dx}\left(\frac{1-x}{1+x^2}\right)}^{f'}$$

$$
\begin{aligned}
&= 3\left(\frac{1-x}{1+x^2}\right)^2 \overbrace{\frac{(1+x^2)\dfrac{d}{dx}(1-x)-(1-x)\dfrac{d}{dx}(1+x^2)}{(1+x^2)^2}}^{\text{定理 3-9}}\\
&= 3\left(\frac{1-x}{1+x^2}\right)^2 \frac{(1+x^2)(-1)-(1-x)(2x)}{(1+x^2)^2}\\
&= 3\left(\frac{1-x}{1+x^2}\right)^2 \frac{-1-x^2-2x+2x^2}{(1+x^2)^2}\\
&= 3\left(\frac{1-x}{1+x^2}\right)^2 \frac{x^2-2x-1}{(1+x^2)^2}
\end{aligned}
$$

利用定理 3-9 可證明，若 n 為負整數且 $x \neq 0$，則

$$\frac{d}{dx}(x^n) = nx^{n-1} \tag{3-6}$$

證明 令 $n = -m$，此處 m 為一正整數。因此 $x^n = x^{-m} = \dfrac{1}{x^m}$，且

$$
\begin{aligned}
\frac{d}{dx}(x^n) = \frac{d}{dx}\left(\frac{1}{x^m}\right) &= \frac{x^m \cdot \dfrac{d}{dx}(1) - 1 \cdot \dfrac{d}{dx}(x^m)}{(x^m)^2}\\
&= \frac{0 - mx^{m-1}}{x^{2m}} \left(\text{因 } m > 0 \text{，} \frac{d}{dx}(x^m) = mx^{m-1}\right)\\
&= -mx^{-m-1}\\
&= nx^{n-1}
\end{aligned}
$$

【例題 13】若 $y = \dfrac{2}{x^5}$，求 $\dfrac{dy}{dx}$。

【解】$\dfrac{dy}{dx} = \dfrac{d}{dx}\left(\dfrac{2}{x^5}\right) = 2\dfrac{d}{dx}\left(\dfrac{1}{x^5}\right) = 2\dfrac{d}{dx}(x^{-5}) = -10x^{-6}$

若函數 f 的導函數 f' 為可微分，則 f' 的導函數記為 f''，稱為 f 的**二階導函數**。只要有可微分性，我們就可以將導函數的微分過程繼續微分下去而求得 f 的三、四、五，甚至更高階的導函數。f 之依次的導函數記為

現代商用微積分

$$f' \quad (f\text{的一階導函數})$$
$$f'' = (f')' \quad (f\text{的二階導函數})$$
$$f''' = (f'')' \quad (f\text{的三階導函數})$$
$$f^{(4)} = (f''')' \quad (f\text{的四階導函數})$$
$$f^{(5)} = (f^{(4)})' \quad (f\text{的五階導函數})$$
$$\vdots \quad \vdots \quad \vdots$$
$$f^{(n)} = (f^{(n-1)})' \quad (f\text{的}n\text{階導函數})$$

在 f 為 x 之函數的情形下，若利用微分算子 D_x 與 $\dfrac{d}{dx}$ 來表示，則

$$f'(x) = D_x f(x) = \frac{d}{dx} f(x)$$

$$f''(x) = D_x(D_x f(x)) = D_x^2 f(x) = \frac{d}{dx}\left(\frac{d}{dx} f(x)\right) = \frac{d^2}{dx^2} f(x)$$

$$f'''(x) = D_x(D_x^2 f(x)) = D_x^3 f(x) = \frac{d}{dx}\left(\frac{d^2}{dx^2} f(x)\right) = \frac{d^3}{dx^3} f(x)$$

$$\vdots \quad \vdots$$

$$f^{(n)}(x) = D_x^n f(x) = \frac{d^n}{dx^n} f(x)，此唸成 "f 對 x 的 n 階導函數"。$$

在論及函數 f 的高階導函數時，為方便起見，通常規定 $f^{(0)} = f$，即，f 的零階導函數為其本身。

【例題 14】若
則
$$f(x) = x^3 + 2x^2 - x + 5$$
$$f'(x) = 3x^2 + 4x - 1$$
$$f''(x) = 6x + 4$$
$$f'''(x) = 6$$
$$f^{(4)}(x) = 0$$
$$\vdots$$
$$f^{(n)}(x) = 0 \quad (n \geq 4)$$

【例題 15】 若 $f(3) = -4$，$f'(3) = 2$，且 $f''(3) = 5$，求 $\left. \dfrac{d^2}{dx^2}[f(x)]^2 \right|_{x=3}$。

【解】 因 $\dfrac{d^2}{dx^2}[f(x)]^2 = \dfrac{d}{dx}\left(\dfrac{d}{dx}[f(x)]^2\right) = \dfrac{d}{dx}[2f(x)f'(x)]$　　導數的一般乘冪公式

$$= 2\left[f(x)\dfrac{d}{dx}f'(x) + f'(x)\dfrac{d}{dx}f(x)\right]$$　　兩函數乘積的導數

$$= 2[f(x)f''(x) + (f'(x))^2]$$

所以 $\left. \dfrac{d^2}{dx^2}[f(x)]^2 \right|_{x=3} = 2[f(3)f''(3) + (f'(3))^2]$

$$= 2[(-4)5 + 2^2]$$

$$= -32$$

【例題 16】 若 $f(x) = \dfrac{1}{x}$，求 $f^{(100)}(x)$。

【解】　$f'(x) = (-1)x^{-2}$

$f''(x) = (-1)(-2)x^{-3}$

$f'''(x) = (-1)(-2)(-3)x^{-4}$

$\vdots$

$f^{(n)}(x) = (-1)(-2)(-3)\cdots(-n)x^{-n-1} = (-1)^n n! x^{-n-1}$

所以，$f^{(100)}(x) = (-1)^{100} 100! x^{-101} = 100! x^{-101}$

習題 3-2

在 1～9 題中求 $\dfrac{dy}{dx}$。

1. $y = \dfrac{2}{x^5} - \dfrac{2}{x^3}$
2. $y = \dfrac{1}{x^2 + 5}$
3. $y = (x^2 + 1)(x - 1)(x + 5)$
4. $y = \dfrac{1 - 2x}{1 + 2x}$
5. $y = (x^2 - 3)^3(3x^4 + 1)^2$
6. $y = \left(\dfrac{x^3 + 4}{x^2 - 1}\right)^3$

7. $y = \sqrt[3]{x^4 + x^2 + 5}$ 8. $y = \dfrac{x^2 - 1}{\sqrt{x^2 + 1}}$ 9. $y = |x+1| + |x-5|$

10. 若 $f(3) = 4, g(3) = 2, f'(3) = -6, g'(3) = 5$，試求下列各值。

    (1) $(f+g)'(3)$ (2) $(fg)'(3)$

    (3) $\left(\dfrac{f}{g}\right)'(3)$ (4) $\left(\dfrac{f}{f-g}\right)'(3)$

11. 試求 $\lim\limits_{h \to 0} \dfrac{(16+h)^{3/4} - 2(16+h)^2 - [16^{3/4} - 2(16)^2]}{h}$ 之值。

    (提示：利用導數之定義)

在 12～16 題中求 $\dfrac{d^2 y}{dx^2}$。

12. $y = \dfrac{1}{x^2}$ 13. $y = x - \sqrt{x}$ 14. $y = (3x-2)^{4/3}$

15. $y = \sqrt{x^2 + 1}$ 16. $y = \dfrac{x}{1+x^2}$

17. 設 $f(x) = \dfrac{1-x}{1+x}$，求 $f^{(100)}(2)$。

18. 求一個二次多項式 $f(x)$ 使得 $f(1) = 5$，$f'(1) = 3$，$f''(1) = -4$。

3-3 連鎖法則

我們已討論了有關函數之和、差、積及商的導函數。在本節中，我們要利用連鎖法則來討論如何求得兩個 (或兩個以上) 可微分函數之合成函數的導函數。例如，下列的函數在求導函數時無須使用連鎖法則。

$$y = x^2 + 1$$
$$y = (x^2 + x)(x^3 - 1)$$
$$y = \dfrac{x-1}{x^2+1}$$

但是，下列之函數在求導函數時就必須使用連鎖法則。

$$y = \sqrt{x^2 + x + 1}$$
$$y = (x+5)^{-1/6}$$
$$y = (2x^2 + x + 1)^5$$
$$y = \frac{x+2}{\sqrt{x^2+1}}$$

由定理 3-7 知，若 $u = f(x)$ 為可微分函數，則 $y = u^n$ 也為可微分函數，且

$$\frac{dy}{dx} = nu^{n-1}\frac{du}{dx}$$

其中 n 為實數。在上式中，$nu^{n-1} = \frac{dy}{du}$，故

$$\frac{dy}{dx} = \frac{dy}{du}\frac{du}{dx}$$

這個規則稱為**連鎖法則**，對一般的合成函數的微分非常有用。

定理 3-10　連鎖法則

若 $y = f(u)$ 與 $u = g(x)$，g 在 x 處可微分，而 f 在 $u = g(x)$ 處可微分，則合成函數 $y = (f \circ g)(x) = f(g(x))$ 在 x 處可微分，且

$$\frac{d}{dx}f(g(x)) = f'(g(x))g'(x) \tag{3-7}$$

（外函數↓　內函數↑）

上式亦可用萊布尼茲符號表為

$$\frac{dy}{dx} = \frac{dy}{du}\frac{du}{dx} \tag{3-8}$$

公式 (3-8) 很容易記憶，因為，若我們"消去"右邊的 du，則恰好得到左邊的

結果。當使用 x、y 與 u 以外的變數時，此"消去"方式提供一個很好的方法去記憶。

例如，若 $y=(x^2+6x+1)^4$，我們令外函數為 $f(x)=x^4$，內函數為 $g(x)=x^2+6x+1$，則 $y=f(g(x))$。於是，

$$y' = \underbrace{4(x^2+6x+1)^3}_{f'(g(x))} \underbrace{(2x+6)}_{g'(x)}$$

即外函數在內函數的導數乘以內函數的導數。

【例題 1】若 $y=u^3+1$，$u=\dfrac{1}{x^2}$，求 $\dfrac{dy}{dx}$。

【解】$\dfrac{dy}{dx} = \dfrac{dy}{du} \cdot \dfrac{du}{dx} = \dfrac{d}{du}(u^3+1)\dfrac{d}{dx}\left(\dfrac{1}{x^2}\right)$

$= (3u^2)\left(-\dfrac{2}{x^3}\right) = 3\left(\dfrac{1}{x^2}\right)^2\left(-\dfrac{2}{x^3}\right)$

$= -\dfrac{6}{x^7}$

【例題 2】若 $f'(x)=x^2$，且 $y=f\left(\dfrac{2x-1}{x+1}\right)$，求 $\dfrac{dy}{dx}$。

【解】$\dfrac{dy}{dx} = \dfrac{d}{dx}f\left(\dfrac{2x-1}{x+1}\right) = \underbrace{f'\left(\dfrac{2x-1}{x+1}\right)}_{f'(g(x))}\underbrace{\dfrac{d}{dx}\left(\dfrac{2x-1}{x+1}\right)}_{g'(x)}$

$= f'\left(\dfrac{2x-1}{x+1}\right)\dfrac{(x+1)(2)-(2x-1)(1)}{(x+1)^2} = f'\left(\dfrac{2x-1}{x+1}\right)\dfrac{3}{(x+1)^2}$

$= \left(\dfrac{2x-1}{x+1}\right)^2 \dfrac{3}{(x+1)^2} = \dfrac{3(2x-1)^2}{(x+1)^4}$ 因 $f'(x)=x^2$

【例題 3】(1) 若 u 為 x 的可微分函數，試證：$\dfrac{d}{dx}|u| = \dfrac{u}{|u|}\dfrac{du}{dx}$，$u \neq 0$。

(2) 利用 (1) 的結果求 $\dfrac{d}{dx}|x^2-4|$。

【解】(1) $\dfrac{d}{dx}|u| = \dfrac{d}{dx}\sqrt{u^2} = \dfrac{d}{du}\sqrt{u^2} \cdot \dfrac{du}{dx} = \dfrac{1}{2}\overbrace{(u^2)^{1/2-1}}^{f^{n-1}}\overbrace{\dfrac{d}{du}u^2}^{f'} \cdot \dfrac{du}{dx}$

$= \dfrac{1}{2}\dfrac{1}{\sqrt{u^2}} \cdot 2u \cdot \dfrac{du}{dx} = \dfrac{u}{|u|}\dfrac{du}{dx}$，$u \neq 0$

(2) $\dfrac{d}{dx}|x^2-4|=\dfrac{x^2-4}{|x^2-4|}\dfrac{d}{dx}(x^2-4)=\dfrac{2x(x^2-4)}{|x^2-4|},\quad x\neq\pm 2$ ■

連鎖法則可以推廣如下：

若 y 為 u 的可微分函數，u 為 v 的可微分函數，v 為 x 的可微分函數，則 y 為 x 的可微分函數，且

$$\dfrac{dy}{dx}=\dfrac{dy}{du}\dfrac{du}{dv}\dfrac{dv}{dx} \tag{3-9}$$

【例題 4】若 $y=u^3-1$，$u=-\dfrac{2}{v}$，$v=x^3$，求 $\dfrac{dy}{dx}$。

【解】$\dfrac{dy}{dx}=\dfrac{dy}{du}\dfrac{du}{dv}\dfrac{dv}{dx}=(3u^2)(2v^{-2})(3x^2)$

$=3\left(-\dfrac{2}{v}\right)^2(2)(x^3)^{-2}(3x^2)=3\left(-\dfrac{2}{x^3}\right)^2(6x^{-4})$

$=72x^{-10}$

習題 3-3

1. 若 $y=f(u)=(u^2+4)^4$，$u=g(x)=x^{-2}$，求 $\dfrac{dy}{dx}$。

2. 假設 f 為可微分函數且 $f'(x)=\dfrac{1}{x^2+1}$。令 $g(x)=f(x^3+2)$，求 $g'(x)$。

3. 若 f 為可微分函數且 $f\left(\dfrac{x-1}{x+1}\right)=x$，求 $f'(0)$。

   (提示：等號兩端同時對 x 微分，等號左端利用公式 $\dfrac{d}{dx}f(g(x))=f'(g(x))g'(x)$，再以 $x=1$ 代入。)

4. 已知 $y=|x^2+x+1|$，求 $\dfrac{dy}{dx}$。

5. 已知 $y=\sqrt{x+\sqrt{x+\sqrt{x}}}$，求 $\dfrac{dy}{dx}$。

6. 若 $g(x)=f(a+nx)+f(a-nx)$，此處 f 在 a 可微分，求 $g'(0)$。

7. 設 f 為可微分函數，試利用連鎖法則證明：
   (1) 若 f 為偶函數，則 f' 為奇函數。
   (2) 若 f 為奇函數，則 f' 為偶函數。

3-4　視導數為變化率

我們已瞭解函數之導數為其圖形上切線之斜率。現在我們將開始介紹，函數之導數可視為對於自變數之變化率。假設 Δx 表自變數之**增量**，則自變數由 x 增至 $x + \Delta x$ 時，函數 $y = f(x)$ 之變化量，記為 Δy，定義為

$$\Delta y = f(x + \Delta x) - f(x)$$

故函數 f 在區間 $[x, x + \Delta x]$ 內之**平均變化率**為

$$\frac{\Delta y}{\Delta x} = \frac{f(x + \Delta x) - f(x)}{\Delta x}$$

我們將此平均變化率在 $\Delta x \to 0$ 時之極限值定義為函數 $f(x)$ 之**瞬間變化率**（instantaneous rate of change），簡稱為**變化率**，如下所述

$$\lim_{\Delta x \to 0} \frac{\Delta y}{\Delta x} = \lim_{\Delta x \to 0} \frac{f(x + \Delta x) - f(x)}{\Delta x} \tag{3-10}$$

此一瞬時變化率顯然為導數 $f'(x)$，故 $y = f(x)$ 之瞬時變化率為

$$\frac{dy}{dx} = f'(x)$$

$$f(x) \text{ 之相對變化率} = \frac{f'(x)}{f(x)} = \frac{\frac{dy}{dx}}{y} \tag{3-11}$$

而 y 對於 x 之百分變化率如下所述

$$\text{百分變化率} = 100\% \frac{f'(x)}{f(x)} = 100\% \frac{\frac{dy}{dx}}{y} \tag{3-12}$$

在應用上，瞬間變化率可代表不同的意義，如表 3-1 所述。

表 3-1

x 代表	y 代表	$\frac{f(x+\Delta x) - f(x)}{\Delta x}$ 表示	$\lim\limits_{\Delta x \to 0} \frac{f(x+\Delta x) - f(x)}{\Delta x}$ 表示
時間	銀行帳戶存款之數目 (視作本金)	在時間區間 $[x, x+\Delta x]$ 中本金之平均變化率	在時間為 x 時本金之瞬時變化率，即利率
銷售商品之數量	銷售 x 單位商品之收益	當銷售水準介於 x 與 $x+\Delta x$ 時收益之平均變化率	當銷售水準為 x 單位時，收益之瞬時變化率，即邊際收益
時間	在時間為 x 之銷售量	在時間區間 $[x, x+\Delta x]$ 中銷售量之平均變化率	在時間為 x 時銷售量之瞬時變化率

【例題 1】某一國家在 1998 年後 t 年之國民生產毛額 (GNP) 為 $N(t) = t^2 + 5t + 106$ (以十億元為單位)。
(1) 在 2006 年 GNP 對於時間之變動的變化率為何？
(2) 在 2006 年 GNP 對於時間之變動的百分變化率為何？

【解】(1) GNP 之變化率為 $N'(t) = 2t + 5$。令 $t = 0$，表 1998 年 GNP 對於時間之變動的變化率。故在 2006 年之變化率為

$$N'(8) = 2(8) + 5 = 21 \text{ (十億元/年)} = 210 \text{ 億/年}$$

(2) 在 2006 年 GNP 之百分變化率為

$$100\% \cdot \frac{N'(8)}{N(8)} = 100\% \cdot \frac{21}{210} = 10\%/\text{年}$$

【例題 2】若總額為 P_0 的資金以年利率 $100r\%$ 投資，按月計息，則在一年後的本金為

$$P = P_0 \left(1 + \frac{r}{12}\right)^{12}$$

當 $P_0 = 1{,}000$ 元，$r = 0.12$ 時，求 P 對 r 的變化率。

【解】由 $P(r) = P_0\left(1+\dfrac{r}{12}\right)^{12}$，可得

$$P'(r) = \overset{n}{\underset{\downarrow}{12}}P_0\overbrace{\left(1+\dfrac{r}{12}\right)^{11}}^{P^{n-1}}\overbrace{\dfrac{d}{dr}\left(1+\dfrac{r}{12}\right)}^{P'} = 12P_0\left(1+\dfrac{r}{12}\right)^{11}\dfrac{1}{12} = P_0\left(1+\dfrac{r}{12}\right)^{11}$$

當 $P_0 = 1{,}000$ 元，$r = 0.12$ 時，$P'(0.12) = 1{,}000\left(1+\dfrac{0.12}{12}\right)^{11} \approx 1{,}115.67$ (元)

故 P 對 r 的變化率為 1,115.67 元/月。

經濟學上的應用 (邊際分析)

經濟學上的邊際分析主要是用來研究經濟數量之變動率，舉例來說，經濟學家不僅關心整個經濟體系在既定的期間內國民生產毛額 (GNP) 有多少，而且也同樣地關心 GNP 的成長或下降比率，而製造業者也是如此，他不僅注意某個商品在生產水準下的總成本，而且也關心在該生產水準下的總成本變動比率。這樣的例子實在不勝枚舉。先讓我們舉個例子以說明經濟學家眼中所謂的"邊際"。

1. 成本函數

【例題 3】假設利台公司製造 x 台電視機所需的每週總成本為

$$C(x) = 8{,}000 + 200x - 0.2x^2 \ (0 \le x \le 400) \text{ (以元為單位)}$$

(1) 試求製造第 251 台電視機所需之實際成本為多少？
(2) 當 $x = 250$ 時，試求總成本對 x 的變動率。
(3) 比較 (1) 與 (2) 所得出的結果。

【解】(1) 生產第 251 台電視機所需之實際成本，也就等於生產前 251 台電視機所需的總成本與生產前 250 台電視機所需的總成本之差額。因此，實際的成本為

$$\begin{aligned}C(251) - C(250) &= [8{,}000 + 200(251) - 0.2(251)^2] \\ &\quad - [8{,}000 + 200(250) - 0.2(250)^2] \\ &= 45{,}599.8 - 45{,}500 = 99.80 \text{ (元)}\end{aligned}$$

(2) 總成本函數 C 對於 x 的變動率即等於 C 的導函數，亦即 $C'(x) = 200 - 0.4x$。

於是，當生產水準為 250 台電視機時，總成本對 x 的變動率

$$C'(250) = 200 - 0.4(250) = 100 \text{ (元)}$$

(3) 由 (1) 之結果得知，實際生產第 251 台電視機的成本為 99.8 元，與 (2) 所求得之 100 元相差無幾，究其原因，我們觀察 $C(251) - C(250)$ 的差額可以寫成下面之形式

$$\frac{C(251) - C(250)}{1} = \frac{C(250+1) - C(250)}{1} = \frac{C(250+h) - C(250)}{h}$$

其中 $h = 1$，換言之，$C(251) - C(250)$ 的差額正是總成本函數 C 在區間 $[250, 251]$ 的平均變動率；或，相當於經過成本曲線上兩點 $(250, 45{,}500)$ 與 $(251, 45{,}599.8)$ 的割線斜率。而在另一方面，$C'(250) = 100$ 乃為總成本函數 C 在 $x = 250$ 之瞬時變化率，相當於成本函數 C 的圖形在 $x = 250$ 切線之斜率，如圖 3-6 所示。現在，當 h 很小時，函數 C 之平均變化率即為函數 C 之瞬時變化率的最佳近似值。於是，

$$\begin{aligned} C(251) - C(250) &= \frac{C(251) - C(250)}{1} = \frac{C(250+h) - C(250)}{h} \\ &\approx \lim_{h \to 0} \frac{C(250+h) - C(250)}{h} \\ &= C'(250) \end{aligned}$$

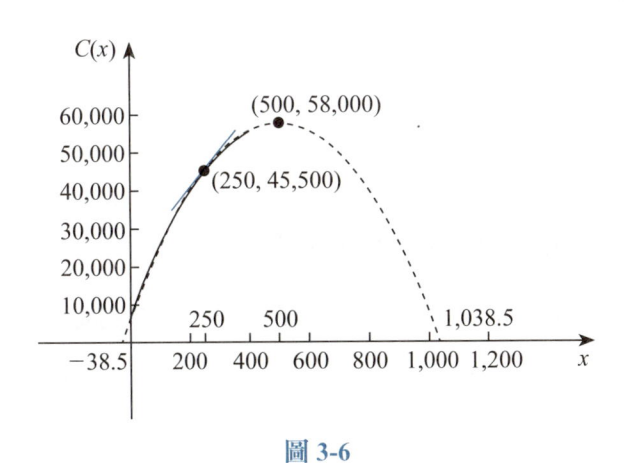

圖 3-6

若廠商已於某一生產水準下生產，則再增加一單位商品的生產所需之實際成本

稱為**邊際成本**。瞭解這個成本之概念,對廠商日後的管理決策大有裨益。在本例題中,我們利用相關的總成本函數在適當點上的瞬時變化率,即可估計出該單位的邊際成本。因此,經濟學家便定義出所謂**邊際成本函數**恰為對應之總成本函數的導函數,換言之,若 C 表總成本函數,則其邊際成本函數定義為其導數 C',亦即,

$$MC(x) = C'(x) \approx C(x+1) - C(x) = 多生產一單位商品之額外成本 \qquad (3\text{-}13)$$

邊際成本 $C'(x)$ 與**額外成本** $C(x+1) - C(x)$ 間之幾何關係如圖 3-7 所示。

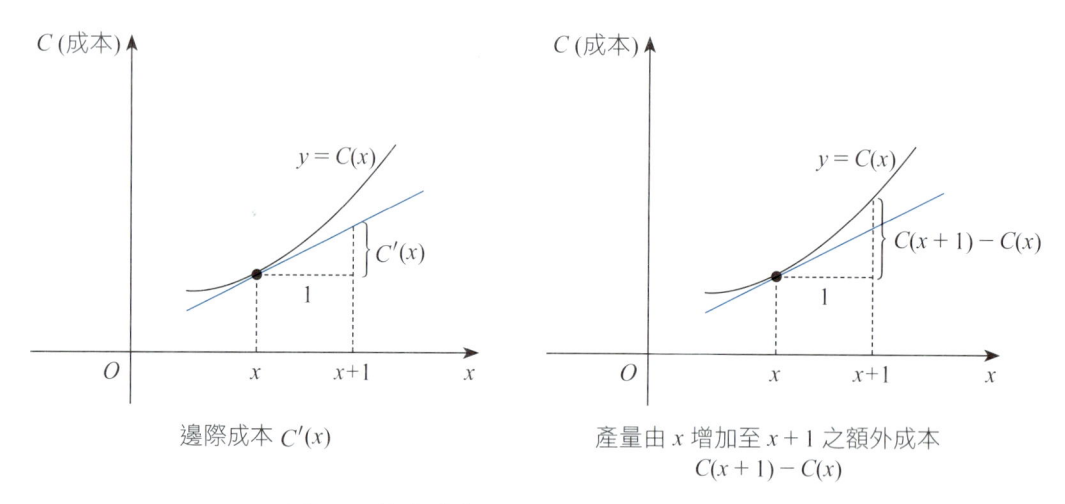

圖 3-7　邊際成本 $C'(x)$ 近似於 $C(x+1) - C(x)$

2. 收益函數

　　總收益函數定義為 $R(x) = px$,此處 x 表示某商品銷售的單位數量,p 為單位售價。

　　可解需求方程式,p 以 x 表之,我們求得單位價格函數 f,為 $p = f(x)$,於是,$R(x) = px = xf(x)$。

邊際收益函數 (marginal revenue function) 定義為

$$MR(x) = R'(x) \approx R(x+1) - R(x) = 多銷售一單位商品之額外收益 \qquad (3\text{-}14)$$

3. 利潤函數

　　總利潤函數 P 定義為

$$P(x) = R(x) - C(x) \qquad (3\text{-}15)$$

此處 R 與 C 分別表示總收益函數及總成本函數，而 x 則表示該商品生產及銷售的單位數量。所謂的**邊際利潤函數** $P'(x)$ 即是用以測定利潤函數 P 的變化率，以提供我們預測銷售該商品第 $(x+1)$ 單位時的實際利潤或虧損 (假設第 x 單位商品已經售出)。故**邊際利潤函數** (marginal profit function) 定義為

$$MP(x) = P'(x) \approx P(x+1) - P(x) = 多銷售一單位產品之額外利潤 \qquad (3\text{-}16)$$

【例題 4】金像電子公司預測其所生產磁碟片的每月需求量為

$$p = \frac{600-x}{200}$$

圖 3-8 告訴我們當價格遞減時，磁片之需求量遞增，表 3-2 列出在不同價格之下磁碟片之需求量。

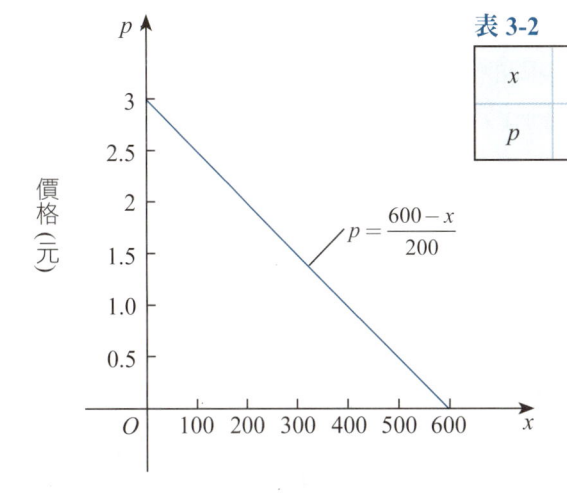

表 3-2

x	600	500	400	300	200	100	0
p	0元	0.5元	1元	1.5元	2元	2.5元	3元

圖 3-8　磁碟片的銷售量

(1) 試求總收益函數 R。
(2) 試求邊際收益函數 R'。
(3) 計算 $R'(200)$，並解釋所得之結果。

【解】(1) 已知需求量為

$$p = \frac{600-x}{200} \quad (0 \le x \le 600)$$

又收益為 $R = xp$，故總收益函數為

$$R'(x) = xp = x\left(\frac{600-x}{200}\right) = \frac{1}{200}(600x - x^2)$$

(2) 由微分，求得邊際收益為

$$R'(x) = \frac{d}{dx}\left[\frac{1}{200}(600x - x^2)\right] = \frac{1}{200}(600 - 2x)$$

(3) $$R'(200) = \frac{1}{200}(600 - 2(200)) = 1$$

上述之結果可解釋為，銷售第 201 片磁碟片的實際收益為 1 元，亦即 $x = 200$ 時的邊際效益。

註　經濟學家常將需求函數表示為 $p = f(x)$，即價格是需求量的函數。然而由消費者的觀點來看待，將需求量 x 視為價格的函數，即 $x = f(p)$ 更為合理。但是站在數學的立場來討論，這兩種論點是相同的，因為典型的需求函數是一對一函數，故有反函數存在。例如，在例題 4 中，可將需求函數寫成 $x = f(p) = 600 - 200p$。

習題 3-4

1. 某一社區之人口預估距現在 t 年近似於函數 $P(t) = 20 - \frac{6}{t+1}$，$P(t)$ 以千人為單位。
   (1) 試導出該社區人口對於時間，距現在 t 年人口變動之變化率的式子。
   (2) 距現在 1 年，該社區人口成長之變化率為多少？
   (3) 在第二年該社區人口實際增加多少？
   (4) 距現在 9 年，該社區人口成長之變化率為多少？
   (5) 距現在 9 年，該社區人口成長之百分變化率為多少？

2. 某公司在 2000 年開業 t 年後，預估其每年獲利總額近似於函數 $A(t) = 0.1t^2 + 10t + 20$，$A(t)$ 以千元為單位。
   (1) 在 2004 年，公司每年獲利總額對於時間 t 成長之變化率為多少？
   (2) 在 2004 年，公司每年獲利總額對於時間 t 成長之百分變化率為多少？

3. 某國之國民生產毛額 (GNP) 以一固定比率成長。在 1999 年 GNP 為 1,250 億元，且在 2001 年 GNP 為 1,550 億元。試問在 2004 年 GNP 成長之百分變化率為多少？

4. 設總成本函數為固定成本 F 與一變動成本 $g(x)$ 之和，試證邊際成本與固定成本無關。

5. 設二次成本函數 $C(x) = ax^2 + bx + c$，其中 $a > 0$，$b \geq 0$，$c \geq 0$，求邊際平均成本。

6. 設需求函數為 $p(x) = 15 - 2x$，$0 < x < \dfrac{15}{2}$，試求其邊際收入。

7. 利台公司製造之洗衣機每週需求函數為

$$p = -0.02x + 300, \quad 0 \leq x \leq 15{,}000$$

此處 p 表批發單位售價 (以元計) 且 x 表需求數量。另外，製造這些洗衣機的每週總成本函數為

$$C(x) = 0.000003x^3 - 0.04x^2 + 200x + 70{,}000 \text{ 元}$$

(1) 求總收益函數 R 與總利潤函數 P。
(2) 求邊際成本函數 C'、邊際收益函數 R' 及邊際利潤函數 P'。
(3) 求 $\overline{C}$ 的邊際平均成本函數 $\overline{C}'$。
(4) 計算 $C'(3000)$、$R'(3000)$ 及 $P'(3000)$，並解釋所得之結果。

8. 生產某品牌之錄音機 x 台的總生產成本為

$$C(x) = 400 + 20x \text{ 元}$$

(1) 試求平均成本函數 $\overline{C}$。
(2) 試求邊際平均成本函數 $\overline{C}'$。
(3) 解釋 (1) 與 (2) 所得出之結果。

9. 某公司生產個人電腦，每台電腦的成本為 150.00 (元) 且目前每天可生產 100 台。該公司之行銷部門預估每天可以價格 $p = \dfrac{400}{\sqrt{1 + 0.02x}}$ 元銷售 x 台電腦。試決定邊際利潤，且計算在 $x = 100$ 時之邊際利潤，並解釋其結果。

10. 若現在以 10,000 元按 $x\%$ 之利率一年複利 12 次投資生息，它在 10 年末之本利和 A 為

$$A = 10{,}000\left(1 + \frac{x}{1200}\right)^{120}$$

(1) 試求 A 對於 x 變動之變化率。

(2) 當 $x = 9$ 時，計算 A 與 $\dfrac{dA}{dx}$。

11. 假設某經濟體系的消費函數為

$$C(x) = 0.564x^{1.1} + 20.34$$

此處 $C(x)$ 為個人消費支出且 x 是個人所得，兩者均以百萬元為單位。試求當 $x = 10$ 時，其邊際消費傾向 (marginal propensity consume) 為若干？

12. 設 $C(x)$ 為個人消費支出且 x 為個人所得，兩者均以百萬元為單位，定義儲蓄函數為

$$S(x) = x - C(x) \text{ (所得減消費)}$$

(1) 試證明 $\dfrac{dS}{dx} = 1 - \dfrac{dC}{dx}$，而數量 $\dfrac{dS}{dx}$ 稱之為邊際儲蓄傾向 (marginal propensity to save)。

(2) 依照第 11 題某經濟體系之消費函數，試求當 $x = 10$ 時，其邊際儲蓄傾向為若干？

3-5 隱函數微分法

前面所討論的函數皆由方程式 $y = f(x)$ 的形式來定義。例如，方程式 $y = x^2 + x + 1$ 定義 $f(x) = x^2 + x + 1$，這種函數的導函數可以很容易求出。但是，並非所有的函數皆是如此定義的。試看下面方程式

$$x^2 + y^2 = 1 \tag{3-17}$$

x 與 y 之間顯然不是函數關係，但是對於函數 $f(x) = \sqrt{1 - x^2}$，$x \in [-1, 1]$，其定義域內所有 x 皆可滿足 (3-17) 式，即

$$x^2 + (\sqrt{1 - x^2})^2 = 1$$

此時，我們說 f 為方程式 (3-17) 所定義的隱函數。一般而言，由方程式 $f(x, y) = 0$ 所定義的函數並不唯一。例如，$g(x) = -\sqrt{1-x^2}$，$x \in [-1, 1]$，亦為方程式 (3-17) 所定義的隱函數。

同理，考慮下面方程式

$$x^2 - 2xy + y^2 = x \tag{3-18}$$

若令 $y = f(x)$，則 $f(x) = x + \sqrt{x}$，$x \in [0, \infty)$，滿足 (3-18) 式，故 f 為方程式 (3-18) 所定義的隱函數。

若我們要求 f 的導函數，依前面學過的微分方法，勢必要先求出 f 來，但是，有時候，要自所給的方程式解出 f 並不是一件很容易的事。因此，我們不必自方程式解出 f，只要對原方程式直接微分就可求出 f 的導函數，這種求隱函數的導函數的方法稱為隱微分法。

【例題 1】若 $x^2 + y^2 = 2xy^2$ 定義一 $y = f(x)$ 之可微分函數，試求 $\dfrac{dy}{dx}$。

【解】$\dfrac{d}{dx}(x^2 + y^2) = \dfrac{d}{dx}(2xy^2)$ 等號兩端對 x 微分

$2x + 2y\dfrac{dy}{dx} = 2x\left(2y\dfrac{dy}{dx}\right) + y^2 \dfrac{d}{dx}(2x)$ 隱微分

$(2y - 4xy)\dfrac{dy}{dx} = 2y^2 - 2x$ 合併 $\dfrac{dy}{dx}$ 項

$\dfrac{dy}{dx} = \dfrac{2y^2 - 2x}{2y - 4xy} = \dfrac{y^2 - x}{y - 2xy}$，若 $y - 2xy \neq 0$ 解出 $\dfrac{dy}{dx}$ ∎

【例題 2】設 $\sqrt{x} + \sqrt{y} = 8$ 定義 $y = f(x)$ 為可微分函數。

(1) 利用隱微分法求 $\dfrac{dy}{dx}$。

(2) 先解 y 而用 x 表之，然後求 $\dfrac{dy}{dx}$。

(3) 驗證 (1) 與 (2) 的解一致。

【解】(1) $\sqrt{x}+\sqrt{y}=8 \Rightarrow \dfrac{d}{dx}(\sqrt{x}+\sqrt{y})=\dfrac{d}{dx}(8)$

$$\Rightarrow \dfrac{1}{2\sqrt{x}}+\dfrac{1}{2\sqrt{y}}\dfrac{dy}{dx}=0$$

$$\Rightarrow \dfrac{dy}{dx}=-\dfrac{\sqrt{y}}{\sqrt{x}} \quad (x \neq 0)$$

(2) $\sqrt{x}+\sqrt{y}=8 \Rightarrow \sqrt{y}=8-\sqrt{x}$

$$\Rightarrow y=(8-\sqrt{x})^2=64-16\sqrt{x}+x$$

$$\Rightarrow \dfrac{dy}{dx}=-\dfrac{8}{\sqrt{x}}+1$$

(3) $\dfrac{dy}{dx}=-\dfrac{\sqrt{y}}{\sqrt{x}}=-\dfrac{8-\sqrt{x}}{\sqrt{x}}=-\dfrac{8}{\sqrt{x}}+1$ ■

【例題 3】試求曲線 $(x^2+y^2)^2=4x^2y$ 在點 (1, 1) 之切線方程式。

【解】將方程式等號兩邊對 x 微分，可得

$$\dfrac{d}{dx}(x^2+y^2)^2=\dfrac{d}{dx}(4x^2y)$$

$$2(x^2+y^2)\dfrac{d}{dx}(x^2+y^2)=4\left(x^2\dfrac{dy}{dx}+y \cdot 2x\right)$$

$$2(x^2+y^2)\left(2x+2y\dfrac{dy}{dx}\right)=4\left(x^2\dfrac{dy}{dx}+2xy\right)$$

故 $$\dfrac{dy}{dx}=\dfrac{8xy-4x(x^2+y^2)}{4y(x^2+y^2)-4x^2}$$

通過點 (1, 1) 之切線的斜率為 $m=\left.\dfrac{dy}{dx}\right|_{(1,1)}=\dfrac{8-8}{8-4}=0$，故切線方程式為水平線 $y=1$。 ■

【例題 4】若 $xy+y^2=1$，求 $\left.\dfrac{d^2y}{dx^2}\right|_{(0,-1)}$。

【解】$xy+y^2=1 \Rightarrow x\dfrac{dy}{dx}+y+2y\dfrac{dy}{dx}=0$

$$\Rightarrow (x+2y)\frac{dy}{dx} = -y$$

$$\Rightarrow \frac{dy}{dx} = \frac{-y}{x+2y}$$

$$\Rightarrow \frac{d^2y}{dx^2} = \frac{d}{dx}\left(\frac{-y}{x+2y}\right) = \frac{(x+2y)\left(-\frac{dy}{dx}\right)-(-y)\left(1+2\frac{dy}{dx}\right)}{(x+2y)^2}$$

因

$$\left.\frac{dy}{dx}\right|_{(0,\,-1)} = \frac{-(-1)}{0+2(-1)} = -\frac{1}{2}$$

$$\left.\frac{d^2y}{dx^2}\right|_{(0,\,-1)} = \frac{(0-2)\left(\frac{1}{2}\right)-(1)\left[1+2\left(-\frac{1}{2}\right)\right]}{(0-2)^2}$$

$$= \frac{-1-0}{4} = -\frac{1}{4}$$

習題 3-5

1. 設方程式 $x^2 - xy + y^2 = 3$ 所定義的函數 $y = f(x)$ 為可微分函數，求 $\dfrac{dy}{dx}$。

2. 設方程式 $x^6 + 2x^3y - xy^7 = 5$ 所定義的函數 $y = f(x)$ 為可微分函數，求 $\dfrac{dy}{dx}$。

3. 若 $\dfrac{\sqrt{x}+1}{\sqrt{y}+1} = y$，求 $\dfrac{dy}{dx}$。

4. 若 $2\sqrt{y-1} = 8x^{2/3}$，求 $\dfrac{dy}{dx}$。

5. 若 $\dfrac{6+5x}{2-3y} = \dfrac{1}{5x}$，求 $\dfrac{dy}{dx}$。

6. 若 $y^3 - 3y^2 + x = 0$，求 $\left.\dfrac{d^2x}{dy^2}\right|_{(1,\,2)}$。

7. 若 $\sqrt{x} + \sqrt{y} = 3$，求 $\left.\dfrac{d^2y}{dx^2}\right|_{(1,\,4)}$。

8. 已知 $x^2 - xy + y^2 = 3$，求 $\dfrac{d^2y}{dx^2}$。

9. 求曲線 $x^3 + x^2y + y^3 = 9$ 在點 $(-1, 2)$ 之切線的方程式。

10. 試證：在拋物線 $y^2 = cx$ 上點 (x_0, y_0) 處之切線的方程式為

$$y_0 y = \frac{c}{2}(x_0 + x)。$$

11. 試證：在橢圓 $\dfrac{x^2}{a^2} + \dfrac{y^2}{b^2} = 1$ 上點 (x_0, y_0) 處的切線方程式為

$$\frac{x_0 x}{a^2} + \frac{y_0 y}{b^2} = 1。$$

12. 某日用品之需求函數為

$$p = \frac{500{,}000}{2x^3 + 400x + 5{,}000}$$

此處 p 為價格 (以元計)，且 x 為需求量，以 10 為單位計算。試求當 $x = 100$ 時，需求對於價格之變化率，並解釋其結果。

13. 設 $ay^2 + by + c = x$，試證 $\dfrac{d^2y}{dx^2} + 2a\left(\dfrac{dy}{dx}\right)^3 = 0$。

14. 試求 $y = ax + bx^{-1}$ 滿足方程式 $x^2 \dfrac{d^2y}{dx^2} + x \dfrac{dy}{dx} - y = 0$。

3-6　增量與微分

若某變數由一值變到另一值，則它的最後值減去最初值稱為該變數的**增量**。在微積分中，我們習慣以符號 Δx (delta x) 表示變數 x 的增量，在此記號中，"Δx" 不是 "Δ" 與 "x" 的乘積，Δx 只是代表 x 值的改變的單一符號。同理，Δy、Δt 與 $\Delta \theta$ 等等，分別表示變數 y、t 與 θ 等的增量。

若 $y = f(x)$，則

$$\Delta y = f(x + \Delta x) - f(x)$$

增量記號可以用在導函數的定義中，僅需將定義 3-4 中的 h 以 Δx 取代即可，即

$$f'(x) = \lim_{\Delta x \to 0} \frac{f(x+\Delta x) - f(x)}{\Delta x} = \lim_{\Delta x \to 0} \frac{\Delta y}{\Delta x} \tag{3-19}$$

(3-19) 式可以敘述如下：f 的導函數為因變數的增量 Δy 與自變數的增量 Δx 的比率在 Δx 趨近零時的極限。注意，在圖 3-9 中，$\dfrac{\Delta y}{\Delta x}$ 為通過 P 與 Q 之割線的斜率。由 (3-19) 式可知，若 $f'(x)$ 存在，則

$$\frac{\Delta y}{\Delta x} \approx f'(x)，當 \Delta x \approx 0$$

圖 3-9

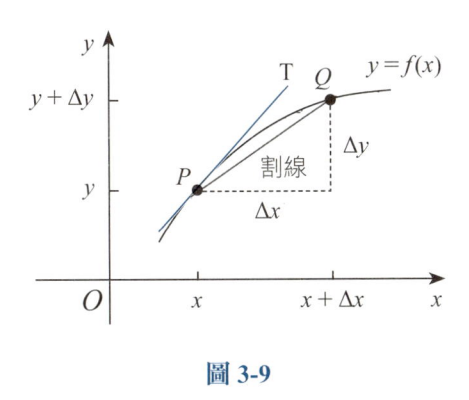

就圖形上而言，若 $\Delta x \to 0$，則通過 P 與 Q 之割線的斜率 $\dfrac{\Delta y}{\Delta x}$ 趨近於點 P 的切線之斜率 $f'(x)$，也可寫成

$$\Delta y \approx f'(x)\Delta x，當 \Delta x \approx 0$$

在下面定義中，我們給 $f'(x)\Delta x$ 一個特別的名稱。

定義 3-6

若 $y = f(x)$，其中 f 為可微分函數，且 Δx 為 x 的增量，則
(1) 自變數 x 的**微分**記為 dx，定義為 $dx = \Delta x$。
(2) 因變數 y 的**微分**記為 dy，定義為 $dy = f'(x)\Delta x = f'(x)dx$。

注意，dy 的值與 x 及 Δx 兩者有關。由定義 3-6(1) 可看出，只要涉及自變數

x，則增量 Δx 與微分 dx 沒有差別。

由前面的討論與定義 3-6(2) 可以得出，若 $\Delta x \to 0$，則

$$\Delta y \approx dy = f'(x)dx$$

因此，若 $y=f(x)$，則對微小的變化量 Δx 而言，因變數的真正變化量 Δy 可以用 dy 來近似。由圖 3-10 可以瞭解增量 Δy 與微分 dy 的區別。

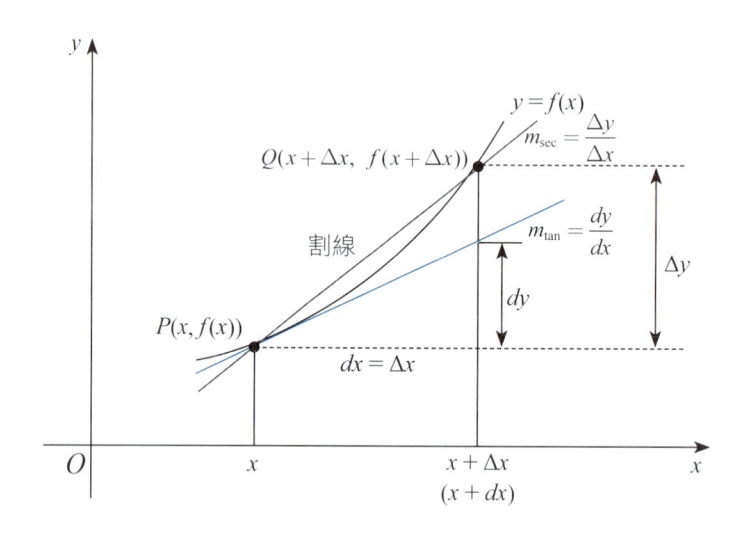

圖 3-10

假設我們給予 dx 與 Δx 同樣的值，即 $dx = \Delta x$。當我們由 x 開始沿著曲線 $y=f(x)$ 直到在 x-方向移動 Δx ($=dx$) 單位時，Δy 代表 y 的變化量；而若我們由 x 開始沿著切線直到在 x-方向移動 dx ($=\Delta x$) 單位，則 dy 代表 y 的變化量。

定理 3-11

設 f 為一可微分函數，若 $\Delta x \approx 0$，則

$$dy \approx \Delta y$$

且

$$f(x+\Delta x) \approx f(x) + dy = f(x) + f'(x)dx$$

【例題 1】 已知 $f(x) = x^3 - x$，若 x 由 1 變化到 1.1 時，求：

(1) f 之實際變化 Δf。　(2) f 之近似變化 df。　(3) 近似誤差 $|\Delta f - df|$。

【解】 因 x 由 1 變化到 1.1，故 $x_0 = 1$，$\Delta x = dx = 0.1$，又 $f'(x) = 3x^2 - 1$。

(1) $\Delta f = f(x_0 + dx) - f(x_0) = f(1.1) - f(1) = 0.231$

(2) $df = f'(x_0)dx = (3(1)^2 - 1)(0.1) = 0.2$

(3) $|\Delta f - df| = |0.231 - 0.2| = 0.031$ ■

【例題 2】 設 $y = (1 - x^2)^{1/3}$，當 $x = 3$，$dx = 1$ 時，求 dy。

【解】 因

$$\frac{dy}{dx} = \frac{d}{dx}(1 - x^2)^{1/3} = \frac{1}{3}(1 - x^2)^{-2/3}(-2x)$$

故

$$dy = -\frac{2}{3}x(1 - x^2)^{-2/3}dx$$

當 $x = 3$，$dx = 1$ 時，

$$dy = \left(-\frac{2}{3}\right)(3)(1 - 3^2)^{-2/3}(1) = -\frac{1}{2}$$ ■

圖 3-11 指出，若 f 在 a 為可微分，則在點 $(a, f(a))$ 附近，切線相當近似曲線。

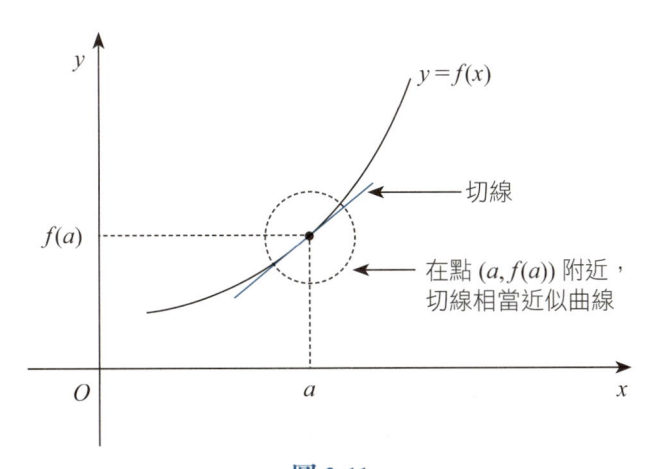

圖 3-11

因切線通過點 $(a, f(a))$ 且斜率為 $f'(a)$，故切線方程式為

$$y - f(a) = f'(a)(x - a) \tag{3-20}$$

或

$$y = f(a) + f'(a)(x-a)$$

對於靠近 a 的 x 值而言，切線的高度 y 將與曲線的高度 $f(x)$ 很接近，所以，線性函數

$$L(x) = f(a) + f'(a)(x-a) \tag{3-21}$$

稱為 f 在 a 的**線性化** (linearization) 或**切線近似**。故

$$f(x) \approx f(a) + f'(a)(x-a) \tag{3-22}$$

若令 $\Delta x = x - a$，即 $x = a + \Delta x$，則 (3-22) 式可寫成另外的形式：

$$f(a + \Delta x) \approx f(a) + f'(a)\Delta x \tag{3-23}$$

【例題 3】 利用 $L(x) = f(a) + f'(a)(x-a)$ 求函數 $f(x) = \sqrt{x+3}$ 在 $x=1$ 的線性化，並利用它計算 $\sqrt{4.02}$ 的近似值。

【解】 $f(x) = \sqrt{x+3}$ 的導函數為 $f'(x) = \dfrac{1}{2\sqrt{x+3}}$，

可得 $f(1) = 2$，$f'(1) = \dfrac{1}{4}$，故線性化為

$$L(x) = f(1) + f'(1)(x-1)$$

$$= 2 + \frac{1}{4}(x-1)$$

$$= \frac{x}{4} + \frac{7}{4}$$

所以，$\sqrt{x+3} \approx \dfrac{x}{4} + \dfrac{7}{4}$，如圖 3-12 所示。

圖 3-12

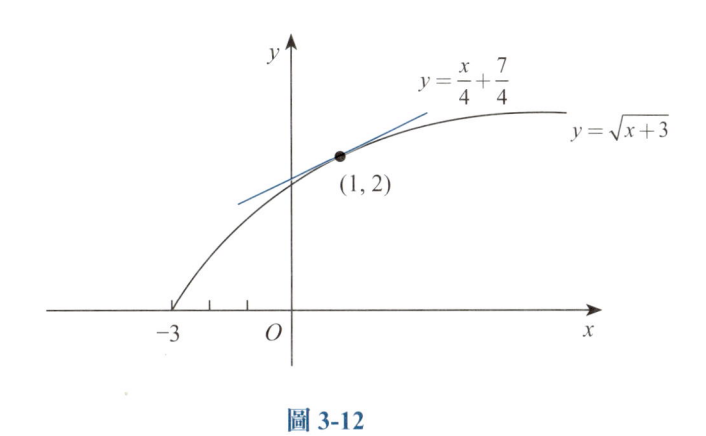

故 $\sqrt{4.02} \approx \dfrac{1.02}{4} + \dfrac{7}{4} = 2.005$。

【例題 4】利用微分求 $\sqrt[6]{64.05}$ 的近似值到小數第五位。

【解】令 $f(x) = \sqrt[6]{x}$，則 $f'(x) = \dfrac{1}{6}x^{-5/6}$。

取 $x = 64$，$dx = \Delta x = 64.05 - 64 = 0.05$，可得

$$f(64.05) \approx 2 + f'(64)(0.05)$$

即 $\sqrt[6]{64.05} \approx 2 + \dfrac{1}{6(64)^{5/6}}(0.05) = 2 + \dfrac{1}{192}(0.05)$

故 $\sqrt[6]{64.05} \approx 2.00026$

由導函數公式，我們可得下列的微分公式 (表3-3)。

表 3-3

導函數公式	微分公式
$\dfrac{dk}{dx} = 0$	$dk = 0$
$\dfrac{d}{dx}(x) = 1$	$d(x) = dx$
$\dfrac{d}{dx}(x^n) = nx^{n-1}$	$d(x^n) = nx^{n-1}dx$
$\dfrac{d(cf)}{dx} = c\dfrac{df}{dx}$	$d(cf) = c\,df$
$\dfrac{d(f \pm g)}{dx} = \dfrac{df}{dx} \pm \dfrac{dg}{dx}$	$d(f \pm g) = df \pm dg$
$\dfrac{d(fg)}{dx} = f\dfrac{dg}{dx} + g\dfrac{df}{dx}$	$d(fg) = f\,dg + g\,df$
$\dfrac{d\left(\dfrac{f}{g}\right)}{dx} = \dfrac{g\dfrac{df}{dx} - f\dfrac{dg}{dx}}{g^2}$	$d\left(\dfrac{f}{g}\right) = \dfrac{g\,df - f\,dg}{g^2}$
$\dfrac{d(f^n)}{dx} = nf^{n-1}\dfrac{df}{dx}$	$d(f^n) = nf^{n-1}df$

【例題 5】若 $y = \dfrac{x^2}{x+1}$，求 dy。

【解】
$$dy = d\left(\dfrac{x^2}{x+1}\right)$$ 等號兩邊取微分
$$= \dfrac{(x+1)d(x^2) - x^2 d(x+1)}{(x+1)^2}$$
$$= \dfrac{(x+1)2x\,dx - x^2 dx}{(x+1)^2}$$
$$= \dfrac{2x^2 + 2x - x^2}{(x+1)^2}dx$$
$$= \dfrac{x^2 + 2x}{(x+1)^2}dx$$

【例題 6】 某品牌洗衣機的需求函數如下

$$p = d(x) = \frac{30}{0.02x^2 + 1}$$

此處 x 為需求量 (以千為單位)，且 p 為單價 (以元為單位)。試利用微分預估，當需求量由每星期 5,000 台增加至 5,500 時，價格 p 的變化為何？

【解】
$$dp = d(d(x)) = d\left(\frac{30}{0.02x^2 + 1}\right) = \frac{-30 d(0.02x^2 + 1)}{(0.02x^2 + 1)^2}$$

$$= -\frac{30(0.04x)dx}{(0.02x^2 + 1)^2} = -\frac{1.2x}{(0.02x^2 + 1)^2} dx$$

以 $x = 5$，$dx = \dfrac{1}{2} = 0.5$ (因需求量以千為單位) 代入上式，得

$$dp = -\frac{6}{[0.02(5)^2 + 1]^2} \cdot 0.5 = -1.33$$

故洗衣機之需求量每星期增加 500 台時，價格大約減少 1.33 元。

習題 3-6

1. 求下列的微分 dy。

    (1) $y = \sqrt[4]{x}$

    (2) $y = \sqrt{x^4 + x^2 + 1}$

    (3) $y = \dfrac{x-2}{2x+3}$

    (4) $y = \sqrt{x}(x-1)$

2. 若 $y = 5x^2 + 4x + 1$，

    (1) 求 Δy 與 dy。

    (2) 當 $x = 6$，$\Delta x = dx = 0.02$ 時，比較 Δy 與 dy 的值。

3. 利用微分求下列各近似值。

    (1) $\sqrt[3]{26.91}$

    (2) $\dfrac{1}{\sqrt{65}}$

    (3) $(3.99)^4$

    (4) $(8.1)^{2/3}$

(5) $\dfrac{\sqrt{4.02}}{2+\sqrt{9.02}}$

4. 求 $f(x)=\sqrt{x^2+9}$ 在 $x=-4$ 的線性化。

5. 利用微分求 $\dfrac{dy}{dx}$ 與 $\dfrac{dx}{dy}$。

(1) $x^3+y^3=3x^2y$ (2) $4xy^2+x^2y+2=0$

在 6～8 題中求 dy。

6. $3x^2y+2x=9$ 　　　7. $x+x^2y^2-y=1$ 　　　8. $\sqrt{xy}+1=y$

9. 某公司銷售電唱機 x 台之利潤為

$$P=(500x-x^2)-\left(\dfrac{1}{2}x^2-77x+3{,}000\right) \text{ (以元計)}$$

試求當銷售量由 115 台增加至 120 台時,利潤變化之近似值與百分變化率各為多少?

10. 若長為 15 厘米且直徑為 5 厘米的金屬管覆以 0.001 厘米後的絕緣體 (兩端除外),試利用微分估計絕緣體的體積。

11. 設 $f(x)=x^4-3x^3+3x+2$,$g(x)=x^3-3x^2+2x+1$,若 x 由 1 變到 0.99,試利用微分近似 $f(g(x))$ 的變化量。

第 3 章 微 分

本章摘要

1. 若 $P(a, f(a))$ 為函數 f 的圖形上一點，則在點 P 之切線的斜率為

$$m = \lim_{x \to a} \frac{f(x) - f(a)}{x - a}$$

或

$$m = \lim_{h \to 0} \frac{f(a+h) - f(a)}{h}$$

倘若上面的極限存在。

2. 函數 f 在 a 的導數，記為 $f'(a)$，定義為

$$f'(a) = \lim_{h \to 0} \frac{f(a+h) - f(a)}{h}$$

或

$$f'(a) = \lim_{x \to a} \frac{f(x) - f(a)}{x - a}$$

倘若上面的極限存在。

3. 若 $f'(a)$ 存在，我們稱函數 f 在 a 為可微分，或 f 在 a 有導數。

4. 若曲線 $y = f(x)$ 在 $x = a$ 處可微分，則曲線 $y = f(x)$ 在點 $P(a, f(a))$ 之切線方程式為

$$y - f(a) = f'(a)(x - a)$$

法線方程式為

$$y - f(a) = \frac{-1}{f'(a)}(x - a) \quad (f'(a) \neq 0)$$

5. 函數 f 的導函數定義為 $f'(x) = \lim_{h \to 0} \dfrac{f(x+h) - f(x)}{h}$，倘若此極限存在。

6. 若 $\lim_{h \to 0^+} \dfrac{f(a+h) - f(a)}{h}$ 或 $\lim_{x \to a^+} \dfrac{f(x) - f(a)}{x - a}$ 存在，則稱此極限為 f 在 a 的右導數，記為

$$f'_+(a) = \lim_{h \to 0^+} \frac{f(a+h) - f(a)}{h}$$

或 $$f'_+(a) = \lim_{x \to a^+} \frac{f(x) - f(a)}{x - a}$$

7. 若 $\lim\limits_{h \to 0^-} \dfrac{f(a+h) - f(a)}{h}$ 或 $\lim\limits_{x \to a^-} \dfrac{f(x) - f(a)}{x - a}$ 存在，則稱此極限為 f 在 a 的左導數，記為

$$f'_-(a) = \lim_{h \to 0^-} \frac{f(a+h) - f(a)}{h}$$

或 $$f'_-(a) = \lim_{x \to a^-} \frac{f(x) - f(a)}{x - a}$$

8. $f'(a)$ 存在 $\Leftrightarrow f'_+(a)$ 與 $f'_-(a)$ 皆存在且 $f'_+(a) = f'_-(a)$。

9. 函數 f 在 a 為可微分 $\Rightarrow f$ 在 a 為連續 $\Rightarrow \lim\limits_{x \to a} f(x)$ 存在。

10. 若函數 $y = f(u)$ 為可微分，函數 $u = g(x)$ 為可微分，則

$$\frac{dy}{dx} = \frac{dy}{du} \cdot \frac{du}{dx} \quad \left(或 \frac{d}{dx} f(g(x)) = f'(g(x))g'(x)\right)$$

11. 若函數 $y = f(u)$ 為可微分，函數 $u = g(v)$ 為可微分，函數 $v = h(x)$ 為可微分，則

$$\frac{dy}{dx} = \frac{dy}{du} \cdot \frac{du}{dv} \cdot \frac{dv}{dx} \quad \left(或 \frac{d}{dx} f(g(h(x))) = f'(g(h(x))g'(h(x))h'(x)\right)$$

12. 若 $f(x)$ 為可微分函數，則 $\dfrac{d}{dx}[f(x)]^n = n[f(x)]^{n-1} \dfrac{d}{dx} f(x)$，$n \in \mathbb{R}$。

13. 若 $f(x)$ 具有 n 階導函數，則

$$f'(x) = \frac{d}{dx}[f(x)]$$

$$f''(x) = \frac{d}{dx}\left[\frac{d}{dx} f(x)\right] = \frac{d^2}{dx^2} f(x) = D_x^2 y$$

$$f'''(x) = \frac{d}{dx}\left[\frac{d}{dx}\left[\frac{d}{dx}[f(x)]\right]\right] = \frac{d^3}{dx^3}[f(x)] = D_x^3 y$$

...

$$f^{(n)}(x) = \frac{d^n}{dx^n}[f(x)] = D_x^n y$$

14. 函數 f 在區間 $[x, x+\Delta x]$ 內之平均變化率為

$$\frac{\Delta y}{\Delta x} = \frac{f(x+\Delta x) - f(x)}{\Delta x}$$

15. $\lim\limits_{\Delta x \to 0} \dfrac{\Delta y}{\Delta x} = \lim\limits_{\Delta x \to 0} \dfrac{f(x+\Delta x)-f(x)}{\Delta x}$ 定義為函數 $f(x)$ 之瞬時變化率，此一瞬時變化率顯然為導數 $f'(x)$，故 $y = f(x)$ 之瞬時變化率為 $\dfrac{dy}{dx} = f'(x)$。

16. 若 $C(x)$、$R(x) = px$、$P(x) = R(x) - C(x)$ 分別表總成本函數、收益函數與利潤函數，則

$MC(x) = C'(x) \approx C(x+1) - C(x) = $ 多生產一單位商品之額外成本。

$MR(x) = R'(x) \approx R(x+1) - R(x) = $ 多銷售一單位商品之額外收益。

$MP(x) = P'(x) \approx P(x+1) - P(x) = $ 多銷售一單位商品之額外利潤。

17. 若 $y = f(x)$，其中 f 為可微分函數，且 Δx 為 x 的增量，則

(1) 自變數 x 的微分記為 dx，定義為 $dx = \Delta x$。

(2) 因變數 y 的微分記為 dy，定義為 $dy = f'(x)\Delta x = f'(x)\,dx$。

18. 設 $dx \neq 0$，則 $dy = f'(x)dx \Leftrightarrow \dfrac{dy}{dx} = f'(x)$。

19. $L(x) = f(a) + f'(a)(x-a)$ 稱為函數 f 在 a 的線性化。

20. 微分公式：

(1) $d(c) = 0$，c 為常數

(2) $d(x) = dx$

(3) $d(x^n) = nx^{n-1}dx$

(4) $d(f \pm g) = df \pm dg$

(5) $d(kf) = k\,df$，k 為常數

(6) $d(fg) = f\,dg + g\,df$

(7) $d(f^n) = nf^{n-1}df$

(8) $d\left(\dfrac{f}{g}\right) = \dfrac{g\,df - f\,dg}{g^2}$

CHAPTER 4

對數函數與指數函數的導函數

4-1 反函數與反函數的導數

反函數

依照函數的定義,若兩實數子集之間的逆對應如果能符合函數的關係,這就產生了**反函數**的觀念。

我們先考慮 $y = f(x) = x^3$,如圖 4-1 所示。若在 f 的定義域 $D_f = (-\infty, \infty)$ 中取一數 $x = 2$,則在 f 之值域 $R_f = (-\infty, \infty)$ 中有一單一值 $y = 8$ 與其對應。反之,如果對 f 的值域中一數 $y = 8$,則可以找到另一函數 $x = f^{-1}(y) = y^{1/3}$ 對應到 $x = 2$,此一函數 f^{-1} 就稱為 f 的**反函數**。

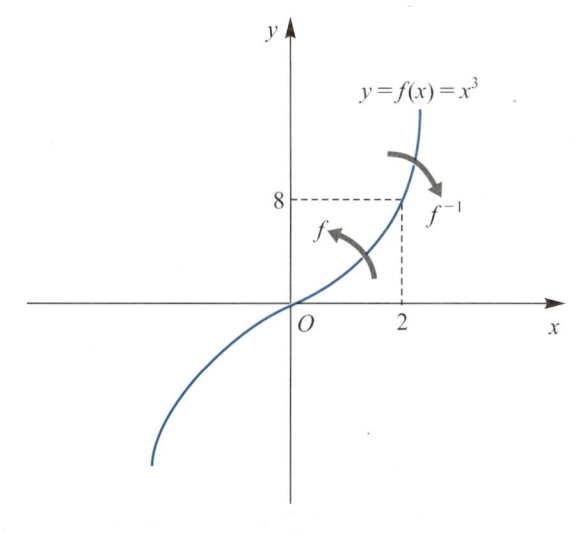

圖 4-1

由以上之敘述讀者應注意下列之重要結論：
1. f^{-1} 的定義域 = f 的值域。
   f^{-1} 的值域 = f 的定義域。

2. 符號 f^{-1} (唸成 "f inverse") 並不表示 $\dfrac{1}{f}$。

3. $f^{-1}(x) = y \Leftrightarrow f(y) = x$。

4. f 與 f^{-1} 可進行合成，並得一<u>恆等函數</u>。
   $f(f^{-1}(x)) = x$ 與 $f^{-1}(f(x)) = x$。

定義 4-1

若兩函數 f 與 g 滿足：對於 g 定義域中的每一 x，恆有 $f(g(x)) = x$，且對於 f 定義域中的每一 x，恆有 $g(f(x)) = x$，則我們稱 f 為 g 的<u>反函數</u>或 g 為 f 的<u>反函數</u>。我們又稱 f 與 g <u>互為反函數</u>。

【例題 1】兩函數 $f(x) = x^{1/3}$ 與 $g(x) = x^3$ 互為反函數。因為

$$f(g(x)) = f(x^3) = (x^3)^{1/3} = x$$
$$g(f(x)) = g(x^{1/3}) = (x^{1/3})^3 = x$$

滿足定義 4-1。

已知函數 f，我們討論下面兩個問題：
1. f 有反函數嗎？
2. 若有，我們如何求它？

欲回答第一個問題，我們必須瞭解在 f 有反函數時，f 與 f^{-1} 的圖形之間有何關係是很重要的。

定理 4-1　反函數的鏡射性質

f 的圖形包含點 (a, b) 若且唯若 f^{-1} 的圖形包含點 (b, a)。

如圖 4-2 所示。

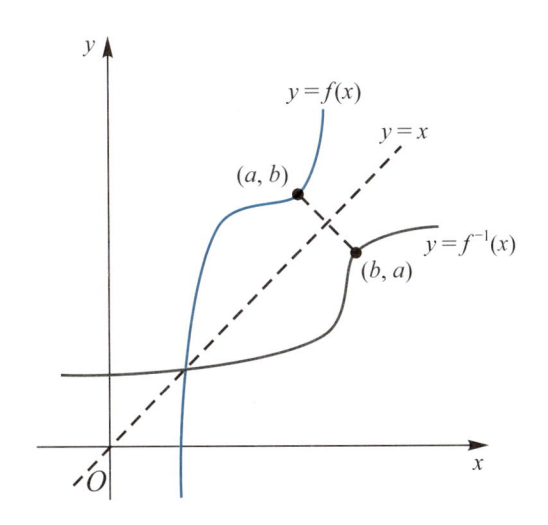

圖 4-2　f^{-1} 的圖形是 f 之圖形對直線 $y = x$ 作鏡射

定理 4-2　反函數存在定理

若 f 為一對一函數，則 f 有反函數。

【例題 2】函數 $f(x) = x^3$ 為一對一，故有反函數。　∎

【例題 3】函數 $f(x) = x^2$ 不為一對一，故無反函數。　∎

【例題 4】函數 $f(x) = e^x$ 為一對一，故有反函數。　∎

我們由定理可知具有反函數的函數恰為那些是一對一的函數。則如何求 $f^{-1}(x)$ 呢？今列出三個步驟，如下：

步驟 1：寫成 $y = f(x)$。
步驟 2：求解方程式 $y = f(x)$ 的 x（以 y 表示之）。
步驟 3：x 與 y 互換，可得 $f^{-1}(x)$。

【例題 5】求 $f(x) = x^3 + 1$ 的反函數。
【解】首先寫成 $y = x^3 + 1$，可得

$$x = \sqrt[3]{y-1}$$

將 x 與 y 互換，因而 $\quad y = \sqrt[3]{x-1}$

故 $\quad f^{-1}(x) = \sqrt[3]{x-1}$

反函數的導函數

為了要介紹指數函數的導數公式，我們務必先討論如何求代數函數的反函數的導函數。

已知 $f(x) = \dfrac{1}{3}x + 1$，則其反函數為 $f^{-1}(x) = 3x - 3$，可得

$$\frac{d}{dx} f(x) = \frac{d}{dx}\left(\frac{1}{3}x + 1\right) = \frac{1}{3}$$

$$\frac{d}{dx} f^{-1}(x) = \frac{d}{dx}(3x - 3) = 3$$

這兩個函數 $f(x)$ 與 $f^{-1}(x)$ 之導函數互為倒數。f 的圖形為直線 $y = \dfrac{1}{3}x + 1$，而 f^{-1} 的圖形為直線 $y = 3x - 3$ (圖 4-3)，它們的斜率互為倒數。

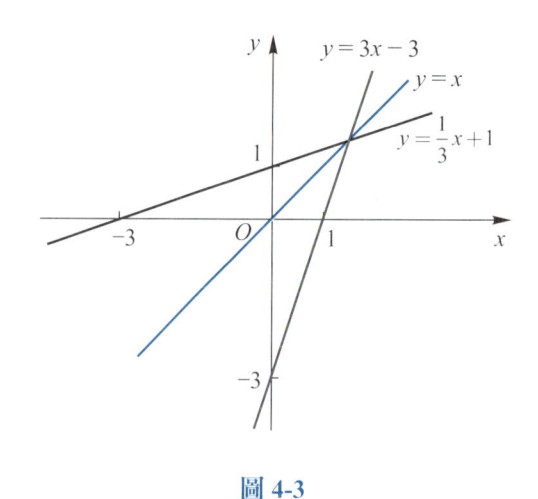

圖 4-3

這並非特殊的情形，事實上，將任一條非水平線或非垂直線關於直線 $y = x$ 作鏡射，一定會顛倒斜率。若原直線的斜率為 m，則經由鏡射所得對稱直線的斜率為 $\dfrac{1}{m}$ (圖 4-4)。

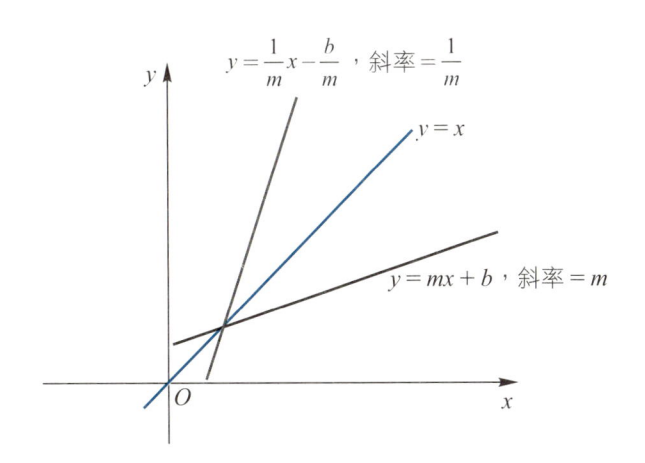

圖 4-4

上面所述的倒數關係對其他函數而言也成立。若 $y=f(x)$ 的圖形在點 $(a, f(a))$ 的切線斜率為 $f'(a) \neq 0$，則 $y=f^{-1}(x)$ 的圖形在對稱點 $(f(a), a)$ 的切線斜率為 $1/f'(a)$。於是，f^{-1} 在 $f(a)$ 的導數等於 f 在 a 的導數之倒數。

定理 4-3

若一對一的可微分函數 f 的反函數為 f^{-1}，且 $f'(f^{-1}(c)) \neq 0$，則 f^{-1} 在 c 為可微分，且

$$(f^{-1})'(c) = \frac{1}{f'(f^{-1}(c))}$$

證明 因 f^{-1} 為 f 的反函數，故

$$f(f^{-1}(x)) = x \text{，} \forall x \in D_{f^{-1}} \quad \text{反函數的定義}$$

$$\frac{d}{dx} f(f^{-1}(x)) = \frac{d}{dx} x \quad \text{等號兩邊對 } x \text{ 微分}$$

$$f'(f^{-1}(x))(f^{-1})'(x) = 1 \quad \text{連鎖法則}$$

故

$$(f^{-1})'(x) = \frac{1}{f'(f^{-1}(x))} \quad (4\text{-}1)$$

以 $x=c$ 代入上式，可得

$$(f^{-1})'(c) = \frac{1}{f'(f^{-1}(c))}$$

若我們寫成 $y = f^{-1}(x)$，則 $f(y) = x$，利用萊布尼茲符號，(4-1) 式可變成

$$\frac{dy}{dx} = \frac{1}{\frac{dx}{dy}} \qquad (4\text{-}2)$$

【例題 6】若 $f(4) = 5$ 且 $f'(4) = \frac{2}{3}$，求 $(f^{-1})'(5)$。

【解】$f(4) = 5 \Rightarrow f^{-1}(5) = 4$

$$(f^{-1})'(5) = \frac{1}{f'(f^{-1}(5))} = \frac{1}{f'(4)} = \frac{1}{\frac{2}{3}} = \frac{3}{2}$$

【例題 7】設 $f(x) = x^3 - 2$，求 $(f^{-1})'(6)$。

【解】方法 1：$f(x) = x^3 - 2 \Rightarrow f'(x) = 3x^2$

令 $f^{-1}(6) = k$，即 $f(k) = 6$，即，

$$k^3 - 2 = 6$$
$$k^3 = 8$$

可得 $k = 2$

所以，$$(f^{-1})'(6) = \frac{1}{f'(f^{-1}(6))} = \frac{1}{f'(2)} = \frac{1}{12}$$

方法 2：先求得 $f(x) = x^3 - 2$ 的反函數 $f^{-1}(x) = \sqrt[3]{x+2}$，

所以，$$(f^{-1})'(x) = \frac{1}{3}(x+2)^{-2/3}$$

$$(f^{-1})'(6) = \frac{1}{3}(6+2)^{-2/3} = \frac{1}{12}$$

習題 4-1

1. 試證下列函數 f 與 g 互為反函數。
   (1) $f(x) = x^3 + 1$; $g(x) = \sqrt[3]{x-1}$。
   (2) $f(x) = \dfrac{1}{x-1}$, $x > 1$; $g(x) = \dfrac{1+x}{x}$, $x > 0$。

2. 試求下列各函數之反函數，並證明 $f^{-1}(f(x)) = x$ 且 $f(f^{-1}(x)) = x$。
   (1) $f(x) = 6 - x^2$ $\quad 0 \le x \le \sqrt{6}$
   (2) $f(x) = 2x^3 - 5$
   (3) $f(x) = \sqrt[3]{x} + 2$
   (4) $f(x) = \dfrac{1}{\sqrt{x-3}}$

3. 設 $f(x) = \dfrac{ax+b}{cx+d}$ 且假設 $bc - ad \ne 0$。
   (1) 試求 $f^{-1}(x)$。
   (2) 為何必須具備 $bc - ad \ne 0$ 之條件？

4. 已知 $y = f(x) = x^2 + x + 1$，$x \in I\!R$，具有一反函數 f^{-1}，試求 $(f^{-1})'(3)$。

5. 試求 $f(x) = x^3 - 5$ 反函數圖形 $y = f^{-1}(x)$ 在 $x = 3$ 之切線方程式。

4-2 指數函數與對數函數

指數函數與對數函數在商學及經濟上應用甚廣，是一種非常重要的函數，例如，連續複利之公式與自然指數函數有關，成長率又與對數函數有關。

一般指數函數

定義 4-2

若 $a > 0$，且 $a \ne 1$，則函數

$$y = a^x$$

稱為以 a 為底數且 x 為指數的指數函數。

一般指數函數具有下列的特性：

1. 定義域為 $I\!R$，值域為 $I\!R^+ = (0, \infty)$。
2. 指數函數為一對一函數，且在 $I\!R$ 上為連續。
3. 指數函數的圖形必通過點 $(0, 1)$。
4. 若 $a > 1$，則指數函數在 $I\!R$ 上為遞增函數，且若 $0 < a < 1$，則指數函數在 $I\!R$ 上為遞減函數，如圖 4-5 所示。
5. 兩指數函數 $y = a^x$ 與 $y = \left(\dfrac{1}{a}\right)^x$ 的圖形皆對稱於 y-軸，如圖 4-6 所示。
6. 當 $a > 1$ 時，$\lim\limits_{x \to \infty} a^x = \infty$，$\lim\limits_{x \to -\infty} a^x = 0$ (x-軸為水平漸近線)；當 $0 < a < 1$ 時，$\lim\limits_{x \to \infty} a^x = 0$ (x-軸為水平漸近線)，$\lim\limits_{x \to -\infty} a^x = \infty$，如圖 4-5 所示。

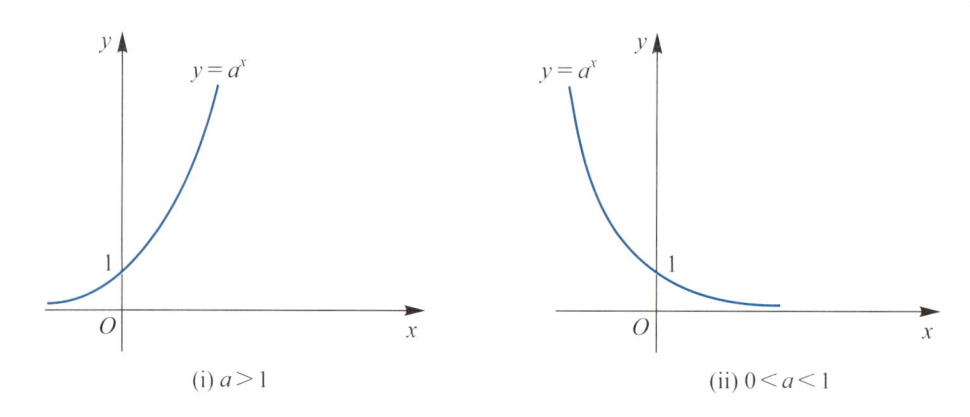

(i) $a > 1$　　　　　　　(ii) $0 < a < 1$

圖 4-5

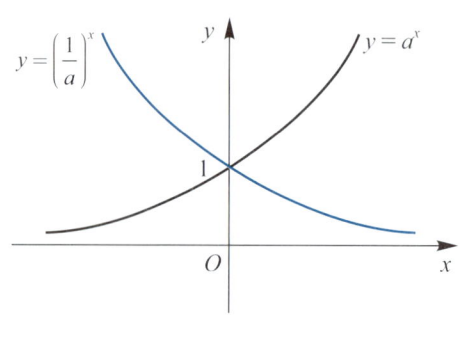

圖 4-6

自然指數函數

函數 $y=(1+x)^{1/x}$ 的圖形於圖 4-7 中，若利用計算機計算 $(1+x)^{1/x}$ 是很有幫助的，一些近似值列於表 4-1。

表 4-1

x	$(1+x)^{1/x}$	x	$(1+x)^{1/x}$
0.1	2.593742	-0.1	2.867972
0.01	2.704814	-0.01	2.731999
0.001	2.716924	-0.001	2.719642
0.0001	2.718146	-0.0001	2.718418
0.00001	2.718268	-0.00001	2.718295
0.000001	2.718280	-0.000001	2.718283

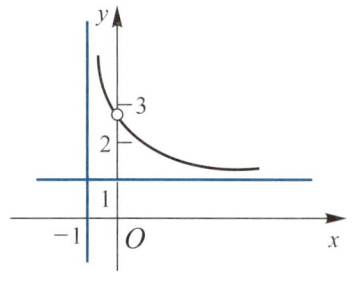

圖 4-7

由表 4-1 可以看出，當 $x \to 0$ 時，$(1+x)^{1/x}$ 趨近一個定數，這個定數是一個**無理數**，記為 e，其值約為 $2.71828\cdots$。

定義 4-3

$$e = \lim_{x \to 0}(1+x)^{1/x} \text{ 或 } e = \lim_{n \to \infty}\left(1+\frac{1}{n}\right)^n。$$

定義 4-4

以**無理數** e 為底數的指數函數 $y=e^x$ 稱為**自然指數函數**。

自然指數函數具有下列的特性：

1. $y=e^x$ 的定義域為 $\mathbb{R}$，值域為 $\mathbb{R}^+=(0, \infty)$。
2. 自然指數函數為一對一函數，且在 $\mathbb{R}$ 上為連續的遞增函數，如圖 4-8 所示。
3. $y=e^x$ 的圖形必通過點 $(0, 1)$。
4. $y=e^x$ 與 $y=\left(\dfrac{1}{e}\right)^x=e^{-x}$ 的圖形皆對稱於 y-軸。
5. $\lim\limits_{x \to -\infty} e^x = 0$（$x$-軸為水平漸近線）；$\lim\limits_{x \to \infty} e^x = \infty$。

圖 4-8

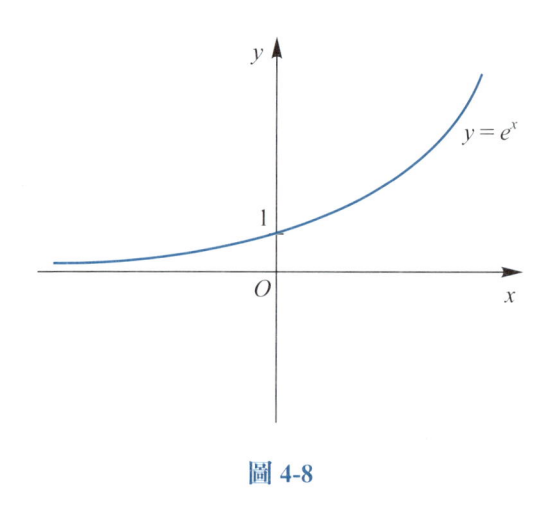

一般對數函數

指數函數為一對一函數,所以其反函數存在。我們定義指數函數的反函數為對數函數。

定義 4-5

$$\log_a x = y \Leftrightarrow a^y = x \text{,} a>0 \text{ 且 } a \neq 1$$

y 稱為以 a 為底的**對數函數**。

一般對數函數具有下列的性質:

1. 定義域為 $IR^+ = (0, \infty)$,值域為 IR。
2. 對數函數的圖形必通過點 $(1, 0)$。
3. 對數函數在 $IR^+ = (0, \infty)$ 上為連續。
4. 若 $a>1$,則對數函數在 $IR^+ = (0, \infty)$ 為遞增函數;若 $0<a<1$,則對數函數在 $IR^+ = (0, \infty)$ 為遞減函數,如圖 4-9 所示。
5. 對數函數與指數函數之間的關係:

$$a^{\log_a x} = x \text{,} x>0$$

$$\log_a a^x = x \text{,} x \in IR$$

6. 兩對數函數 $y = \log_a x$ 與 $y = \log_{1/a} x$ 的圖形對稱於 x-軸。

7. 若 $a>1$，則 $\lim\limits_{x\to 0^+}\log_a x=-\infty$ (y-軸為垂直漸近線)，$\lim\limits_{x\to\infty}\log_a x=\infty$；若 $0<a<1$，則 $\lim\limits_{x\to 0^+}\log_a x=\infty$ (y-軸為垂直漸近線)，$\lim\limits_{x\to\infty}\log_a x=-\infty$，如圖 4-9 所示。

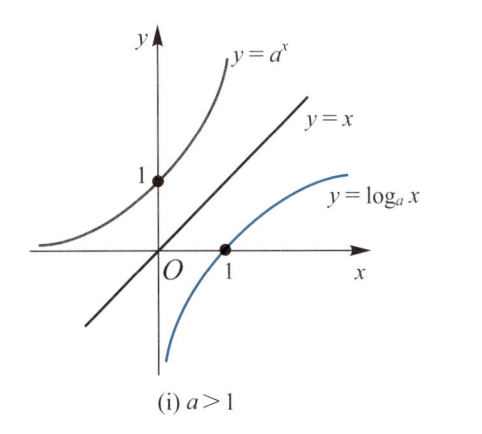

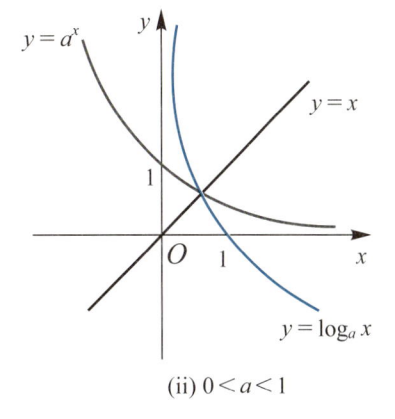

(i) $a>1$ (ii) $0<a<1$

圖 4-9

以 e 為底的對數稱為**自然對數**，記為 ln。於是，

$$\ln x = \log_e x$$

$$\ln x = y \Leftrightarrow e^y = x$$

其圖形如圖 4-10 所示，自然對數函數為自然指數函數的反函數，兩者之間的關係如下

$$e^{\ln x} = x,\ \forall x>0$$

$$\ln(e^x) = x,\ \forall x \in \mathbb{R}$$

若令 $x=1$，得

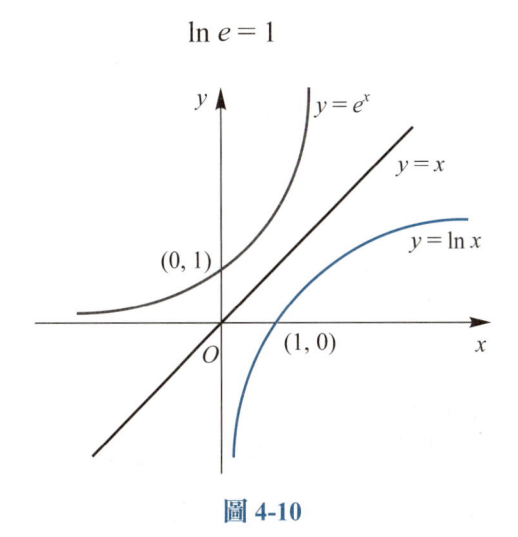

$$\ln e = 1$$

圖 4-10

【例題 1】 求 $\lim\limits_{x \to \infty} \dfrac{e^x + e^{-x}}{e^x - e^{-x}}$。

【解】 $\lim\limits_{x \to \infty} \dfrac{e^x + e^{-x}}{e^x - e^{-x}}$ 為不定型 $\dfrac{\infty}{\infty}$ $\leftarrow \lim\limits_{x \to \infty}(e^x + e^{-x}) = \infty$
$\leftarrow \lim\limits_{x \to \infty}(e^x - e^{-x}) = \infty$

$$\lim_{x \to \infty} \dfrac{e^x + e^{-x}}{e^x - e^{-x}} = \lim_{x \to \infty} \dfrac{e^x(1 + e^{-2x})}{e^x(1 - e^{-2x})}$$ 分子與分母提出 e^x

$$= \lim_{x \to \infty} \dfrac{1 + e^{-2x}}{1 - e^{-2x}}$$ 消去 e^x

$$= 1$$ $\lim\limits_{x \to \infty} e^{-2x} = 0$

在例題 1 中，為什麼不能提出 e^{-x} 而寫成

$$\lim_{x \to \infty} \dfrac{e^x + e^{-x}}{e^x - e^{-x}} = \lim_{x \to \infty} \dfrac{e^{-x}(e^{2x} + 1)}{e^{-x}(e^{2x} - 1)}$$

【例題 2】 求 $\lim\limits_{x \to \infty} \dfrac{e^x}{e^{2x} + e^{-x}}$。

【解】 $\lim\limits_{x \to \infty} \dfrac{e^x}{e^{2x} + e^{-x}}$ 為不定型 $\dfrac{\infty}{\infty}$ $\leftarrow \lim\limits_{x \to \infty} e^x = \infty$
$\leftarrow \lim\limits_{x \to \infty}(e^{2x} + e^{-x}) = \infty$

$$\lim_{x \to \infty} \dfrac{e^x}{e^{2x} + e^{-x}} = \lim_{x \to \infty} \dfrac{1}{e^x + e^{-2x}}$$ 分子與分母同除以 e^x

$$= \dfrac{1}{\infty} = 0$$ $\lim\limits_{x \to \infty} e^{-2x} = 0,\ \lim\limits_{x \to \infty} e^x = \infty$

【例題 3】 求 $\lim\limits_{x \to \infty} \dfrac{\ln x}{1 + \ln x}$。 $\leftarrow \lim\limits_{x \to \infty} \ln x = \infty$
$\leftarrow \lim\limits_{x \to \infty}(1 + \ln x) = \infty$

【解】 $\lim\limits_{x \to \infty} \dfrac{\ln x}{1 + \ln x} = \lim\limits_{x \to \infty} \dfrac{1}{\dfrac{1}{\ln x} + 1}$ 分子與分母同除以 $\ln x$

$$= \dfrac{\lim\limits_{x \to \infty} 1}{\lim\limits_{x \to \infty}\left(\dfrac{1}{\ln x} + 1\right)}$$ 極限性質

$$= 1$$ $\lim\limits_{x \to \infty} \dfrac{1}{\ln x} = 0$

第 4 章　對數函數與指數函數的導函數

【例題 4】求 $\lim_{n \to \infty} \left(\dfrac{n-1}{n} \right)^{3n}$。

【解】
$$\lim_{n \to \infty} \left(\frac{n-1}{n} \right)^{3n} = \lim_{n \to \infty} \left(1 + \frac{-1}{n} \right)^{3n}$$
$$= \lim_{n \to \infty} \left[\left(1 + \frac{-1}{n} \right)^n \right]^3$$
$$= \left\{ \left[\lim_{n \to \infty} \left(1 + \frac{1}{-n} \right)^{-n} \right]^{-1} \right\}^3$$
$$= (e^{-1})^3$$
$$= \frac{1}{e^3}$$

習題 4-2

1. 確定下列各函數的定義域與值域。
   (1) $f(x) = \log_{10}(1-x)$
   (2) $g(x) = \ln(4-x^2)$
   (3) $F(x) = \sqrt{x} \ln(x^2 - 1)$
   (4) $G(x) = \ln(x^3 - x)$

2. 求下列各函數的反函數。
   (1) $y = \ln(x+3)$
   (2) $y = (\ln x)^2$，$x \geq 1$
   (3) $y = \dfrac{1+e^x}{1-e^x}$
   (4) $y = 2^{10^x}$

3. 求下列各極限。
   (1) $\lim\limits_{x \to \infty} \dfrac{e^{2x}}{e^{2x}+1}$
   (2) $\lim\limits_{x \to -\infty} \dfrac{e^{3x} - e^{-3x}}{e^{3x} + e^{-3x}}$
   (3) $\lim\limits_{x \to \infty} \ln(1 + e^{-x^2})$ (提示：$\lim\limits_{x \to \infty}(1 + e^{-x^2}) = 1$)
   (4) $\lim\limits_{x \to \infty} \dfrac{\ln x}{1 + (\ln x)^2}$ (提示：分子與分母同除以 $(\ln x)^2$)
   (5) $\lim\limits_{x \to 0}(1 + 5x)^{1/x}$
   (6) $\lim\limits_{x \to \infty} \left(\dfrac{n+3}{n} \right)^n$

(7) $\lim\limits_{x \to \infty}[\ln(2+x) - \ln(1+x)]$ 　　　　(8) $\lim\limits_{n \to \infty}\left(1+\dfrac{3}{n}\right)^{2n}$

4-3　對數函數的導函數

定理 4-4

$$\frac{d}{dx}\ln x = \frac{1}{x},\ x > 0$$

證明

$$\begin{aligned}\frac{d}{dx}\ln x &= \lim_{h \to 0}\frac{\ln(x+h) - \ln x}{h} = \lim_{h \to 0}\frac{1}{h}\ln\left(\frac{x+h}{x}\right) \\ &= \lim_{h \to 0}\left[\frac{1}{x} \cdot \frac{x}{h}\ln\left(\frac{x+h}{x}\right)\right] = \frac{1}{x}\lim_{h \to 0}\ln\left(1+\frac{h}{x}\right)^{x/h} \\ &= \frac{1}{x}\ln\left[\lim_{h \to 0}\left(1+\frac{h}{x}\right)^{x/h}\right] \\ &= \frac{1}{x}\ln e \\ &= \frac{1}{x}\end{aligned}$$

　　　　　　　　導數的定義與對數性質

　　　　　　　　依對數函數的連續性

　　　　　　　　e 的定義

若 $u = u(x)$ 為 x 的可微分函數，則由連鎖法則可得

$$\frac{d}{dx}\ln u = \frac{d}{du}\ln u \frac{du}{dx} = \frac{1}{u}\frac{du}{dx} \tag{4-3}$$

定理 4-5

若 $u = u(x)$ 為 x 的可微分函數，則

$$\frac{d}{dx}\ln|u| = \frac{1}{u}\frac{du}{dx}$$

第 4 章　對數函數與指數函數的導函數

證明　若 $u > 0$，則 $\ln |u| = \ln u$，故

$$\frac{d}{dx} \ln |u| = \frac{d}{dx} \ln u = \frac{1}{u} \frac{du}{dx}$$

若 $u < 0$，則 $\ln |u| = \ln (-u)$，故

$$\frac{d}{dx} \ln |u| = \frac{d}{dx} \ln(-u) = \frac{1}{-u} \frac{d}{dx}(-u) = \frac{1}{u} \frac{du}{dx}$$

【例題 1】 若 $f(x) = \ln (\ln x)$，求 $f'(6)$ 之值。

【解】 $f'(x) = \dfrac{d}{dx} \ln(\ln x) = \dfrac{1}{\underbrace{\ln x}_{u}} \cdot \underbrace{\dfrac{d}{dx} \ln x}_{\frac{du}{dx}} = \dfrac{1}{\ln x} \cdot \dfrac{1}{x} = \dfrac{1}{x \ln x}$

故 $\qquad f'(6) = \dfrac{1}{6 \ln 6} \approx 0.093$

【例題 2】 若 $f(x) = \ln(\ln(\ln x))$，求 $f'(x)$。

【解】 $f'(x) = \dfrac{d}{dx} \ln(\ln(\ln x)) = \dfrac{1}{\underbrace{\ln(\ln x)}_{u}} \underbrace{\dfrac{d}{dx} \ln(\ln x)}_{\frac{du}{dx}}$

$= \dfrac{1}{\ln(\ln x)} \dfrac{1}{\ln x} \dfrac{d}{dx} \ln x$

$= \dfrac{1}{x \ln(\ln x) \ln x}$

【例題 3】 求 $\dfrac{d}{dx} \ln |x^3 - 1|$。

【解】 $\dfrac{d}{dx} \ln |x^3 - 1| = \dfrac{1}{\underbrace{x^3 - 1}_{u}} \underbrace{\dfrac{d}{dx}(x^3 - 1)}_{\frac{du}{dx}} = \dfrac{3x^2}{x^3 - 1}$

【例題 4】 設 $y = \ln^3(x^2 + x + 1)$，求 $\dfrac{dy}{dx}$。

【解】 $\dfrac{dy}{dx} = \dfrac{d}{dx}\ln^3(x^2+x+1)$

$= 3\overbrace{\ln^2(x^2+x+1)}^{f^{n-1}}\overbrace{\dfrac{d}{dx}\ln(x^2+x+1)}^{f'}$

$= 3\ln^2(x^2+x+1)\underbrace{\dfrac{1}{x^2+x+1}}_{u}\underbrace{\dfrac{d}{dx}(x^2+x+1)}_{\frac{du}{dx}}$

$= 3\ln^2(x^2+x+1)\dfrac{2x+1}{x^2+x+1}$

∎

定理 4-6

$$\dfrac{d}{dx}\log_a x = \dfrac{1}{x\ln a}$$

證明　$\dfrac{d}{dx}\log_a x = \dfrac{d}{dx}\left(\dfrac{\ln x}{\ln a}\right)$

$= \dfrac{1}{\ln a}\dfrac{d}{dx}\ln x = \dfrac{1}{x\ln a}$

對數換底 $\log_a x = \dfrac{\log_e x}{\log_e a} = \dfrac{\ln x}{\ln a}$

若 $u = u(x)$ 為 x 的可微分函數，則

$$\dfrac{d}{dx}\log_a u = \dfrac{d}{du}\log_a u\dfrac{du}{dx} = \dfrac{1}{u\ln a}\dfrac{du}{dx} \qquad (4\text{-}4)$$

定理 4-7

若 $u = u(x)$ 為 x 的可微分函數，則

$$\dfrac{d}{dx}\log_a |u| = \dfrac{1}{u\ln a}\dfrac{du}{dx}$$

第 4 章　對數函數與指數函數的導函數

【例題 5】 求 $\dfrac{d}{dx}\log_{10}(3x^2+2)^5$。

【解】 $\dfrac{d}{dx}\log_{10}(3x^2+2)^5 = \dfrac{d}{dx}[5\log_{10}(3x^2+2)]$　　　對數性質 $\log_a x^r = r\log_a x$

$$= \dfrac{5}{(3x^2+2)\ln 10}\dfrac{d}{dx}(3x^2+2)$$

$$= \dfrac{5(6x)}{(3x^2+2)\ln 10} = \dfrac{30x}{(3x^2+2)\ln 10}　■$$

已知 $y = f(x)$，有時我們利用所謂的**對數微分法**求 $\dfrac{dy}{dx}$ 是很方便的。若 $f(x)$ 牽涉到複雜的積、商或乘冪，則此方法特別有用。

對數微分法的步驟

1. $\ln|y| = \ln|f(x)|$

2. $\dfrac{d}{dx}\ln|y| = \dfrac{d}{dx}\ln|f(x)|$

3. $\dfrac{1}{y}\dfrac{dy}{dx} = \dfrac{d}{dx}\ln|f(x)|$

4. $\dfrac{dy}{dx} = f(x)\dfrac{d}{dx}\ln|f(x)|$

【例題 6】 若 $y = x(x-1)(x^2+1)^3$，求 $\dfrac{dy}{dx}$。

【解】 我們首先寫成

$$\ln|y| = \ln|x(x-1)(x^2+1)^3|$$

$$= \ln|x| + \ln|x-1| + \ln|(x^2+1)^3|$$

將上式等號兩邊對 x 微分，可得

$$\dfrac{d}{dx}\ln|y| = \dfrac{d}{dx}\ln|x| + \dfrac{d}{dx}\ln|x-1| + 3\dfrac{d}{dx}\ln|x^2+1|$$

$$\dfrac{1}{y}\dfrac{dy}{dx} = \dfrac{1}{x} + \dfrac{1}{x-1} + \dfrac{3}{x^2+1}\cdot 2x$$

$$= \dfrac{(x-1)(x^2+1) + x(x^2+1) + 6x^2(x-1)}{x(x-1)(x^2+1)}$$

$$= \dfrac{8x^3 - 7x^2 + 2x - 1}{x(x-1)(x^2+1)}$$

則 $\dfrac{dy}{dx} = y \cdot \dfrac{8x^3 - 7x^2 + 2x - 1}{x(x-1)(x^2+1)}$

$= x(x-1)(x^2+1)^3 \cdot \dfrac{8x^3 - 7x^2 + 2x - 1}{x(x-1)(x^2+1)}$

$= (x^2+1)^2(8x^3 - 7x^2 + 2x - 1)$

習題 4-3

1. 若 g 為 $f(x) = 2x + \ln x$ 的反函數，求 $g'(2)$。

在 2～9 題中求 $\dfrac{dy}{dx}$。

2. $y = \ln \dfrac{x+1}{\sqrt{x-2}}$

3. $y = \ln(\sqrt{x} - \sqrt{x-1})$

4. $y = \log_5 |x^3 - x|$

5. $y = \log_3 \sqrt{x^2 - 1}$

6. $y = \ln(\log_{10} x)$

7. $y = \log_5 \dfrac{x\sqrt{x-1}}{2}$

8. $y = (x^2+1)^{x/2}$，$x > 0$

9. $y = \log_5(\log_5(\log_5 x))$ (提示：視 $u = \log_5(\log_5 x)$)

在 10～11 題中，以隱微分法求 $\dfrac{dy}{dx}$。

10. $3y - x^2 + \ln(xy) = 2$

11. $y = \ln(x^2 + y^2)$

12. 試求 $x^3 - x\ln y + y^3 = 2x + 5$ 的圖形在點 $(2, 1)$ 之切線方程式。

13. 若 $y = \dfrac{(5x-4)^3}{\sqrt{2x+1}}$，試利用對數微分法求 $\dfrac{dy}{dx}$。

14. 若 $y = \dfrac{(2x-3)^4(3x+5)^5}{(5x+4)^6}$，試利用對數微分法求 $\dfrac{dy}{dx}$。

15. 假設價格 p 定義為需求方程式

$$p = 60 + \dfrac{10}{\ln x}$$

可以銷售 x 單位 $(x>1)$。
(1) 試求收益函數。
(2) 試求邊際收益函數。

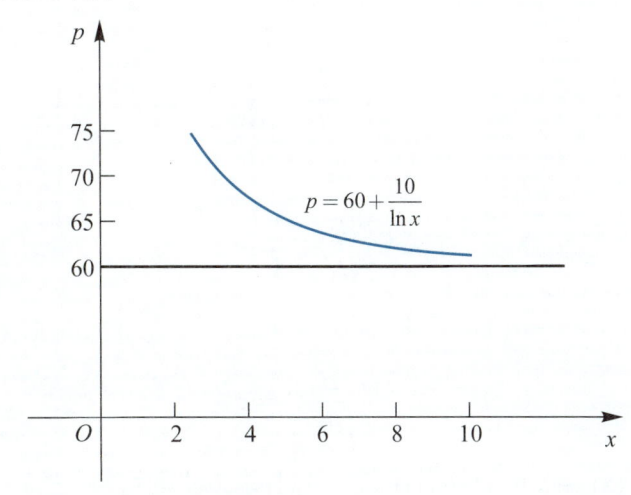

$p = 60 + \dfrac{10}{\ln x}$

16. 生產並銷售 x 單位之產品其收益函數為

$$R(x) = 70x + 100\ln x \text{ (以元計)}$$

(1) 試決定邊際效益函數。
(2) 當生產水準為 20 單位時之邊際收益為多少？

4-4　指數函數的導函數

因指數函數與對數函數互為反函數，故可以利用對數函數的導函數公式去求指數函數的導函數公式。

定理 4-8

$$\frac{d}{dx}e^x = e^x$$

證明 令 $y = e^x$，則

$$x = \ln y \qquad \text{寫成對數式}$$

$$\frac{dx}{dy} = \frac{d}{dy} \ln y = \frac{1}{y} \qquad \text{等號兩端對 } y \text{ 微分}$$

因

$$\frac{dy}{dx} = \frac{1}{\frac{dx}{dy}} \qquad \text{反函數的導數 (4-2) 式}$$

故

$$\frac{dy}{dx} = \frac{1}{\frac{1}{y}} = y$$

即

$$\frac{d}{dx} e^x = e^x$$

若 $u = u(x)$ 為 x 的可微分函數，則由連鎖法則可得

$$\frac{d}{dx} e^u = \frac{d}{du} e^u \frac{du}{dx} = e^u \frac{du}{dx} \tag{4-5}$$

對以正數 $a(a \neq 1)$ 為底的指數函數 a^x 微分時，可先予以換底，即

$$a^x = e^{\ln a^x} = e^{x \ln a}$$

再將它微分，可得到下面的定理。

定理 4-9

$$\frac{d}{dx} a^x = a^x \ln a$$

若 $u = u(x)$ 為 x 的可微分函數，則由連鎖法則可得

$$\frac{d}{dx} a^u = a^u (\ln a) \frac{du}{dx} \tag{4-6}$$

【例題 1】求 $\dfrac{d}{dx}(e^{x^2 \ln x})$。

【解】 $\dfrac{d}{dx}(e^{x^2\ln x}) = \underbrace{e^{x^2\ln x}}_{e^u}\underbrace{\dfrac{d}{dx}(x^2\ln x)}_{\frac{du}{dx}} = e^{x^2\ln x}\left(x^2\dfrac{d}{dx}\ln x + \ln x \cdot \dfrac{d}{dx}x^2\right)$

$$= e^{x^2\ln x}\left(x^2 \cdot \dfrac{1}{x} + \ln x \cdot 2x\right) = xe^{x^2\ln x}(1+2\ln x) \qquad ■$$

【例題 2】 求 $\dfrac{d}{dx}7^{\sqrt{x^4+9}}$。

【解】 $\dfrac{d}{dx}7^{\sqrt{x^4+9}} = \underbrace{7^{\sqrt{x^4+9}}}_{a^u}\underbrace{(\ln 7)}_{\ln a}\underbrace{\dfrac{d}{dx}\sqrt{x^4+9}}_{\frac{du}{dx}}$ 　　　視 $u=\sqrt{x^4+9}$

$$= 7^{\sqrt{x^4+9}}(\ln 7)\dfrac{4x^3}{2\sqrt{x^4+9}} = \dfrac{2x^3(\ln 7)7^{\sqrt{x^4+9}}}{\sqrt{x^4+9}} \qquad ■$$

【例題 3】 求 $\dfrac{d}{dx}(10^x+10^{-x})^{10}$。

【解】 $\dfrac{d}{dx}(10^x+10^{-x})^{10} = \underset{n}{10}\underbrace{(10^x+10^{-x})^9}_{f^{n-1}}\underbrace{\dfrac{d}{dx}(10^x+10^{-x})}_{f'}$

$$= 10(10^x+10^{-x})^9(10^x\ln 10 - 10^{-x}\ln 10)$$

$$= 10\ln 10(10^x+10^{-x})^9(10^x-10^{-x}) \qquad ■$$

【例題 4】 若 $y = x^{2x}$ $(x>0)$，求 $\dfrac{dy}{dx}$。

【解】 因 x^{2x} 的指數為一變數，故不可利用冪法則；同理，因底數不為常數，故無法利用 (4-6) 式。

方法 1：$y = x^{2x} = e^{2x\ln x}$ 　　　　　　　　　　　　　　$x^{2x} = e^{\ln x^{2x}} = e^{2x\ln x}$

$$\Rightarrow \dfrac{dy}{dx} = \dfrac{d}{dx}e^{2x\ln x} = e^{2x\ln x}\dfrac{d}{dx}(2x\ln x)$$

$$= e^{2x\ln x}\left(2x\dfrac{d}{dx}\ln x + 2\ln x\dfrac{d}{dx}x\right)$$

$$= x^{2x}(2+2\ln x) = 2x^{2x}(1+\ln x)$$

現代商用微積分

方法 2：$y = x^{2x}$

$$\ln y = \ln x^{2x} = 2x \ln x \qquad \text{等號兩端取對數}$$

$$\frac{d}{dx} \ln y = \frac{d}{dx}(2x \ln x) \qquad \text{等號兩端對 } x \text{ 微分}$$

$$\frac{1}{y}\frac{dy}{dx} = 2x \frac{d}{dx}\ln x + 2\ln x \frac{d}{dx}(x)$$

$$\frac{1}{y}\frac{dy}{dx} = 2x \cdot \frac{1}{x} + 2\ln x = 2(1 + \ln x)$$

$$\frac{dy}{dx} = 2y(1 + \ln x) = 2x^{2x}(1 + \ln x) \qquad ■$$

【例題 5】若 $xe^y + 2x - \ln y = 4$ 定義一 $y = f(x)$ 之可微分函數，求 $\frac{dy}{dx}$。

【解】
$$\frac{d}{dx}(xe^y + 2x - \ln y) = \frac{d}{dx}(4) \qquad \text{等號兩端對 } x \text{ 微分}$$

可得
$$x\frac{d}{dx}e^y + e^y + 2 - \frac{1}{y}\frac{dy}{dx} = 0 \qquad \text{隱微分}$$

$$xe^y \frac{dy}{dx} + e^y + 2 - \frac{1}{y}\frac{dy}{dx} = 0$$

$$\left(xe^y - \frac{1}{y}\right)\frac{dy}{dx} = -(2 + e^y) \qquad \text{合併 }\frac{dy}{dx}\text{ 項}$$

所以，
$$\frac{dy}{dx} = -\frac{2 + e^y}{xe^y - \frac{1}{y}} \qquad ■$$

習題 4-4

在 1～11 題中求 $\frac{dy}{dx}$。

1. $y = e^{1/x^3}$
2. $y = \sqrt{e^{2x} + 2x}$
3. $y = \ln\sqrt{e^{2x} + e^{-2x}}$

4. $y = \dfrac{e^x - e^{-x}}{e^x + e^{-x}}$ 　　　　5. $y = 2^{3^x}$ 　　　　6. $y = (x^2+1)^\pi + \pi^{e^x}$

7. $y = 2^{(e^x)} + (2^e)^x$

8. $y = (x^2+1)^{e^x}$ (提示：(1) $y = (x^2+1)^{e^x} = e^{e^x \ln(x^2+1)}$ 或 (2) $\ln y = e^x \ln(x^2+1)$)

9. $y = x^{x^2+4}$ (提示：$y = x^{x^2+4} = e^{(x^2+4)\ln x}$)

10. $y = x^x$，$x > 0$ 　　　　11. $y = (\ln x)^x$

在 12～16 題中，以隱微分法求 $\dfrac{dy}{dx}$。

12. $2^y = xy$

13. $x^y = y^x$，$x > 0$，$y > 0$ (提示：利用對數微分法，視 y 為 x 之函數。)

14. $xe^y + ye^x = x$ 　　　　15. $x^2 y = e^{xy}$ 　　　　16. $x^2 + y^2 = 4^x - 4^{-x}$

17. 試求切曲線 $y = (x-1)e^x + 3\ln x + 2$ 於點 $(1, 2)$ 之切線的方程式。

18. 試求切於 $y = x - e^{-x}$ 的圖形且又平行於直線 $6x - 2y = 7$ 之切線的方程式。

4-5　指數的成長律與衰變律

　　指數函數與對數函數互為反函數，適用於經濟理論之成長問題。當以時間為變數之最佳成長問題，必須利用指數與對數函數，例如以牟利為目的之養豬戶，毛豬飼養愈久，則其收益隨之增加，但養豬成本亦隨時間之延長而增加。若收益與成本皆按指數法則成長，因而養豬戶之收益函數與成本函數，均可視為時間之指數函數。此刻，利潤等於收益減成本，故養豬戶得決定最佳飼養期間以賺取最大利潤。

定理 4-10

設某數量 y 為 t 的函數，且其變化率 (對於時間) 與當時的數量成正比，即 $\dfrac{dy}{dt} \propto y$。設比例常數為 k，則

$$\dfrac{dy}{dt} = ky$$

(若 y 隨 t 增加而增加,則 $k>0$;否則 $k<0$) 此一方程式稱為**微分方程式**,其解為

$$y = y_0 e^{kt} \tag{4-7}$$

其中 y_0 表 $t=0$ 時之數量。當 $k>0$ 時,k 稱為**成長常數** (growth constant),故 (4-7) 式稱為**自然指數成長**;當 $k<0$ 時,k 稱為**衰變常數** (decay constant),故 (4-7) 式稱為**自然指數衰變**,如圖 4-11 所示。

註 因方程式 $\dfrac{dy}{dt}=ky$ 中含有未知函數 y 的微分。

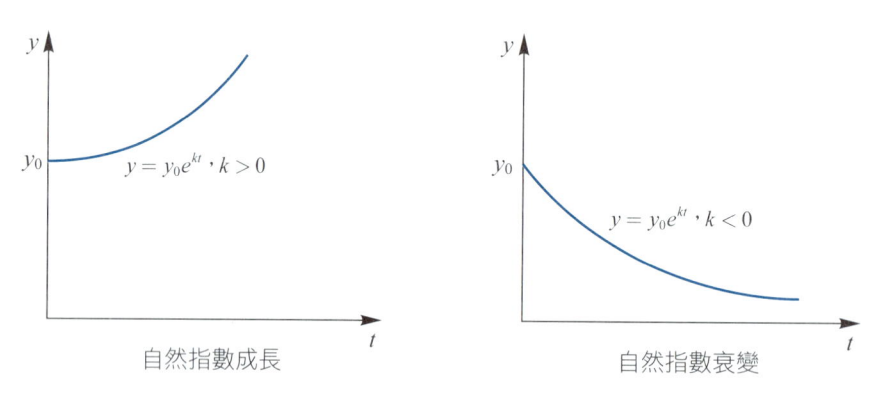

圖 4-11

指數函數通常用來當作人口成長問題或放射性物質之衰退問題的數量模式。當數量增加不受限制時,就可以使用指數模式;但當數量增加受到限制時,最好的模式就是**生態成長函數** (logistic growth function),該模式為

$$Q(t) = \frac{C}{1 + Ae^{-Ckt}}$$

其圖形如圖 4-12 所示。

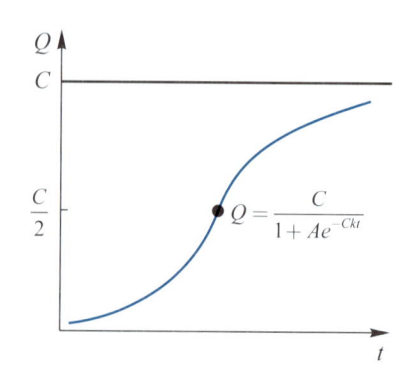

圖 4-12 生態成長曲線

第 4 章 對數函數與指數函數的導函數

【例題 1】假設未來 20 年每年的通貨膨脹率是 6%，在此通貨膨脹率之下，未來 20 年內任意一年電冰箱的成本 C 大約為

$$C(t) = P(1.06)^t \text{，} 0 \leq t \leq 20$$

其中 t 為時間 (以年計)，P 為目前的成本。若某家電廠商目前電冰箱的售價是 10,000 元，試估計從現在開始 20 年後的售價。

【解】20 年後的售價為
$$C(20) = 10,000(1.06)^{20} = 32,071.4 \text{ 元}$$

【例題 2】在某一適合細菌繁殖的環境中，中午 12 點時，細菌數估計約為 10,000，2 個小時後約為 40,000，試問在下午 5 點時，細菌總數為多少？

【解】設微分方程式 $\dfrac{dy}{dt} = ky$ 滿足此條件，則 $y = y_0 e^{kt}$。現有兩個條件，即，$t = 0$ 時，$y = 10,000$；$t = 2$ 時，$y = 40,000$。

故
$$10,000 = y_0 e^0$$
$$y_0 = 10,000$$

因此得到
$$y = 10,000 e^{kt}$$

上式中，代入 $t = 2$ 與 $y = 40,000$，則
$$40,000 = 10,000 e^{2k}$$

故
$$k = \frac{1}{2} \ln 4 \approx 0.693$$

當 $t = 5$ 時，求得 $\quad y = 10,000 e^{0.693 \times 5} \approx 319,765$

【例題 3】C^{14} 的半衰期為 5,730 年，即，經過 5,730 年後，C^{14} 的量會衰減至原有量的一半。如果 C^{14} 的現有量為 50 克，

(1) 2,000 年後，C^{14} 的剩餘量將是多少？

(2) 多少年後，C^{14} 會衰減至 20 克？

【解】(1) 假設 t 年後，C^{14} 的剩餘量為
$$y(t) = y_0 e^{kt} = 50 e^{kt}$$

則
$$y(5,730) = 50 e^{5,730k} = 25$$

現代商用微積分

$$e^{5,730k} = \frac{1}{2}$$

$$5,730k = \ln\frac{1}{2} = \ln 1 - \ln 2 = -\ln 2$$

$$k = -\frac{\ln 2}{5,730}$$

故 $$y(t) = 50e^{(-\ln 2/5,730)t}$$

將 $t = 2000$ 代入上式，可得

$$y(2,000) = 50e^{(-\ln 2/5,730) \times 2,000} \approx 39.26$$

(2) $$20 = 50^{(-\ln 2/5,730)t}$$

$$e^{(-\ln 2/5,730)t} = 0.4$$

$$-\frac{\ln 2}{5,730}t = \ln 0.4$$

$$t = -\frac{5,730 \times \ln 0.4}{\ln 2} \approx 7,574.6 \text{ 年}$$

∎

【例題 4】由於經濟不景氣，大偉男童服裝社發現該公司年度利潤已經由 1999 年的 \$740,000 落到 2003 年的 \$630,000。若利潤依照自然指數衰變模式變化，則 2005 年的利潤為多少？(令 $t = 0$ 代表 1999 年。)

【解】令 y 為利潤，t 為時間 (以年計)，並考慮自然指數衰變模式

$$y = Ce^{kt}$$

由題意知當 $t = 0$ 時 $y = 740,000$，求得

$$740,000 = Ce^0$$

$$C = 740,000$$

故求得 $$y = 740,000e^{kt}$$

再利用 $t = 4$，$y = 630,000$，求 k，得

$$630,000 = 740,000e^{4k}$$

$$k = \frac{1}{4} \ln \frac{630,000}{740,000} \approx -0.0402$$

於是自然指數衰變模式為

$$y = 740,000 e^{-0.0402t}$$

最後求得 2005 年 (令 $t = 6$) 之利潤為 $y = 740,000 e^{-0.0402 \times 6} \approx \$581,406.5$。

∎

【例題 5】某社區中學在流行性感冒期間 t 天後，感染流行性感冒的人數可依下列生態成長模式來估計，

$$Q(t) = \frac{5,000}{1 + 1,249 e^{-kt}}$$

其中 t 以天為單位，Q 為人數。

(1) 若感冒流行第 5 天，被感染到流行性感冒的人數為 50 人，試求在第 10 天感染流行性感冒的人數。

(2) 當 t 無限制增加時，此模式的極限為何？

【解】(1) 由所給予的資料中顯示

$$Q(5) = 50$$

因此，

$$Q(5) = \frac{5,000}{1 + 1,249 e^{-5k}} = 50$$

或

$$50(1 + 1,249^{-5k}) = 5,000$$

則

$$1 + 1,249 e^{-5k} = \frac{5,000}{50} = 100$$

$$e^{-5k} = \frac{99}{1,249}$$

$$-5k = \ln \frac{99}{1,249}$$

即

$$k = -\frac{\ln \frac{99}{1,249}}{5} \approx 0.507$$

所以，t 天之後感染流行性感冒的人數為

$$Q(t) = \frac{5,000}{1 + 1,249 e^{-0.507t}}$$

故在第 10 天感染流行性感冒的人數為

$$Q(10) = \frac{5,000}{1+1,249e^{-0.507 \times 10}} \approx 565$$

或大約 565 人。

(2) 當 t 趨近無限大時，$Q(t)$ 之極限為

$$\lim_{x \to \infty} \frac{5,000}{1+1,249e^{-0.507t}} = \lim_{x \to \infty} \frac{5,000}{1+\dfrac{1,249}{e^{0.507t}}} = \frac{5,000}{1+0} = 5,000$$

故當 t 無限制增加時，感染到流行性感冒的人數約為 5,000 人。 ∎

連續複利

假設本金投資之年利率為 r。若利息每年結算一次，則稱每年複利一次；若每年結算兩次，則稱每半年複利一次；若每年結算四次，則稱每三個月複利一次。這個觀念可以更加推廣。如果每年複利期間愈短，利息可以每小時結算，每分鐘結算，等等。在極限情形中，利息時時不停的結算，經濟學家稱之為**連續複利**。

例如，某人在帳戶中存入 2,000 元，年利率為 6%，一年之後的本利和為何？本利和將視複利之次數而定，而複利之計算公式為

$$S = P\left(1+\frac{r}{n}\right)^n \tag{4-8}$$

其中 n 為每年複利的次數，r 為年利率。我們現在將各種複利期間的本利和列表如表 4-2。

當 n 無限趨增時，本利和會趨近於一極限值。我們可以在 (4-8) 式中，令 $x = \dfrac{r}{n}$。當 $n \to \infty$ 時，則 $x \to 0$，於是

$$\begin{aligned} S &= \lim_{n \to \infty} P\left(1+\frac{r}{n}\right)^n = P\lim_{n \to \infty}\left[\left(1+\frac{r}{n}\right)^{n/r}\right]^r \\ &= P\lim_{x \to 0}[(1+x)^{1/x}]^r \qquad \text{$\dfrac{r}{n}$ 以 x 代入} \\ &= P[\lim_{x \to 0}(1+x)^{1/x}]^r = Pe^r \tag{4-9} \end{aligned}$$

第 4 章　對數函數與指數函數的導函數

表 4-2

每年複利次數 (n)	本利和 (S)
年　複　利　($n = 1$)	$S = 2{,}000\left(1+\dfrac{0.06}{1}\right)^{1} \approx 2{,}120$ 元
半 年 複 利　($n = 2$)	$S = 2{,}000\left(1+\dfrac{0.06}{2}\right)^{2} \approx 2{,}121.8$ 元
季　複　利　($n = 4$)	$S = 2{,}000\left(1+\dfrac{0.06}{4}\right)^{4} \approx 2{,}122.7$ 元
月　複　利　($n = 12$)	$S = 2{,}000\left(1+\dfrac{0.06}{12}\right)^{12} \approx 2{,}123.4$ 元
日　複　利　($n = 360$)	$S = 2{,}000\left(1+\dfrac{0.06}{360}\right)^{360} \approx 2{,}123.7$ 元

(4-9) 式為 1 年**連續複利**後的本利和，所以年利率 6%，本金 2,000 元存款連續複利，於 1 年之後的本利和為

$$S = 2{,}000 \times e^{0.06} = 2{,}123.67 \text{ (元)}$$

定理 4-11

令 P 為存款金額，t 為時間 (以年計之)，S 為本利和，r 為年利率，則

(1) 每年複利 n 次之本利和為 $S = P\left(1+\dfrac{r}{n}\right)^{nt}$。　　　　　　　　　　　(4-10)

(2) 連續複利之本利和為 $S = Pe^{rt}$。　　　　　　　　　　　　　　　　　　(4-11)

註　由 (4-11) 式解出 P，則得複利現值為 $P = Se^{-rt}$。

【例題 6】如果投資 5,000 元，年利率為 8%，(1) 每日複利 (一年為 360 天)，及 (2) 連續複利；求三年後的複利終值。

【解】(1) 利用 (4-10) 式，$P = 5{,}000$，$r = 0.08$，$n = 360$，$t = 3$，可得

$$S = 5{,}000\left(1+\dfrac{0.08}{360}\right)^{1{,}080} \approx 6{,}356.08 \text{ (元)}$$

(2) 利用 (4-11) 式，$P = 5,000$，$r = 0.08$，$t = 3$，可得

$$S = 5,000e^{0.24} \approx 6,356.25 \text{ (元)}$$

由本題得知每日複利與連續複利，可知其複利終值之差異極微小。連續複利公式於財務分析的理論上極為重要。

習題 4-5

1. 某產品的需求函數可表為

$$p = 50\left(1 - \frac{3}{3 + e^{-0.0002x}}\right)$$

若需求量為 $x = 100$ 單位及 $x = 200$ 單位時，試求產品的價格 (以元計)。又當需求量 x 無限制增加時，價格之極限為何？

2. 假設某社區的人口數目在 10 年內從 5,000 人增加到 15,000 人，設其增加的速率與目前之人口數目成正比，求該社區在任何時間 t 人口數目的表示式，並估計 20 年末的人口數。

3. 假設某城鎮於 1970 年 1 月的人口數為 200 萬，並假設人口的成長率與當時的人口數成正比，即比例常數為每年 0.01，試問該城鎮的人口數何時會超過 300 萬？

4. 有一種放射性物質的半衰期為 810 年，現有此物質 10 克，試問 300 年後剩下多少？

5. 某公司購入一生產機器，原始價值為 1,000 元，若該機器之折舊率 (價值遞減率) 與當期之價值成比例，又已知使用 3 年後價值為 800 元，試問該機器使用 6 年後價值若干？

6. 投資 5,000 元，年利率 6%，連續複利 6 年，試求其複利終值。

7. 年利率 5%，連續複利，10 年後得複利終值 8,000 元，試求複利現值。

8. 某人在其投資決策中，若以 100,000 元投資於一年期定存，年利率 11.6%，每日複利；如果以 100,000 元投資於另外一個一年期到期之定存，年利率為 9.2%，連續複利。試問在其投資決策中，其每年所得淨遞減額為若干？

9. 某人目前 50 歲，為某銀行之職員，該銀行同意其於 65 歲時，每年給予養老金 50,000 元，如果未來 15 年的通貨膨脹為 6% 且假設通貨膨脹是連續複利，試問其第一年的養老金之現值為若干？

10. 某房地產投資公司擁有辦公大樓一棟，預估該大樓之市場價值為

$$V(t) = 300,000 e^{\sqrt{t}/2}$$

此處 $V(t)$ 以元為單位，且 t 為從現在起以年為單位的時間。如果未來 10 年的預期通貨膨脹率為 6% 且為連續複利，試求未來 10 年，此大樓市場價值之現值 $P(t)$ 為若干？又 7 年後此大樓之預期市場價值為若干？

4-6 經濟學上的應用：相對變化率與彈性

相對變化率或成長率

相對變化率在經濟學上應用甚廣。我們都知道導數可視為變化率。例如，若 $f(t)$ 表一台電腦在時間 t 年的成本，則 $f'(t)$ 為成本的變化率 (每年以元計)。亦即，若 $f' = 2$，其意義為電腦的價格以每年 2 元的比率遞增。同理，若 $g(t)$ 表一部汽車在時間 t 年的價格，則 $g' = 200$，其意義為汽車的價格以每年 200 元的比率遞增。又假設電腦的價格以每年 2 元的比率遞增，且電腦現行的價格為 40 元，則遞增的相對比率為 $2/40 = 0.05$，其意義為電腦的價格以每年 5% 之相對比率遞增。一般而言，若 $f(t)$ 為產品在時間 t 的價格，則變化率為 $f'(t)$，且相對變化率為 $\dfrac{f'(t)}{f(t)}$，即，邊際函數除以原函數。我們有時稱導數 $f'(x)$ 為 "絕對" 變化率，有別於相對變化率 $\dfrac{f'(x)}{f(x)}$。

定義 4-6

若 $y = f(t) > 0$ 為一可微分函數，則 y 的相對變化率 (或瞬間成長率) 定義為

$$G_y = \frac{\dfrac{dy}{dt}}{y} = \frac{f'(t)}{f(t)} = \frac{d}{dt} \ln f(t) \tag{4-12}$$

相對變化率為一比率或百分數，與函數所使用的單位無關。

【例題 1】 若某一開發中國家距現在 t 年之國民生產毛額可近似於函數 $G(t) = 1.2e^{\sqrt{t}}$ 億元，試求距現在 25 年的相對變化率。

【解】 方法 1：$G(t) = 1.2e^{\sqrt{t}}$，則

$$\ln G(t) = \ln 1.2 e^{\sqrt{t}} = \ln 1.2 + \ln e^{\sqrt{t}} = \ln 1.2 + \sqrt{t}$$

故

$$\frac{d}{dt} \ln G(t) = \frac{d}{dt}(\ln 1.2 + \sqrt{t}) = \frac{1}{2} t^{-1/2}$$

最後，我們計算在時間 $t = 25$

$$\left. \frac{d}{dt} \ln G(t) \right|_{t=25} = \frac{1}{2}(25)^{-1/2} = \frac{1}{2} \cdot \frac{1}{5} = 0.10$$

所以，距現在 25 年時，國民生產毛額以每年 0.10 或 10% 的相對變化率 (或成長率) 增加。

方法 2：$G(t) = 1.2e^{\sqrt{t}}$，則

$$G'(t) = \frac{d}{dt}(1.2e^{\sqrt{t}}) = 1.2e^{\sqrt{t}} \frac{1}{2\sqrt{t}}$$

所以，相對變化率 $\frac{G'(t)}{G(t)}$ 為

$$\frac{G'(t)}{G(t)} = \frac{1.2e^{\sqrt{t}}\left(\frac{1}{2}t^{-1/2}\right)}{1.2e^{\sqrt{t}}} = \frac{1}{2}t^{-1/2}$$

在 $t = 25$ 時，

$$\left. \frac{G'(t)}{G(t)} \right|_{t=25} = \frac{1}{2}(25)^{-1/2} = \frac{1}{2} \cdot \frac{1}{5} = 0.10$$

所以，相對變化率為 10%，與方法 1 所求結果相同。

彈　性

在尚未定義什麼叫彈性之前，首先應該讓讀者瞭解在經濟學中，何以使用彈性來代替斜率。因為在平面坐標圖中，若因兩坐標軸所取之單位距離不一致，則不易由圖形之陡直或平坦，來判斷縱軸變數與橫軸變數彼此間之敏感度。

【例題 2】假設其他條件不變時，對商品 x 之需求函數為

$$x = f(p) = 100 - 2p$$

p 表商品 x 之單位價格，以元為單位，若縱軸表價格，橫軸表數量，則上式改寫成

$$p = 50 - \frac{1}{2}x$$

此一需求曲線為直線，其斜率為 $m = -\frac{1}{2}$。

如果單價改以角計算，則

$$x = f(p) = 100 - 2p = 100 - 2\left(\frac{p}{10}\right) = 100 - \frac{1}{5}p$$

或 $$p = 500 - 5x$$

此一需求曲線為直線，其斜率為 $m = -5$。 ∎

故同樣的一條需求曲線，由於商品 x 之單位價格不同，而導致需求曲線之斜率不等，這就是斜率數值受坐標軸單位距離所影響之缺點。因而在經濟學中所涉及之有關變數，由於缺乏固定之測度單位，為了避免計算單位之不同所引起斜率之不正確性，故採**彈性**以代替斜率。

定義 4-7

函數 $y = f(x)$ 對 x 的**彈性** (elasticity) 定義為

$$E = \frac{Ey}{Ex} = \lim_{\Delta x \to 0} \frac{\frac{\Delta y}{y}}{\frac{\Delta x}{x}} = \left(\frac{x}{y}\right)\left(\frac{dy}{dx}\right) \tag{4-13}$$

上式中　Δx = 自變數之絕對變量

　　　　x = 自變數在變動前之數量

　　　　$\dfrac{\Delta x}{x}$ = 自變數之相對變化率 (即變動之百分數)

$$\Delta y = \text{因變數之絕對變量}$$
$$y = \text{因變數在變動前之數量}$$
$$\frac{\Delta y}{y} = \text{因變數之相對變化率 (即變動之百分數)}$$

顯然地，彈性為 x 的增量趨近於零時，y 的相對變化率與 x 的相對變化率之比的極限值。E 代表當 x 平均發生 1% 的變動時對 y 所引起的變動的百分數。

【例題 3】設 $y = 3x - 6$，求 (1) y 對 x 的彈性，(2) $x = 10$ 時，y 對 x 的彈性。

【解】(1) 由定義知

$$E = \frac{Ey}{Ex} = \left(\frac{x}{y}\right)\left(\frac{dy}{dx}\right) = \frac{3x}{3x - 6} = \frac{x}{x - 2}$$

(2) $E = \dfrac{x}{x - 2}$，將 $x = 10$ 代入式中，得

$$E = \frac{10}{10 - 2} = \frac{10}{8} = \frac{5}{4}$$

表示 x 增加 1% 時，y 將增加 $\dfrac{5}{4}$%。

一函數的導數與函數本身之比，為函數之對數導數，亦即如果 $y = f(x)$，則

$$\frac{1}{y}\frac{dy}{dx} = \frac{f'(x)}{f(x)} = \frac{d}{dx}(\ln y)$$

為 $f(x)$ 的對數導數。函數 $y = f(x)$ 在 x 點的彈性，因此為 y 的對數導數與 x 的對數導數之比例，

$$E = \frac{Ey}{Ex} = \frac{\dfrac{d}{dx}\ln y}{\dfrac{d}{dx}\ln x} = \frac{\dfrac{1}{y}\dfrac{dy}{dx}}{\dfrac{1}{x}\dfrac{dx}{dx}} = \frac{x}{y}\frac{dy}{dx} = \frac{d(\ln y)}{d(\ln x)} \tag{4-14}$$

上述即一般所謂的<u>點彈性</u> (point elasticity)。

需求彈性

設某商品的需求函數 $x = f(p)$，當價格由 p 變到 $p + \Delta p$ 時，需求量隨之由 x

第 4 章　對數函數與指數函數的導函數

變化到 $x + \Delta x$，故價格的相對變化率為 $\dfrac{\Delta p}{p}$，需求量的相對變化率為 $\dfrac{\Delta x}{x}$。此兩者的比值

$$\frac{\dfrac{\Delta x}{x}}{\dfrac{\Delta p}{p}}$$

稱為**平均需求彈性** (或稱**弧彈性**)。上述之比值為負數，因 Δx 與 Δp 異號，即價格上漲造成需求減少。

當價格之變化趨近零時，得

$$\lim_{\Delta p \to 0} \frac{\dfrac{\Delta x}{x}}{\dfrac{\Delta p}{p}} = \lim_{\Delta p \to 0} \frac{p \dfrac{\Delta x}{\Delta p}}{x} = \frac{p}{x} \lim_{\Delta p \to 0} \frac{\Delta x}{\Delta p}$$

$$= \left(\frac{p}{x}\right)\left(\frac{dx}{dp}\right) = \frac{pf'(p)}{f(p)} = \frac{d(\ln x)}{d(\ln p)} \tag{4-15}$$

由於 $f'(p)$ 為負值，p 與 x 皆為正，故上式之值為負。但由於經濟學家喜歡以正值數量來研究，因此將負號置於其前，故定義**需求彈性** E_p (elasticity of demand) 如下。

定義 4-8

令 $x = f(p)$ 為需求函數；亦即 x 表每單位價格 p 之需求量，則需求彈性 E_p 定義為

$$E_p = -\frac{p}{x}\frac{dx}{dp} = -\frac{pf'(p)}{f(p)} \tag{4-16}$$

此為價格 p 時之**點彈性**。

註　在經濟學教科書中，點彈性常以 $E_p = \left|\dfrac{p}{x}\dfrac{dx}{dp}\right|$ 表之。

一般而言，x 對 p 之彈性，亦即價格 p 增加 1% 時，需求量 x 減少的百分數。

故 E_p 被稱為 彈性係數,它是一個純數,與其度量之單位無關。

在經濟理論中,需求彈性之臨界數為 1。若 $0 < E_p < 1$,則需求之相對變化小於價格之相對變化,則需求稱為 不富於彈性 (inelastic)。若 $1 < E_p < \infty$,則需求之相對變化大於價格之相對變化,則需求稱為 富於彈性 (elastic)。若 $E_p = 1$,則價格與需求變化之百分數相等,則需求稱為 單一彈性 (unit elastic)。

【例題 4】設需求方程式為 $x = 280 - 8p$,$0 \leq p \leq 35$,試問價格 p (以元計) 為多少時,對價格增加 1%,會使得需求減少 4%。

【解】依需求彈性之定義

$$E_p = -\frac{p}{x}\frac{dx}{dp}$$

$$\frac{dx}{dp} = \frac{d}{dp}(280 - 8p) = -8$$

代入 E_p 中,得

$$-\frac{p}{280 - 8p} \cdot (-8) = 4$$

則
$$8p = 4(280 - 8p)$$
$$40p = 1{,}120$$

解得
$$p = 28 \,(元)$$

【例題 5】設需求方程式

$$p = -0.02x + 400,\ 0 \leq x \leq 20{,}000$$

表示電視機的單位價格 (以元計) 與其需求數量 x 間之關係。

(1) 試求需求彈性 E_p。
(2) 計算 $p = 100$ 時之 E_p 值並解釋其結果。
(3) 計算 $p = 300$ 時之 E_p 值並解釋其結果。

【解】(1) 解已知之需求方程式,以 p 表 x,可得

$$x = f(p) = -50p + 20{,}000$$

$$\frac{dx}{dp} = f'(p) = -50$$

所以 $E_p = -\dfrac{pf'(p)}{f(p)} = -\dfrac{p(-50)}{-50p+20{,}000} = \dfrac{p}{400-p}$

(2) 當 $p=100$ 時，$E_p = \dfrac{100}{400-100} = \dfrac{1}{3}$，此即為 $p=100$ 時之需求彈性，此結果的解釋為：電視機之單位售價定在 100 元時，則每增加 1% 的單位售價，將導致需求數量減少大約 0.33%。

(3) 當 $p=300$ 時，$E_p = \dfrac{300}{400-300} = 3$，此即為 $p=300$ 時之需求彈性，此結果的解釋為：電視機之單位售價定在 300 元時，則每增加 1% 之單位售價，將引起需求量減少 3%。 ■

由此一例題得知，當需求富於彈性時，單位售價微小的變動將導致需求數量較大幅度的變動，而當需求不富於彈性時，單位售價微小的變動只會導致更小幅度之需求數量的變動。最後，若需求為單一彈性時，單位售價微小的變動將導致需求數量作同幅度的變動。

【例題 6】假設價格-需求方程式 $x = f(p) = 2{,}700 - 3p$，$0 < p < 900$ 元，試問
(1) p 為何值時需求富於彈性？
(2) p 為何值時需求不富於彈性？

【解】因 $E_p = -\dfrac{pf'(p)}{f(p)} = -\dfrac{p(-3)}{2{,}700-3p} = \dfrac{3p}{2{,}700-3p} = \dfrac{p}{900-p}$

(1) 當需求富於彈性時，$E_p > 1$，則

$$\dfrac{p}{900-p} > 1$$

$$\dfrac{p}{900-p} - 1 > 0$$

$$\dfrac{p-900+p}{900-p} = \dfrac{2p-900}{900-p} > 0$$

所以， 450 元 $< p < 900$ 元

(2) 當需求不富於彈性時，$E_p < 1$，則

現代商用微積分

$$\frac{p}{900-p} < 1$$

$$\frac{p}{900-p} - 1 < 0$$

$$\frac{p-900+p}{900-p} = \frac{2p-900}{900-p} < 0$$

所以，　　　　　　　　$0 < p < 450$ 元　　　　　　　■

總成本彈性

總成本彈性是說明總成本的變動百分數，與產量的變動百分數之比例。若某廠商之產量為 x，其總成本為 $C = C(x)$，則仿照需求彈性之推導過程，我們可證得

$$E_C = \left(\frac{x}{C}\right)\left(\frac{dC}{dx}\right) = \frac{d(\ln C)}{d(\ln x)} \tag{4-17}$$

此為生產量為 x 時的總成本彈性。

【例題 7】假定總成本函數為 $C = 20x - 8x^2 + x^3$，求總成本彈性及此彈性等於 1 時的產量。

【解】(i)
$$\frac{dC}{dx} = \frac{d}{dx}(20x - 8x^2 + x^3) = 20 - 16x + 3x^2$$

$$\frac{x}{C} = \frac{x}{20x - 8x^2 + x^3} = \frac{1}{20 - 8x + x^2}$$

故
$$E_C = \left(\frac{x}{C}\right)\left(\frac{dC}{dx}\right) = \frac{20 - 16x + 3x^2}{20 - 8x + x^2}$$

(ii)
$$\frac{20 - 16x + 3x^2}{20 - 8x + x^2} = 1$$

$$20 - 16x + 3x^2 = 20 - 8x + x^2$$

$$2x^2 - 8x = 0$$

$$2x(x - 4) = 0$$

故 $x = 4$ 時，總成本彈性等於 1。　　　　　　　■

總收益彈性

依照總成本彈性之定義，我們得知，**總收益彈性** (elasticity of total revenue) 是說明總收益之變動率與價格的變動率之比例。

因總收益為 $R = px$，故

$$E_R = \frac{\frac{dR}{R}}{\frac{dp}{p}} = \frac{p}{R} \cdot \frac{dR}{dp} = \frac{p}{px} \cdot \frac{d}{dp}(px) = \frac{1}{x}\left(x + p\frac{dx}{dp}\right) \tag{4-18}$$

$$= 1 + \frac{p}{x}\frac{dx}{dp}$$

需求彈性通常為負值，因此，$E_R = 1 - E_p$，表示總收益彈性等於 1 減需求彈性。

【例題 8】 若需求函數為 $p = 112 - 4x$，試求當產量 $x = 2$ 時，其總收益彈性為多少？

【解】 因
$$R = px = 112x - 4x^2$$

故
$$E_R = 1 + \frac{p}{x}\frac{dx}{dp} = 1 + \left(\frac{112-4x}{x}\right)\frac{d}{dp}\left(28 - \frac{p}{4}\right)$$

$$= 1 + \frac{112-4x}{x}\left(-\frac{1}{4}\right) = 1 + \frac{4x-112}{4x}$$

$$= 2 - \frac{28}{x}$$

當 $x = 2$ 時，$E_R = -12$。

習題 4-6

1. 試求下列各函數在已知 t 值時的相對變化率。
   (1) $f(t) = 100e^{0.2t}$，$t = 5$。
   (2) $f(t) = e^{-t^2}$，$t = 10$。
   (3) $f(t) = 25\sqrt{t-1}$，$t = 6$。

2. 設 $y = u(t) + v(t)$，u 與 v 皆為 t 的可微分函數。若 G_u、G_v 分別表 u、v 之成長率，試證明

$$G_{(u+v)} = \frac{u}{u+v}G_u + \frac{v}{u+v}G_v$$

即兩數和之成長率等於兩數成長率之加權平均數。

3. 一投資機構預測，若一塊土地的價格可維持 t 年，其價值將為 $f(t) = 300 + t^2$ 萬元，試求在時間 $t = 10$ 年時的相對變化率。

4. 假設某商業投資在時間 t 年時之款項價值，由經驗得知可近似於函數 $f(t) = 750,000e^{0.6\sqrt{t}}$（以元計），試求當 $t = 5$ 年時，投資之價值增加得有多快？

5. 某城市距現在 t 年之人口數近似於函數 $P(t) = 4 + 1.3e^{0.04t}$（以百萬計）。
   (1) 試求距現在 8 年人口之相對變化率。
   (2) 相對變化率何時會達到 1.5%？

6. 已知需求函數 $d(p) = 4,000e^{-0.01p}$。
   (1) 試求需求彈性 E_p。
   (2) 計算 $p = 200$ 時之 E_p 值並解釋其結果。

7. 已知需求函數 $x = 300 - 3p$，$0 \leq p \leq 100$。
   (1) 計算並解釋當 $p = 25$ 與 $p = 75$ 的需求彈性。
   (2) 試決定需求具單一彈性之價格，此價格之意義為何？

8. 假設需求方程式為 $x = 120 - 5p$，試決定什麼價格會使得需求不富於彈性。

9. 假設某產品之需求方程式為 $x = 216 - 2p^2$，此處 p 為價格，試求價格區間。需求在何區間富於彈性？在何區間不富於彈性？

10. 假設某日用品之價格 p 與銷售量 x 之關係為 $p = p(x) = \sqrt{\dfrac{100-x}{x}}$ 元。
    (1) 試求需求彈性。
    (2) 對什麼樣的價格，需求是富於彈性？不富於彈性？單一彈性？

第 4 章　對數函數與指數函數的導函數

本章摘要

1. 定理：若一對一的可微分函數 f 的反函數為 f^{-1}，且 $f'(f^{-1}(c)) \neq 0$，則 f^{-1} 在 c 為可微分，且

$$(f^{-1})'(c) = \frac{1}{f'(f^{-1}(c))}$$

2. 指數函數 $y = a^x$ 的特性：

   (1) 定義域為 $\mathbb{R}$，值域為 $\mathbb{R}^+$。

   (2) 其圖形必經過點 $(0, 1)$，且以 x-軸為水平漸近線。

   (3) 當 $a > 1$ 時，其為遞增函數；當 $0 < a < 1$ 時，其為遞減函數。

   (4) $y = a^x$ 與 $y = \left(\dfrac{1}{a}\right)^x$ 的圖形對稱於 y-軸。

3. 對數函數 $y = \log_a x$ 的特性：

   (1) 定義域為 $\mathbb{R}^+$，值域為 $\mathbb{R}$。

   (2) 其圖形必經過點 $(1, 0)$，且以 y-軸為垂直漸近線。

   (3) 當 $a > 1$ 時，其為遞增函數；當 $0 < a < 1$ 時，其為遞減函數。

   (4) $y = \log_a x$ 與 $y = \log_{1/a} x$ 的圖形對稱於 x-軸。

4. $e = \lim\limits_{x \to 0}(1+x)^{1/x}$ 或 $e = \lim\limits_{x \to \infty}\left(1+\dfrac{1}{n}\right)^n$。

5. $\log_a x = y \Leftrightarrow a^y = x$ ； $\ln x = y \Leftrightarrow e^y = x$。

6. 對數函數的微分公式如下：若 u 為 x 的可微分函數，則

   (1) $\dfrac{d}{dx}\ln u = \dfrac{1}{u}\dfrac{du}{dx}$ 　　(2) $\dfrac{d}{dx}\ln|u| = \dfrac{1}{u}\dfrac{du}{dx}$

   (3) $\dfrac{d}{dx}\log_a u = \dfrac{1}{u\ln a}\dfrac{du}{dx}$ 　　(4) $\dfrac{d}{dx}\log_a|u| = \dfrac{1}{u\ln a}\dfrac{du}{dx}$

7. 指數函數的微分公式如下：若 u 為 x 的可微分函數，則

   (1) $\dfrac{d}{dx}e^u = e^u \dfrac{du}{dx}$ 　　(2) $\dfrac{d}{dx}a^u = a^u(\ln a)\dfrac{du}{dx}$

8. 微分方程式 $\dfrac{dy}{dt} = ky$ 之解為 $y = y_0 e^{kt}$，當 $k > 0$ 時，稱之為**自然指數成長**；

當 $k<0$ 時，稱之為**自然指數衰變**。

9. 複利終值：$S = P\left(1+\dfrac{r}{n}\right)^{nt}$

10. 複利現值：$P = S\left(1+\dfrac{r}{n}\right)^{-nt}$

11. 連續複利之複利終值：$S = Pe^{rt}$

12. 連續複利之複利現值：$P = Se^{-rt}$

13. 若 $y = f(t) > 0$，則 y 的相對變化率為

$$G_y = \dfrac{f'(t)}{f(t)} = \dfrac{d}{dt}\ln f(t)$$

14. 函數 $y = f(x)$ 對 x 的彈性為

$$E = \dfrac{Ey}{Ex} = \left(\dfrac{x}{y}\right)\left(\dfrac{dy}{dx}\right)$$

15. 設 $x = f(p)$ 為需求函數，則需求彈性為

$$E_p = -\dfrac{pf'(p)}{f(p)}$$

16. 若 $C = C(x)$ 表總成本函數，則總成本彈性 E_C 為

$$E_C = \left(\dfrac{x}{C}\right)\left(\dfrac{dC}{dx}\right)$$

17. 若總收益為 $R = px$，則總收益彈性 E_R 為

$$E_R = 1 + \dfrac{p}{x}\dfrac{dx}{dp}$$

CHAPTER 5

微分的應用

5-1 函數的遞增與遞減

在描繪函數的圖形時，知道何處上升與何處下降是很有用的。如圖 5-1 所示。

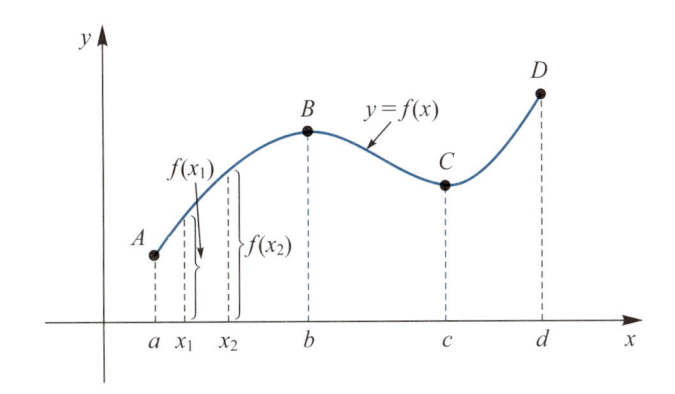

圖 5-1

圖形由 A 上升到 B，由 B 下降到 C，然後再由 C 上升到 D。我們稱函數 f 在區間 $[a, b]$ 為遞增，在 $[b, c]$ 為遞減，又在 $[c, d]$ 為遞增。若 x_1 與 x_2 為介於 a 與 b 之間的任兩數，其中 $x_1 < x_2$，則 $f(x_1) < f(x_2)$。

定義 5-1

設函數 f 定義在某區間 I。

(1) 對 I 中的所有 x_1, x_2，若 $x_1 < x_2$，恆有 $f(x_1) < f(x_2)$，則稱 f 在 I 為遞增，而 I 稱為 f 的遞增區間。

(2) 對 I 中的所有 x_1, x_2，若 $x_1 < x_2$，恆有 $f(x_1) > f(x_2)$，則稱 f 在 I 為遞減，

現代商用微積分

而 I 稱為 f 的遞減區間。

(3) 若 f 在 I 為遞增抑或為遞減，則稱 f 在 I 上為單調 (monotonic)。

註　(1) 單調函數必為一對一函數。

(2) 有些教科書中，定義若 $x_1<x_2$，恆有 $f(x_1)\leq f(x_2)$，則稱 f 在區間 I 為遞增。若是 "$f(x_1)<f(x_2)$"，則稱 f 在區間 I 為嚴格遞增。

【例題 1】函數 $f(x)=x^2$ 在 $(-\infty, 0]$ 為遞減而在 $[0, \infty)$ 為遞增，故 $f(x)$ 在 $(-\infty, 0]$ 與 $[0, \infty)$ 皆為單調，但它在 $(-\infty, \infty)$ 中不為單調。

【例題 2】$f(x)=x^3$ 在 $(-\infty, \infty)$ 中為嚴格單調函數，圖形如圖 5-2 所示。

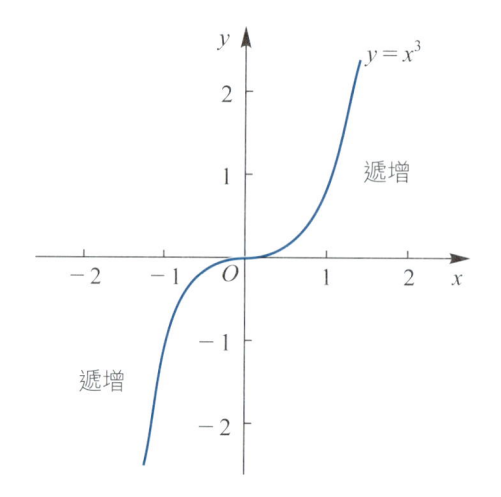

圖 5-2　嚴格單調函數

【例題 3】$f(x)=\begin{cases}-x^2 &, x<0 \\ 0 &, 0\leq x\leq 1 \\ (x-1)^2, & x>1\end{cases}$　為非嚴格單調函數，圖形如圖 5-3 所示。

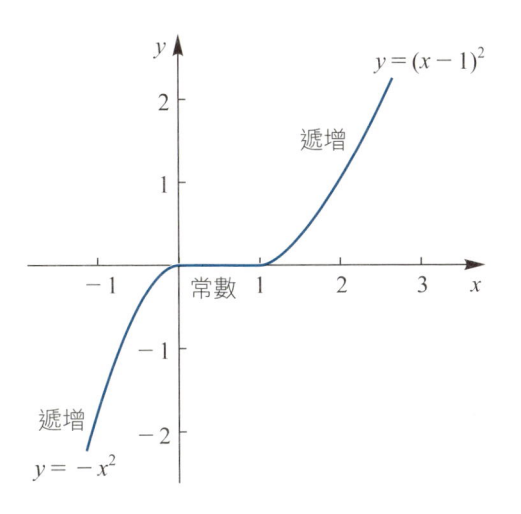

图 5-3　非嚴格單調函數

單調函數圖形上任一點之斜率可利用導數來決定。

圖 5-4 暗示若函數圖形在某區間的切線斜率為正，則函數在該區間為遞增；同理，若圖形的切線斜率為負，則函數為遞減。

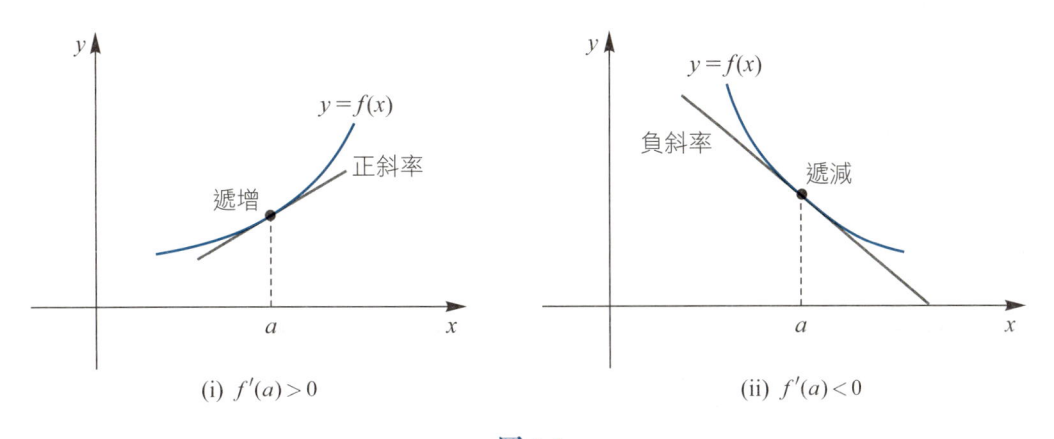

(i) $f'(a) > 0$　　　　(ii) $f'(a) < 0$

圖 5-4

下面定理指出如何利用導數來判斷函數在區間為遞增或遞減。

定理 5-1　單調性定理

設函數 f 在 $[a, b]$ 為連續，且在 (a, b) 為可微分。
(1) 若 $f'(x) > 0$ 對於 (a, b) 中的所有 x 皆成立，則 f 在 $[a, b]$ 為遞增。
(2) 若 $f'(x) < 0$ 對於 (a, b) 中的所有 x 皆成立，則 f 在 $[a, b]$ 為遞減。

【例題 4】 函數 $f(x) = \dfrac{2x}{x^2+1}$ 在何區間為遞增？遞減？

【解】 $f'(x) = \dfrac{d}{dx}\left(\dfrac{2x}{x^2+1}\right) = \dfrac{(x^2+1)2 - 2x(2x)}{(x^2+1)^2} = \dfrac{2(1-x^2)}{(x^2+1)^2}$

當 $x = \pm 1$ 時，$f'(x) = 0$。我們僅討論在 $x = -1$ 與 $x = 1$ 之變化情形，並作出有關 $f'(x)$ 之正負號圖如下：

x 之範圍：	$x<-1$	$x=-1$	$-1<x<1$	1	$x>1$
f' 之符號：	− − − − −	$f'(-1)=0$	+ + + + +	$f'(1)=0$	− − − − −
	$f'<0$ ↘		$f'>0$ ↗		$f'<0$ ↘

故 f 在 $(-\infty, -1]$ 與 $[1, \infty)$ 為遞減，f 在 $[-1, 1]$ 為遞增。 ■

【例題 5】 函數 $f(x) = x - x^{2/3}$ 在何區間為遞增？遞減？

【解】 $f'(x) = 1 - \dfrac{2}{3x^{1/3}} = \dfrac{3x^{1/3} - 2}{3x^{1/3}}$

令 $\qquad f'(x) = 0 \Leftrightarrow 3x^{1/3} - 2 = 0 \Leftrightarrow x = \dfrac{8}{27}$

又 $f'(0)$ 不存在，故 f 的臨界數為 0 與 $\dfrac{8}{27}$。我們僅討論在 $x=0$ 與 $x=\dfrac{8}{27}$ 附近 f' 之變化情形，並作出有關 $f'(x)$ 之正負號圖如下：

x 之範圍：	$-\infty<x<0$	0	$0<x<\dfrac{8}{27}$	$\dfrac{8}{27}$	$x>\dfrac{8}{27}$
f' 之符號：	+ + + + +	$f'(0)$ 不存在	− − − − −	$f'\left(\dfrac{8}{27}\right)=0$	+ + + + +
	↗		↘		↗

故 f 在 $(-\infty, 0]$ 與 $\left[\dfrac{8}{27}, \infty\right)$ 為遞增，f 在 $\left[0, \dfrac{8}{27}\right]$ 為遞減。 ■

【例題 6】 假設價格需求方程式 $x = f(p) = 2{,}700 - 3p$，$0 < p < 900$ 元，則總收益為 $R = px = pf(p)$。

(1) 試求 $\dfrac{dR}{dp}$。

(2) p 為何值時總收益為遞增？

(3) p 為何值時總收益為遞減？

【解】(1) $R(p) = p(2,700 - 3p) = 2,700p - 3p^2$

$$\frac{dR}{dp} = \frac{d}{dp}(2,700p - 3p^2) = 2,700 - 6p$$

(2)、(3) 令 $\frac{dR}{dp} = 0$，即 $2,700 - 6p = 0$，得 $p = 450$ 元

區　　間	$R'(p)$	結　　論
$0 < p < 450$ 元	+	$R(p)$ 為遞增
450 元 $< p < 900$ 元	−	$R(p)$ 為遞減

所以，當 $0 < p < 450$ 元時，總收益遞增；又當 450 元 $< p < 900$ 元時，總收益遞減。

習題 5-1

在 1～6 題中，求各函數的遞增區間與遞減區間。

1. $f(x) = x^3 + x^2 - 5x - 5$

2. $f(x) = x^4 - 4x^3 - 8x^2 + 3$

3. $f(x) = \dfrac{2x}{x^2 + 1}$

4. $f(x) = \dfrac{x}{2} - \sqrt{x}$

5. $f(x) = x^{2/3}(x-2)^2$

6. $f(x) = \sqrt[3]{x} - \sqrt[3]{x^2}$

7. 試證明 $f(x) = x^3 + x + 4$ 為一對一函數。

8. 試證：若 $x > 0$ 且 $n > 1$，則 $(1+x)^n > 1 + nx$。

9. 試證：若 $x > 0$，則 $\ln(1+x) > x - \dfrac{x^2}{2}$。

5-2　函數的極大值與極小值

找出"最佳"方法去完成某些工作有關的問題稱為**最佳化問題**。最佳化問題可簡化為求函數的最大值與最小值並判斷此值發生於何處，在本節中，我們將對求解這種問題的某些數學觀念作詳細說明。往後，我們將使用這些觀念去求解一些應用問題。例如，經濟學上，最小成本、最大利潤的問題。

定義 5-2

令函數 f 定義在區間 I，且 $c \in I$。
(1) 若對 I 中的所有 x，恆有 $f(c) \geq f(x)$，則稱 f 在 c 處有**極大值**或**絕對極大值**，$f(c)$ 稱為 f 在 I 上的**極大值**或**絕對極大值**。
(2) 若對 I 中的所有 x，恆有 $f(c) \leq f(x)$，則稱 f 在 c 處有**極小值**或**絕對極小值**，$f(c)$ 稱為 f 在 I 上的**極小值**或**絕對極小值**。
上述的 $f(c)$ 稱為 f 的**極值**或**絕對極值**。

若只討論在 c 點的附近，函數值以 $f(c)$ 為最大，如此的 c 稱為**相對極大點** (或**局部極大點**)，而 $f(c)$ 稱為**相對極大值** (或局部極大值)。

同理，在 c 點的附近，函數值以 $f(c)$ 為最小，如此的 c 稱為**相對極小點** (或局部極小點)，而 $f(c)$ 稱為**相對極小值** (或局部極小值)。

極大點與極小點合稱為**極點**，而極大值與極小值合稱為**極值**，如圖 5-5 所示。

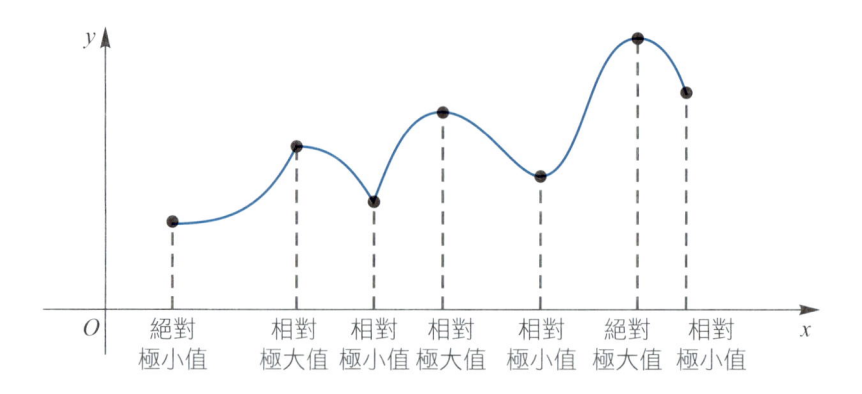

圖 5-5

定義 5-3

令 c 為函數 f 的定義域中的一數。

(1) 若存在包含 c 的開區間 I，使得 $f(c) \geq f(x)$ 對 I 中的所有 x 皆成立，則稱 f 在 c 處有**相對極大值** (或**局部極大值**)。

(2) 若存在包含 c 的開區間 I，使得 $f(c) \leq f(x)$ 對 I 中的所有 x 皆成立，則稱 f 在 c 處有**相對極小值** (或**局部極小值**)。

上述的 $f(c)$ 稱為 f 的**相對極值** (或**局部極值**)。

由定義 5-3 及圖 5-5 中可得知：

1. 相對極大值中最大者為絕對極大值。
2. 相對極小值中最小者為絕對極小值。

【例題 1】若 $f(x) = x^2$，則 $f(x) \geq f(0)$，故 $f(0) = 0$ 為 f 的絕對極小值，這表示原點為拋物線 $y = x^2$ 上的最低點。然而，在此拋物線上無最高點，故此函數無極大值。如圖 5-6 所示。

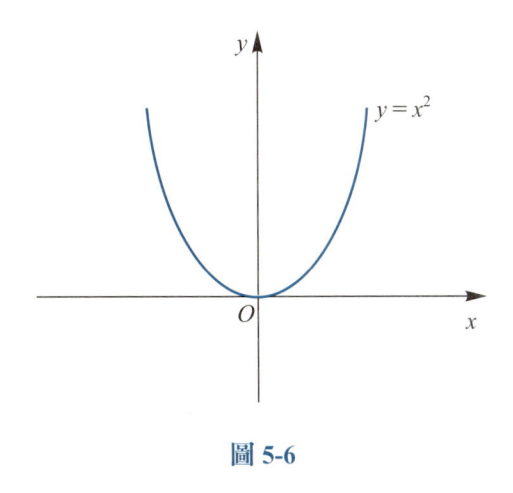

圖 5-6

【例題 2】若 $f(x) = x^3$，則此函數無絕對極大值也無絕對極小值。如圖 5-7 所示。

現代商用微積分

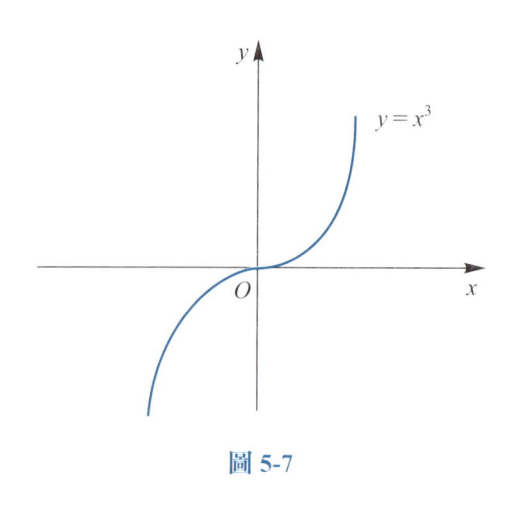

圖 5-7

我們已看出有些函數有極值，而有些則沒有。下面定理給出保證函數的極大值與極小值存在的條件。

定理 5-2　極值存在定理

若函數 f 在閉區間 $[a, b]$ 為連續，則 f 在 $[a, b]$ 上不但有極大值且有極小值。

【例題 3】若函數 $f(x) = \begin{cases} x, & 0 \leq x < 1 \\ \dfrac{1}{2}, & 1 \leq x \leq 2 \end{cases}$ 定義在閉區間 $[0, 2]$，則它有極小值 0，但無極大值。事實上，f 在 $x = 1$ 有不連續點 (見圖 5-8)。

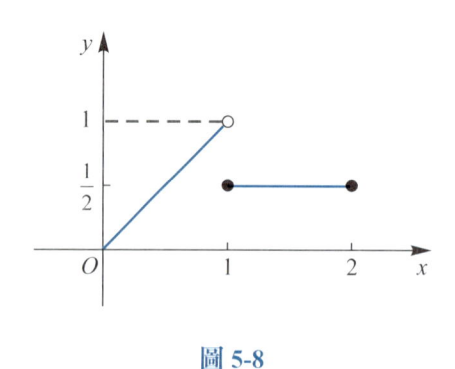

圖 5-8

我們可由圖 5-9 得知在相對極值附近函數的變化情形。

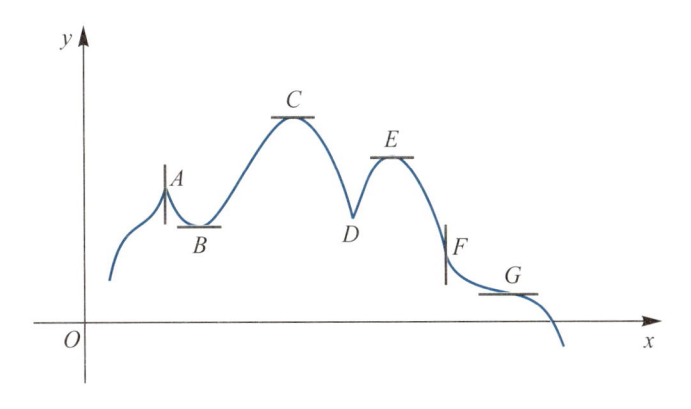

圖 5-9

1. 在 A 點、C 點與 E 點處都有一相對極大值，在 A 處 $f'(x)$ 不存在，在 C 處與 E 處 $f'(x)=0$，當 x 由左向右遞增而經過 A 點及 C 點附近時，導數 $f'(x)$ 的符號都由正變為負，亦即，由正斜率變為負斜率。

2. 在 B 點、D 點處都有一相對極小值，在 B 處 $f'(x)=0$，在 D 處 $f'(x)$ 不存在，當 x 由左向右遞增而經過 B 點及 D 點附近時，導數 $f'(x)$ 的符號都由負變為正，亦即，由負斜率變為正斜率。

3. 在 F 點處 $f'(x)$ 不存在，在 G 點處 $f'(x)=0$，但在該點處 (F 點及 G 點) 卻無相對極大值或極小值。(為什麼？)

對於這些 $f'(x)=0$ 或 $f'(x)$ 不存在的點，我們給予名稱。

定義 5-4　臨界點

設 c 為函數 f 之定義域中的一數，若 $f'(c)=0$ 抑或 $f'(c)$ 不存在，則稱 c 為 f 的**臨界數**。而點 $(c, f(c))$ 是 $f(x)$ 的**臨界點**。

讀者應注意，若函數 f 有相對極值，則相對極值必發生於臨界數處；但是，並非在每一個臨界數處皆有相對極值存在。例如，$f(x)=x^{1/3}$ 在 $x=0$ 就沒有相對極值，即使 $f'(x)=\dfrac{1}{3}x^{-2/3}$ 在 $x=0$ 無定義，如圖 5-10(i) 所示；又 $f(x)=x^{2/3}$ 在 $x=0$ 有相對極小值 $f(0)=0$，但 $f'(x)=\dfrac{2}{3x^{1/3}}$ 在 $x=0$ 無定義，如圖 5-10(ii) 所示。然而，$x=0$ 確為 $f(x)=x^{1/3}$ 與 $f(x)=x^{2/3}$ 的臨界數。

現代商用微積分

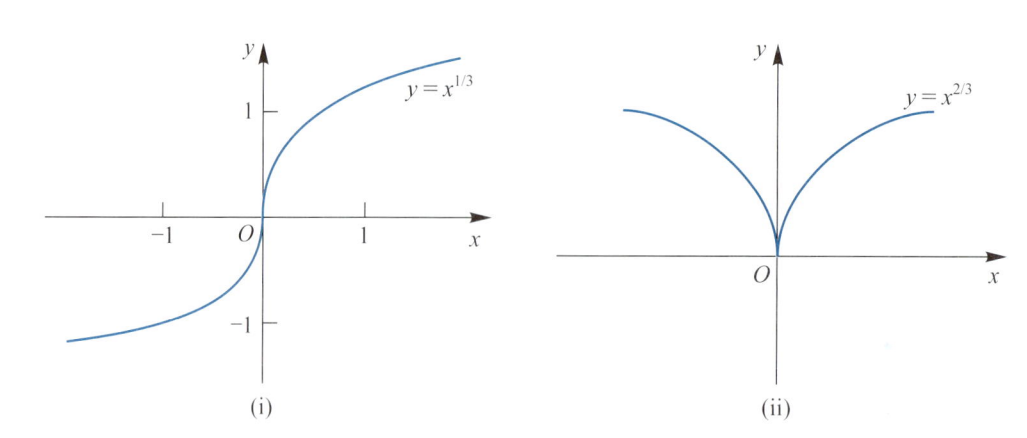

(i)　(ii)

圖 5-10

【例題 4】求函數 $f(x) = x^{3/5}(4-x)$ 的臨界數。

【解】$f'(x) = \dfrac{d}{dx}[x^{3/5}(4-x)] = \dfrac{3}{5}x^{-2/5}(4-x) + x^{3/5}(-1)$

兩函數乘積的導數

$= \dfrac{3(4-x) - 5x}{5x^{2/5}} = \dfrac{12 - 8x}{5x^{2/5}}$

令 $f'(x) = 0$，即 $12 - 8x = 0$，可得 $x = \dfrac{3}{2}$；又 $f'(0)$ 不存在，但 $f(x)$ 在 $x = 0$ 有定義。所以，f 的臨界數為 $\dfrac{3}{2}$ 與 0。

如何求函數 f 之絕對極值

若連續函數 f 在閉區間 $[a, b]$ 為連續，則求其極值的步驟如下：

1. 在 (a, b) 中，求 f 的所有臨界數，並計算 f 在這些臨界數的值。
2. 計算 $f(a)$ 與 $f(b)$。
3. 從步驟 1 與步驟 2 中所計算出的最大值即為極大值，最小值即為極小值。

在步驟 2 中，若 $f(a)$ 或 $f(b)$ 為極大值或極小值，則稱為**端點極值**。

【例題 5】求函數 $f(x) = x^3 - 3x^2 + 2$ 在區間 $[-2, 3]$ 上的極大值與極小值。

【解】$f'(x) = 3x^2 - 6x = 3x(x - 2)$。於是，在 $(-2, 3)$ 中，f 的臨界數為 0 與 2。

f 在這些臨界數的值為

$$f(0) = 2 \text{，} f(2) = -2$$

而在兩端點的值為

$$f(-2) = -18 \text{,} f(3) = 2$$

所以，極大值為 2，極小值為 -18。

【例題 6】求函數 $f(x) = (x-2)\sqrt{x}$ 在 [0, 4] 上的極大值與極小值。

【解】$f'(x) = \sqrt{x} + (x-2)\dfrac{1}{2\sqrt{x}} = \dfrac{3x-2}{2\sqrt{x}}$

於是，在 (0, 4) 中，f 的臨界數為 $\dfrac{2}{3}$。

因 $f(0) = 0$，$f\left(\dfrac{2}{3}\right) = -\dfrac{4\sqrt{6}}{9}$，$f(4) = 4$，故 $f(4) > f(0) > f\left(\dfrac{2}{3}\right)$。

所以，極大值為 4，極小值為 $-\dfrac{4\sqrt{6}}{9}$。

如何求函數 f 之相對極值

我們知道，欲求相對極值，首先必須找出函數所有的臨界數，再檢查每一個臨界數，以決定是否有相對極值發生。做這個檢查的方法有很多，下面的定理是根據 f 的一階導數的正負號。大致說來，這個定理說明了，當 x 遞增通過臨界數 c 時，若 $f'(x)$ 變號，則 f 在 c 處有相對極大值或相對極小值；若 $f'(x)$ 不變號，則在 c 處無極值發生。

定理 5-3　一階導數判別法

設函數 f 在包含臨界數 c 的開區間 (a, b) 為連續。
(1) 當 $a < x < c$ 時，$f'(x) > 0$，且 $c < x < b$ 時，$f'(x) < 0$，則 $f(c)$ 為 f 的相對極大值。
(2) 當 $a < x < c$ 時，$f'(x) < 0$，且 $c < x < b$ 時，$f'(x) > 0$，則 $f(c)$ 為 f 的相對極小值。
(3) 當 $a < x < b$ 時，$f'(x)$ 同號，則 $f(c)$ 不為 f 的相對極值。

圖 5-11 中的圖形可作為記憶一階導數判別法的方法。在相對極大值的情形，如圖 5-11(i) 所示，若 $x<c$，則在點 $(x, f(x))$ 處的切線的斜率為正；若 $x>c$，則斜率為負。在相對極小值的情形，如圖 5-11(ii) 所示，結果恰好相反。若圖形在點 $(c, f(c))$ 有折角，類似的圖形也可繪出。在無極值的情形，如圖 5-11(iii) 所示，斜率皆為正；如圖 5-11(iv) 所示，斜率皆為負。

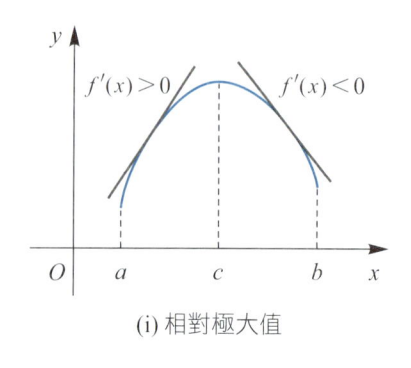

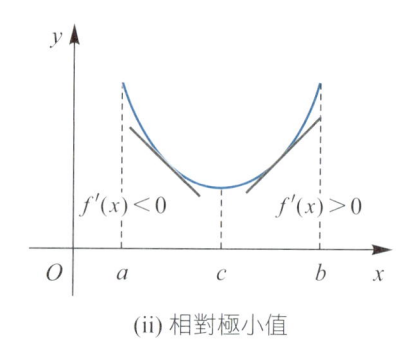

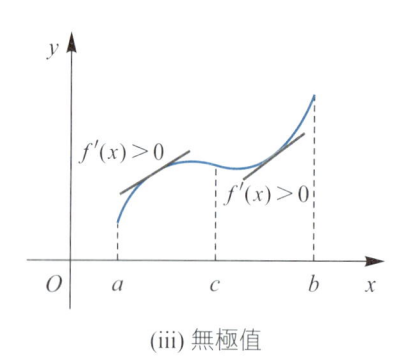

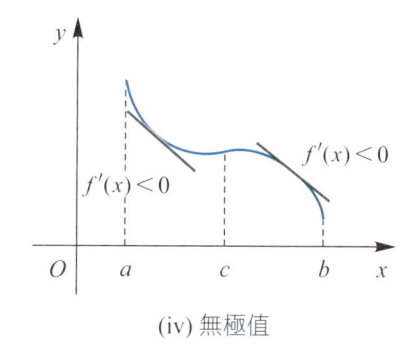

(i) 相對極大值

(ii) 相對極小值

(iii) 無極值

(iv) 無極值

圖 5-11

【例題 7】求函數 $f(x) = x^3 - 3x + 3$ 的相對極值。

【解】$f'(x) = 3x^2 - 3 = 3(x-1)(x+1)$。於是，$f$ 的臨界數為 -1 與 1。

x 之範圍	$x<-1$	-1	$-1<x<1$	1	$x>1$
f' 之範圍	$f'(x)>0$	$f'(-1)=0$	$f'(x)<0$	$f'(1)=0$	$f'(x)>0$

依一階導數判別法，f 在 $x=-1$ 處有相對極大值 $f(-1)=5$，在 $x=1$ 處有相對極小值 $f(1)=1$。

【例題 8】 求函數 $f(x) = x - x^{2/3}$ 在 $[-1, 2]$ 上的相對極值與絕對極值。

【解】 $f'(x) = 1 - \dfrac{2}{3\sqrt[3]{x}} = \dfrac{3\sqrt[3]{x} - 2}{3\sqrt[3]{x}}$

令 $f'(x) = 0$，則 $3\sqrt[3]{x} - 2 = 0$，可得 $x = \dfrac{8}{27}$。

又 $f'(0)$ 不存在，但 $f(0)$ 有定義，故 f 的臨界數為 0 與 $\dfrac{8}{27}$。

x 之範圍：	-1	$-1 < x < 0$	0	$0 < x < \dfrac{8}{27}$	$\dfrac{8}{27}$	$\dfrac{8}{27} < x < 2$	2
f' 之符號：		$+ + + + + +$	$f'(0)$ 不存在	$- - - - - -$	$f'\!\left(\dfrac{8}{27}\right) = 0$	$+ + + + + +$	

依一階導數判別法，$f(0) = 0$ 為 f 的相對極大值，$f\!\left(\dfrac{8}{27}\right) = -\dfrac{4}{27}$ 為 f 的相對極小值。

又 $f(-1) = -2$，$f(2) = 2 - \sqrt[3]{4}$，可知 $f(-1) < f\!\left(\dfrac{8}{27}\right) < f(0) < f(2)$，

故 $f(-1) = -2$ 為 f 的絕對極小值，$f(2) = 2 - \sqrt[3]{4}$ 為 f 的絕對極大值。

【例題 9】 試求 $f(x) = \ln(x^2 + 2x + 3)$ 的相對極值。

【解】 $f'(x) = \dfrac{d}{dx}\ln(x^2 + 2x + 3) = \dfrac{1}{x^2 + 2x + 3} \cdot \dfrac{d}{dx}(x^2 + 2x + 3)$

$\qquad\quad = \dfrac{2x + 2}{x^2 + 2x + 3} = \dfrac{2(x + 1)}{(x + 1)^2 + 2}$

當 $x = -1$ 時，$f'(x) = 0$，故 $x = -1$ 為 f 之臨界數。

當 $x < -1$ 時，$f'(x) < 0$，且當 $x > -1$ 時，$f'(x) > 0$。

故 $f(-1) = \ln(1 - 2 + 3) = \ln 2$ 為相對極小值。

習題 5-2

在 1～4 題中，求 f 在所予閉區間上的極大值與極小值。

1. $f(x) = x^3 - 3x^2 + 2$；$[-1, 3]$
2. $f(x) = \dfrac{x}{x^2 + 2}$；$[-1, 4]$
3. $f(x) = (x^2 + x)^{2/3}$；$[-2, 3]$
4. $f(x) = \dfrac{(x-2)^{2/3}}{x}$；$[1, 10]$
5. 設 $f(x) = x^2 + ax + b$，求 a 與 b 的值使得 $f(1) = 3$ 為 f 在 $[0, 2]$ 上的極值。它是極大值或極小值？

試求下列各函數之相對極值。

6. $f(x) = x^3 - 3x^2 - 24x + 32$
7. $f(x) = 3x^5 - 25x^3 + 60x$
8. $f(x) = x^{1/3}(x+3)^{2/3}$
9. $f(x) = x - \ln x$
10. $f(x) = x^2 e^{-2x}$
11. $f(x) = \dfrac{x^2}{2} - \ln x$

5-3 凹性，反曲點

雖然函數 f 的導數能告訴我們 f 的圖形在何處為遞增或遞減，但是它並不能顯示圖形如何彎曲。為了研究這個問題，我們必須探討如圖 5-12 所示切線的變化情形。

在圖 5-12(i) 中的曲線位於其切線的下方，稱為凹向下。當我們由左到右沿著此曲線前進時，切線旋轉，而它們的斜率遞減。對照之下，圖 5-12(ii) 中的曲線位於其切線的上方，稱為凹向上。當我們由左到右沿著此曲線前進時，切線旋轉，而它們的斜率遞增。因 f 之圖形的切線斜率為 f'，故我們有下面的定義。

定義 5-5

設函數 f 在某開區間為可微分。
(i) 若 f' 在該區間為遞減，則稱函數 f 的圖形在該區間為凹向下。
(ii) 若 f' 在該區間為遞增，則稱函數 f 的圖形在該區間為凹向上。

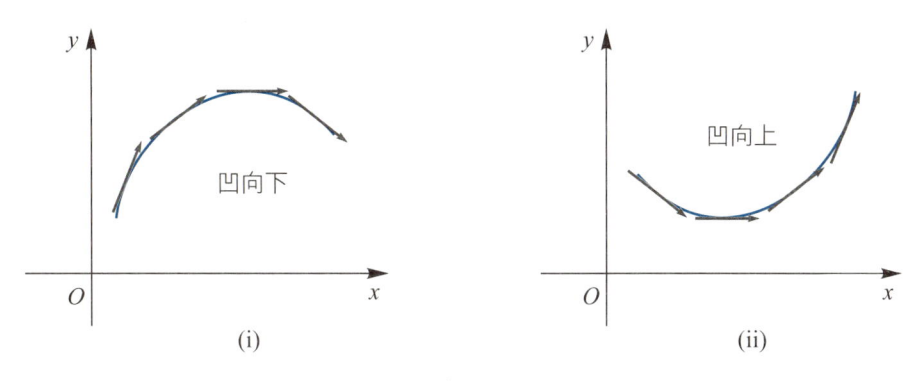

圖 5-12

　　因 $f''(x) = \dfrac{d}{dx} f'(x)$，故由定理 5-1 可知，若 $f''(x) > 0$ 對於 (a, b) 中的所有 x 皆成立，則 f' 在 (a, b) 為遞增；若 $f''(x) < 0$ 對於 (a, b) 中的所有 x 皆成立，則 f' 在 (a, b) 為遞減。於是，我們有下面的結果。

定理 5-4　凹向性判別法

設函數 f 在開區間 I 為二次可微分。
(1) 若 $f''(x) < 0$ 對於 I 中的所有 x 皆成立，則 f 的圖形在 I 為凹向下。
(2) 若 $f''(x) > 0$ 對於 I 中的所有 x 皆成立，則 f 的圖形在 I 為凹向上。

【例題 1】函數 $f(x) = \dfrac{1}{1+x^2}$ 的圖形在何處為凹向上？凹向下？

【解】$f'(x) = \dfrac{d}{dx}\left(\dfrac{1}{1+x^2}\right) = \dfrac{-2x}{(1+x^2)^2}$ 　　　$\dfrac{d}{dx}\left[\dfrac{1}{g(x)}\right] = \dfrac{-\dfrac{d}{dx}g(x)}{[g(x)]^2}$
　　　　$= -2x(1+x^2)^{-2}$

$$f''(x) = -\frac{d}{dx}2x(1+x^2)^{-2} = -2(1+x^2)^{-2} + 4x(1+x^2)^{-3}(2x)$$
$$= -2(1+x^2)^{-2} + 8x^2(1+x^2)^{-3}$$
$$= 2(1+x^2)^{-3}(3x^2-1)$$

令 $f''(x) = 0$，解 $3x^2 - 1 = 0$，得 $x = \pm\frac{1}{\sqrt{3}} = \pm\frac{\sqrt{3}}{3}$。

我們作 $f''(x)$ 之正負號圖如下：

x 之範圍：	$x < -\frac{\sqrt{3}}{3}$	$-\frac{\sqrt{3}}{3}$	$-\frac{\sqrt{3}}{3} < x < \frac{\sqrt{3}}{3}$	$\frac{\sqrt{3}}{3}$	$x > \frac{\sqrt{3}}{3}$
f'' 之符號：	+ + + + +	$f''\left(-\frac{\sqrt{3}}{3}\right) = 0$	− − − − −	$f''\left(\frac{\sqrt{3}}{3}\right) = 0$	+ + + + +

故 f 之圖形在 $\left(-\infty, -\frac{\sqrt{3}}{3}\right)$ 與 $\left(\frac{\sqrt{3}}{3}, \infty\right)$ 為凹向上，在 $\left(-\frac{\sqrt{3}}{3}, \frac{\sqrt{3}}{3}\right)$ 為凹向下。

在例題 1 中，函數圖形上的點 $\left(-\frac{\sqrt{3}}{3}, \frac{3}{4}\right)$ 與 $\left(\frac{\sqrt{3}}{3}, \frac{3}{4}\right)$ 改變圖形的凹向性，而對於這種點，我們給予名稱。

定義 5-6　反曲點

設函數 f 在包含 c 的開區間 (a, b) 為連續，若 f 的圖形在 (a, c) 為凹向上且在 (c, b) 為凹向下，抑或 f 的圖形在 (a, c) 為凹向下且在 (c, b) 為凹向上，則稱點 $(c, f(c))$ 為 f 之圖形上的**反曲點**。

定理 5-5　反曲點存在的必要條件

若 $(c, f(c))$ 為 f 之圖形上的反曲點，且 $f''(x)$ 對於包含 c 的某開區間中的所有 x 皆存在，則 $f''(c) = 0$。

由上述定義 5-6 知，反曲點僅可能發生於 $f''(x) = 0$ 抑或 $f''(x)$ 不存在的點，如圖 5-13 所示。但讀者應注意，在某處的二階導數為零，並不一定保證圖形在該

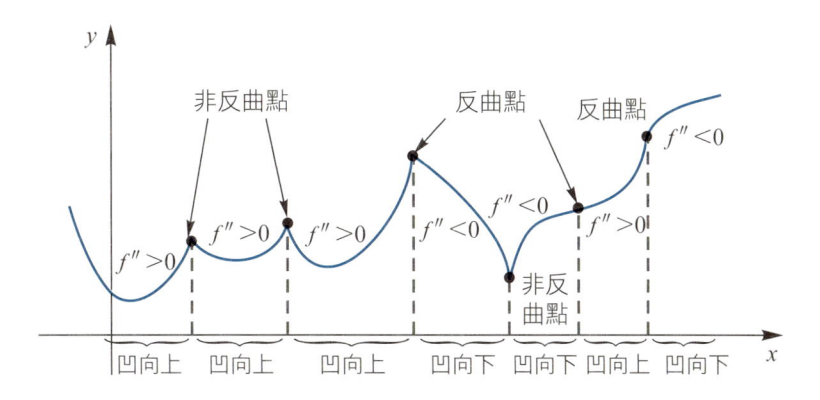

圖 5-13

處就有反曲點。例如，$f(x)=x^3$，$f''(0)=0$，點 $(0, 0)$ 是 f 之圖形的反曲點。至於 $f(x)=x^4$，雖然 $f''(0)=0$，但點 $(0, 0)$ 並非 f 之圖形的反曲點。

【例題 2】求 $f(x)=3x^4-4x^3+1$ 之圖形的反曲點。

【解】
$$f'(x)=12x^3-12x^2$$
$$f''(x)=36x^2-24x=12x(3x-2)$$

令 $$f''(x)=0$$

即 $$12x(3x-2)=0$$

可得 $$x=0 \text{ 或 } x=\frac{2}{3}$$

我們作 $f''(x)$ 的正負號圖如下：

x 之範圍：	$x<0$	0	$0<x<\frac{2}{3}$	$\frac{2}{3}$	$x>\frac{2}{3}$
f'' 之符號：	+ + + + +	$f''(0)=0$	− − − − −	$f''\left(\frac{2}{3}\right)=0$	+ + + + +

故反曲點分別為 $(0, 1)$ 與 $\left(\dfrac{2}{3}, \dfrac{11}{27}\right)$。

有關函數 f 的相對極值除了可用一階導數判別外，尚可利用二階導數判別。

定理 5-6　二階導數判別法

設函數 f 在包含 c 的開區間為可微分，且 $f'(c)=0$。
(1) 若 $f''(c)>0$，則 $f(c)$ 為 f 的相對極小值。
(2) 若 $f''(c)<0$，則 $f(c)$ 為 f 的相對極大值。

【例題 3】 若 $f(x) = 5 + 2x^2 - x^4$,利用二階導數判別法求 f 的相對極值。

【解】
$$f'(x) = 4x - 4x^3 = 4x(1 - x^2)$$
$$f''(x) = 4 - 12x^2 = 4(1 - 3x^2)$$

解方程式 $f'(x) = 0$,可得 f 的臨界數為 0、1 與 -1,而 f'' 在這些臨界數的值分別為

$$f''(0) = 4 > 0$$
$$f''(1) = -8 < 0$$
$$f''(-1) = -8 < 0$$

因此,依二階導數判別法,f 的相對極大值為 $f(1) = 6 = f(-1)$,相對極小值為 $f(0) = 5$。 ■

【例題 4】 試利用二階導數判別法求 $f(x) = x^2 e^{-x}$ 之相對極值。

【解】
$$f'(x) = \frac{d}{dx}(x^2 e^{-x}) = x^2 \frac{d}{dx}(e^{-x}) + e^{-x} \frac{d}{dx}(x^2)$$
$$= -x^2 e^{-x} + 2x e^{-x} = (2x - x^2) e^{-x}$$

$$f''(x) = \frac{d}{dx}(2x - x^2) e^{-x} = (2x - x^2) \frac{d}{dx} e^{-x} + e^{-x} \frac{d}{dx}(2x - x^2)$$
$$= -(2x - x^2) e^{-x} + e^{-x}(2 - 2x)$$
$$= e^{-x}(x^2 - 4x + 2)$$

令 $f'(x) = 0$,解得 $x = 0$ 與 2,故 f 之臨界數為 0 與 2。

當 $x = 0$ 時,$f''(0) = 2 > 0$,故 $f(0) = 0$ 為相對極小值。

當 $x = 2$ 時,$f''(2) = e^{-2}(4 - 8 + 2) = -2e^{-2} < 0$,故 $f(2) = 4e^{-2}$ 為相對極大值。 ■

讀者應注意,當 $f'(c)$ 與 $f''(c)$ 不存在時,點 $(c, f(c))$ 仍可能是反曲點,如下例所示。

【例題 5】 若 $f(x) = 1 - x^{1/3}$,求其相對極值。討論凹向性並找出反曲點。

【解】 $f'(x) = -\frac{1}{3} x^{-2/3}$,$f''(x) = \frac{2}{9} x^{-5/3}$。$f'(0)$ 不存在,而 0 是 f 唯一的臨界數。

因 $f''(0)$ 無定義，故不能利用二階導數判別法。但是，當 $x \neq 0$ 時，$f'(x)<0$；也就是說，f在其定義域上為遞減，故$f(0)$不是相對極值。

我們檢查點 (0, 1) 是否為反曲點。若 $x<0$，則 $f''(x)<0$。這蘊涵了f的圖形在 $(-\infty, 0)$ 為凹向下。若 $x>0$，則 $f''(x)>0$，這蘊涵了f的圖形在 $(0, \infty)$ 為凹向上。所以，點 (0, 1) 為反曲點。由這些資料，再描出一些點，可得圖 5-14 中的圖形。∎

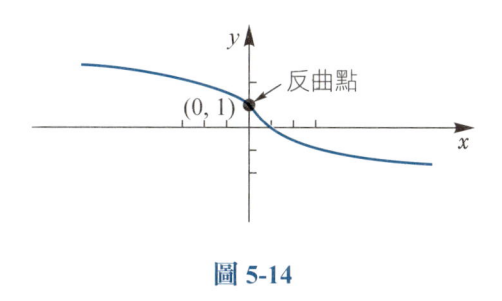

圖 5-14

二階導數若利用在經濟學上，其中有關凹向性的觀念是與報酬遞減的觀念有關。考慮一函數，

$$y = f(x)$$

其中 x (以元計) 表示投入，y (以元計) 表示產出。

在圖 5-15 中，函數之圖形在區間 (a, c) 是凹向上，而在區間 (c, b) 圖形是凹向下，亦即在區間 (a, c) 由於變化率 $f'(x)$ 為遞增，故再投入一元比先前所投入的一元回收更多；相反的，在區間 (c, b) 由於變化率 $f'(x)$ 為遞減，故再投入一元比先前所投入的一元回收更少，所以點 $(c, f(c))$ 稱為**報酬遞減點** (point of diminishing returns)。

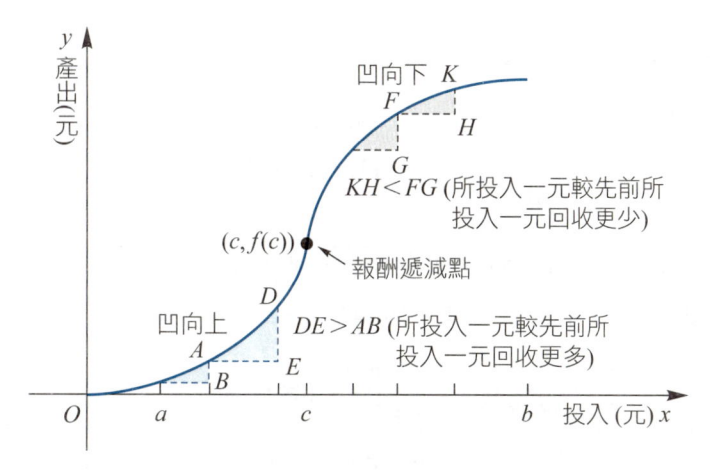

圖 5-15

【習題 6】 金像公司的市調部門發現增加光碟片的廣告費用 x (以元計)，能增加銷售金額 y (以元計)，其估計模式為

$$y = \frac{1}{50}(30x^2 - x^3) \text{，} 0 \le x \le 20$$

求此光碟片的報酬遞減點。

【解】
$$y' = \frac{d}{dx}\left[\frac{1}{50}(30x^2 - x^3)\right] = \frac{1}{50}(60x - 3x^2)$$

$$y'' = \frac{d}{dx}\left[\frac{1}{50}(60x - 3x^2)\right] = \frac{1}{50}(60 - 6x)$$

令 $y'' = 0$，得 $x = 10$。

二階導數在 $x = 10$ 時為零，又 $x \in (0, 10)$，則 $y'' > 0$；$x \in (0, 20)$，則 $y'' < 0$，故 $x = 10$ 為圖形上的報酬遞減點。 ∎

習題 5-3

在1~4題中，討論各函數圖形的凹向性並找出反曲點。

1. $f(x) = 4 + 72x - 3x^2 - x^3$
2. $f(x) = x^4 - 6x^2$
3. $f(x) = (x^2 - 1)^3$
4. $f(x) = 3x^{5/3} + 2x$

5. 試求 a 與 b 之值使得 $f(x) = a\sqrt{x} + \dfrac{b}{\sqrt{x}}$ 具有一反曲點 $(4, 13)$。

6. 試證三次多項式函數 $f(x) = ax^3 + bx^2 + cx + d$ 的圖形恰有一個反曲點。

7. 試證函數 $f(x) = x|x|$ 的圖形有一反曲點 $(0, 0)$，但 $f''(0)$ 不存在。

利用二階導數判別法求下列各函數的相對極值。

8. $f(x) = x^4 + 2x^3 - 1$
9. $f(x) = x^3 - 3x + 2$
10. $f(x) = 2x - 3x^{2/3}$
11. $f(x) = x^4 - x^2$
12. $f(x) = x^2 \ln x$
13. 求 $f(x) = e^{-x^2}$ 的相對極值，討論凹向性並找出反曲點。
14. 某電器廠新推出一種電冰箱，估計公開銷售後七個月，每月之銷售量為

$$S(t) = \frac{1,000}{1 + 9e^{-t}} \text{ (台)}$$

試問：(1) 初期每月銷售量為何？

(2) 何時銷售量最大？此最大銷售量為多少？

(3) 何時銷售增加率最大？

5-4 函數圖形的描繪

直角坐標之初等函數作圖法，乃先假定若干自變數之值，從而求得其對應之因變數之值，再利用描點即可作一圖形，但此法頗為不便。今應用微分方法，則作圖一事，不但簡捷，且亦精確。繪圖之步驟如下

1. 確定函數的定義域。
2. 找出圖形的 x-截距與 y-截距。
3. 確定圖形有無對稱性。
4. 確定有無漸近線。
5. 確定函數遞增或遞減的區間。
6. 求出函數的相對極值。
7. 確定凹性並找出反曲點。

【例題 1】作 $f(x) = x^3 - 3x + 2$ 的圖形。

【解】1. 定義域為 $\mathbb{R} = (-\infty, \infty)$。

2. 令 $x^3 - 3x + 2 = 0$，則 $(x-1)^2(x+2) = 0$，可得 $x = 1$ 或 -2，故 x-截距為 1 與 -2。又 $f(0) = 2$，故 y-截距為 2。

3. 無對稱性。

4. 無漸近線。

5. $f'(x) = 3x^2 - 3 = 3(x+1)(x-1)$

區間	$x+1$	$x-1$	$f'(x)$	單調性
$(-\infty, -1)$	$-$	$-$	$+$	在 $(-\infty, -1]$ 為遞增
$(-1, 1)$	$+$	$-$	$-$	在 $[-1, 1]$ 為遞減
$(1, \infty)$	$+$	$+$	$+$	在 $[1, \infty)$ 為遞增

6. f 的臨界數為 -1 與 1。$f''(x) = 6x$，$f''(-1) = -6 < 0$，$f''(1) = 6 > 0$，可知 $f(-1) = 4$ 為相對極大值，而 $f(1) = 0$ 為相對極小值。

7.

區間	$f''(x)$	凹性
$(-\infty, 0)$	$-$	凹向下
$(0, \infty)$	$+$	凹向上

圖形的反曲點為 $(0, 2)$。 ∎

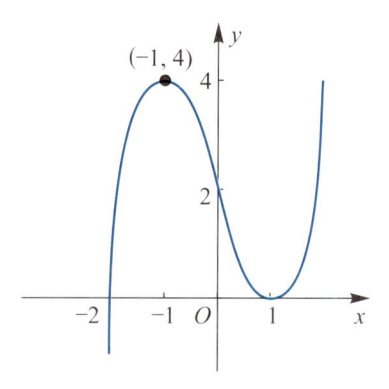

圖 5-16

【例題 2】作 $f(x) = x^4 - 6x^2$ 的圖形。

【解】1. 定義域為 $\mathbb{R} = (-\infty, \infty)$。

2. x-截距為 0 與 $\pm\sqrt{6}$，y-截距為 0。

3. 圖形對稱於 y-軸。

4. 無漸近線。

5. $f'(x) = 4x^3 - 12x = 4x(x^2 - 3)$

區間	x	$x^2 - 3$	$f'(x)$	單調性
$(-\infty, -\sqrt{3})$	$-$	$+$	$-$	在 $(-\infty, -\sqrt{3}]$ 為遞減
$(-\sqrt{3}, 0)$	$-$	$-$	$+$	在 $[-\sqrt{3}, 0]$ 為遞增
$(0, \sqrt{3})$	$+$	$-$	$-$	在 $[0, \sqrt{3}]$ 為遞減
$(\sqrt{3}, \infty)$	$+$	$+$	$+$	在 $[\sqrt{3}, \infty)$ 為遞增

6. f 的臨界數為 0 與 $\pm\sqrt{3}$。$f''(x) = 12x^2 - 12 = 12(x^2 - 1) = 12(x-1)(x+1)$，$f''(0) = -12 < 0$，$f''(\pm\sqrt{3}) = 24 > 0$，可知 $f(0) = 0$ 為相對極大值，而 $f(\pm\sqrt{3}) = -9$ 為相對極小值。

7.

區間	$x-1$	$x+1$	$f''(x)$	凹性
$(-\infty, -1)$	$-$	$-$	$+$	凹向上
$(-1, 1)$	$-$	$+$	$-$	凹向下
$(1, \infty)$	$+$	$+$	$+$	凹向上

反曲點為 $(-1, -5)$ 與 $(1, -5)$。 ∎

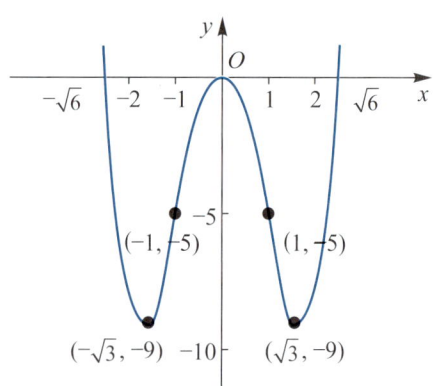

圖 5-17

【例題 3】作 $f(x) = \dfrac{2x^2}{x^2-1}$ 的圖形。

【解】1. 定義域為 $\{x \mid x \neq \pm 1\} = (-\infty, -1) \cup (-1, 1) \cup (1, \infty)$。

2. x-截距與 y-截距皆為 0。

3. 圖形對稱於 y-軸。

4. 因 $\displaystyle\lim_{x \to \pm\infty} \dfrac{2x^2}{x^2-1} = 2$，故直線 $y = 2$ 為水平漸近線。

   因 $\displaystyle\lim_{x \to 1^+} \dfrac{2x^2}{x^2-1} = \infty$，$\displaystyle\lim_{x \to -1^+} \dfrac{2x^2}{x^2-1} = -\infty$

   故直線 $x = 1$ 與 $x = -1$ 皆為垂直漸近線。

5. $f'(x) = \dfrac{(x^2-1)(4x) - (2x^2)(2x)}{(x^2-1)^2} = \dfrac{-4x}{(x^2-1)^2}$

區間	$f'(x)$	單調性
$(-\infty, -1)$	$+$	在 $(-\infty, -1)$ 為遞增
$(-1, 0)$	$+$	在 $(-1, 0]$ 為遞增
$(0, 1)$	$-$	在 $[0, 1)$ 為遞減
$(1, \infty)$	$-$	在 $(1, \infty)$ 為遞減

6. 唯一的臨界數為 0。依一階導數判別法，$f(0) = 0$ 為 f 的相對極大值。

7. $f''(x) = \dfrac{-4(x^2-1)^2 + 16x^2(x^2-1)}{(x^2-1)^4}$

   $= \dfrac{12x^2 + 4}{(x^2-1)^3}$

區間	$f''(x)$	凹性
$(-\infty, -1)$	$+$	凹向上
$(-1, 1)$	$-$	凹向下
$(1, \infty)$	$+$	凹向上

因 1 與 -1 皆不在 f 的定義域內，故無反曲點。

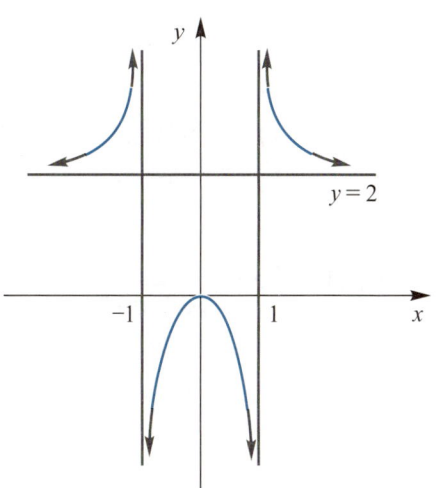

圖 5-18

現代商用微積分

【例題 4】作 $f(x) = x \ln x$ 的圖形。

【解】1. 定義域為 $(0, \infty)$。

2. x-截距為 1，無 y-截距。

3. 無對稱性。

4. 無任何漸近線。

5. $f'(x) = 1 + \ln x$

區間	$f'(x)$	單調性
$\left(0, \dfrac{1}{e}\right)$	−	在 $\left(0, \dfrac{1}{e}\right]$ 為遞減
$\left(\dfrac{1}{e}, \infty\right)$	+	在 $\left[\dfrac{1}{e}, \infty\right)$ 為遞增

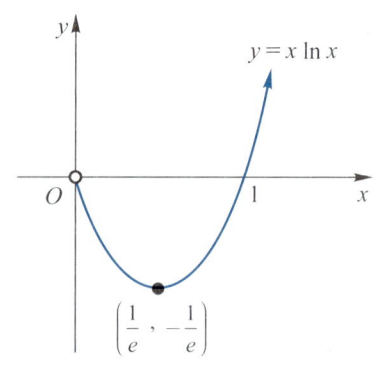

圖 5-19

6. f 的臨界數為 $\dfrac{1}{e}$，$f\left(\dfrac{1}{e}\right) = -\dfrac{1}{e}$ 為相對極小值。

7. $f''(x) = \dfrac{1}{x}$。當 $x > 0$ 時，$f''(x) > 0$，因此，圖形在 $(0, \infty)$ 為凹向上，但無反曲點。

【例題 5】在統計學裡常態機率密度函數 f (normal probability density function) 定義為

$$f(x) = \frac{1}{\sqrt{2\pi}\sigma} e^{\left(-\frac{1}{2}\right)\left[\frac{x-\mu}{\sigma}\right]^2}。$$

其中 σ 代表機率分配的標準差 (standard deviation)，μ 代表平均值 (mean)。

(1) 求 f 的相對極值與反曲點。

(2) 作 f 的圖形。

【解】(1) $f'(x) = \dfrac{1}{\sqrt{2\pi}\sigma} \dfrac{d}{dx} e^{-\frac{1}{2}\left[\frac{x-\mu}{\sigma}\right]^2} = \dfrac{1}{\sqrt{2\pi}\sigma} e^{-\frac{1}{2}\left[\frac{x-\mu}{\sigma}\right]^2} \dfrac{d}{dx}\left(-\dfrac{1}{2}\right)\left[\dfrac{x-\mu}{\sigma}\right]^2$

$= \dfrac{1}{\sqrt{2\pi}\sigma} e^{-\frac{1}{2}\left[\frac{x-\mu}{\sigma}\right]^2} \cdot \left(-\dfrac{1}{2}\right) \dfrac{1}{\sigma^2} 2(x-\mu) \cdot \dfrac{d}{dx}(x-\mu)$

$= -\dfrac{1}{\sqrt{2\pi}\sigma^3} e^{-\frac{1}{2}\left[\frac{x-\mu}{\sigma}\right]^2} (x-\mu)$

$$f''(x) = -\frac{1}{\sqrt{2\pi}\sigma^3}\left[e^{-\frac{1}{2}\left[\frac{x-\mu}{\sigma}\right]^2} + (x-\mu)\frac{d}{dx}e^{-\frac{1}{2}\left[\frac{x-\mu}{\sigma}\right]^2}\right]$$

$$= \frac{-1}{\sqrt{2\pi}\sigma^3}\left[e^{-\frac{1}{2}\left[\frac{x-\mu}{\sigma}\right]^2} + (x-\mu)\cdot e^{-\frac{1}{2}\left[\frac{x-\mu}{\sigma}\right]^2}\cdot\left(\frac{-1}{2}\right)\frac{1}{\sigma^2}\cdot 2(x-\mu)\right]$$

$$= \frac{-1}{\sqrt{2\pi}\sigma^3}e^{-\frac{1}{2}\left[\frac{x-\mu}{\sigma}\right]^2}\left[1 - \frac{(x-\mu)^2}{\sigma^2}\right]$$

$$= \frac{-1}{\sqrt{2\pi}\sigma^3}e^{-\frac{1}{2}\left[\frac{x-\mu}{\sigma}\right]^2}\left[\frac{\sigma^2 - (x-\mu)^2}{\sigma^2}\right]$$

$$= \frac{-1}{\sqrt{2\pi}\sigma^5}e^{-\frac{1}{2}\left[\frac{x-\mu}{\sigma}\right]^2}[\sigma^2 - (x-\mu)^2]$$

當 $x=\mu$ 時，$f'(\mu)=0$。因 $f''(\mu)=\dfrac{-1}{\sqrt{2\pi}\sigma^3}<0$，故 $f(\mu)=\dfrac{1}{\sqrt{2\pi}\sigma}$ 為 f 的相對極大值。解 $f''(x)=0$，可得 $(x-\mu)^2=\sigma^2$，$x=\mu\pm\sigma$。因此，反曲點為 $\left(\mu-\sigma,\ \dfrac{1}{\sqrt{2\pi e}\sigma}\right)$ 與 $\left(\mu+\sigma,\ \dfrac{1}{\sqrt{2\pi e}\sigma}\right)$。

(2) f 的圖形如圖 5-20 所示。

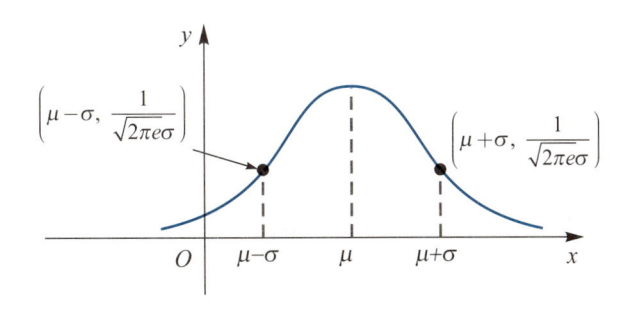

圖 5-20

習題 5-4

試作下列 1～6 題各函數的圖形。

1. $y = f(x) = x^3 + 3x^2 - 9x - 11$

2. $y = f(x) = \dfrac{1}{6}(x^3 - 6x^2 + 9x + 6)$

3. $y = f(x) = \dfrac{x}{x^2 + 1}$

4. $y = f(x) = \dfrac{x^2}{x^2 - x - 6}$

5. $y = f(x) = \dfrac{x^2}{x - 1}$

6. $y = f(x) = \dfrac{x^2}{2} - \ln x$

7. 試證明下列常態機率密度函數圖形的反曲點在 $x = \pm 1$。

$$f(x) = \dfrac{1}{\sqrt{2\pi}} e^{-\dfrac{x^2}{2}}$$

5-5 相關變化率

在許多應用中常會遇到兩變數 x 與 y 皆為時間 t 的可微分函數，如 $x = f(t)$，$y = g(t)$，此外，x 與 y 之間的關係可能是方程式

$$f(x, y) = 0$$

對 t 微分，並利用連鎖法則，可得出含有變化率 $\dfrac{dx}{dt}$ 與 $\dfrac{dy}{dt}$ 的方程式，即，

$$f\left(x,\ y,\ \dfrac{dx}{dt},\ \dfrac{dy}{dt}\right) = 0 \tag{5-1}$$

其中的 $\dfrac{dx}{dt}$ 與 $\dfrac{dy}{dt}$ 就稱為**相關變化率**。利用方程式 (5-1)，當一個變化率為已知時，即可求出另一個變化率，這有許多實際的用途，下面的例題可作說明。

【例題 1】某 10 呎長的梯子倚靠著牆壁向下滑行，其底部以 2 呎/秒的速率離開牆壁移動。當底部離開牆壁 6 呎時，梯子的頂端沿著牆壁向下移動多快？

【解】如圖 5-21 所示。令

$t=$ 梯子開始滑行後的時間 (以秒計)

$x=$ 從梯子底部到牆壁的距離 (以呎計)

$y=$ 從梯子頂端到地面的距離 (以呎計)

在每一瞬間，底部移動的速率為 $\dfrac{dx}{dt}$，而頂端移動的速率為 $\dfrac{dy}{dt}$。我們要求 $\dfrac{dy}{dt}\bigg|_{x=6}$，此為頂端在底部離開牆壁 6 呎時瞬間的移動速率。

依畢氏定理，

$$x^2 + y^2 = 100$$

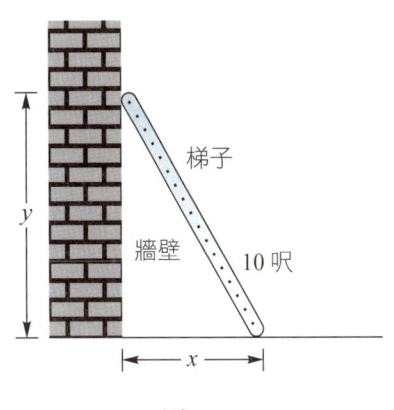

對 t 微分，可得

$$2x\frac{dx}{dt} + 2y\frac{dy}{dt} = 0$$

即

$$\frac{dy}{dt} = -\frac{x}{y}\frac{dx}{dt}$$

當 $x=6$ 時，$y=8$；此外，已知

$$\frac{dx}{dt} = 2$$

故

$$\frac{dy}{dt}\bigg|_{x=6} = -\frac{6}{8}(2) = -\frac{3}{2} \text{ 呎/秒}$$

答案中的負號告訴我們 y 為減少，其在物理上有意義，因梯子的頂端正沿著牆壁向下移動。

【例題 2】倒立的正圓錐形水槽的高為 12 吋且頂端的半徑為 6 吋。若水以 3 立方吋/分的速率注入水槽，則當水深為 3 吋時，水面上升的速率多少？

【解】水槽如圖 5-22 所示。令

$$t = \text{從最初觀察所經過的時間 (以分計)}$$
$$V = \text{水槽內的水在時間 } t \text{ 的體積 (以立方吋計)}$$
$$h = \text{水槽內的水在時間 } t \text{ 的深度 (以吋計)}$$
$$r = \text{水面在時間 } t \text{ 的半徑 (以吋計)}$$

在每一瞬間，水的體積之變化率為 $\dfrac{dV}{dt}$，水深的變化率為 $\dfrac{dh}{dt}$。我們要求 $\left.\dfrac{dh}{dt}\right|_{h=3}$，此為水深在 3 吋時水面上升的瞬間變化率。若水深為 h，則水的體積為 $V = \dfrac{1}{3}\pi r^2 h$。利用相似三角形，

可得 $\quad \dfrac{r}{h} = \dfrac{6}{12}$ 或 $r = \dfrac{h}{2}$

因此，$\quad V = \dfrac{1}{3}\pi\left(\dfrac{h}{2}\right)^2 h = \dfrac{1}{12}\pi h^3$

對 t 微分，可得

$$\frac{dV}{dt} = \frac{1}{4}\pi h^2 \frac{dh}{dt}$$

即 $\quad \dfrac{dh}{dt} = \dfrac{4}{\pi h^2}\dfrac{dV}{dt}$

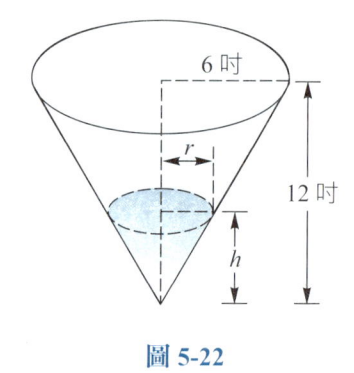

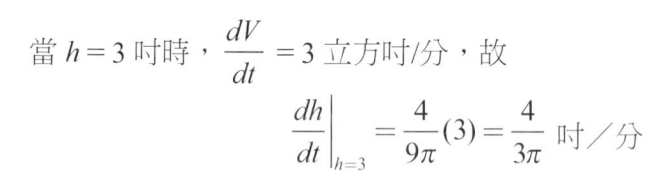

圖 5-22

當 $h = 3$ 吋時，$\dfrac{dV}{dt} = 3$ 立方吋/分，故

$$\left.\frac{dh}{dt}\right|_{h=3} = \frac{4}{9\pi}(3) = \frac{4}{3\pi} \text{ 吋／分}$$

故當水深為 3 吋時，水面以 $\dfrac{4}{3\pi}$ 吋/分之速率上升。 ■

【例題 3】某公司生產電子計算機 x 個 (以千為單位) 所需之成本為

$$C(x) = -0.25x^2 + 25x + 600 \quad 0 \leq x \leq 50$$

且 $C(x)$ 以千元為單位。當生產水準為 30,000 個計算機時，每月以 2,000 個之生產速度增加生產。試求所對應之每月成本的變化率。

【解】已知 $\dfrac{dx}{dt}=2$ (因 x 以千為單位)，我們要求 $\dfrac{dC}{dt}$。C 與 x 之關係為

$$C = -0.25x^2 + 25x + 600$$

兩邊對 t 微分，得

$$\dfrac{dC}{dt} = \dfrac{d}{dt}(-0.25x^2 + 25x + 600) = (-0.5x + 25)\dfrac{dx}{dt}$$

以 $x = 30$，$\dfrac{dx}{dt} = 2$ 代入上式，得

$$\dfrac{dC}{dt} = [(-0.5)(30) + 25](2) = 20$$

故生產成本每月以 20,000 元之變化率增加。

習題 5-5

1. 設半徑為 r 之圓區域的面積為 A，且 r 隨時間 t 改變。

   (1) $\dfrac{dA}{dt}$ 與 $\dfrac{dr}{dt}$ 的關係為何？

   (2) 若在某瞬間，半徑為 5 厘米且以 2 厘米/秒的速率增加，則圓面積在該瞬間增加多快？

2. 設底半徑為 r 且高為 h 的正圓柱體積為 V，且 r 與 h 皆隨時間 t 改變。

   (1) $\dfrac{dV}{dt}$、$\dfrac{dr}{dt}$ 與 $\dfrac{dh}{dt}$ 的關係為何？

   (2) 當高為 6 厘米且以 1 厘米/秒增加，而底半徑為 10 厘米且以 1 厘米/秒減少時，體積變化為何？體積在當時是增加或減少？

3. 從斜槽以 8 立方呎/分的速率流出的穀粒形成圓錐形堆積，其高恆為底半徑的 2 倍。當堆積為 6 呎高時，其高在該瞬間增加多快？

4. 令邊長為 x 與 y 之矩形的對角線長為 l，且設 x 與 y 皆隨時間 t 改變。

(1) $\dfrac{dl}{dt}$、$\dfrac{dx}{dt}$ 與 $\dfrac{dy}{dt}$ 的關係如何？

(2) 若 x 以 $\dfrac{1}{2}$ 呎/秒的一定速率增加，y 以 $\dfrac{1}{4}$ 呎/秒的一定速率減少，則當 $x=3$ 呎且 $y=4$ 呎時，對角線長的變化多快？

5. 某公司以每天 50 台之生產速度增加錄音機之生產，所有生產之錄音機均能售完。每天之需求函數為

$$p = 50 - \dfrac{q}{200}$$

此處 q 為生產 (與銷售) 之數量且 p 為價格 (以元計)。試求當每天生產 200 台時，收益對於時間 (以天計) 之變化率。

5-6 極值的應用問題 (含商業與經濟學上的應用)

我們在前面所獲知有關求函數極值的理論可以應用在一些實際的問題上，這些問題可能是以語言或以文字敘述。要解決這些問題，則必須將文字敘述用式子、函數或方程式等數學語句表示出來。因應用的範圍太廣，故很難說出一定的求解規則，但是，仍可發展出處理這類問題的一般性規則。下列的步驟常常是很有用的。

求解極值應用問題的步驟

1. 將問題仔細閱讀幾遍，考慮已知的事實，以及要求的未知量。
2. 若可能的話，畫出圖形或圖表，適當地標上名稱，並用變數來表示未知量。
3. 寫下已知的事實，以及變數間的關係，這種關係常常是用某一形式的方程式來描述。
4. 決定要使哪一變數為最大或最小，並將此變數表為其他變數的函數。
5. 求步驟 4 中所得出函數之臨界數，並逐一檢查，看看有無極大值或極小值發生。
6. 檢查極值是否在步驟 4 中所得出函數之定義域的端點發生。

這些步驟的用法在下面例題中說明。

【例題 1】我們欲從長為 30 吋且寬為 16 吋之薄紙板的四個角截去大小相等的正方形，並將各邊向上折疊以做成開口盒子，如圖 5-23(i) (ii)。若欲使盒子的體積為最大，則四個角的正方形的尺寸為何？

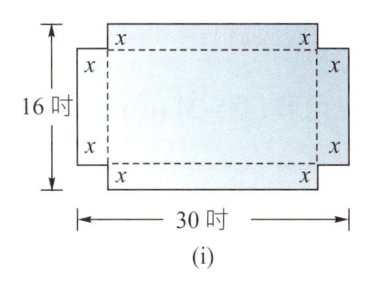

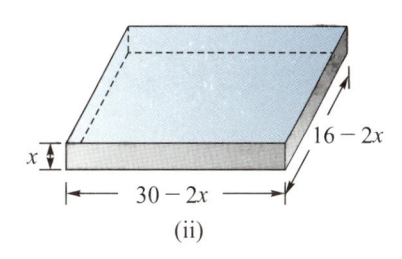

圖 5-23

【解】令

$$x = \text{所截去正方形的邊長 (以吋計)}$$
$$V = \text{所得盒子的體積 (以立方吋計)}$$

因我們從每一個角截去邊長為 x 的正方形，故所得盒子的體積為

$$V = (30 - 2x)(16 - 2x)x = 480x - 92x^2 + 4x^3$$

在上式中的變數 x 受到某些限制。因 x 代表長度，故它不可能為負，且因紙板的寬為 16 吋，我們不可能截去大於 8 吋長之邊的正方形。於是，x 必須滿足 $0 \leq x \leq 8$。因此，我們將問題簡化成求區間 $[0, 8]$ 中的 x 值使得 V 有極大值。因

$$\frac{dV}{dx} = 480 - 184x + 12x^2 = 4(120 - 46x + 3x^2)$$
$$= 4(10 - 3x)(12 - x)$$

可知 V 的臨界數為 $\dfrac{10}{3}$。

我們作出右表。

x	0	$\dfrac{10}{3}$	8
V	0	$\dfrac{19{,}600}{27}$	0

此告訴我們當截去邊長為 $\dfrac{10}{3}$ 吋的正方形時，盒子有最大的體積 $V = \dfrac{19{,}600}{27}$ 立方吋。

【例題 2】 一正圓柱內接於底半徑為 6 吋且高為 10 吋的正圓錐。若柱軸與錐軸重合，求正圓柱的最大體積。

【解】 令

$$r = \text{圓柱的底半徑 (以吋計)}$$
$$h = \text{圓柱的高 (以吋計)}$$
$$V = \text{圓柱的體積 (以立方吋計)}$$

圓柱的體積公式為 $V = \pi r^2 h$。利用相似三角形 (圖5-24 (ii)) 可得

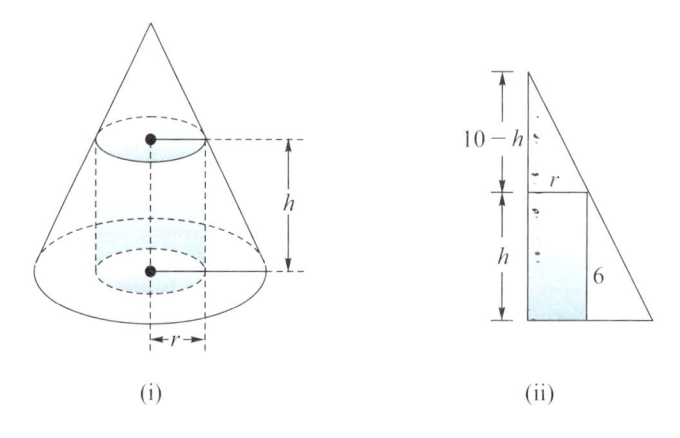

(i)   (ii)

圖 5-24

$$\frac{10-h}{r} = \frac{10}{6}$$

即

$$h = 10 - \frac{5}{3}r$$

故

$$V = \pi r^2 \left(10 - \frac{5}{3}r\right) = 10\pi r^2 - \frac{5}{3}\pi r^3$$

因 r 代表半徑，故它不可能為負，且因內接圓柱的半徑不可能超過圓錐的半徑，故 r 必須滿足 $0 \leq r \leq 6$。於是，我們將問題簡化成求 $[0, 6]$ 中的 r 值使得 V 有極大值。因

$$\frac{dV}{dr} = 20\pi r - 5\pi r^2 = 5\pi r(4-r)$$

故在 $(0, 6)$ 中，V 的臨界數為 4。我們作出下表。

x	0	4	6
V	0	$\dfrac{160\pi}{3}$	0

此告訴我們正圓柱的最大體積為 $\dfrac{160\pi}{3}$ 立方吋。

【例題 3】(1) 某化學製造商以每瓶 100 元的價格出售散裝的硫酸。若每天 x 瓶的總生產成本 (以元計) 為

$$C(x) = 100{,}000 + 50x + 0.025x^2$$

且每天的生產量最多為 7,000 瓶，則每天必須製造與出售多少瓶的硫酸使得利潤為最大？

(2) 擴大每天的生產量會對製造商有利嗎？

【解】(1) 每天的利潤為

P = 每天的總收益 − 每天的總成本
$= 100x - (100{,}000 + 50x + 0.0025x^2)$
$= -100{,}000 + 50x - 0.0025x^2$，$0 \leq x \leq 7{,}000$

可得 $\dfrac{dP}{dx} = 50 - 0.005x$，令 $\dfrac{dP}{dx} = 0$，解得 $x = 10{,}000$。

但 $10{,}000 \notin [0, 7{,}000]$，所以，最大利潤必定發生在端點。當 $x = 0$ 時，$P = -100{,}000$；當 $x = 7{,}000$ 時，$P = 127{,}500$。於是每天必須製造與出售 7,000 瓶才能使利潤為最大。

(2) 對製造商有利，因當 $7{,}000 < x < 10{,}000$ 時，$\dfrac{dP}{dx} > 0$，可知每天的邊際利潤增加。

【例題 4】假設製造某產品 x 單位之總成本為 $C(x)$，則每單位之平均成本 AC，定義為

$$AC = \dfrac{C(x)}{x}$$

而邊際成本 MC，定義為

$$MC = C'(x)$$

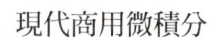

試證明：當 $MC = AC$ 時，AC 有一臨界數 (一般在該處有相對極小值)。

【解】令
$$AC = \overline{C}(x) = \frac{C(x)}{x}$$

則
$$\overline{C}'(x) = \frac{d}{dx}\left(\frac{C(x)}{x}\right) = \frac{xC'(x) - C(x)}{x^2} = \frac{C'(x) - \frac{C(x)}{x}}{x}$$

若 $MC = AC$，即 $C'(x) = \frac{C(x)}{x}$ 時，則 $\overline{C}'(x) = 0$。

因此，當邊際成本等於平均成本時，$\overline{C}'(x)$ 有一臨界數，所以，若平均成本為極小，則邊際成本 = 平均成本。如圖 5-25 所示。

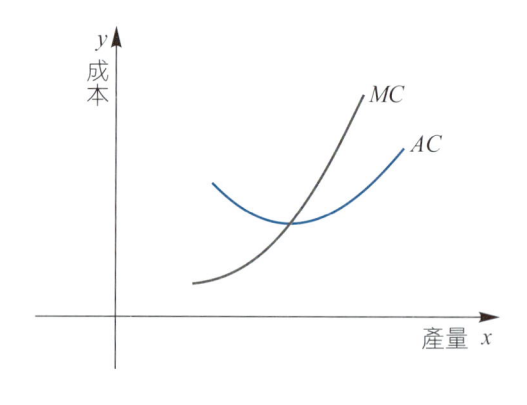

圖 5-25

導數的應用可以用來討論利潤最大化與成本最小化，若 x 單位之商品，以單位價格 p 售出，則利潤 $P(x)$ 為

$$P(x) = R(x) - C(x)，此處 R(x) = px \tag{5-2}$$

其中 R 與 C 分別為總收益函數與總成本函數。

為求使利潤最大化之產量額，必須先滿足 $P(x)$ 有最大值的必要條件

$$P'(x) = \frac{dP}{dx} = 0 \text{ (即邊際利潤等於零)}$$

故將 (5-2) 式對 x 微分並令結果為零，若且唯若 $R'(x) = C'(x)$，則

$$\frac{dP}{dx} = P'(x) = R'(x) - C'(x) = 0 \tag{5-3}$$

故最佳產量 (平衡量 $\bar{x}$) 一定滿足方程式 $R'(\bar{x}) = C'(\bar{x})$ 或是 $MR = MC$，此一條件即為使利潤為最大化之必要條件。

但是僅滿足必要條件，可能得一極小值而非極大值，故必須再滿足充分條件。將 (5-3) 式中之導函數對 x 微分可得：若且唯若 $R''(x) < C''(x)$，則

$$\frac{d^2 P}{dx^2} = P''(x) = R''(x) - C''(x) < 0 \tag{5-4}$$

對滿足 $R'(\bar{x}) = C'(\bar{x})$ 之產量 $\bar{x}$ 而言，若滿足 $R''(\bar{x}) < C''(\bar{x}) < 0$，將會得到利潤最大化之產量。

【例題 5】某公司每週生產並銷售 x 台電腦，若每週之成本 (以元計) 與需求方程式分別為

$$C(x) = 5{,}000 + 2x$$

$$p = 10 - \frac{x}{1{,}000}，0 \leq x \leq 8{,}000$$

試求

(1) 每週的最大收益。

(2) 每週的最大利潤。在什麼生產水準之下公司會實現其最大利潤，且公司對每台電腦之價格應售價多少元才會實現最大利潤？

【解】(1) 假設每台電腦以 p 元並銷售 x 台，其總收益 (以元計) 為

$$R(x) = xp = x\left(10 - \frac{x}{1{,}000}\right) = 10x - \frac{x^2}{1{,}000}$$

現在求 $R(x) = 10x - \dfrac{x^2}{1{,}000}$，$0 \leq x \leq 8{,}000$ 的最大值。

則

$$R'(x) = 10 - \frac{x}{500}$$

$$10 - \frac{x}{500} = 0$$

求得僅有之臨界數 $x = 5{,}000$。

利用二階導數檢定絕對極大值如下

$$R''(x) = -\frac{1}{500} < 0，\forall x$$

於是最大收益為 $R(5,000) = 25,000$ 元。

(2) 利潤＝收益－成本，即

$$P(x) = R(x) - C(x) = 10x - \frac{x^2}{1,000} - 5,000 - 2x$$

$$= 8x - \frac{x^2}{1,000} - 5,000$$

現在求 $P(x) = 8x - \dfrac{x^2}{1,000} - 5,000$，$0 \leq x \leq 8,000$ 的最大值。

則

$$P'(x) = 8 - \frac{x}{500}$$

$$8 - \frac{x}{500} = 0$$

得

$$x = 4,000$$

$$P''(x) = -\frac{1}{500} < 0，\forall x$$

因為 $x = 4,000$ 為 $P(x)$ 僅有的臨界數且 $P''(x) < 0$，故最大利潤為 $P(4,000) = 11,000$ 元。

以 $x = 4,000$ 代入價格需求方程式中，得

$$p = 10 - \frac{4,000}{1,000} = 6 \text{ 元}$$

故公司若每週生產 4,000 台電腦且每台以 6 元出售，則每週可獲取最大利潤 11,000 元。

本例題所有的結果可圖示於圖 5-26 中。讀者由圖示中亦可注意到，當

$$P'(x) = R'(x) - C'(x) = 0$$

利潤最大，亦即，當邊際收益等於邊際成本時利潤最大 (在 4,000 生產水準之下收益遞增率與成本之遞增率完全相同──注意兩曲線在該點之斜率完全相同)。

第 5 章 微分的應用

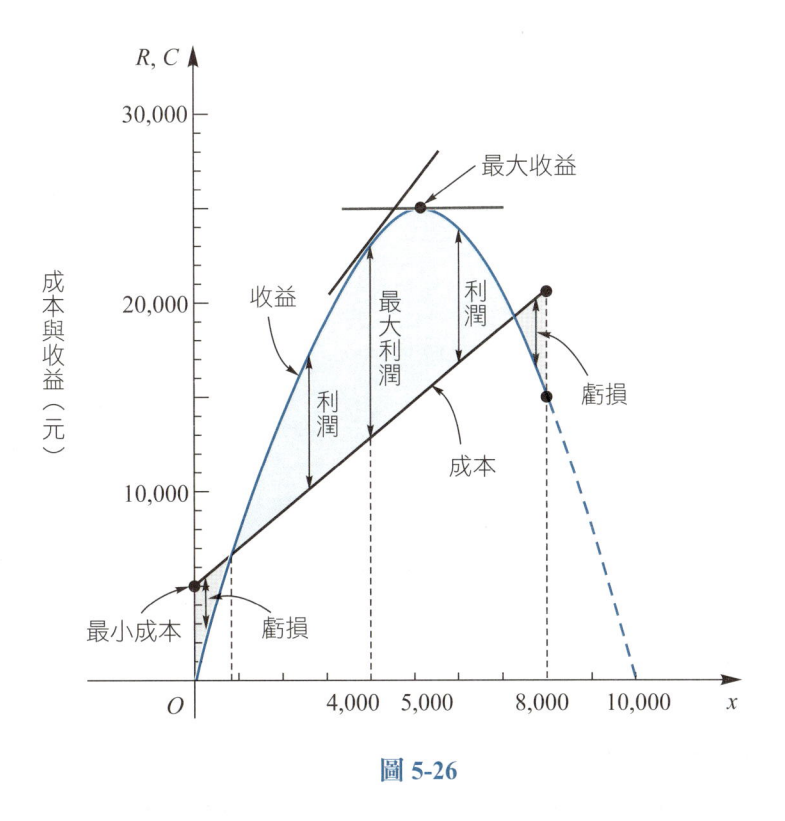

圖 5-26

【例題 6】假設某日用品之需求函數為 $x = 1,200 - 20\sqrt{p}$，$0 \leq p \leq 3,600$，其中 p 以元計，試問價格為多少時，會使收益為最大？

【解】因收益為 $R = xp$，故

$$R = (1,200 - 20\sqrt{p})p = 1,200p - 20p^{3/2}$$

則

$$R'(p) = \frac{d}{dp}(1,200p - 20p^{3/2}) = 1,200 - 20 \cdot \frac{3}{2}p^{1/2}$$
$$= 1,200 - 30p^{1/2}$$

令 $R'(p) = 0$，即

$$1,200 - 30\sqrt{p} = 0$$

得

$$p = 1,600 \text{ 元}$$

現在利用一階導數判別法，判斷當 $p = 1,600$ 時，是否為最大收益。

(1) 當 $0 < p < 1,600$，則 $R'(p) > 0$，故 $R(p)$ 為遞增。

(2) 當 $1,600 < p < 3,600$，則 $R'(p) < 0$，故 $R(p)$ 為遞減。

故 $p = 1,600$ 元時，收益最大。

習題 5-6

1. 求內接於半徑為 r 之半圓的最大矩形面積。
2. 求內接於橢圓 $\dfrac{x^2}{a^2} + \dfrac{y^2}{b^2} = 1$ 且具有最大面積之矩形的尺寸。
3. 求內接於半徑為 r 的球且體積為最大之正圓柱的高。
4. 若兩數的差為 40，其積為最小，則此兩數為何？
5. 若兩正數的和為 40，其積為最大，則此兩數為何？
6. 若兩正數的積為 64，其和為最小，則此兩數為何？
7. 求在雙曲線 $x^2 - y^2 = 1$ 上與點 $(0, 2)$ 最接近的點。
8. 設柑橘園每公畝種 24 棵柑橘樹，成熟後每棵每年可收成 600 個柑橘，若每公畝再多種一棵，則每棵每年減少收成 12 個。今欲得到最多的柑橘，每公畝應種多少棵？
9. 利台公司的每天平均成本函數 (每單位以元計) 為

$$\overline{C}(x) = 0.0001x^2 - 0.08x + 40 + \frac{5,000}{x}, \quad x > 0$$

x 表該公司生產某型電子計算機的數量。試證明對該公司而言，每天生產 500 單位的生產水準可帶來最小之平均成本。

10. 某公司估計，每週製造 x 隻球拍的總成本 $C(x)$ (以元計) 為

$$C(x) = 400 + 4x + 0.0001x^2$$

每隻球拍售價 p 元，此處 p 與 x 之關係為 $p = 10 - 0.0004x$，若每隻製成的球拍都售出，試求每週之生產水準為多少才能替公司帶來最大之利潤。

11. 試證：若成本函數 $C(x)$ 為凹向上 $(C''(x) > 0)$，則當 $\overline{C}(x) = C'(x)$ 時，生產水準將導致最小平均生產成本。

12. 某公司的行銷部門預估生產 x 台電腦之成本 (以元計) 為

$$C(x) = 2,600 + 2x + 0.001x^2$$

試問在什麼生產水準之下將會使平均成本為最小，且最小之平均成本為何？

13. 大同公司生產光碟片的利潤函數為

$$P = 2.5x - \frac{x^2}{2,000} - 500 \quad 0 \leq x \leq 5,000$$

試求可得最大利潤的生產量。

14. 在市場中某商品之需求函數可表為 $p = \dfrac{50}{\sqrt{x}}$，且生產 x 單位之商品其成本為 $C(x) = 0.5x + 500$，試求產生最大利潤時每單位商品之價格。

15. 某工廠生產電子零件，使用目前之機器每年最多有 500 件產品，若製造 x 件每件定價 $p(x) = 200 - 0.15x$，且每年總成本為 $C(x) = 4,000 + 6x - 0.001x^2$ 元，試問每年產量為何可獲得最大利潤？

16. 某公司生產 x 件產品之總成本為 $C(x) = 800 + 0.04x + 0.0002x^2$，試求具有最小平均成本之生產水準。

17. 若某一日用品之需求函數為 $p = \sqrt{16-x}$，$0 \leq x \leq 16$，試決定價格與需求量，使總收益為最大。

5-7 均值定理

均值定理是可微分函數的一重要性質，微積分中很多定理之證明，皆得依賴均值定理。這個定理之幾何意義，我們甚易瞭解。我們都知道一可微分函數之圖形乃是圓滑的連續曲線，令 $A(a, f(a))$ 與 $B(b, f(b))$ 為圖形上任意兩點，則曲線在 A, B 之間必至少存有一點 $P(c, f(c))$，使得在該點的切線與通過 A 與 B 的割線平行，如圖 5-27 所示。

此一幾何事實，可用斜率表示如下

$$\frac{f(b) - f(a)}{b - a} = f'(c)$$

等號左端的式子表通過 A 與 B 之直線斜率，若將等號兩端同乘以 $b - a$，則得下面之定理。

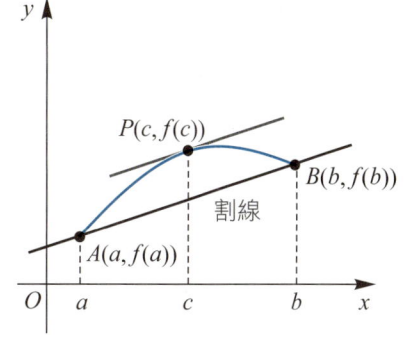

圖 5-27　$m = \dfrac{f(b) - f(a)}{b - a}$

定理 5-7　均值定理

若函數 f 在 $[a, b]$ 為連續，在 (a, b) 為可微分，則在 (a, b) 中存在一數 c 使得

$$f(b) - f(a) = f'(c)(b-a)$$

在定理 5-7 中，若 $f(a) = f(b) = 0$，則連接 $A(a, f(a))$ 及 $B(b, f(b))$ 兩點的直線斜率為 $\dfrac{f(b)-f(a)}{b-a} = 0$，因此至少存在一數 $c \in (a, b)$ 使得 $f'(c) = 0$。

定理 5-8

若 $f'(x) = 0$ 對於區間 (a, b) 中的所有 x 皆成立，則 f 在 (a, b) 為常數函數。

定理 5-9　洛爾定理

若 (1) f 在 $[a, b]$ 為連續，(2) f 在 (a, b) 為可微分，(3) $f(a) = f(b)$，則在 (a, b) 中至少存在一數 c，使得 $f'(c) = 0$。

滿足洛爾定理一些代表性的圖形如圖 5-28 所示。

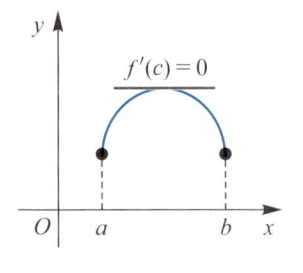

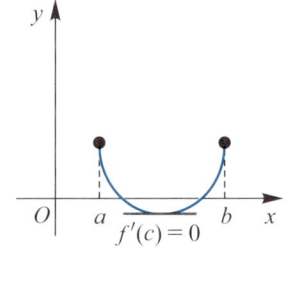

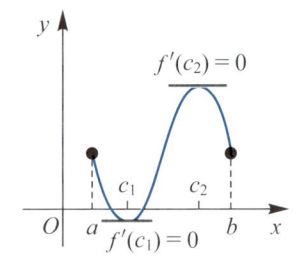

圖 5-28

【例題 1】令 $f(x) = x^3 - x^2 - x + 1$，$x \in [-1, 2]$。試求所有的 c 值使滿足均值定理的結論。

【解】$f'(x) = 3x^2 - 2x - 1$，而

$$\frac{f(2)-f(-1)}{2-(-1)} = \frac{3-0}{3} = 3c^2-2c-1$$

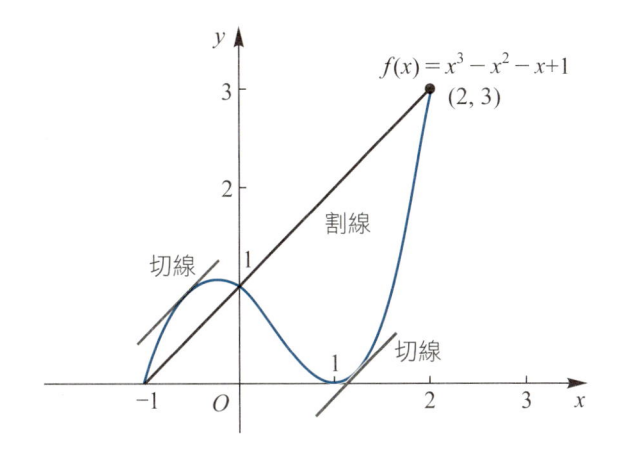

故 $$3c^2-2c-1=1$$

圖 5-29

解二次方程式 $$3c^2-2c-2=0$$

得， $$c = \frac{2\pm\sqrt{4+24}}{6} = \frac{1\pm\sqrt{7}}{3}$$

即 $c_1 = \dfrac{1-\sqrt{7}}{3}$，$c_2 = \dfrac{1+\sqrt{7}}{3}$，兩數皆位於區間 (−1, 2) 中，圖形如圖 5-29 所示。

【例題 2】令 $f(x) = x^{2/3}$，$x \in [-8, 27]$，試證均值定理之結論不成立，並說明其原因。

【解】$f'(x) = \dfrac{d}{dx}x^{2/3} = \dfrac{2}{3}x^{-1/3}$，$x \neq 0$，且

$$\frac{f(27)-f(-8)}{27-(-8)} = \frac{9-4}{35} = \frac{1}{7}$$

我們必須解 $$\frac{2}{3}c^{-1/3} = \frac{1}{7}$$

得
$$c = \left(\frac{14}{3}\right)^3 = \frac{2,744}{27}$$

但 $c = \dfrac{2,744}{27}$ 不在區間 (−8, 27) 中。其原因是 $f(x)$ 在區間 (−8, 27) 中並非處處可微分，因為 $f'(0)$ 不存在。圖形如圖 5-30 所示。

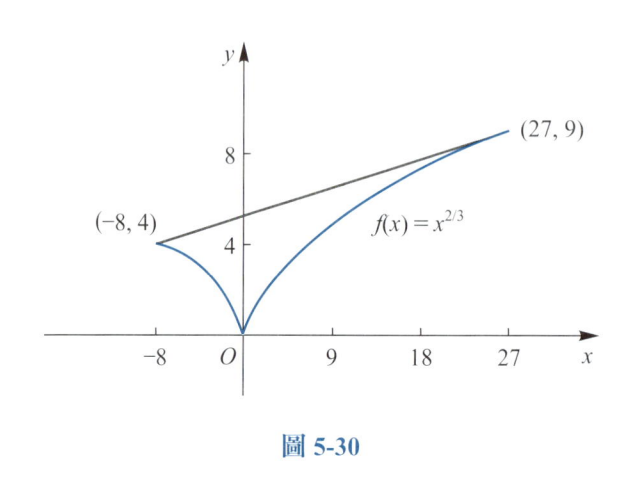

圖 5-30

【例題 3】設 $f(x) = x^4 - 2x^2 - 8$，求區間 (−2, 2) 中的所有 c 值使得 $f'(c) = 0$。

【解】因 $f(-2) = f(2) = 0$，而 f 為多項式函數，故 f 在 [−2, 2] 為連續，且 f 在 (−2, 2) 為可微分，故 $f(x)$ 滿足洛爾定理的三個條件。所以至少存在一數 c，$-2 < c < 2$，使得 $f'(c) = 0$。
$$f'(x) = 4x^3 - 4x$$
$$f'(c) = 4c^3 - 4c = 0$$
解得 $\quad c = 0, 1, -1$

故在 (−2, 2) 中的所有 c 值為 −1、0 與 1，如圖 5-31 所示。

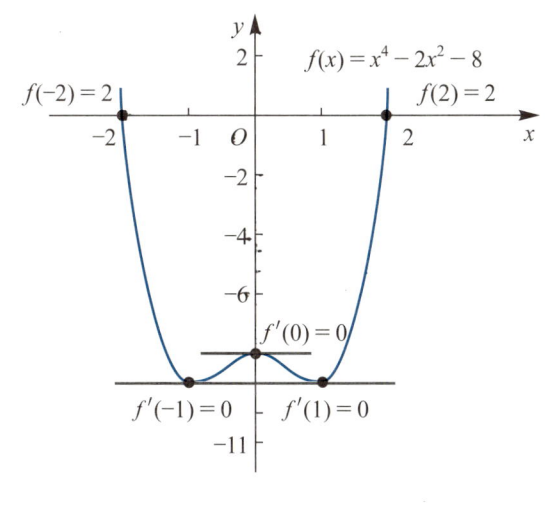

$f(x) = x^4 - 2x^2 - 8$
$f(-2) = 2$
$f(2) = 2$
$f'(0) = 0$
$f'(-1) = 0$
$f'(1) = 0$

圖 5-31

習題 5-7

在 1～3 題中，驗證 f 在所予區間滿足均值定理的假設，並求 c 的所有值使其滿足定理的結論。

1. $f(x) = 3x^2 + 6x - 5$; $[-2, 1]$
2. $f(x) = 4 + \sqrt{x-1}$; $[1, 5]$
3. $f(x) = \dfrac{x^2 - 1}{x - 2}$; $[-1, 1]$

4. 依洛爾定理，求函數 $f(x) = \dfrac{1 - x^2}{1 + x^2}$ 在區間 $[-1, 1]$ 內之 c 值。

5. 函數 $f(x) = 1 - x^{2/3}$ 在 $[-1, 1]$ 中是否滿足洛爾定理。

6. 試利用均值定理求 $\sqrt[6]{64.05}$ 的近似值。

5-8 羅必達法則

在本節中，我們詳述求函數極限的一個重要的新方法。

在 $\lim\limits_{x \to 2} \dfrac{x^2-4}{x-2}$ 與 $\lim\limits_{x \to 1} \dfrac{\ln x}{x-1}$ 的每一者中，分子與分母皆趨近 0。習慣上，將這種極限描述為不定型 $\dfrac{0}{0}$。使用 "不定" 這兩個字是因為要作更進一步的分析，才能對極限的存在與否下結論。第一個極限可用代數的處理而獲得，即，

$$\lim_{x \to 2} \frac{x^2-4}{x-2} = \lim_{x \to 2} \frac{(x+2)(x-2)}{x-2} = \lim_{x \to 2}(x+2) = 4$$

但第二個極限就不能仿照第一個極限的求法來處理。下面的極限是兩個典型的**不定型**，在求極限時就得使用**羅必達法則**來處理。

(1) 若 $\lim\limits_{x \to a} f(x) = 0$ 且 $\lim\limits_{x \to a} g(x) = 0$，則稱 $\lim\limits_{x \to a} \dfrac{f(x)}{g(x)}$ 為**不定型** $\dfrac{0}{0}$。

(2) 若 $\lim\limits_{x \to a} f(x) = \infty$ (或 $-\infty$) 且 $\lim\limits_{x \to a} g(x) = \infty$ (或 $-\infty$)，則稱 $\lim\limits_{x \to a} \dfrac{f(x)}{g(x)}$ 為**不定型** $\dfrac{\infty}{\infty}$。

不定型 $\dfrac{0}{0}$ 與 $\dfrac{\infty}{\infty}$ 之求法

定理 5-10 羅必達法則

設兩函數 f 與 g 在某包含 a 的開區間 I 為可微分 (可能在 a 除外)，且 $x \neq a$ 時，$g'(x) \neq 0$，又 $\lim\limits_{x \to a} \dfrac{f(x)}{g(x)}$ 為不定型 $\dfrac{0}{0}$ 或 $\dfrac{\infty}{\infty}$。
若 $\lim\limits_{x \to a} \dfrac{f'(x)}{g'(x)}$ 存在，或 $\lim\limits_{x \to a} \dfrac{f'(x)}{g'(x)} = \infty$ (或 $-\infty$)，則

$$\lim_{x \to a} \frac{f(x)}{g(x)} = \lim_{x \to a} \frac{f'(x)}{g'(x)}$$

註 讀者應注意以下兩點：
1. 在羅必達法則中，$x \to a$ 可代以下列任一者：$x \to a^+$，$x \to a^-$，$x \to \infty$，$x \to -\infty$。
2. 有時，在同一問題中，必須使用多次羅必達法則，才能確定極限是否存在。

【例題 1】求 $\lim\limits_{x \to 0} \dfrac{\ln(1+x^2)}{x^4}$。

【解】因 $\lim\limits_{x \to 0} \ln(1+x^2) = 0$ 且 $\lim\limits_{x \to 0} x^4 = 0$，故依羅必達法則，

$$\lim_{x \to 0} \frac{\ln(1+x^2)}{x^4} = \lim_{x \to 0} \frac{\frac{1}{1+x^2} \cdot 2x}{4x^3} = \lim_{x \to 0} \frac{1}{1+x^2} \cdot \frac{1}{2x^2} = \infty$$

【例題 2】求 $\lim\limits_{x \to 0} \dfrac{x^2}{e^x - 1 - x}$。

【解】因 $\lim\limits_{x \to 0} x^2 = 0$ 且 $\lim\limits_{x \to 0}(e^x - 1 - x) = 0$，故依羅必達法則，

$$\lim_{x \to 0} \frac{x^2}{e^x - 1 - x} = \lim_{x \to 0} \frac{2x}{e^x - 1}$$

因上式右邊的極限仍為不定型 $\dfrac{0}{0}$，故再利用羅必達法則，可得

$$\lim_{x \to 0} \frac{2x}{e^x - 1} = \lim_{x \to 0} \frac{2}{e^x} = \frac{2}{e^0} = 2$$

於是，

$$\lim_{x \to 0} \frac{x^2}{e^x - 1 - x} = \lim_{x \to 0} \frac{2x}{e^x - 1} = \lim_{x \to 0} \frac{2}{e^x} = 2$$

【例題 3】求 $\lim\limits_{x \to 0^+} \dfrac{\ln x}{\ln(e^x - 1)}$。

【解】因所予極限為不定型 $\dfrac{\infty}{\infty}$，故依羅必達法則，

$$\lim_{x \to 0^+} \frac{\ln x}{\ln(e^x - 1)} = \lim_{x \to 0^+} \frac{\frac{1}{x}}{\frac{e^x}{e^x - 1}} = \lim_{x \to 0^+} \frac{1 - e^{-x}}{x}$$

因上式右邊的極限仍為不定型 $\dfrac{0}{0}$，故再利用羅必達法則，可得

$$\lim_{x \to 0} \dfrac{1-e^{-x}}{x} = \lim_{x \to 0} \dfrac{e^{-x}}{1} = 1$$

於是，
$$\lim_{x \to 0^+} \dfrac{\ln x}{\ln(e^x - 1)} = 1$$

∎

【例題 4】求 $\lim\limits_{x \to \infty} \dfrac{\ln x}{\sqrt[3]{x}}$。

【解】因所予極限為不定型 $\dfrac{\infty}{\infty}$，故依羅必達法則，

$$\lim_{x \to \infty} \dfrac{\ln x}{\sqrt[3]{x}} = \lim_{x \to \infty} \dfrac{\dfrac{1}{x}}{\dfrac{1}{3}x^{-2/3}} = \lim_{x \to \infty} \dfrac{3}{\sqrt[3]{x}} = 0$$

∎

不定型 $0 \cdot \infty$ 與 $\infty - \infty$ 之求法

若 $\lim\limits_{x \to a} f(x) = 0$ 且 $\lim\limits_{x \to a} g(x) = \infty$ 或 $-\infty$，則稱 $\lim\limits_{x \to a}[f(x) - g(x)]$ 為**不定型** $0 \cdot \infty$。通常，我們寫成 $f(x)\,g(x) = \dfrac{f(x)}{\dfrac{1}{g(x)}}$ 以便轉換成 $\dfrac{0}{0}$ 型，或寫成 $f(x)\,g(x) = \dfrac{g(x)}{\dfrac{1}{f(x)}}$ 以便轉換成 $\dfrac{\infty}{\infty}$ 型，之後，它們可依羅必達法則來處理。

【例題 5】求 $\lim\limits_{x \to 0^+} x^2 \ln x$。

【解】所予極限為不定型 $0 \cdot \infty$。因此，

$$\lim_{x \to 0^+} x^2 \ln x = \lim_{x \to 0^+} \dfrac{\ln x}{\dfrac{1}{x^2}} \qquad \dfrac{\infty}{\infty}$$

$$= \lim_{x \to 0^+} \dfrac{\dfrac{1}{x}}{-\dfrac{2}{x^3}} \qquad 羅必達法則$$

$$= \lim_{x \to 0^+}\left(-\frac{x^2}{2}\right) = 0$$

【例題 6】 求 $\lim_{x \to \infty} x(1 - e^{x^{-1}})$。

【解】 所予極限為不定型 $\infty \cdot 0$。因此，

$$\lim_{x \to \infty} x(1 - e^{x^{-1}}) = \lim_{x \to \infty} \frac{1 - e^{x^{-1}}}{x^{-1}} \qquad \frac{0}{0}$$

$$= \lim_{x \to \infty} \frac{-e^{x^{-1}}(-x^{-2})}{-x^{-2}}$$

$$= -\lim_{x \to \infty} e^{x^{-1}} = -1$$

若 $\lim_{x \to a} f(x) = \infty$ 且 $\lim_{x \to a} g(x) = \infty$，則稱 $\lim_{x \to a}[f(x) - g(x)]$ 為**不定型** $\infty - \infty$。在此情形下，若適當改變 $f(x) - g(x)$ 的表示式，則可利用前面幾種不定型之一來處理。

【例題 7】 求 $\lim_{x \to 0}\left(\frac{1}{e^x - 1} - \frac{1}{x}\right)$。

【解】 所予極限為不定型 $\infty - \infty$。利用通分可得

$$\lim_{x \to 0}\left(\frac{1}{e^x - 1} - \frac{1}{x}\right) = \lim_{x \to 0} \frac{x - e^x + 1}{xe^x - x}$$

此為不定型 $\frac{0}{0}$。利用羅必達法則兩次，可得

$$\lim_{x \to 0} \frac{x - e^x + 1}{xe^x - x} = \lim_{x \to 0} \frac{1 - e^x}{xe^x + e^x - 1} = \lim_{x \to 0} \frac{-e^x}{xe^x + e^x + e^x} = -\frac{1}{2}$$

不定型 0^0、∞^0 與 1^∞ 之求法

不定型 0^0、∞^0 與 1^∞ 是由極限 $\lim_{x \to a}[f(x)]^{g(x)}$ 所產生。

1. 若 $\lim_{x \to a} f(x) = 0$ 且 $\lim_{x \to a} g(x) = 0$，則 $\lim_{x \to a}[f(x)]^{g(x)}$ 為不定型 0^0。

2. 若 $\lim_{x \to a} f(x) = \infty$ 且 $\lim_{x \to a} g(x) = 0$，則 $\lim_{x \to a}[f(x)]^{g(x)}$ 為不定型 ∞^0。

3. 若 $\lim_{x \to a} f(x) = 1$ 且 $\lim_{x \to a} g(x) = \infty$ 或 $-\infty$，則 $\lim_{x \to a} [f(x)]^{g(x)}$ 為不定型 1^{∞}。

上述任一情形可用自然對數處理如下

$$\text{令 } y = [f(x)]^{g(x)}，則 \ln y = g(x) \ln f(x)$$

或將函數寫成指數形式

$$[f(x)]^{g(x)} = e^{g(x) \ln f(x)}$$

在這兩個方法的任一者中，需要先求出 $\lim_{x \to a} [g(x) \ln f(x)]$，其為不定型 $0 \cdot \infty$。

若不定型為 0^0，或 ∞^0，或 1^{∞}，則求 $\lim_{x \to a} [f(x)]^{g(x)}$ 的步驟如下

1. 令 $y = [f(x)]^{g(x)}$。

2. 取自然對數 $\ln y = \ln [f(x)]^{g(x)} = g(x) \ln f(x)$。

3. 求 $\lim_{x \to a} \ln y$ (若極限存在)。

4. 若 $\lim_{x \to a} \ln y = L$，則 $\lim_{x \to a} y = e^L$。

若對 $x \to \infty$，或 $x \to -\infty$，或對單邊極限，這些步驟仍可使用。

【例題 8】求 $\lim_{x \to 0} (1 + 5x)^{1/x}$。

【解】方法 1：利用 $\lim_{x \to 0} (1 + x)^{1/x} = e$ (定義 4-3)

$$\lim_{x \to 0} (1 + 5x)^{1/x} = \lim_{x \to 0} ((1 + 5x)^{1/5x})^5 = (\lim_{x \to 0} (1 + 5x)^{1/5x})^5 = e^5$$

方法 2：此為不定型 1^{∞}，令 $y = (1 + 5x)^{1/x}$，

所以，$\ln y = \ln (1 + 5x)^{1/x} = \dfrac{1}{x} \ln (1 + 5x)$

$$\lim_{x \to 0} \ln y = \lim_{x \to 0} \dfrac{\ln (1 + 5x)}{x} \qquad \dfrac{0}{0}$$

$$= \lim_{x \to 0} \dfrac{\dfrac{5}{1 + 5x}}{1} = 5 \qquad \text{羅必達法則}$$

則 $\ln (\lim_{x \to 0} y) = 5$

$$\lim_{x\to 0} y = e^5$$

故 $$\lim_{x\to 0}(1+5x)^{1/x} = e^5$$

【例題 9】求 $\lim\limits_{x\to 0}(x+e^x)^{2/x}$。

【解】此為不定型 1^∞。所以，

$$\lim_{x\to 0}(x+e^x)^{2/x} = \lim_{x\to 0} e^{\frac{2\ln(x+e^x)}{x}} = e^{\lim\limits_{x\to 0}\frac{2\ln(x+e^x)}{x}} = e^{\lim\limits_{x\to 0}\frac{2(1+e^x)}{x+e^x}} = e^4$$

習題 5-8

求 1～22 題中的極限。

1. $\lim\limits_{x\to 2}\dfrac{5x^2-7x-6}{2x^2-5x+2}$

2. $\lim\limits_{x\to 0}\dfrac{6^x-3^x}{x}$

3. $\lim\limits_{x\to 0}\dfrac{x+1-e^x}{x^2}$

4. $\lim\limits_{x\to -\infty}\dfrac{\ln(1+2e^x)}{e^x}$

5. $\lim\limits_{x\to \infty}\dfrac{e^{2x}}{x^2}$

6. $\lim\limits_{x\to \infty}\dfrac{\ln x}{x}$

7. $\lim\limits_{x\to \infty}\dfrac{\ln(\ln x)}{\ln x}$

8. $\lim\limits_{x\to \infty}\dfrac{x^3}{2^x}$

9. $\lim\limits_{x\to \infty} x(e^{1/x}-1)$

10. $\lim\limits_{x\to 1}\left(\dfrac{1}{x-1}-\dfrac{1}{\ln x}\right)$

11. $\lim\limits_{x\to 0^+} x^x$

12. $\lim\limits_{x\to 0^+}(e^x-1)^x$ (提示：$\lim\limits_{x\to 0^+}(e^x-1)^x = \lim\limits_{x\to 0^+} e^{x\ln(e^x-1)} = e^{\lim\limits_{x\to 0^+} x\ln(e^x-1)}$)

13. $\lim\limits_{x\to 1^-}(1-x)^{\ln x}$

14. $\lim\limits_{x\to \infty}(1+e^x)^{e^{-x}}$

15. $\lim\limits_{x\to 0}(1+ax)^{1/x}$，$a$ 為常數

16. $\lim\limits_{x\to 0}(1+x^2)^{1/x^2}$

17. $\lim\limits_{x\to 0}\dfrac{\sqrt{1+x}-\sqrt{1-x}}{x}$

18. $\lim\limits_{x\to 2^+}\left(\dfrac{1}{x-2}-\dfrac{1}{\sqrt{x-2}}\right)$

19. $\lim\limits_{x\to\infty} x^{1/x}$

20. $\lim\limits_{x\to 0} (1+x)^{1/x}$

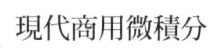

21. $\lim\limits_{x\to 0^+} (x^x)^x$

22. $\lim\limits_{x\to 0^+} x^{(x)^x}$

本章摘要

1. 函數的增減：

    (1) 假設函數 f 在 [a, b] 為連續，且在 (a, b) 為可微分。

      (i) $\forall x \in (a, b)$　$f'(x) > 0 \Rightarrow f$ 在 [a, b] 上遞增。

      (ii) $\forall x \in (a, b)$　$f'(x) < 0 \Rightarrow f$ 在 [a, b] 上遞減。

2. 極值存在定理：

    (1) 若函數 f 在閉區間 [a, b] 為連續，則 f 在 [a, b] 上不但有極大值且有極小值。

    (2) 若連續與閉區間的假設當中有任一者不滿足，則不能保證極大值或極小值存在。

3. 令 D_f 表函數 f 的定義域，且 $c \in D_f$。若 $f'(c) = 0$ 抑或 $f'(c)$ 不存在，則稱 c 為函數 f 的一個**臨界數**。若函數有相對極值，則相對極值必發生在臨界數處，但在臨界數處並不能保證一定有相對極值。

4. 若函數 f 在 c 處具有相對極值，則 $f'(c) = 0$ 抑或 $f'(c)$ 不存在。反之，若 $f'(c) = 0$ 或 $f'(c)$ 不存在，則 f(c) 未必為相對極值。

5. 函數的相對極值：

    (1) 相對極值的必要條件：

      函數 f 在 c 具有極值僅限於 $f'(c) = 0$ 抑或 $f'(c)$ 不存在之點。

    (2) 極值的充分條件 (一階導數判別法)：

      若 $f'(c) = 0$ 或 $f'(c)$ 不存在，且又當 x 通過 c 時，

      (i) 若 $f'(x)$ 的值由"正"變為"負"，則 f(c) 為相對極大值。

      (ii) 若 $f'(x)$ 的值由"負"變為"正"，則 f(c) 為相對極小值。

    (3) 極值的充分條件 (二階導數判別法)：

      (i) 若 $f'(c) = 0$ 且 $f''(c) < 0$，則 f(c) 為相對極大值。

      (ii) 若 $f'(c) = 0$ 且 $f''(c) > 0$，則 f(c) 為相對極小值。

      (iii) 若 $f'(c) = 0$ 且 $f''(c) = 0$，則相對極值是否存在無法判別。

6. 曲線 $y = f(x)$ 的凹性：

    (1) 若 $f''(c) > 0$ (即，f' 為遞增函數)，則曲線 $y = f(x)$ 為凹向上。

    (2) 若 $f''(c) < 0$ (即，f' 為遞減函數)，則曲線 $y = f(x)$ 為凹向下。

7. (1) 反曲點的定義：設函數 f 在包含 c 的開區間 (a, b) 為連續，若 f 的圖形在

(a, c) 為凹向上且在 (c, b) 為凹向下，抑或 f 的圖形在 (a, c) 為凹向下且在 (c, b) 為凹向上，則稱點 $(c, f(c))$ 為 f 之圖形上的反曲點。

(2) 反曲點的必要條件：$f''(x_0) = 0$ 或 $f''(x_0)$ 不存在之點，但 $x_0 \in D_f$。

(3) 反曲點的充分條件：

　(i) $f'(x)$ 由遞增轉為遞減或由遞減轉為遞增的點。

　(ii) $f''(x)$ 的正負值改變之處。

　(iii) $f''(x) = 0$ 但 $f'''(x) \neq 0$ 的點。

8. 描繪函數的圖形應注意下列各點：

(1) 圖形存在的範圍 (確定函數的定義域)。

(2) 圖形的截距。

(3) 對稱性。

(4) 漸近線。

(5) 遞增及遞減區間。

(6) 相對極值。

(7) 凹向性及反曲點。

9. 變化率與相關變化率：

(1) 若 $y = f(x)$ 為可微分函數，則

　(i) y 在區間 $[x, x+h]$ 上對 x 的平均變化率為

$$\frac{\Delta y}{\Delta x} = \frac{\Delta f}{\Delta x} = \frac{f(x+h) - f(x)}{h}$$

　(ii) y 對 x 的變化率為

$$\frac{dy}{dx} = f'(x) = \lim_{h \to 0} \frac{f(x+h) - f(x)}{h}$$

(2) 設 x 與 y 皆為時間 t 的可微分函數，且 x 與 y 之間的關係為某方程式 $f(x, y) = 0$，若該方程式的等號兩邊對 t 微分，並利用連鎖法則，則可求得含 $\frac{dx}{dt}$ 與 $\frac{dy}{dt}$ 的方程式，其中 $\frac{dx}{dt}$ 與 $\frac{dy}{dt}$ 稱為相關變化率。

10. 利潤最大化：

    (1) 必要條件，$\dfrac{dP}{dx} = P'(x) = R'(x) - C'(x) = 0$ (邊際收益等於邊際成本)。

    (2) 充分條件，$\dfrac{d^2P}{dx^2} = P''(x) = R''(x) - C''(x) < 0$。

11. **均值定理**：若 (1) f 在 $[a, b]$ 為連續，(2) f 在 (a, b) 為可微分，則存在 $c \in (a, b)$，使得

    $$\dfrac{f(b) - f(a)}{b - a} = f'(c) \text{ 或 } f(b) - f(a) = f'(c)(b - a)$$

12. **洛爾定理**：若 (1) f 在 $[a, b]$ 為連續，(2) f 在 (a, b) 為可微分，(3) $f(a) = f(b)$，則在 (a, b) 中至少存在一數 c，使得 $f'(c) = 0$。

13. **羅必達法則**：設兩函數 f 與 g 在某包含 a 的開區間 I 為可微分 (可能在 a 除外)，且 $x \neq a$ 時，$g'(x) \neq 0$，又 $\lim\limits_{x \to a} \dfrac{f(x)}{g(x)}$ 為不定型 $\dfrac{0}{0}$ 或 $\dfrac{\infty}{\infty}$。

    若 $\lim\limits_{x \to a} \dfrac{f'(x)}{g'(x)}$ 存在或 $\lim\limits_{x \to a} \dfrac{f'(x)}{g'(x)} = \infty$ (或 $-\infty$)，則

    $$\lim\limits_{x \to a} \dfrac{f(x)}{g(x)} = \lim\limits_{x \to a} \dfrac{f'(x)}{g'(x)}$$

現代商用微積分

CHAPTER 6

不定積分

6-1 不定積分

我們已經學會了如何求解導函數問題：給予一函數，求它的導函數。但是，在許多問題中，常常需要求解導函數問題的逆問題：給予一函數 f，求出一函數 F，使得 $F'=f$。若這樣的函數存在，則它稱為 f 的一**反導函數**。

定義 6-1

若 $F'=f$，則稱函數 F 為函數 f 的一**反導函數**。

顯然，一個函數的反導函數並不唯一。例如，若 $f(x)=8x^3$，則由多項式 $2x^4+7$ 與 $2x^4+15$ 所定義之函數皆為 f 的反導函數。此一事實，可由下面的定理說明之。

定理 6-1

若 $f(x)$ 與 $g(x)$ 為可微分函數，且 $f'(x)=g'(x)$ 對 (a, b) 中所有 x 皆成立，則 $f(x)-g(x)$ 在 (a, b) 上為**常數函數**，即 $f(x)=g(x)+C$，此處 C 為任意常數。如圖 6-1 所示。

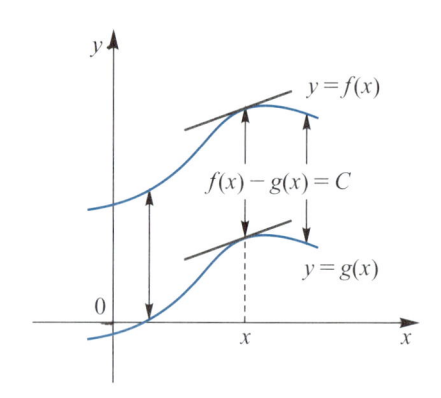

圖 6-1

依據上述定理,我們知道:若一函數 $f(x)$ 的反導函數 $F(x)$ 為已知,則每一個反導函數皆形如 $F(x)+C$ 的形式。故 $F(x)+C$ 就代表 $f(x)$ 的所有反導函數,稱為 $f(x)$ 的**不定積分**,記作

$$\int f(x)dx = F(x)+C \tag{6-1}$$

其中 $F'(x)=f(x)$,$f(x)$ 稱為**被積分函數**,dx 稱為**積分變數的微分**,C 稱為**不定積分常數**。

註 (1) $\dfrac{d}{dx}\left(\int f(x)dx\right) = f(x)$ (2) $\int \dfrac{d}{dx} f(x)dx = f(x)+C$

【例題 1】 $\dfrac{d}{dx}\int (x^2+1)\,dx = x^2+1$ ∎

不定積分的基本性質

求解不定積分問題,須先明瞭不定積分之基本性質。

1. $\int dx = x+C$ \hfill (6-2)

2. $\int x^n dx = \dfrac{x^{n+1}}{n+1}+C$,$n \neq -1$ \hfill (6-3)

3. $\int k f(x)dx = k\int f(x)dx$,$k$ 為常數。 \hfill (6-4)

4. $\int [f(x)+g(x)]dx = \int f(x)dx + \int g(x)dx$ (6-5)

5. $\int [k_1 f_1(x) + k_2 f_2(x) + \cdots + k_n f_n(x)]$ (6-6)
$$= k_1 \int f_1(x)dx + k_2 \int f_2(x)dx + \cdots + k_n \int f_n(x)dx$$

6. $\int [u(x)]^n u'(x)dx = \dfrac{[u(x)]^{n+1}}{n+1} + C$，$n \neq -1$，$C$ 為常數 (6-7)

註 (6-7) 式稱為不定積分之**一般乘冪公式**。

證明 由定理 3-7 知，

$$\dfrac{d}{dx}\left[\dfrac{[u(x)]^{n+1}}{n+1}\right] = (n+1)\dfrac{[u(x)]^n u'(x)}{n+1} = [u(x)]^n u'(x)$$

可得

$$\int [u(x)]^n u'(x)dx = \dfrac{[u(x)]^{n+1}}{n+1} + C，n \neq -1$$

【例題 2】求 $\int |x|dx$。

【解】若 $x \geq 0$，則 $|x| = x$，所以，

$$\int |x|dx = \int x\,dx = \dfrac{1}{2}x^2 + C$$

若 $x < 0$，則 $|x| = -x$，所以，

$$\int |x|dx = \int -x\,dx = -\dfrac{1}{2}x^2 + C$$

故 $\int |x|dx = \begin{cases} \dfrac{1}{2}x^2 + C，若\ x \geq 0 \\ -\dfrac{1}{2}x^2 + C，若\ x < 0 \end{cases}$

【例題 3】求 $\int (3x^6 - 5x^2 + 7x + 2)dx$。

【解】$\int (3x^6 - 5x^2 + 7x + 2)dx = 3\int x^6 dx - 5\int x^2 dx + 7\int x\,dx + \int 2\,dx$
$$= \dfrac{3}{7}x^7 - \dfrac{5}{3}x^3 + \dfrac{7}{2}x^2 + 2x + C$$

【例題 4】 求 $\int \dfrac{x^{-1}-x^{-2}+x^{-3}}{x^2}dx$。

【解】 $\int \dfrac{x^{-1}-x^{-2}+x^{-3}}{x^2}dx = \int \dfrac{x^{-1}}{x^2}dx - \int \dfrac{x^{-2}}{x^2}dx + \int \dfrac{x^{-3}}{x^2}dx$

$\qquad = \int x^{-3}dx - \int x^{-4}dx + \int x^{-5}dx$

$\qquad = -\dfrac{1}{2}x^{-2} + \dfrac{1}{3}x^{-3} - \dfrac{1}{4}x^{-4} + C$

【例題 5】 求 $\int (3x^2+1)(x^3+x)dx$。

【解】 $\int (3x^2+1)(x^3+x)dx = \int \overbrace{(x^3+x)}^{[u(x)]^n}\overbrace{(3x^2+1)}^{u'(x)}dx = \dfrac{(x^3+x)^2}{2} + C$

不定積分之一般乘冪公式

【例題 6】 求 $\int 7x^2\sqrt{x^3+1}\,dx$。

【解】 $\int 7x^2\sqrt{x^3+1}\,dx = \int \sqrt{x^3+1}\cdot\dfrac{7}{3}(3x^2)dx = \dfrac{7}{3}\int \overbrace{\sqrt{x^3+1}}^{[u(x)]^n}\overbrace{(3x^2)}^{u'(x)}dx$

$\qquad = \dfrac{7}{3}\dfrac{(x^3+1)^{(1/2)+1}}{\dfrac{1}{2}+1} + C = \dfrac{14}{9}(x^3+1)^{3/2} + C$

不定積分之一般乘冪公式

習題 6-1

在 1～4 題中，求各函數的反導函數。

1. $f(x) = 6x^2 - 4x + 3$

2. $f(x) = 3\sqrt{x} + \dfrac{2}{\sqrt{x}}$

3. $f(x) = \left(x - \dfrac{1}{x}\right)^2$

4. $f(x) = \dfrac{x^3+3x^2-9x-2}{x-2}$

5. 求 $\int \dfrac{(\sqrt{x}+3)^2}{\sqrt{x}}dx$。

6. 求 $\int \dfrac{x^2}{(x^3-1)^2}dx$。

7. 求 $\displaystyle\int \left(1+\dfrac{1}{x}\right)^3 \dfrac{1}{x^2} dx$。

8. 求 $\displaystyle\int \dfrac{1}{\sqrt{x}(1+\sqrt{x})^2} dx$。

   (提示：$\displaystyle\int \dfrac{1}{\sqrt{x}(1+\sqrt{x})^2} dx = \int (1+\sqrt{x})^{-2} \dfrac{1}{\sqrt{x}} dx$，視 $u(x)=1+\sqrt{x}$。)

9. 求 $\displaystyle\int \sqrt[3]{\dfrac{1-\sqrt[3]{x}}{x^2}} dx$。

   (提示：$\displaystyle\int \sqrt[3]{\dfrac{1-\sqrt[3]{x}}{x^2}} dx = \int \dfrac{(1-x^{1/3})^{1/3}}{x^{2/3}} dx$，視 $u(x)=1-x^{1/3}$。)

10. 求 $\displaystyle\int \dfrac{x}{\sqrt{x^2+4}} dx$。

11. 求 $f(x)=\sqrt[3]{x}$ 的反導函數 $F(x)$，使其滿足 $F(1)=2$。

12. 若 $f(x)=x\sqrt{x^3+1}$，求 $\displaystyle\int f''(x)\,dx$。

6-2　不定積分之代換積分法

若 F 為 f 的反導函數，g 為可微分函數，且 $F(g(x))$ 為合成函數，則由連鎖法則可得

$$\dfrac{d}{dx}F(g(x)) = F'(g(x))g'(x) = f(g(x))g'(x)$$

因 $F'(x)=f(x)$

由此，得到積分公式

$$\int f(g(x))g'(x)\,dx = F(g(x))+C，其中 \ f'=f$$

在上式中，若令 $u=g(x)$ 且以微分 du 代 $g'(x)\,dx$，則可得下面的定理。

定理 6-2　不定積分的代換定理

若 F 為 f 的反導函數,且令 $u = g(x)$,$du = g'(x)dx$,則

$$\int f(g(x))g'(x)dx = \int f(u)du = F(u) + C = F(g(x)) + C$$

【例題 1】求 $\int (x+1)\sqrt{2-x}\,dx$。

【解】令 $u = 2 - x$,則 $du = -dx$,即 $dx = -du$。
又 $x = 2 - u$,可得 $x + 1 = 3 - u$,故

$$\int (x+1)\sqrt{2-x}\,dx = -\int (3-u)\sqrt{u}\,du = \int (u^{3/2} - 3u^{1/2})du$$

$$= \frac{2}{5}u^{5/2} - 2u^{3/2} + C = \frac{2}{5}(2-x)^{5/2} - 2(2-x)^{3/2} + C$$

【例題 2】求 $\int \dfrac{x^2}{\sqrt{x-1}}dx$。

【解】令 $u = x - 1 \Rightarrow du = dx$

$$\int \frac{x^2}{\sqrt{x-1}}dx = \int \frac{(u+1)^2}{\sqrt{u}}du = \int \frac{u^2 + 2u + 1}{\sqrt{u}}du$$

$$= \int (u^{3/2} + 2u^{1/2} + u^{-1/2})du$$

$$= \frac{u^{5/2}}{5/2} + 2\frac{u^{3/2}}{3/2} + \frac{u^{1/2}}{1/2} + C$$

$$= \frac{2}{5}u^{5/2} + \frac{4}{3}u^{3/2} + 2u^{1/2} + C$$

$$= \frac{2}{5}(x-1)^{5/2} + \frac{4}{3}(x-1)^{3/2} + 2(x-1)^{1/2} + C$$

習題 6-2

試求 1～13 題中的積分。

1. $\int \dfrac{x^2}{(x^3-1)^2} dx$
2. $\int (3-x^4)^3 x^3 dx$
3. $\int \dfrac{1}{\sqrt{x}(1+\sqrt{x})^2} dx$

4. $\int \dfrac{dx}{\sqrt{4+\sqrt{x}}}$
5. $\int x\sqrt[3]{x+2}\, dx$

6. $\int \sqrt[3]{\dfrac{1-\sqrt[3]{x}}{x^2}}\, dx$ (提示：令 $u = 1-\sqrt[3]{x}$)

7. $\int \dfrac{1}{x^4}\sqrt{\dfrac{x^3+1}{x^3}}\, dx$ (提示：令 $u = 1+\dfrac{1}{x^3}$)

8. $\int \dfrac{x}{\sqrt[3]{1-2x^2}}\, dx$ (提示：令 $u = \sqrt[3]{1-2x^2}$)

9. $\int \sqrt{x}\sqrt{4+x\sqrt{x}}\, dx$ (提示：令 $u = 4+x\sqrt{x}$)

10. $\int (x+1)\sqrt{2x-3}\, dx$ (提示：令 $u = 2x-3$)

11. $\int \dfrac{x+1}{\sqrt{(2x+1)^3}}\, dx$ (提示：令 $u = 2x+1$)

12. $\int \dfrac{1}{x^2}\sqrt{1+\dfrac{1}{x}}\, dx$
13. $\int \dfrac{x-2}{(x^2-4x+3)^3}\, dx$

6-3 與對數函數有關的積分

我們可利用對數函數的微分公式，導出與對數函數有關的積分公式。

因 $\dfrac{d}{dx}\ln|x| = \dfrac{1}{x}$ ，$x \neq 0$

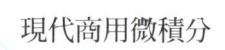

故
$$\int \frac{dx}{x} = \ln|x| + C \text{,} \quad x \neq 0 \tag{6-8}$$

若以 u 代 x，則

$$\int \frac{du}{u} = \ln|u| + C \text{,} \quad u \neq 0 \tag{6-9}$$

【例題 1】求 $\int \frac{dx}{x \ln x}$。

【解】令 $u = \ln x$，則 $du = \frac{dx}{x}$。故

$$\int \frac{dx}{x \ln x} = \int \frac{du}{u} = \ln|u| + C = \ln|\ln x| + C$$

【例題 2】求 $\int \frac{4x+2}{x^2+x+5} dx$。

【解】令 $u = x^2 + x + 5$，則 $du = (2x+1)\,dx$。故

$$\int \frac{4x+2}{x^2+x+5} dx = \int \frac{2(2x+1)\,dx}{x^2+x+5} = 2\int \frac{du}{u} = 2\ln|u| + C$$
$$= 2\ln(x^2+x+5) + C \qquad x^2+x+5 > 0 \text{,} \quad \forall x \in I\!R$$

【例題 3】求 $\int \frac{\log(x+1)}{x+1} dx$。

【解】因
$$\log(x+1) = \frac{\ln(x+1)}{\ln 10} \qquad \text{對數換底}$$

所以，

$$\int \frac{\log(x+1)}{x+1} dx = \int \frac{\frac{\ln(x+1)}{\ln 10}}{x+1} dx = \frac{1}{\ln 10} \int \frac{\ln(x+1)}{x+1} dx$$
$$= \frac{1}{\ln 10} \int \ln(x+1)\, d(\ln(x+1)) \qquad \text{利用} \int u^n\, du = \frac{u^{n+1}}{n+1} + C \text{,} \quad n \neq -1$$
$$= \frac{1}{\ln 10} \frac{(\ln(x+1))^2}{2} + C = \frac{(\ln(x+1))^2}{2\ln 10} + C$$

習題 6-3

求 1～11 題中的積分。

1. $\int \dfrac{1}{2x-1} dx$

2. $\int \dfrac{dx}{x(\ln x)^2}$

3. $\int \dfrac{2x}{(x+1)^2} dx$

4. $\int \dfrac{(1+\ln x)^2}{x} dx$

5. $\int \dfrac{dx}{x\sqrt{\log x}}$ （提示：$\log x = \dfrac{\ln x}{\ln 10}$）

6. $\int [\ln(\ln x)]^4 \dfrac{1}{(x\ln x)} dx$ （提示：令 $u = \ln(\ln x)$）

7. $\int \dfrac{x\ln(1-x^2)}{1-x^2} dx$ （提示：令 $u = \ln(1-x^2)$）

8. $\int \dfrac{dx}{x\ln x \ln(\ln x)}$ （提示：令 $u = \ln(\ln x)$）

9. $\int \dfrac{(\ln x)^n}{x} dx$ （提示：討論 $n \neq -1$；$n = -1$ 之情況）

10. $\int \dfrac{e^{\sqrt{x}}}{\sqrt{x}(1+e^{\sqrt{x}})} dx$ （提示：令 $u = 1+e^{\sqrt{x}}$）

11. $\int \dfrac{dx}{x - \sqrt{x}}$ （提示：將分母改成 $\sqrt{x}(\sqrt{x}-1)$）

6-4 與指數函數有關的積分

由於自然指數函數 $f(x) = e^x$ 的導函數為其本身，故其不定積分亦為其本身，只需加上一個不定積分常數。故

$$\int e^x dx = e^x + C \tag{6-10}$$

若以 u 代 x，則

$$\int e^u du = e^u + C \tag{6-11}$$

【例題 1】求 $\int x^2 e^{x^3+1} dx$。

【解】令 $u = x^3 + 1$，則 $du = 3x^2 dx$，$x^2 dx = \dfrac{du}{3}$。故

$$\int x^2 e^{x^3+1} dx = \int \frac{1}{3} e^u du = \frac{1}{3} \int e^u du = \frac{1}{3} e^u + C = \frac{1}{3} e^{x^3+1} + C \quad ■$$

【例題 2】求 $\int \dfrac{e^{\sqrt{x}}}{\sqrt{x}} dx$。

【解】令 $u = \sqrt{x}$，則 $du = \dfrac{dx}{2\sqrt{x}}$，$\dfrac{dx}{\sqrt{x}} = 2du$。故

$$\int \frac{e^{\sqrt{x}}}{\sqrt{x}} dx = \int e^u \cdot 2du = 2\int e^u du = 2e^u + C = 2e^{\sqrt{x}} + C \quad ■$$

【例題 3】求 $\int \dfrac{dx}{1+e^x}$。

【解】方法 1：$\int \dfrac{dx}{1+e^x} = \int \left(1 - \dfrac{e^x}{1+e^x}\right) dx = \int dx - \int \dfrac{e^x}{1+e^x} dx$

$$= x - \int \frac{d(1+e^x)}{1+e^x} = x - \ln(1+e^x) + C$$

方法 2：$\int \dfrac{dx}{1+e^x} = \int \dfrac{e^{-x} dx}{1+e^{-x}} = -\int \dfrac{d(1+e^{-x})}{1+e^{-x}} = -\ln|1+e^{-x}| + C$

$$= -\ln\left|\frac{e^x+1}{e^x}\right| + C = \ln|e^x| - \ln|e^x+1| + C$$

$$= \ln e^x - \ln(e^x+1) + C$$

$$= x - \ln(e^x+1) + C \quad ■$$

由於一般指數函數的導函數公式為 $\dfrac{d}{dx}a^x = a^x \ln a$，我們可推出其不定積分公式為

$$\int a^x dx = \dfrac{a^x}{\ln a} + C \text{,} \ a \neq 1 \tag{6-12}$$

若以 u 代 x，則

$$\int a^u du = \dfrac{a^u}{\ln a} + C \text{,} \ a \neq 1 \tag{6-13}$$

【例題 4】求 $\int \dfrac{3^{1/x}}{x^2} dx$。

【解】令 $u = \dfrac{1}{x}$，則 $du = -\dfrac{dx}{x^2}$。故

$$\int \dfrac{3^{1/x}}{x^2} dx = \int 3^u(-du) = -\int 3^u \, du = -\dfrac{3^u}{\ln 3} + C = -\dfrac{3^{1/x}}{\ln 3} + C \quad\blacksquare$$

【例題 5】求 $\int e^x 2^{e^x} dx$。

【解】令 $u = e^x$，則 $du = e^x$，故

$$\int e^x 2^{e^x} dx = \int 2^u du = \dfrac{2^u}{\ln 2} + C = \dfrac{2^{e^x}}{\ln 2} + C \quad\blacksquare$$

習題 6-4

求 1～10 題中的積分。

1. $\int e^{3x+1} dx$

2. $\int \dfrac{e^x}{1+e^x} dx$

3. $\int \dfrac{e^{\sqrt[3]{x}}}{\sqrt[3]{x^2}} dx$ (提示：令 $u = x^{1/3}$)

4. $\int \dfrac{e^{4/x}}{x^2} dx$

5. $\int \dfrac{e^{2x}}{e^x+1} dx$ (提示：$\dfrac{e^{2x}}{1+e^x} = e^x - 1 + \dfrac{1}{1+e^x}$)

6. $\int \dfrac{10^{\sqrt{x}}}{\sqrt{x}} dx$ （提示：令 $u=\sqrt{x}$ ）

7. $\int (x^{\sqrt{3}} + \sqrt{3}^{x}) dx$

8. $\int x^{4x}(1+\ln x) dx$ （提示：$u=x^{4x}$，則 $\ln u = 4x \ln x$，$du = 4x^{4x}(1+\ln x) dx$。）

9. $\int (4-x)^2 5^{(4-x)^3} dx$

10. $\int e^{\sqrt{x^2+1}} \dfrac{x}{\sqrt{x^2+1}} dx$

6-5　分部積分法

若 f 與 g 皆為可微分函數，則

$$\dfrac{d}{dx}[f(x)g(x)] = f'(x)g(x) + f(x)g'(x)$$

積分上式可得

$$\int [f'(x)g(x) + f(x)g'(x)] dx = f(x)g(x)$$

或

$$\int f'(x)g(x) dx + \int f(x)g'(x) dx = f(x)g(x)$$

上式可整理為

$$\int f(x)g'(x) dx = f(x)g(x) - \int f'(x)g(x) dx$$

若令 $u=f(x)$ 且 $v=g(x)$，則 $du=f'(x)dx$，$dv=g'(x)dx$，故上面的公式可寫成

$$\int u\,dv = uv - \int v\,du \tag{6-14}$$

在利用 (6-14) 式時，如何選取 u 及 dv，並無一定的步驟可循，通常儘量將容易積分的部分視為 dv，而剩下部分視為 u。基於此理由，利用 (6-14) 式求不定積分的方法稱為**分部積分法**。

【例題 1】 求 $\int xe^x\,dx$。

【解】 令 $u = x$，$dv = e^x$，則 $du = dx$，$v = \int e^x\,dx = e^x$。故

$$\int xe^x\,dx = xe^x - \int e^x\,dx = xe^x - e^x + C$$

註 在上面例題中，我們由 dv 計算 v 時，省略積分常數，而寫成 $v = \int e^x\,dx = e^x$。假使我們放入一個積分常數，而寫成 $v = \int e^x\,dx = e^x + C_1$，則常數 C_1 最後將抵消。在分部積分法中總是如此，因此，我們由 dv 計算 v 時，通常省略常數。

讀者應注意，欲成功地利用分部積分法，必須選取適當的 u 與 dv，使得新積分較原積分容易。例如，假使我們在例題 1 中令 $u = e^x$，$dv = x$，則 $du = e^x\,dx$，$v = \frac{1}{2}x^2$，故

$$\int xe^x\,dx = \frac{1}{2}x^2 e^x - \frac{1}{2}\int x^2 e^x\,dx$$

上式右邊的積分比原積分複雜，這是由於 dv 的選取不當所致。

【例題 2】 求 $\int \ln x\,dx$。

【解】 令 $u = \ln x$，$dv = dx$，則 $du = \dfrac{dx}{x}$，$v = x$，故

$$\int \ln x\,dx = x\ln x - \int x\frac{dx}{x} = x\ln x - \int dx = x\ln x - x + C$$

【例題 3】 求 $\int x^2 e^x\,dx$。

【解】 令 $u = x^2$，$dv = e^x\,dx$，則 $du = 2x\,dx$，$v = e^x$，故

$$\int x^2 e^x\,dx = x^2 e^x - 2\int xe^x\,dx$$

利用例題 1 知，$\quad \int xe^x\,dx = xe^x - e^x + C'$

所以，$\quad \int x^2 e^x\,dx = x^2 e^x - 2(xe^x - e^x + C')$
$\qquad\qquad\qquad = x^2 e^x - 2xe^x + 2e^x + C\ (\diamondsuit\ 2C' = C)$

最後，我們在下面略述可利用分部積分法計算的一些積分型：

1. $\int x^n e^{ax} dx$，其中 n 為正整數。此處，令 $u = x^n$，$dv = e^{ax} dx$。

2. $\int x^m (\ln x)^n dx$，$m \neq -1$。此處，令 $u = (\ln x)^n$，$dv = x^m dx$。

習題 6-5

求 1～13 題中的積分。

1. $\int x e^{2x} dx$
2. $\int \sqrt{x} \ln x \, dx$
3. $\int x^2 e^x dx$
4. $\int x^3 e^{x^2} dx$
5. $\int x^3 \ln x \, dx$
6. $\int \ln(1+x) dx$
7. $\int (\ln x)^2 dx$ (提示：令 $u = \ln x$，$dv = \ln x \, dx$，並參照例題 2。)
8. $\int x^3 e^{-x^2} dx$ (提示：令 $u = x^2$，$dv = e^{-x^2} x \, dx$。)
9. $\int \dfrac{x^3}{\sqrt{x^2+1}} dx$ (提示：令 $u = x^2$，$dv = \dfrac{x}{\sqrt{x^2+1}} dx$。)
10. $\int 3^x x \, dx$
11. $\int x\sqrt{x+1} \, dx$
12. $\int x^3 (x^2-1)^6 dx$ (提示：令 $u = x^2$，$dv = x(x^2-1)^6 dx$。)
13. $\int (x+a)^n \ln(x+a) dx$，$n \neq -1$ (提示：令 $u = \ln(x+a)$，$dv = (x+a)^n dx$。)

試導出下列各積分的簡化公式。

14. $\int x^n e^x dx = x^n e^x - n \int x^{n-1} e^x dx$
15. $\int (\ln x)^n dx = x(\ln x)^n - n \int (\ln x)^{n-1} dx$

6-6 代數技巧的應用：部分分式法

有理函數的積分有時可藉助於部分分式法 (或稱分項分式法) 來處理，所謂部分分式法，簡單的說，就是將相加減後所得之分式還原成原來各項分式的過程。例如

$$\frac{2}{x^2-1} = \frac{1}{x-1} + \frac{-1}{x+1}$$

上式等號的右端就稱為 $\frac{2}{x^2-1}$ 的部分分式分解。此分解可用來求出 $\frac{2}{x^2-1}$ 的不定積分，即

$$\int \frac{2}{x^2-1} dx = \int \frac{dx}{x-1} - \int \frac{dx}{x+1} = \ln|x-1| - \ln|x+1| + C$$
$$= \ln\left|\frac{x-1}{x+1}\right| + C$$

現在我們將部分分式法的處理過程說明如下：

設 $f(x) = \frac{R(x)}{Q(x)}$ 為一有理函數，若 $R(x)$ 的次數大於或等於 $Q(x)$ 的次數，則利用長除法，得到

$$\int f(x)dx = \int (一多項式\ (p(x))dx + \int \frac{H(x)}{Q(x)} dx$$

此處 $H(x)$ 的次數小於 $Q(x)$ 的次數。

情況 I. 分母可分解成不重複的一次因式。

若
$$\frac{H(x)}{Q(x)} = \frac{H(x)}{(a_1x+b_1)(a_2x+b_2)\cdots(a_nx+b_n)}$$

此處所有的因式 $a_ix + b_i$，$i = 1, 2, \cdots, n$ 皆不相同且 $H(x)$ 的次數小於 n，則存在唯一實常數 $c_1, c_2, \cdots, c_n$，使得

$$\frac{H(x)}{Q(x)} = \frac{c_1}{a_1x+b_1} + \frac{c_2}{a_2x+b_2} + \cdots + \frac{c_n}{a_nx+b_n}$$

【例題 1】求 $\int \dfrac{x^2+2x-1}{2x^3+3x^2-2x}dx$。

【解】因 $\qquad 2x^3+3x^2-2x = x(2x-1)(x+2)$

故令 $\qquad \dfrac{x^2+2x-1}{2x^3+3x^2-2x} = \dfrac{A}{x}+\dfrac{B}{2x-1}+\dfrac{C}{x+2}$

可得 $\quad x^2+2x-1 = A(2x-1)(x+2)+Bx(x+2)+Cx(2x-1)$

即 $\quad x^2+2x-1 = (2A+B+2C)x^2+(3A+2B-C)x-2A$

比較上式等號兩邊的同次項的係數，可知

$$\begin{cases} 2A+B+2C = 1 \\ 3A+2B-C = 2 \\ -2A = -1 \end{cases}$$

解得 $A=\dfrac{1}{2}$，$B=\dfrac{1}{5}$，$C=-\dfrac{1}{10}$。故，

$$\int \dfrac{x^2+2x-1}{2x^3+3x^2-2x}dx = \int\left[\dfrac{1}{2x}+\dfrac{1}{5(2x-1)}-\dfrac{1}{10(x+2)}\right]dx$$

$$= \dfrac{1}{2}\ln|x|+\dfrac{1}{10}\ln|2x-1|-\dfrac{1}{10}\ln|x+2|+C$$

【例題 2】求 $\int \dfrac{dx}{x^2-a^2}$，此處 $a\neq 0$。

【解】令 $\qquad \dfrac{1}{x^2-a^2} = \dfrac{A}{x-a}+\dfrac{B}{x+a}$

則 $\qquad 1 = (A+B)x+(A-B)a$

可知 $\qquad \begin{cases} A+B = 0 \\ A-B = \dfrac{1}{a} \end{cases}$

解得 $A=\dfrac{1}{2a}$，$B=\dfrac{-1}{2a}$。故

$$\int \frac{dx}{x^2-a^2} = \frac{1}{2a}\left(\int \frac{dx}{x-a} - \int \frac{dx}{x+a}\right)$$
$$= \frac{1}{2a}(\ln|x-a| - \ln|x+a|) + C = \frac{1}{2a}\ln\left|\frac{x-a}{x+a}\right| + C \qquad ■$$

例題 2 一般可寫成下列的公式，若 $u = u(x)$，則

$$\int \frac{du}{a^2-u^2} = \frac{1}{2a}\ln\left|\frac{u+a}{u-a}\right| + C$$
$$\int \frac{du}{u^2-a^2} = \frac{1}{2a}\ln\left|\frac{u-a}{u+a}\right| + C$$
(6-15)

【例題 3】求 $\int \dfrac{dx}{x^2+4x+3}$。

【解】
$$\int \frac{dx}{x^2+4x+3} = \int \frac{dx}{(x+2)^2-1} = \int \frac{d(x+2)}{(x+2)^2-1} \qquad (視\ u = x+2)$$
$$= \frac{1}{2}\ln\left|\frac{x+2-1}{x+2+1}\right| + C = \frac{1}{2}\ln\left|\frac{x+1}{x+3}\right| + C \qquad ■$$

情況 II. *分母含有重複一次因式。*

若
$$\frac{H(x)}{Q(x)} = \frac{H(x)}{(ax+b)^n}，n > 1$$

且 $H(x)$ 的次數小於 n，則存在唯一實常數 $c_1, c_2, \cdots, c_n$，使得

$$\frac{H(x)}{(ax+b)^n} = \frac{c_1}{ax+b} + \frac{c_2}{(ax+b)^2} + \cdots + \frac{c_n}{(ax+b)^n}$$

【例題 4】求 $\int \dfrac{x^2-6x+1}{(x+1)(x-1)^2}dx$。

【解】令
$$\frac{x^2-6x+1}{(x+1)(x-1)^2} = \frac{A}{x+1} + \frac{B}{x-1} + \frac{C}{(x-1)^2}$$

則
$$x^2-6x+1 = A(x-1)^2 + B(x+1)(x-1) + C(x+1)$$
$$= (A+B)x^2 + (-2A+C)x + (A-B+C)$$

可知 $\begin{cases} A+B=1 \\ -2A+C=-6 \\ A-B+C=1 \end{cases}$

解得 $A=2$，$B=-1$，$C=-2$。故

$$\int \frac{x^2-6x+1}{(x+1)(x-1)^2}dx = \int \frac{2}{x+1}dx + \int \frac{-1}{x-1}dx + \int \frac{-2}{(x-1)^2}dx$$

$$= 2\ln|x+1| - \ln|x-1| + \frac{2}{x-1} + C$$

習題 6-6

試求下列各不定積分。

1. $\int \dfrac{7x-2}{x^2-x-2}dx$

2. $\int \dfrac{x^2+1}{x^3-x}dx$

3. $\int \dfrac{dx}{x^3+x^2-2x}$

4. $\int \dfrac{x^5}{(x^2+4)^2}dx$

5. $\int \dfrac{x^4+2x^2+3}{x^3-4x}dx$

6. $\int \dfrac{2x^3+3x^2+2x+2}{x^3(x+1)}dx$

7. $\int \dfrac{3x^2+2x+1}{x^3-2x^2-x+2}dx$

8. $\int \dfrac{1}{e^x-e^{-x}}dx$

6-7　不定積分在經濟學上的應用

1. 若已知邊際成本函數 $MC(x) = \dfrac{dC(x)}{dx}$，則 $C(x) = \int MC(x)\,dx$。

2. 若已知邊際收益函數 $MR(x) = \dfrac{dR(x)}{dx}$，則 $R(x) = \int MR(x)\,dx$。

3. 若已知邊際利潤函數 $MP(x) = \dfrac{dP(x)}{dx}$，則 $P(x) = \int MP(x)\,dx$。

4. 若邊際消費傾向函數為 $MC(Y) = \dfrac{dC(Y)}{dY}$，其中 C 為消費，Y 為國民所得，則 $C(Y) = \int MC(Y)\,dY$。

5. 若邊際儲蓄傾向函數為 $MS(Y) = \dfrac{dS}{dY} = 1 - \dfrac{dC}{dY}$，其中 S 為儲蓄，且 $Y = C + S$，則 $S(Y) = \int MS(Y)\,dY$。

【例題 1】設某公司生產 x 件物品時的邊際成本為 $32 - 0.04x$，若已知生產 1 件物品的成本為 50 元，試求生產 100 件時所需之成本。

【解】設生產 x 件物品需成本 $C(x)$，而邊際成本為

$$C'(x) = 32 - 0.04x$$

故

$$C(x) = \int (32 - 0.04x)\,dx = 32x - 0.02x^2 + C$$

$$C(1) = 50 = 32 - 0.02 + C \Rightarrow C = 18.02$$

$$C(x) = 32x - 0.02x^2 + 18.02$$

故生產 100 件之物品需

$$C(100) = 3{,}200 - 200 + 18.02 = 3{,}018.2 \text{ (元)}$$

【例題 2】若邊際收益函數為

$$R'(x) = 8 - 6x - 2x^2$$

試求總收益函數及平均收益函數。

【解】
$$R(x) = \int R'(x)\,dx = \int (8 - 6x - 2x^2)\,dx$$
$$= 8x - 3x^2 - \dfrac{2}{3}x^3 + C$$

因 $$R(0) = C = 0$$

故總收益函數為 $$R(x) = 8x - 3x^2 - \dfrac{2}{3}x^3$$

平均收益函數為 $$\overline{R}(x) = \dfrac{R(x)}{x} = 8 - 3x - \dfrac{2}{3}x^2$$

【例題 3】 若邊際收益函數為 $R'(x) = \dfrac{3}{x^2} - \dfrac{2}{x}$，且 $R(1) = 6$，求總收益函數及需求函數。

【解】
$$R(x) = \int R'(x)dx = \int \left(\dfrac{3}{x^2} - \dfrac{2}{x}\right)dx = -\dfrac{3}{x} - 2\ln x + C$$

又 $R(1) = 6$，可得 $6 = -3 - 2\ln 1 + C$，即 $C = 9$，

故總收益函數為 $R(x) = 9 - \dfrac{3}{x} - 2\ln x$

又因 $R(x) = xp$，故 $p = \dfrac{R(x)}{x} = \dfrac{9}{x} - \dfrac{3}{x^2} - \dfrac{2\ln x}{x}$

即需求函數為 $p = \dfrac{1}{x}\left(9 - \dfrac{3}{x} - 2\ln x\right)$

【例題 4】 設邊際消費傾向為 $\dfrac{dC}{dY} = 0.7 + \dfrac{0.2}{\sqrt{Y}}$，$Y = 0$ 時，$C = 8$。試求消費函數。

【解】
$$C = \int \left(0.7 + \dfrac{0.2}{\sqrt{Y}}\right)dY = 0.7Y + 0.4\sqrt{Y} + k$$

當 $Y = 0$ 時，$C = 8$，則 $k = 8$。

故 $C = 8 + 0.7Y + 0.4\sqrt{Y}$

習題 6-7

1. 設某產品的邊際成本函數為 $C'(x) = 10 + 24x - 3x^2$，如生產一單位之成本為 25，求總成本函數。
2. 若邊際成本為 $C'(x) = 2 + 60x - 5x^2$，如果固定成本為 65，求總成本函數及平均成本函數。
3. 若邊際收益函數為 $R'(x) = 12 - 8x + x^2$，試求總收益函數及平均收益函數，又 x 的限制為何？
4. 若邊際收益函數為 $R'(x) = \dfrac{3}{x^2} - \dfrac{2}{x}$，且 $R(1) = 6$，求總收益函數及需求函數。

5. 若邊際儲蓄傾向為 $\dfrac{1}{3}$，所得為 0 時，消費為 11，求消費函數。

6. 若邊際消費傾向為 $\dfrac{dC}{dY}=2+\dfrac{5}{\sqrt{Y}}$，且 $Y=0$ 時，$C=5$，求消費函數。

本章摘要

1. 設 $f'(x)=f(x)$ 且 C 表任一常數，則符號

$$\int f(x)dx = F(x)+C$$

   稱為函數 f 的<u>不定積分</u>。

2. 不定積分的基本性質：

   (1) $\int x^n dx = \dfrac{x^{n+1}}{n+1}+C$，$n \neq -1$

   (2) $\int k f(x)dx = k\int f(x)dx$，$k$ 為常數

   (3) $\int [f(x) \pm g(x)]dx = \int f(x)dx \pm \int g(x)dx$

   (4) $\int [c_1 f(x) \pm c_2 g(x)]dx = c_1 \int f(x)dx \pm c_2 \int g(x)dx$

   (5) $\int [u(x)]^n u'(x)dx = \dfrac{[u(x)]^{n+1}}{n+1}+C$，$n \neq -1$，$C$ 為常數。

3. 與對數函數有關之積分：若 u 為 x 的可微分函數，則

$$\int \dfrac{du}{u} = \ln|u|+C, \ C \text{ 為常數。}$$

4. 與指數函數有關之積分：若 u 為 x 的可微分函數，則

   (1) $\int e^u du = e^u + C$

   (2) $\int a^u du = \dfrac{a^u}{\ln a}+C$

5. 分部積分法公式：令 $u=f(x)$ 及 $v=g(x)$ 皆為可微分函數，則

$$\int f(x)g'(x)dx = f(x)g(x) - \int f'(x)g(x)dx$$

   即 $\quad \int u\,dv = uv - \int v\,du$

6. 有理函數的積分：設 $f(x) = \dfrac{H(x)}{Q(x)}$ 為一有理函數，且 $\deg(H) < \deg(Q)$。

(1) 若 $Q(x)$ 為相異的一次因式乘積，即，

$$Q(x) = (a_1x + b_1)(a_2x + b_2)\cdots(a_kx + b_k)$$

則 $$\frac{H(x)}{Q(x)} = \frac{A_1}{a_1x + b_1} + \frac{A_2}{a_2x + b_2} + \cdots + \frac{A_k}{a_kx + b_k}$$

(2) 若 $Q(x)$ 含 $(ax+b)^r$ $(r \in \mathbb{N})$，則 $\dfrac{H(x)}{Q(x)}$ 的部分分式和中含

$$\frac{A_1}{ax+b} + \frac{A_2}{(ax+b)^2} + \cdots + \frac{A_r}{(ax+b)^r}$$

(3) 若 $Q(x)$ 含二次質因式的 r 次方，即 $(ax^2+bx+c)^r$ $(r \in \mathbb{N})$，則 $\dfrac{H(x)}{Q(x)}$ 的部分分式和中含

$$\frac{A_1x+B_1}{ax^2+bx+c} + \frac{A_2x+B_2}{(ax^2+bx+c)^2} + \cdots + \frac{A_rx+B_r}{(ax^2+bx+c)^r}$$

CHAPTER 7

定積分

7-1 面積的概念

　　在敘述**定積分**的定義之前，我們先考慮平面上某一**封閉區域**且以極限求其面積，這可以幫助我們誘導出定積分之定義。但讀者應注意本節中所討論的面積並非視為定積分的定義。

定義 7-1

若存在正數 M，使得函數 f 在其定義域中滿足 $|f(x)| \leq M$，則稱 f 在此定義域中為**有界**，而 f 為**有界函數**。

　　設 $f(x)$ 為 $a \leq x \leq b$ 區間內之連續正值有界函數，且曲線 c 為

$$y = f(x)$$

之圖形，其圖形如圖 7-1 所示。

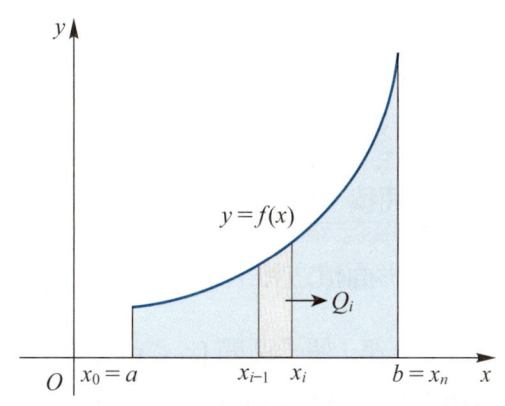

圖 7-1 灰色細條形之面積為 Q_i

現代商用微積分

將 [a, b] 區間以

$$a = x_0 < x_1 < x_2 < \cdots < x_{n-1} < x_n = b$$

諸點分為 n 個小區間

$$[a, x_1], [x_1, x_2], \cdots, [x_{n-1}, b]$$

我們稱此區分為區間 [a, b] 之一**分割**，記作

$$P = \{a = x_0 < x_1 < x_2 < x_3 < \cdots < x_{n-1} < x_n = b\}$$

於是將區域 Q 分為 n 個細長條，各條之寬度可不必相等，如圖 7-2 所示。

(i) 內接矩形面積較區域 Q 之面積小

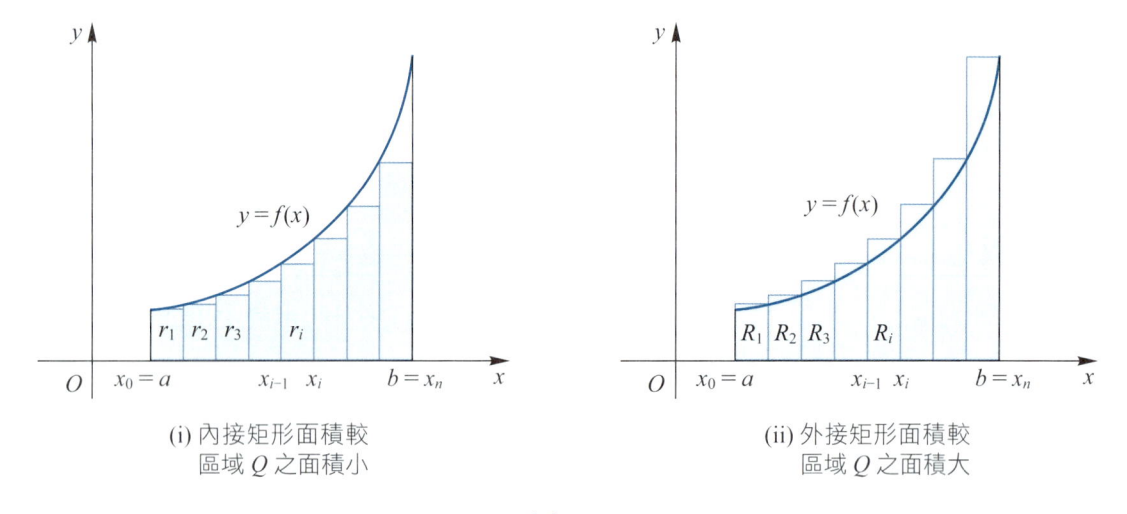

(ii) 外接矩形面積較區域 Q 之面積大

圖 7-2

若 $f(x)$ 在 [a, b] 上為嚴格遞增之連續函數，依極值定理知：$f(x)$ 在每一子區間 $[x_{i-1}, x_i]$ 上皆具有極小值與極大值。令 r_i 表第 i 個內接矩形與 R_i 表第 i 個外接矩形，則 r_i 之高度即為 $f(x)$ 在 $[x_{i-1}, x_i]$ 上之極小值，而 R_i 之高度即為 $f(x)$ 在 $[x_{i-1}, x_i]$ 上之極大值。如果 Q_i 表曲線之下方第 i 個子區域的細條形之面積，則有下列之不等式，

$$r_i \text{ 之面積} \leq Q_i \text{ 之面積} \leq R_i \text{ 之面積}$$

欲決定內接矩形與外接矩形面積之和，令

$$\Delta x_i = \text{第 } i \text{ 個子區間 } [x_{i-1}, x_i] \text{ 之長度}$$
$$f(m_i) = f \text{ 在 } [x_{i-1}, x_i] \text{ 上之極小值}$$
$$f(M_i) = f \text{ 在 } [x_{i-1}, x_i] \text{ 上之極大值}$$

則

$$r_i \text{ 之面積} = f(m_i)(\Delta x_i) = \text{第 } i \text{ 個內接矩形面積}$$

$$R_i \text{ 之面積} = f(M_i)(\Delta x_i) = \text{第 } i \text{ 個外接矩形面積}$$

將這些面積求和，得

$$L_f(P) \text{ (函數 } f \text{ 關於 } P \text{ 的下和)} = \sum_{i=1}^{n} f(m_i)\Delta x_i \text{ (內接矩形之面積和)}$$

$$U_f(P) \text{ (函數 } f \text{ 關於 } P \text{ 的上和)} = \sum_{i=1}^{n} f(M_i)\Delta x_i \text{ (外接矩形之面積和)}$$

由圖 7-2 知，$L_f(P)$ 較區域 Q 之實際面積小，而 $U_f(P)$ 較區域 Q 之實際面積大。於是

$$L_f(P) \leq A \leq U_f(P)$$

若 $n \to \infty$，則

$$\Delta x_i \to 0, i = 1, 2, 3, \cdots, n$$

故

$$\lim_{n \to \infty} L_f(P) = A = \lim_{n \to \infty} U_f(P)$$

或

$$\lim_{n \to \infty} \sum_{i=1}^{n} f(m_i)\Delta x_i = A = \lim_{n \to \infty} \sum_{i=1}^{n} f(M_i)\Delta x_i \tag{7-1}$$

【例題 1】試利用上和與下和求曲線 $y = x^2$ 與 x 軸由 $x = 0$ 至 $x = 2$ 所圍成區域之面積。

【解】為了便於計算，我們將區間 $[0, 2]$ 分割成 n 個相等之子區間，其長度為

$$\Delta x = \frac{b-a}{n} = \frac{2-0}{n} = \frac{2}{n}$$

如圖 7-3 所示，由於 $f(x) = x^2$ 在區間 $[0, 2]$ 上為遞增，故 f 在每個子區間上之極小值發生在子區間之左端點，而 f 之極大值發生在子區間之右端點。所以

$$m_1 = x_0 = 0 \qquad M_1 = x_1 = \frac{2}{n}$$

(i) 內接矩形　　　　　　　　　(ii) 外接矩形

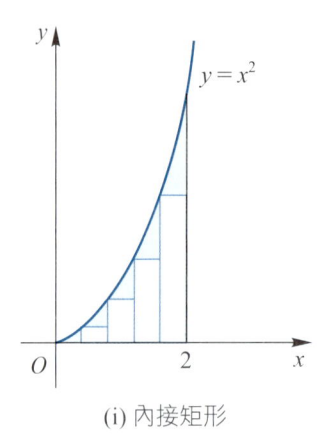

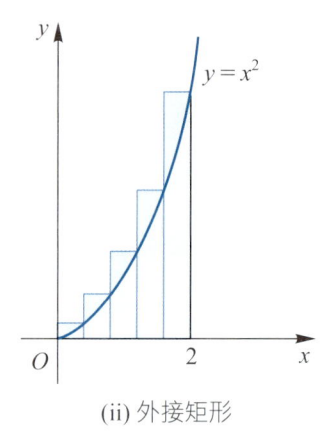

圖 7-3

$$m_2 = x_1 = \frac{2}{n} \qquad M_2 = x_2 = \frac{4}{n}$$

$$m_3 = x_2 = \frac{4}{n} \qquad M_3 = x_3 = \frac{6}{n}$$

$$\vdots \qquad \qquad \vdots$$

$$m_i = x_{i-1} = \frac{2(i-1)}{n} \qquad M_i = x_i = \frac{2i}{n}$$

於是

下和 $L_f(P) = \sum_{i=1}^{n} f(m_i)\Delta x = \sum_{i=1}^{n} f\left[\frac{2(i-1)}{n}\right]\left(\frac{2}{n}\right)$

$$= \sum_{i=1}^{n}\left[\frac{2(i-1)}{n}\right]^2\left(\frac{2}{n}\right)$$

$$= \sum_{i=1}^{n}\left(\frac{8}{n^3}\right)(i^2 - 2i + 1)$$

$$= \frac{8}{n^3}\left[\sum_{i=1}^{n}i^2 - 2\sum_{i=1}^{n}i + \sum_{i=1}^{n}1\right]$$

$$= \frac{8}{n^3}\left[\frac{n(n+1)(2n+1)}{6} - 2\frac{n(n+1)}{2} + n\right]$$

$$= \frac{8}{3} - \frac{4}{n} + \frac{4}{3n^2}$$

$\sum_{i=1}^{n}i^2 = \frac{n(n+1)(2n+1)}{6}$,
$\sum_{i=1}^{n}i = \frac{n(n+1)}{2}$

上和 $U_f(P) = \sum_{i=1}^{n} f(M_i)\Delta x = \sum_{i=1}^{n} f\left(\frac{2i}{n}\right)\left(\frac{2}{n}\right) = \sum_{i=1}^{n}\left(\frac{2i}{n}\right)^2\left(\frac{2}{n}\right) = \frac{8}{n^3}\sum_{i=1}^{n} i^2$

$$= \frac{8}{n^3}\left[\frac{n(n+1)(2n+1)}{6}\right]$$

$$= \frac{8}{3} + \frac{4}{n} + \frac{4}{3n^2}$$

故 $\lim_{n\to\infty}\left(\frac{8}{3} - \frac{4}{n} + \frac{4}{3n^2}\right) = \frac{8}{3}$ $\lim_{n\to\infty}\left(\frac{8}{3} + \frac{4}{n} + \frac{4}{3n^2}\right) = \frac{8}{3}$

因此求得面積 $A = \frac{8}{3}$ 平方單位。

習題 7-1

1. 設 $f(x) = x^2$，$x_1 = 0$，$x_2 = 2$，$x_3 = 4$，$x_4 = 6$ 與 $\Delta x = 2$，求 $\sum_{i=1}^{4} f(x_i)\Delta x$。

2. 求 $\lim_{n\to\infty} \dfrac{\sum_{i=1}^{n} i^2}{n^3 + 1}$。

3. 試求 $f(x) = 3x + 1$ 在 $[1, 4]$ 上所圍成區域的面積。

   (1) 利用內接矩形法。（提示：$m_i = x_{i-1} = 1 + \dfrac{3(i-1)}{n}$）

   (2) 利用外接矩形法。（提示：$M_i = x_i = 1 + \dfrac{3i}{n}$）

4. 試求 $f(x) = x^2$ 在 $[0, 1]$ 上所圍成區域的面積。

   (1) 利用內接矩形法。

   (2) 利用外接矩形法。

   （提示：$\sum_{i=1}^{n} i^2 = \dfrac{n(n+1)(2n+1)}{6}$）

7-2　黎曼和與定積分

現在我們想利用面積的計算概念引導出定積分的定義。

定義 7-2　分割與範數

設 $[a, b]$ 為一閉區間，若實數 $x_0, x_1, x_2, \cdots, x_n$ 滿足 $a = x_0 < x_1 < x_2 < x_3 < \cdots < x_{n-1} < x_n = b$，則稱 $P = \{x_0, x_1, x_2, \cdots, x_n\}$ 為 $[a, b]$ 之一分割，而 $\Delta x_i = x_i - x_{i-1}$ 表第 i 個子區間的長度，$\|P\| = \text{Max} \{\Delta x_i \mid i = 1, 2, 3, \cdots, n\}$ 稱為分割 P 的**範數** (norm)，如圖 7-4 所示。

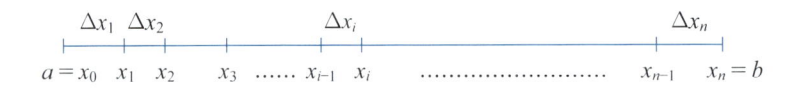

圖 7-4

定義 7-3　黎曼和

設 $f(x)$ 在 $[a, b]$ 上為一連續函數，$P = \{x_0, x_1, x_2, \cdots, x_n\}$ 為 $[a, b]$ 之任一分割，並令 $\overline{x}_i \in [x_{i-1}, x_i]$，則 $R_n = \sum_{i=1}^{n} f(\overline{x}_i) \Delta x_i$ 稱為函數 f 關於分割 P 的**黎曼和** (Riemann sum)，如圖 7-5 所示。

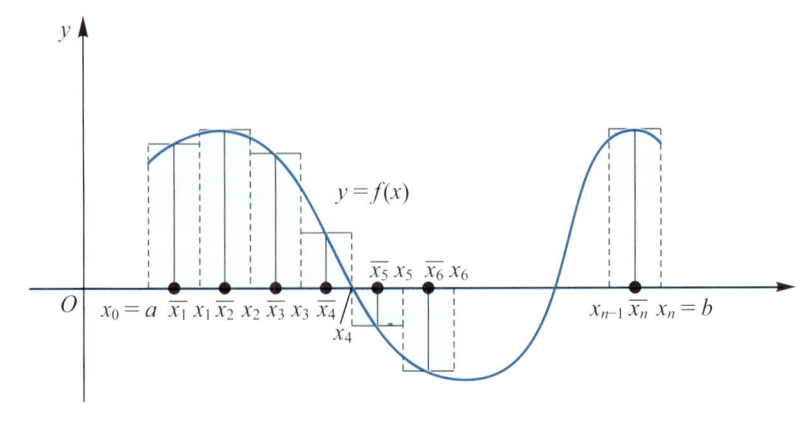

圖 7-5

定義 7-4　定積分

設 f 在 $[a, b]$ 中為一連續函數，$P = \{x_0, x_1, x_2, \cdots, x_n\}$ 為 $[a, b]$ 之任一分割，若存在一定實數 L，使得 $\lim\limits_{\|P\| \to 0} \sum\limits_{i=1}^{n} f(\overline{x_i}) \Delta x_i = L$，則 L 稱為 f 由 $x = a$ 至 $x = b$ 的定積分。以 $\int_a^b f(x)dx = L$ 表之，亦稱 f 在 $[a, b]$ 為可積分。

在上述定義中的符號 $\int$ 稱為**積分號**，在記號 $\int_a^b f(x)dx$ 當中，$f(x)$ 稱為**被積分函數**，a 與 b 分別稱為定積分的**下限**及**上限**。定積分 $\int_a^b f(x)dx$ 是一個數，當 $f(x) > 0$ 時，定積分 $\int_a^b f(x)dx$ 之值表區域 $R = \{(x, y) | a \leq x \leq b, 0 \leq y \leq f(x)\}$ 之面積，$\int_a^b f(x)dx$ 之值與所使用的自變數 x 無關。事實上，我們使用 x 以外的字母並不會改變定積分之值。於是，若 f 在 $[a, b]$ 為可積分，則

$$\int_a^b f(x)dx = \int_a^b f(t)dt = \int_a^b f(u)du$$

基於此理由，定義 7-4 中之字母 x 有時稱為**啞變數** (或無意義變數)。

在定義定積分 $\int_a^b f(x)dx$ 時，我們假定 $a < b$。為了除去這個限制，我們將它的定義推廣到 $a > b$ 或 $a = b$ 的情形是很有用的。

定義 7-5

(1) 若 $a > b$，且 $\int_a^b f(x)dx$ 存在，則 $\int_a^b f(x)dx = -\int_b^a f(x)dx$。

(2) 若 $f(a)$ 存在，則 $\int_a^a f(x)dx = 0$。

【例題 1】在區間 $[-1, 2]$ 上將 $\lim\limits_{\|P\| \to 0} \sum\limits_{i=1}^{n} [2(\overline{x_i})^2 - 3\overline{x_i} + 5] \Delta x_i$ 表成定積分的形式。

【解】比較所予極限與定義 7-4 中的極限，我們選取

$$f(x) = 2x^2 - 3x + 5 \text{，} a = -1 \text{，} b = 2$$

所以, $\displaystyle\lim_{\|P\|\to 0}\sum_{i=1}^{n}[2(\overline{x_i})^2-3\overline{x_i}+5]\Delta x_i = \int_{-1}^{2}(2x^2-3x+5)\,dx$ ∎

定理 7-1　定積分的存在定理

若 f 在 $[a, b]$ 中為連續函數,則 f 在 $[a, b]$ 為可積分。

【例題 2】函數 $f(x)=\begin{cases}\dfrac{1}{x^2}, & \text{若 } x\neq 0 \\ 1, & \text{若 } x=0\end{cases}$,則 $\displaystyle\int_{-2}^{2}f(x)\,dx$ 不存在,因為 $f(x)$ 在 $[-2, 2]$ 中不連續,而 $\displaystyle\lim_{x\to 0}\dfrac{1}{x^2}=\infty$。 ∎

定理 7-2　定積分的性質

若兩函數 f 與 g 在 $[a, b]$ 為可積分,且 c 為常數,則

(1) $\displaystyle\int_{a}^{b}c\,dx = c(b-a)$

(2) $\displaystyle\int_{a}^{b}c\,f(x)\,dx = c\int_{a}^{b}f(x)\,dx$

(3) $\displaystyle\int_{a}^{b}[f(x)\pm g(x)]\,dx = \int_{a}^{b}f(x)\,dx \pm \int_{a}^{b}g(x)\,dx$

定理 7-3　定積分在區間上之可加性

若函數 f 在含有任意三數 a、b 與 c 的閉區間為可積分,則

$$\int_{a}^{b}f(x)\,dx = \int_{a}^{c}f(x)\,dx + \int_{c}^{b}f(x)\,dx$$

不論 a、b 及 c 的次序為何。

尤其,若 f 在 $[a, b]$ 為連續且非負值,又 $a<c<b$,則定理 7-3 有一個簡單的幾何解釋,即,

$$A = \text{在 } f \text{ 的圖形下方由 } a \text{ 到 } b \text{ 的面積} = A_1 + A_2$$

如圖 7-6 所示。

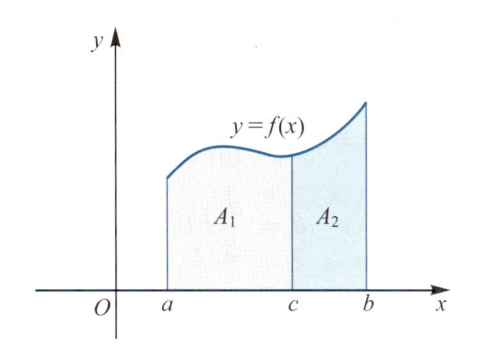

圖 7-6

【例題 3】試將 $\int_7^{10} f(x)dx - \int_7^2 f(x)dx$ 表成單一積分。

【解】
$$\int_7^{10} f(x)dx - \int_7^2 f(x)dx = \int_7^{10} f(x)dx + \int_2^7 f(x)dx \quad \text{定義 7-5}$$
$$= \int_2^7 f(x)dx + \int_7^{10} f(x)dx$$
$$= \int_2^{10} f(x)dx \quad \text{定理 7-3}$$

定理 7-4 微積分基本定理

設函數 f 在 $[a, b]$ 為連續。

第 I 部分：若令 $F(x) = \int_a^x f(t)\,dt$，$x \in [a, b]$，則 $F'(x) = f(x)$。即 $F(x)$ 為 $f(x)$ 之反導數。

第 II 部分：若 $F'(x) = f(x)$，$x \in [a, b]$，則 $\int_a^b f(x)dx = F(b) - F(a)$。

若 $F'(x) = f(x)$，則我們通常寫成

$$\int_a^b f(x)dx = F(b) - F(a)$$

$F(b) - F(a)$ 記為 $\left[F(x)\right]_{x=a}^{x=b}$ 或 $\left[F(x)\right]_a^b$。

【例題 4】 利用微積分基本定理第 I 部分，求 $\dfrac{d}{dx}\displaystyle\int_1^x e^{t^2}\,dt$。

【解】 令 $F(x)=\displaystyle\int_1^x e^{t^2}\,dt$，$f(t)=e^{t^2}$，則

$$\frac{d}{dx}\int_1^x e^{t^2}\,dt = \frac{d}{dx}F(x)=F'(x)$$
$$=f(x)=e^{x^2}$$

【例題 5】 利用微積分基本定理第 I 部分，求 $\dfrac{d}{dx}\displaystyle\int_x^3 \sqrt{t^2+1}\,dt$。

【解】
$$\frac{d}{dx}\int_x^3 \sqrt{t^2+1}\,dt = \frac{d}{dx}\left(-\int_3^x \sqrt{t^2+1}\,dt\right)$$
$$=-\frac{d}{dx}\int_3^x \sqrt{t^2+1}\,dt$$
$$=-\sqrt{x^2+1}$$

利用連鎖律可將微積分基本定理的第 I 部分推廣如下：

(i) 若函數 g 為可微分，且函數 f 在 $[a, g(x)]$ 為連續，則

$$\frac{d}{dx}\left(\int_a^{g(x)} f(t)\,dt\right) = f(g(x))\frac{d}{dx}g(x) \tag{7-2}$$

(ii) 若函數 g 與 h 均為可微分，且函數 f 在 $[g(x), a]$ 與 $[a, h(x)]$ 為連續，則

$$\frac{d}{dx}\int_{g(x)}^{h(x)} f(t)\,dt = f(h(x))\frac{d}{dx}h(x) - f(g(x))\frac{d}{dx}g(x) \tag{7-3}$$

【例題 6】 利用微積分基本定理之推廣，求 $\dfrac{d}{dx}\displaystyle\int_{e^x}^{\sqrt{x}}(t^2+1)\,dt\;(x>0)$。

【解】
$$\frac{d}{dx}\int_{e^x}^{\sqrt{x}}(t^2+1)\,dt = \left[(\sqrt{x})^2+1\right]\frac{d}{dx}\sqrt{x} - (e^{2x}+1)\frac{d}{dx}e^x$$
$$=(x+1)\frac{1}{2\sqrt{x}} - (e^{2x}+1)e^x \quad (x>0)$$

定理 7-5

若 k 為常數，$n \neq -1$，則

$$\int_a^b kx^n\,dx = \left.\frac{kx^{n+1}}{n+1}\right|_a^b = \frac{k}{n+1}(b^{n+1}-a^{n+1})$$

【例題 7】 試求曲線 $y = x^2$ 在 $[0, 1]$ 間之面積。

【解】 面積為
$$A = \int_0^1 x^2 \, dx = \left.\frac{x^3}{3}\right|_0^1 = \frac{1}{3} - \frac{0}{3} = \frac{1}{3}$$

■

【例題 8】 求 $\int_{-1}^{2}(4x - 6x^2)\,dx$。

【解】
$$\int_{-1}^{2}\underbrace{(4x - 6x^2)}_{f(x)}dx = \underbrace{4 \cdot \frac{x^2}{2} - 6 \cdot \frac{x^3}{3}}_{F(x)}\bigg|_{-1}^{2} \quad \text{求反導數}$$

$$= \underbrace{\left[4 \cdot \frac{(2)^2}{2} - 6 \cdot \frac{(2)^3}{3}\right]}_{F(2)} - \underbrace{\left[4 \cdot \frac{(-1)^2}{2} - 6 \cdot \frac{(-1)^3}{3}\right]}_{F(-1)} \quad \text{微積分基本定理}$$

$$= (8 - 16) - (2 + 2) = -12$$

■

【例題 9】 求 $\int_0^1 (x^2 + x)^{1/2}(2x + 1)\,dx$。

【解】 方法 1：$\int_0^1 (x^2 + x)^{1/2}(2x + 1)\,dx = \int_0^1 \underbrace{(x^2 + x)^{1/2}}_{[u(x)]^n}\underbrace{(2x + 1)}_{u'(x)}\,dx$

$$= \left.\frac{(x^2 + x)^{1/2+1}}{\frac{1}{2} + 1}\right|_0^1 = \frac{2}{3}[2^{3/2} - 0] = \frac{2}{3}(2)^{3/2}$$

方法 2：令 $u = x^2 + x$，則 $du = (2x + 1)\,dx$，因此

$$\int (x^2 + x)^{1/2}(2x + 1)\,dx = \int u^{1/2}\,du = \frac{2}{3}u^{3/2} + C$$

$$= \frac{2}{3}(x^2 + x)^{3/2} + C$$

由微積分基本定理，知

$$\int_0^1 (x^2 + x)^{1/2}(2x + 1)\,dx = \left.\frac{2}{3}(x^2 + x)^{3/2} + C\right|_0^1$$

$$= \frac{2}{3}(2)^{3/2} + C - [0 + C] = \frac{2}{3}(2)^{3/2}$$

■

【例題 10】求 $\int_0^1 \dfrac{\ln(x+1)}{x+1}dx$。

【解】$\int_0^1 \dfrac{\ln(x+1)}{x+1}dx = \int_0^1 \overbrace{\ln(x+1)}^{u(x)}\overbrace{\dfrac{1}{x+1}}^{u'(x)}dx = \dfrac{\ln^2(x+1)}{2}\Big|_0^1$

$\qquad = \dfrac{1}{2}\ln^2 2$ ∎

【例題 11】求 $\int_0^{\ln 5} e^x(3e^x+1)^{-3/2}dx$。

【解】$\int_0^{\ln 5} e^x(3e^x+1)^{-3/2}dx = \int_0^{\ln 5}(3e^x+1)^{-3/2}\dfrac{1}{3}\cdot 3e^x\,dx$

$\qquad = \dfrac{1}{3}\int_0^{\ln 5}\underbrace{(3e^x+1)^{-3/2}}_{[u(x)]^n}\underbrace{3e^x}_{u'(x)}dx = \dfrac{1}{3}\left(\dfrac{(3e^x+1)^{-1/2}}{-(1/2)}\Big|_0^{\ln 5}\right)$

$\qquad = -\dfrac{2}{3}(16^{-1/2}-4^{-1/2}) = -\dfrac{2}{3}\left(\dfrac{1}{4}-\dfrac{1}{2}\right) = \dfrac{1}{6}$ ∎

【例題 12】求 $\int_1^e x^3 \ln x\, dx$。

【解】令 $u=\ln x$,$dv=x^3 dx$,則 $du=\dfrac{dx}{x}$,$v=\dfrac{x^4}{4}$。

故 $\int_1^e x^3 \ln x\,dx = \dfrac{x^4}{4}\ln x\Big|_1^e - \int_1^e \dfrac{x^4}{4}\cdot\dfrac{dx}{x}$

$\qquad = \dfrac{e^4}{4} - \int_1^e \dfrac{1}{4}x^3\,dx = \dfrac{e^4}{4} - \left(\dfrac{x^4}{16}\right)\Big|_1^e$

$\qquad = \dfrac{3e^4+1}{16}$ ∎

【例題 13】求 $\int_0^{1/2}\dfrac{3x^2+2x+1}{x^3-2x^2-x+2}dx$。

【解】令 $\dfrac{3x^2+2x+1}{x^3-2x^2-x+2} = \dfrac{A}{x-1}+\dfrac{B}{x+1}+\dfrac{C}{x-2}$

則 $3x^2+2x+1 = A(x+1)(x-2)+B(x-1)(x-2)+C(x-1)(x+1)$

以 $x = -1$ 代入，可得 $B = \dfrac{1}{3}$。

以 $x = 2$ 代入，可得 $C = \dfrac{17}{3}$。

以 $x = 1$ 代入，可得 $A = -3$。

故

$$\int_0^{1/2} \frac{3x^2 + 2x + 1}{x^3 - 2x^2 - x + 2} dx = -3\int_0^{1/2} \frac{1}{x-1} dx + \frac{1}{3}\int_0^{1/2} \frac{1}{x+1} dx + \frac{17}{3}\int_0^{1/2} \frac{1}{x-2} dx$$

$$= -3\ln|x-1|\Big|_0^{1/2} + \frac{1}{3}\ln|x+1|\Big|_0^{1/2} + \frac{17}{3}\ln|x-2|\Big|_0^{1/2}$$

$$= -3\ln\left|-\frac{1}{2}\right| + \frac{1}{3}\ln\left|\frac{3}{2}\right| + \frac{17}{3}\ln\left|-\frac{3}{2}\right| - \frac{17}{3}\ln|-2|$$

$$= 3\ln 2 + \frac{1}{3}\ln 3 - \frac{1}{3}\ln 2 + \frac{17}{3}\ln 3 - \frac{17}{3}\ln 2 - \frac{17}{3}\ln 2$$

$$= 6\ln 3 - \frac{26}{3}\ln 2$$

【例題 14】四維公司之市調部門預估該公司所生產 A 產品的邊際利潤為 $\dfrac{dp}{dx} = -0.02x + 12$，$p$ 以元為單位。試求銷售量由 200 增加到 201 單位時所增加的利潤。

【解】銷售量由 200 增加到 201 單位時所增加的利潤為

$$p(201) - p(200) = \int_{200}^{201} \frac{dp}{dx} dx = \int_{200}^{201} (-0.02x + 12) dx$$

$$= -0.01x^2 + 12x\Big|_{200}^{201}$$

$$= -0.01(201)^2 + 12(201) - [-0.01(200)^2 + 12(200)]$$

$$= 7.99 \text{ 元}$$

習題 7-2

在 1～3 題中，在所予區間上將每一極限表成定積分的形式。

1. $\lim\limits_{\|P\|\to 0}\sum\limits_{i=1}^{n}[3(\bar{x}_i)^2-5\bar{x}_i]\Delta x_i$ ；$[0, 1]$
2. $\lim\limits_{\|P\|\to 0}\sum\limits_{i=1}^{n}2\pi\bar{x}_i[1+(\bar{x}_i)^3]\Delta x_i$ ；$[0, 4]$
3. $\lim\limits_{\|P\|\to 0}\sum\limits_{i=1}^{n}[\sqrt[3]{\bar{x}_i}+2\bar{x}_i]\Delta x_i$ ；$[-4, -3]$

在 4～7 題中，以單一積分 $\int_a^b f(x)dx$ 的形式表示。

4. $\int_1^3 f(x)dx+\int_3^6 f(x)dx+\int_6^{12} f(x)dx$
5. $\int_5^8 f(x)dx+\int_0^5 f(x)dx$
6. $\int_2^{10} f(x)dx-\int_2^7 f(x)dx$
7. $\int_{-3}^5 f(x)dx-\int_{-3}^0 f(x)dx+\int_5^6 f(x)dx$

在 8～11 題中，利用微積分基本定理第 I 部分，求下列各函數之導數。

8. $F(x)=\int_2^{x^2} e^t\,dt$
9. $F(x)=\int_{x^2+1}^{1}\sqrt{t}\,dt$
10. $F(x)=\int_{\sqrt{x}}^{e^x}(t^2+1)dt\;(x>0)$
11. $F(x)=\int_{\ln(x^2+1)}^{e^{x^2}}\dfrac{1}{t}dt$

在 12～24 題中，用微積分基本定理求每一定積分之值。

12. $\int_0^4\sqrt{x}\,dx$
13. $\int_1^8\sqrt[3]{x}\,dx$
14. $\int_{-4}^{-2}\left(x^2+\dfrac{1}{x^3}\right)dx$
15. $\int_1^4\dfrac{x^4-8}{x^2}dx$
16. $\int_3^9\sqrt{2x-2}\,dx$
17. $\int_0^4-(3t^{3/2}+t^{1/2})dt$
18. $\int_1^4\dfrac{-3}{(2x+1)^2}dx$
19. $\int_1^3\dfrac{\sqrt{\ln x}}{x}dx$
20. $\int_1^2\dfrac{3}{x(1+\ln x)}dx$
21. $\int_0^1 e^{x^2}x\,dx$
22. $\int_2^e\dfrac{dx}{x\ln x}$
23. $\int_0^4 xe^x\,dx$
24. $\int_0^3|x-2|dx$

25. 試求曲線 $y = x^2 + 1$ 在 [1, 2] 間之面積。

26. 一製造廠商之邊際成本函數為

$$\frac{dc}{dx} = 0.6x + 2$$

若現在每週之生產量定在 $x = 80$ 單位，當每週之生產量增至 100 單位時，則成本會增加多少？

27. 一製造商之邊際收益函數為 $\dfrac{dR}{dx} = \dfrac{1,000}{\sqrt{100x}}$，$R$ 是以元為單位。若產量由 400 增加至 900 單位，試求此製造商總收益之變動。

試求下列之極限。

28. 求 $\displaystyle\lim_{x \to 0} \frac{\int_0^x e^{t^2} dt}{x^3}$。

29. 求 $\displaystyle\lim_{x \to 1} \frac{\int_1^x \ln t\, dt}{x - 1}$。

30. 求 $\displaystyle\lim_{x \to \infty} \frac{\int_1^x \ln t\, dt}{x \ln x}$。

7-3 定積分的代換積分法

定理 7-6 定積分的代換定理

設函數 g 在 $[a, b]$ 具有連續的導函數，且 f 在 $g(a)$ 至 $g(b)$ 為連續。令 $u = g(x)$，則

$$\int_a^b f(g(x))g'(x)\,dx = \int_{g(a)}^{g(b)} f(u)\,du$$

證明 令 F 為 f 的反導函數，即，$F' = f$，則

$$\frac{d}{dx}[F(g(x))] = F'(g(x))g'(x)$$
$$= f(g(x))g'(x) \qquad \text{合成函數的連鎖律 } F'(x) = f(x)$$

故
$$\int_a^b f(g(x))g'(x)\,dx = F(g(x))\Big|_a^b = F(g(b)) - F(g(a))$$
$$= F(u)\Big|_{u=g(a)}^{u=g(b)} = \int_{g(a)}^{g(b)} f(u)\,du$$

【例題 1】求 $\int_1^4 \dfrac{\sqrt{x}}{(9-x\sqrt{x})^2}\,dx$。

【解】令 $u = 9 - x\sqrt{x}$，則 $du = -\dfrac{3}{2}\sqrt{x}\,dx$，故 $\sqrt{x}\,dx = -\dfrac{2}{3}du$。

若 $x = 1$，則 $u = 8$；若 $x = 4$，則 $u = 1$。於是，

$$\int_1^4 \dfrac{\sqrt{x}}{(9-x\sqrt{x})^2}\,dx = -\dfrac{2}{3}\int_8^1 \dfrac{1}{u^2}\,du = \dfrac{2}{3}\left(\dfrac{1}{u}\bigg|_8^1\right) = \dfrac{2}{3} - \dfrac{1}{12} = \dfrac{7}{12}$$

（x 的積分界限；u 的積分界限）

【例題 2】試求 $\int_0^4 \dfrac{(x+2)\,dx}{\sqrt{2x+1}}$。

【解】令 $u = \sqrt{2x+1}$，則 $u^2 = 2x+1$，$x = \dfrac{u^2-1}{2}$，$dx = u\,du$。

於是，當 $x = 0$ 時，$u = 1$；當 $x = 4$ 時，$u = 3$。故

（x 的積分界限；u 的積分界限）

$$\int_0^4 \dfrac{(x+2)\,dx}{\sqrt{2x+1}} = \int_1^3 \dfrac{\left(\dfrac{u^2-1}{2}+2\right)u\,du}{u} = \dfrac{1}{2}\int_1^3 (u^2+3)\,du$$

$$= \dfrac{1}{2}\left(\dfrac{u^3}{3}+3u\right)\bigg|_1^3 = \dfrac{22}{3}$$

【例題 3】求 $\int_0^2 x^3 e^{x^4}\,dx$。

【解】令 $u = x^4$，則 $du = 4x^3\,dx$，故 $x^3\,dx = \dfrac{du}{4}$。

當 $x = 0$ 時，$u = 0$；當 $x = 2$ 時，$u = 16$。故

$$\int_0^2 x^3 e^{x^4}\,dx = \int_0^{16} e^u \dfrac{du}{4} = \dfrac{1}{4}\int_0^{16} e^u\,du = \dfrac{1}{4}\left[e^u\bigg|_0^{16}\right] = \dfrac{1}{4}(e^{16}-1)$$

定理 7-7　對稱定理

(1) 若 f 為偶函數，則
$$\int_{-a}^{a} f(x)\,dx = 2\int_{0}^{a} f(x)\,dx$$

(2) 若 f 為奇函數，則
$$\int_{-a}^{a} f(x)\,dx = 0$$

【例題 4】 求 $\int_{-2}^{2}(x^2+1)\,dx$。

【解】 因 $f(x) = x^2+1$ 是偶函數，故

$$\int_{-2}^{2}(x^2+1)\,dx = 2\int_{0}^{2}(x^2+1)\,dx = 2\left(\frac{x^3}{3}+x\right)\bigg|_{0}^{2} = 2\left(\frac{8}{3}+2\right) = \frac{28}{3}$$

【例題 5】 求 $\int_{-5}^{5} \frac{x^5}{x^2+4}\,dx$。

【解】 因 $f(x) = \dfrac{x^5}{x^2+4}$ 是奇函數，故

$$\int_{-5}^{5} \frac{x^5}{x^2+4}\,dx = 0$$

習題 7-3

試利用微積分之代換積分法求下列各定積分。

1. $\int_{0}^{1} \dfrac{x}{\sqrt{x^2+1}}\,dx$

2. $\int_{1}^{2} e^{x^3} x^2\,dx$

3. $\int_{0}^{1} x\sqrt{x+1}\,dx$

4. $\int_{0}^{2} \dfrac{x^3}{\sqrt{x^2+4}}\,dx$

5. $\int_0^{25} \dfrac{dx}{\sqrt{4+\sqrt{x}}}$ (提示：令 $u=4+\sqrt{x}$)   6. $\int_1^4 \dfrac{1}{x^2}\sqrt{1+\dfrac{1}{x}}\,dx$ (提示：令 $u=1+\dfrac{1}{x}$)

7. $\int_1^2 \dfrac{e^{4/x}}{x^2}\,dx$ 8. $\int_1^e \dfrac{(1+\ln x)^2}{x}\,dx$

9. $\int_1^{10} \dfrac{(\log x)^3}{x}\,dx$ (提示：令 $\log x=\dfrac{\ln x}{\ln 10}$)   10. $\int_0^1 e^{\sqrt{x}}\,dx$ (提示：令 $u=\sqrt{x}$)

11. $\int_2^4 \dfrac{e^{\sqrt{x}}}{\sqrt{x}}\,dx$

7-4 瑕積分

在 7-2 節中，我們所涉及到的定積分 $\int_a^b f(x)\,dx$ 具有兩個重要假設：

1. 區間 $[a, b]$ 必須為有限。
2. 被積分函數 f 在 $[a, b]$ 必須為連續，或者，若不連續，也得在 $[a, b]$ 中為有界。

若不合乎此等假設之一者，就稱為**瑕積分**或**廣義積分**。我們現在僅討論函數在無限區間上的積分，另外有關不連續函數的積分則不予討論。

考慮函數 $f(x)=\dfrac{1}{x^2}$ 在 $[1, \infty)$ 為連續且非負值，故在 f 的圖形下方由 1 到 t 的面積 $A(t)$ 為

$$A(t)=\int_1^t \dfrac{1}{x^2}\,dx=-\dfrac{1}{x}\bigg|_1^t=1-\dfrac{1}{t}$$

其圖形如圖 7-7 所示。

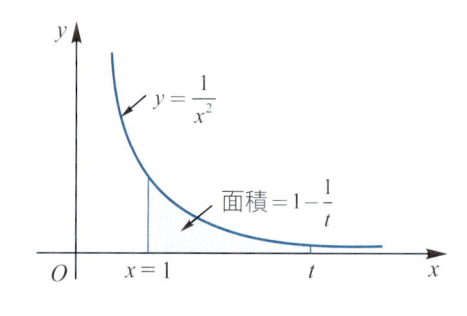

圖 7-7

無論我們選擇多大的 t 值，$A(t) < 1$，

且
$$\lim_{t \to \infty} A(t) = \lim_{t \to \infty} \left(1 - \frac{1}{t}\right) = 1$$

上式的極限可以解釋為位於 f 的圖形下方與 x-軸上方以及 $x = 1$ 右方的無界區域的面積，並以符號 $\int_1^\infty \frac{1}{x^2} \, dx$ 來表示此數值，故

$$\int_1^\infty \frac{1}{x^2} \, dx = \lim_{t \to \infty} \int_1^t \frac{1}{x^2} \, dx = 1$$

因此，我們有下面的定義。

定義 7-6

(1) 對每一數 $t \geq a$，若 $\int_a^t f(x) \, dx$ 存在，則定義

$$\int_a^\infty f(x) \, dx = \lim_{t \to \infty} \int_a^t f(x) \, dx$$

(2) 對每一數 $t \leq b$，若 $\int_t^b f(x) \, dx$ 存在，則定義

$$\int_{-\infty}^b f(x) \, dx = \lim_{t \to -\infty} \int_t^b f(x) \, dx$$

以上各式若極限存在，則稱該瑕積分為收斂或收斂積分，而極限值即為積分的值。若極限不存在，則稱該瑕積分為發散或發散積分。

(3) 若 $\int_c^\infty f(x) \, dx$ 與 $\int_{-\infty}^c f(x) \, dx$ 皆為收斂，則稱瑕積分 $\int_{-\infty}^\infty f(x) \, dx$ 為收斂或收斂積分，定義為

$$\int_{-\infty}^\infty f(x) \, dx = \int_{-\infty}^c f(x) \, dx + \int_c^\infty f(x) \, dx$$

若上式等號右邊任一積分發散，則稱 $\int_{-\infty}^\infty f(x) \, dx$ 為發散或發散積分。

【例題 1】判斷積分 $\int_2^\infty \frac{1}{(x-1)^2} \, dx$ 是否收斂？

【解】$\int_2^\infty \frac{1}{(x-1)^2}\,dx = \lim_{t\to\infty}\int_2^t \frac{1}{(x-1)^2}\,dx$ 瑕積分的定義

$\qquad\qquad\qquad = \lim_{t\to\infty}\left[\left.\frac{-1}{x-1}\right|_2^t\right]$ 求反導數

$\qquad\qquad\qquad = \lim_{t\to\infty}\left(\frac{-1}{t-1}+\frac{1}{2-1}\right) = 0+1 = 1$ 微積分基本定理

故此積分收斂且其值為 1。

【例題 2】計算 $\int_e^\infty \frac{1}{x(\ln x)^2}\,dx$。

【解】$\int_e^\infty \frac{1}{x(\ln x)^2}\,dx = \lim_{t\to\infty}\int_e^t \frac{1}{x(\ln x)^2}\,dx = \lim_{t\to\infty}\int_e^t (\ln x)^{-2}\frac{1}{x}\,dx$

$\qquad\qquad\qquad = \lim_{t\to\infty}\int_e^t (\ln x)^{-2}\,d(\ln x) = \lim_{t\to\infty}\left(-\left.\frac{1}{\ln x}\right|_e^t\right)$

$\qquad\qquad\qquad = -\lim_{t\to\infty}\left(\frac{1}{\ln t} - \frac{1}{\ln e}\right)$

$\qquad\qquad\qquad = 1$

【例題 3】計算 $\int_{-\infty}^0 xe^x\,dx$。

【解】$\int_{-\infty}^0 xe^x\,dx = \lim_{t\to-\infty}\int_t^0 xe^x\,dx$

利用分部積分法，令 $u = x$，$dv = e^x\,dx$，則 $du = dx$，$v = e^x$。故

$$\int_t^0 xe^x\,dx = \left.xe^x\right|_t^0 - \int_t^0 e^x\,dx = -te^t - 1 + e^t$$

我們知道當 $t \to -\infty$ 時，$e^t \to 0$，利用羅必達法則可得

$$\lim_{t\to-\infty} te^t = \lim_{t\to-\infty}\frac{t}{e^{-t}} = \lim_{t\to-\infty}\frac{1}{-e^{-t}} = \lim_{t\to-\infty}(-e^t) = 0$$

故 $\qquad\int_{-\infty}^0 xe^x\,dx = \lim_{t\to-\infty}(-te^t - 1 + e^t) = -1$

習題 7-4

判斷下列 1～9 題各積分是收斂抑或發散？並計算收斂積分的值。

1. $\int_1^\infty \dfrac{dx}{x^{4/3}}$

2. $\int_{-\infty}^0 \dfrac{dx}{(2x-1)^3}$

3. $\int_{-\infty}^1 xe^{-x^2}\,dx$

4. $\int_2^\infty \dfrac{dx}{x(\ln x)^2}$

5. $\int_1^\infty \dfrac{\ln x}{x}\,dx$

6. $\int_0^\infty xe^{-x}\,dx$

7. $\int_3^\infty \dfrac{dx}{x^2-1}$ (提示：$\dfrac{1}{x^2-1} = \dfrac{1/2}{x-1} + \dfrac{-1/2}{x+1}$)

8. $\int_{-\infty}^\infty \dfrac{x}{e^{|x|}}\,dx$ (提示：$\int_{-\infty}^\infty \dfrac{x}{e^{|x|}}\,dx = \int_{-\infty}^0 \dfrac{x}{e^{|x|}}\,dx + \int_0^\infty \dfrac{x}{e^{|x|}}\,dx = \int_{-\infty}^0 \dfrac{x}{e^{-x}}\,dx + \int_0^\infty \dfrac{x}{e^x}\,dx$)

9. $\int_{-\infty}^0 \dfrac{dx}{x^2-3x+2}$ (提示：$\dfrac{1}{x^2-3x+2} = \dfrac{1}{x-2} - \dfrac{1}{x-1}$)

本章摘要

1. 設函數 f 定義在 $[a, b]$ 上,且 $\lim\limits_{\|P\|\to 0}\sum\limits_{i=1}^{n} f(\bar{x}_i)\Delta x_i$ 存在。函數 f 由 a 到 b 的定積分以 $\int_a^b f(x)\,dx$ 表示,定義為

$$\int_a^b f(x)\,dx = \lim_{\|P\|\to 0}\sum_{i=1}^{n} f(\bar{x}_i)\Delta x_i$$

若 $\lim\limits_{\|P\|\to 0}\sum\limits_{i=1}^{n} f(\bar{x}_i)\Delta x_i$ 存在,則稱 f 在 $[a, b]$ 為**可積分**,且定積分 $\int_a^b f(x)\,dx$ 存在。

2. **定積分的存在定理**:若函數 f 在 $[a, b]$ 為連續,則 f 在 $[a, b]$ 為可積分。

3. **定積分的性質**:

   (1) $\int_a^b c\,dx = c(b-a)$,c 為常數

   (2) $\int_a^b cf(x)\,dx = c\int_a^b f(x)\,dx$,$c$ 為常數

   (3) $\int_a^b [f(x)\pm g(x)]\,dx = \int_a^b f(x)\,dx \pm \int_a^b g(x)\,dx$

   (4) $\int_a^b f(x)\,dx = \int_a^b f(x)\,dx + \int_b^c f(x)\,dx$

   (5) $\int_a^b f(x)\,dx = \int_a^{c_1} f(x)\,dx + \int_{c_1}^{c_2} f(x)\,dx + \cdots + \int_{c_{n-1}}^{c_n} f(x)\,dx + \int_{c_n}^b f(x)\,dx$

4. **微積分基本定理**:設函數 f 在 $[a, b]$ 為連續。

   第 I 部分:若 $F(x) = \int_a^x f(t)\,dt$,$x \in [a, b]$,則 $F'(x) = f(x)$。即 $F(x)$ 為 $f(x)$ 之反導數。

   第 II 部分:若 $F'(x) = f(x)$,$x \in [a, b]$,則 $\int_a^b f(x)\,dx = F(b) - F(a)$。

5. 若 f 為連續函數,且 g 與 h 皆為可微分函數,則

   (1) $\dfrac{d}{dx}\int_a^{h(x)} f(t)\,dt = f(h(x))\,h'(x)$

   (2) $\dfrac{d}{dx}\int_{g(x)}^a f(t)\,dt = -f(g(x))\,g'(x)$

   (3) $\dfrac{d}{dx}\int_{g(x)}^{h(x)} f(t)\,dt = f(h(x))\,h'(x) - f(g(x))\,g'(x)$

6. 定積分的代換定理：設函數 g 在 $[a, b]$ 具有連續的導函數，且 f 在 $g(a)$ 至 $g(b)$ 為連續。令 $u = g(x)$，則

$$\int_a^b f(g(x))\, g'(x)\, dx = \int_{g(a)}^{g(b)} f(u)\, du$$

7. 對稱定理：

(1) 若 f 為偶函數，則

$$\int_{-a}^a f(x)\, dx = 2\int_0^a f(x)\, dx$$

(2) 若 f 為奇函數，則

$$\int_{-a}^a f(x)\, dx = 0$$

8. 積分區間為無限的積分：

(1) $\int_a^\infty f(x)\, dx = \lim\limits_{t \to \infty} \int_a^t f(x)\, dx$

(2) $\int_{-\infty}^b f(x)\, dx = \lim\limits_{t \to -\infty} \int_t^b f(x)\, dx$

(3) $\int_{-\infty}^\infty f(x)\, dx = \lim\limits_{s \to -\infty} \int_s^c f(x)\, dx + \lim\limits_{t \to \infty} \int_c^t f(x)\, dx \ (c \in \mathbb{R})$

現代商用微積分

CHAPTER 8

定積分之應用

8-1 定積分之均值定理與函數之平均值

定理 8-1　定積分之均值定理

若 f 在 $[a, b]$ 上連續，則存在一數 c 介於 a 與 b 之間，使得

$$\int_a^b f(x)dx = f(c)(b-a)$$

證　令

$$F(x) = \int_a^x f(t)dt,\ a \leq x \leq b$$

由導數之均值定理，對 F 而言，必存有一數 $c \in (a, b)$，使得

$$F(b) - F(a) = F'(c)(b-a)$$

即

$$\int_a^b f(t)dt - 0 = F'(c)(b-a)$$

由微積分基本定理知，$F'(c) = f(c)$，故

$$\int_a^b f(t)dt = f(c)(b-a) \tag{8-1}$$

由於 t 為啞變數，所以

$$\int_a^b f(x)dx = f(c)(b-a) \tag{8-2}$$

若 $f(x) \geq 0$ 對於 $[a, b]$ 中的所有 x 皆成立，則定理 8-1 之幾何意義如下：

$$\int_a^b f(x)dx = \text{底為 } (b-a) \text{ 且高為 } f(c) \text{ 之矩形區域的面積}$$

如圖 8-1 所示。

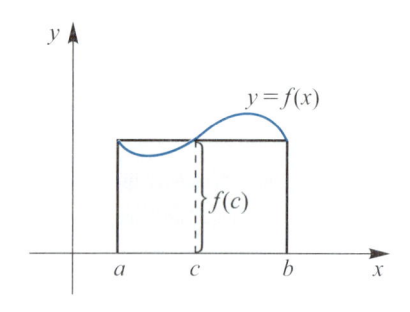

圖 8-1　$f(c)(b-a) = \int_a^b f(x)dx$

【例題 1】設 $f(x) = x^2$，試求一數 c 使得 $\int_1^4 f(x)dx = f(c)(4-1)$ 成立。

【解】因 $f(x) = x^2$ 在區間 [1, 4] 為連續，故由定積分均值定理保證在 [1, 4] 中存在一數 c 使得

$$\int_1^4 x^2 dx = f(c)(4-1) = c^2(4-1) = 3c^2$$

又

$$\int_1^4 x^2 dx = \left.\frac{x^3}{3}\right|_1^4 = 21$$

故 $3c^2 = 21$，即 $c^2 = 7$。於是 $c = \sqrt{7}$ 是 [1, 4] 中的數，它的存在由定積分均值定理來保證。

由式 (8-2) 中，解出 $f(c)$，則得

$$f(c) = \frac{\int_a^b f(x)dx}{b-a} \tag{8-3}$$

此數 $\dfrac{\int_a^b f(x)dx}{b-a}$ 就稱之為 f 在 [a, b] 上的平均值 (average value)。

我們應如何來討論此平均值呢？首先我們將區間分割成具有相等長度 $\Delta x = \dfrac{b-a}{n}$ 的 n 個子區間，然後，在每一個子區間 $[x_{i-1}, x_i]$ 中選取任一數 $\bar{x}_i$，則 $f(\bar{x}_1), f(\bar{x}_2), \cdots, f(\bar{x}_n)$ 的平均值為

$$\frac{f(\bar{x}_1) + f(\bar{x}_2) + \cdots + f(\bar{x}_n)}{n}$$

因 $n = \dfrac{b-a}{\Delta x}$,故平均值變成

$$\dfrac{f(\bar{x}_1)+f(\bar{x}_2)+\cdots+f(\bar{x}_n)}{\dfrac{b-a}{\Delta x}} = \dfrac{1}{b-a}[f(\bar{x}_1)\Delta x + f(\bar{x}_2)\Delta x + \cdots + f(\bar{x}_n)\Delta x]$$

$$= \dfrac{1}{b-a}\sum_{i=1}^{n} f(\bar{x}_i)\Delta x$$

令 $n \to \infty$,則

$$\lim_{x \to \infty} \dfrac{1}{b-a} \sum_{i=1}^{n} f(\bar{x}_i)\Delta x = \dfrac{1}{b-a} \int_a^b f(x)\,dx$$

定義 8-1　函數的平均值

若函數 f 在 $[a, b]$ 為可積分,則 f 在 $[a, b]$ 上的平均值定義為

$$f_{\text{ave}} = \dfrac{1}{b-a} \int_a^b f(x)\,dx$$

假設 $f(x)$ 為一非負值函數,則定積分

$$\int_a^b f(x)\,dx$$

乃是 f 的圖形下方由 $x = a$ 到 $x = b$ 的面積,如圖 8-2 所示。觀察此圖,$f(x)$ 的圖形上每一點到另一點的"高度"皆不同。我們能否將 $f(x)$ 以一常數函數 $g(x) = \bar{f}$ 代替(有固定的高度),使 f 與 g 的每一個圖形下方的面積皆會相同?如果可以,則因為 g 的圖形下方由 $x = a$ 到 $x = b$ 的面積為 $(b-a)\bar{f}$,如圖 8-3 所示,我們可得

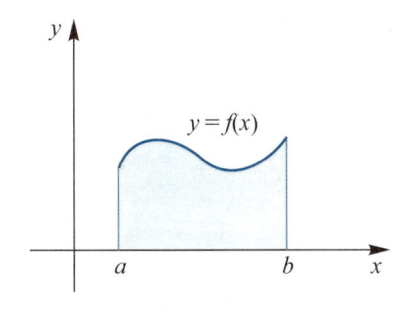

圖 8-2

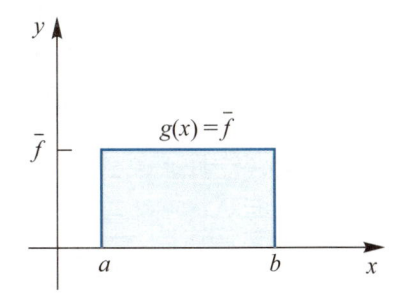

圖 8-3 f 在 $[a, b]$ 上的平均值為 $\bar{f}$

$$(b-a)\overline{f} = \int_a^b f(x)\,dx$$

或
$$\overline{f} = \frac{1}{b-a}\int_a^b f(x)\,dx$$

所以 $\overline{f}$ 為 f 在 $[a, b]$ 上的平均值。於是，具有底 $(b-a)$ 且高為 $\overline{f}$ 之矩形的面積與 f 的圖形下方由 $x = a$ 到 $x = b$ 之面積相同。

【例題 2】試求函數 $f(x) = xe^{x^2}$ 在區間 $[0, 2]$ 之平均值。

【解】
$$f_{\text{ave}} = \frac{1}{b-a}\int_a^b f(x)\,dx = \frac{1}{2-0}\int_0^2 xe^{x^2}\,dx = \frac{1}{4}\int_0^2 e^{x^2}\,d(x^2)$$
$$= \frac{1}{4}\left(e^{x^2}\Big|_0^2\right) = \frac{1}{4}(e^4 - 1)$$

【例題 3】某房屋在民國 97 年 1 月 1 日到民國 102 年 1 月 1 日期間內的中間價格約略以函數表之如下

$$f(t) = t^3 - 7t^2 + 17t + 130，0 \leq t \leq 5$$

此處 $f(t)$ 以千元為單位，且 t 表年度 ($t = 0$ 相當於民國 97 年初)。試問在此期間區間中，此房屋的平均中間價格為何？

【解】於固定之期間區間，房屋之平均中間價格為

$$f_{\text{ave}} = \frac{1}{5-0}\int_0^5 (t^3 - 7t^2 + 17t + 130)\,dt$$
$$= \frac{1}{5}\left(\frac{1}{4}t^4 - \frac{7}{3}t^3 + \frac{17}{2}t^2 + 130t\right)\Big|_0^5$$
$$= \frac{1}{5}\left[\frac{1}{4}(5)^4 - \frac{7}{3}(5)^3 + \frac{17}{2}(5)^2 + 130(5)\right]$$
$$\approx 145.417 \text{ (千元)}$$

或 145,417 元。

【例題 4】 金像公司於 4 年期間生產電視機的單位成本 C (C 以元為單位) 為

$$C = 0.005t^2 + 0.1t + 13 \text{,} \quad 0 \leq t \leq 48$$

其中 t 為時間 (以月計)。試估算在 4 年期間的平均單位成本。

【解】 將單位成本 C 在區間 [0, 48] 積分之後,再除以 48 就求得平均成本。故

$$\begin{aligned}
\text{平均單位成本} &= \frac{1}{48-0} \int_0^{48} (0.005t^2 + 0.1t + 13)\, dt \\
&= \frac{1}{48} \left(\frac{0.005t^3}{3} + \frac{0.1t^2}{2} + 13t \right)\Big|_0^{48} \\
&= \frac{1}{48}(923.52) \\
&= 19.24 \text{ 元}
\end{aligned}$$

習題 8-1

1. 試求下列函數在已知區間的平均值。
   (1) $f(x) = x^2 - 2x$; [1, 3]
   (2) $f(x) = x^3 - x$; [1, 2]
   (3) $f(x) = \sqrt{x}$; [4, 9]
   (4) $f(x) = xe^{x^2}$; [1, 4]

2. 試求數 b 使得 $f(x) = 2 + 6x - 3x^2$ 在 $[0, b]$ 上的平均值等於 3。

3. 試求一矩形之高 $f(c)$ 使得在 $f(x) = x^2 + 1$ 的圖形下方以及在區間 $[-2, 2]$ 上方之面積 A 與 $f(c)[2 - (-2)] = 4f(c)$ 相等。

4. 利台成衣公司營運在最初 t 年內,銷售金額近似於函數

$$S(t) = t\sqrt{0.2t^2 + 4}$$

此處 $S(t)$ 以萬元為單位。試求利台成衣公司營運最初 5 年內,每年平均銷售金額為若干?

5. 某已開發國家從 1995 年到 2003 年的房屋興建收益變化率為

$$R'(t) = 0.1056t^2 + 550.9e^{-t}$$

其中 R 為收益(以美元計)且 $t = 0$ 代表 1995 年,在 1995 年的收益為 10,000 美元。

(1) 試寫出收益為 t 的函數。

(2) 1995 年到 2003 年的平均收益為何？

8-2　平面區域的面積

到目前為止，我們已定義並計算位於函數圖形下方的區域面積，在本節裡，我們將利用定積分來討論求面積之各種方法。

曲線與 x-軸所圍成區域之面積

若函數 $y = f(x)$ 在 $[a, b]$ 為連續，對於每一 $x \in [a, b]$，$f(x) \geq 0$，則由曲線 $y = f(x)$、x-軸與直線 $x = a$ 及 $x = b$ 所圍成平面區域之面積為

$$A = \lim_{n \to \infty} \sum_{i=1}^{n} f(\bar{x}_i) \Delta x_i = \int_a^b f(x)\,dx \tag{8-4}$$

如圖 8-4 所示。

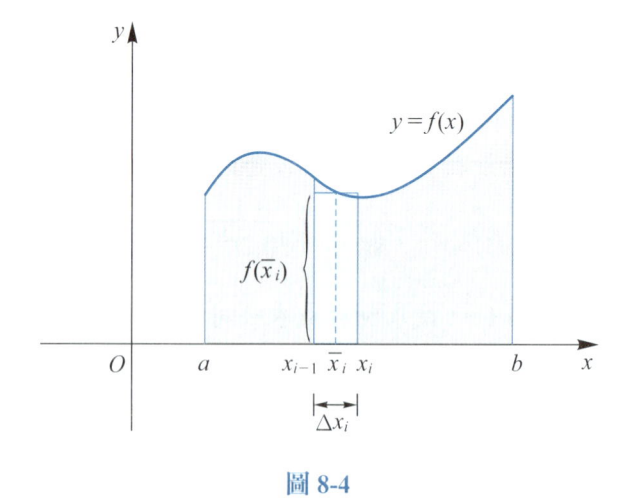

圖 8-4

假設對每一 $x \in [a, b]$，$f(x) \leq 0$，則由曲線 $y = f(x)$、x-軸與直線 $x = a$ 及 $x = b$ 所圍成區域之面積為

$$A = \lim_{n\to\infty}\sum_{i=1}^{n}[-f(\bar{x}_i)]\Delta x_i = -\int_a^b f(x)\,dx \tag{8-5}$$

但有時 $f(x)$ 在 $[a, b]$ 內一部分為正值，一部分為負值，即曲線一部分在 x-軸之上方，一部分在 x-軸之下方，如圖 8-5 所示。

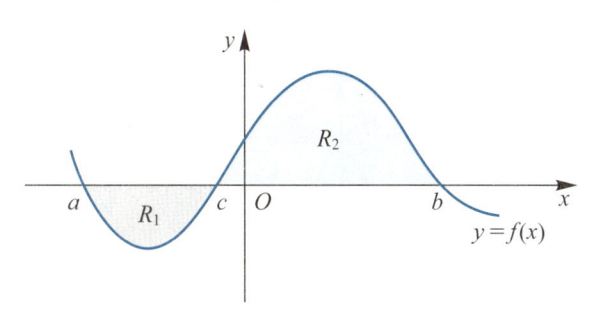

圖 8-5

因面積恆為正，故

$$A = \int_a^b |f(x)|\,dx \tag{8-6}$$

則面積為
$$A = \int_a^b |f(x)|\,dx = -\int_a^c f(x)\,dx + \int_c^b f(x)\,dx$$

其中 $-\int_a^c f(x)\,dx$ 表區域 R_1 之面積，$\int_c^b f(x)\,dx$ 表區域 R_2 之面積。

讀者應注意，當我們計算 (8-6) 式之積分時，仍然需要將它分成對應於若干個區域的積分。

【例題 1】 試求在曲線 $y = 3e^{-x}$ 下方且在 $[0, 2]$ 區間內的區域面積。

【解】
$$A = \int_0^2 3e^{-x}\,dx = -3\int_0^2 e^{-x}\,d(-x) = -3e^{-x}\Big|_0^2$$
$$= -3(e^{-2} - e^0) = \frac{3(e^2-1)}{e^2}$$

【例題 2】 試求由曲線 $y = x^3 - 3x^2 - x + 3$、x-軸與兩直線 $x = -1$，$x = 2$ 所圍成區域之面積。

【解】 區域如圖 8-6 所示。故面積為
$$A = \int_{-1}^{2} |x^3 - 3x^2 - x + 3|\,dx$$
$$= \int_{-1}^{1} (x^3 - 3x^2 - x + 3)\,dx - \int_{1}^{2} (x^3 - 3x^2 - x + 3)\,dx$$

$$= \left(\frac{x^4}{4} - x^3 - \frac{x^2}{2} + 3x \right)\Big|_{-1}^{1} - \left(\frac{x^4}{4} - x^3 - \frac{x^2}{2} + 3x \right)\Big|_{1}^{2}$$

$$= 4 - \left(-\frac{7}{4} \right) = \frac{23}{4}$$

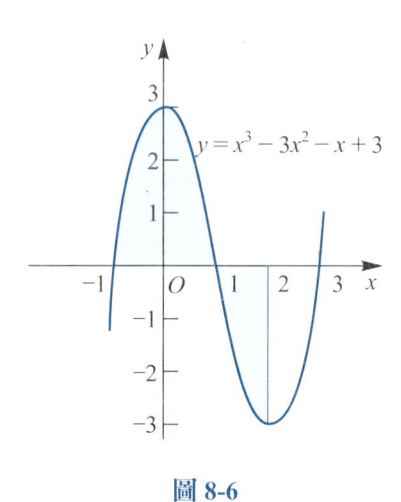

圖 8-6

兩曲線間所圍成區域之面積

若一平面區域是由兩曲線 $y = f(x)$、$y = g(x)$ 與兩直線 $x = a$、$x = b$ $(a < b)$ 所圍成，且對任一 $x \in [a, b]$，皆有 $f(x) \geq g(x)$，如圖 8-7 所示。

我們將 $[a, b]$ 分成 n 個子區間，分割點為 x_i，並取 $[x_{i-1}, x_i]$ 中的點 $\bar{x}_i$。則每一個長條形之面積近似於 $[f(\bar{x}_i) - g(\bar{x}_i)]\Delta x_i$，如圖 8-8 所示。

圖 8-7   圖 8-8

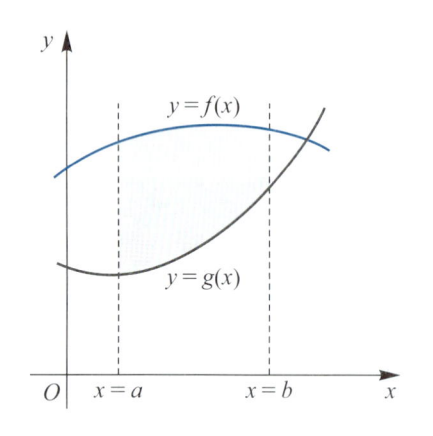

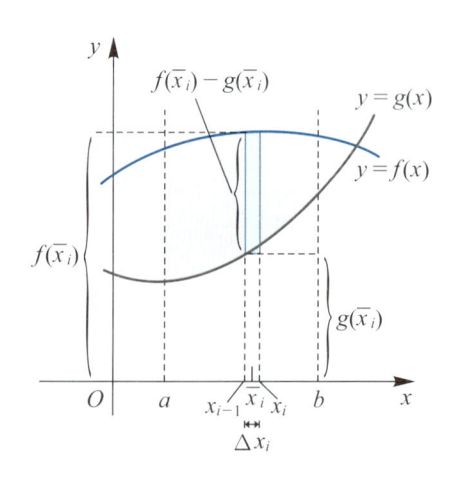

第 8 章 定積分之應用

這些 n 個長條形面積之和為

$$\sum_{i=1}^{n}[f(\bar{x}_i)-g(\bar{x}_i)]\Delta x_i$$

因 $f(x)$ 與 $g(x)$ 在 $[a, b]$ 上連續，可知 $f(x) - g(x)$ 在 $[a, b]$ 亦連續且極限存在，故平面區域之面積為

$$A = \lim_{n\to\infty} \sum_{i=1}^{n}[f(\bar{x}_i)-g(\bar{x}_i)]\Delta x_i = \int_a^b [f(x)-g(x)]dx \tag{8-7}$$

讀者應注意 $f(x) - g(x)$ 表示每一細條矩形之高度，甚至於當 $g(x)$ 之圖形位於 x-軸之下方亦是。此時由於 $g(x) < 0$，所以減去 $g(x)$ 等於加上一個正數。倘若 $f(x)$ 及 $g(x)$ 皆為負的時候，$f(x) - g(x)$ 亦為細條矩形之高度。

【例題 3】試求曲線 $y = f(x) = x^2 + 1$ 與直線 $y = g(x) = x - 1$，$x = 0$，$x = 3$ 所圍成區域之面積。

【解】區域如圖 8-9 所示。

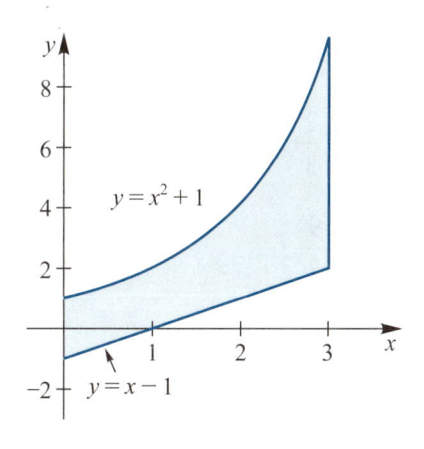

圖 8-9

$$A = \int_0^3 [\underbrace{(x^2+1)}_{\substack{\text{上邊界}\\ \text{方程式}\\ y=f(x)}} - \underbrace{(x-1)}_{\substack{\text{下邊界}\\ \text{方程式}\\ y=g(x)}}]dx = \int_0^3 (x^2 - x + 2)dx$$

$$= \frac{x^3}{3} - \frac{x^2}{2} + 2x \Big|_0^3 \qquad \text{求反導數}$$

$$= 9 - \frac{9}{2} + 6 - 0 \qquad \text{微積分基本定理}$$

$$= \frac{21}{2}$$

【例題 4】試求由曲線 $y^2 = 3 - x$ 與直線 $y = x - 1$ 所圍成區域之面積。

【解】先求得曲線 $y^2 = 3 - x$ 與直線 $y = x - 1$ 之交點坐標為 $P(-1, -2)$ 與 $Q(2, 1)$，如圖 8-10 所示。面積為

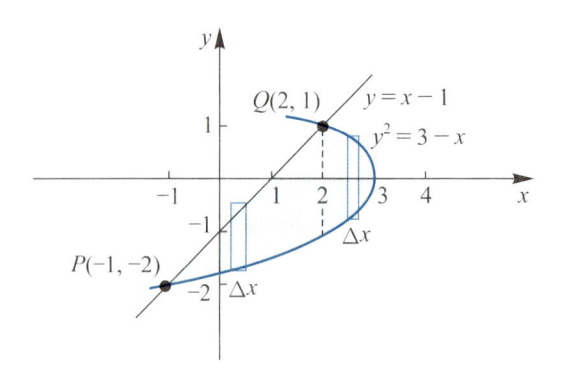

圖 8-10

$$A = \int_{-1}^{2} [x - 1 - (-\sqrt{3-x})] dx + \int_{2}^{3} [\sqrt{3-x} - (-\sqrt{3-x})] dx$$

$$= \int_{-1}^{2} (x - 1 + \sqrt{3-x}) dx + 2\int_{2}^{3} \sqrt{3-x}\, dx$$

$$= \left(\frac{x^2}{2} - x - \frac{2}{3}(3-x)^{3/2} \right)\Big|_{-1}^{2} - \left(2 \cdot \frac{2}{3} \cdot (3-x)^{3/2} \right)\Big|_{2}^{3}$$

$$= \frac{19}{6} + \frac{4}{3} = \frac{9}{2}$$

習題 8-2

試求 1～5 題中曲線所圍成區域的面積。

1. $y = x^2 - 4$ 與 $y = -x + 2$。
2. $y = x^2$ 與 $y = x^3 + 2x^2 - 2x$。
3. $y = -x^2 + 2x + 3$ 與 $y = x^2 - 1$。
4. $y = x^2$ 與 $y = 2x - x^2$。
5. $y = e^x - 1$，$y = (4/e^x) - 1$ 與 x-軸。
6. 求 $y = e^{-x}$，$xy = 1$，$x = 1$ 與 $x = 2$ 等圖形所圍成平面區域的面積。
7. 求 $y = 2^x$，$x + y = 1$，$x = 1$ 等圖形所圍成平面區域的面積。

8. 求 $y = \dfrac{x^2+x+1}{x^2+1}$ 的圖形與兩坐標軸及直線 $x=3$ 所圍成區域的面積。

8-3　定積分在經濟學上的應用

消費者剩餘

在自由競爭市場中，需求曲線與供給曲線的交點，經濟學上稱為**均衡點**。此點對應之需求量稱為均衡需求量 x_e，當時的價格稱為均衡價格 p_e，此時需求者與供給者均樂於交易。如圖 8-11 所示。

現假設某商品之供需關係在市場上是平衡的，且設此時之每單位價格為 p_e，按需求函數之意義，有些消費者願意以高於 p_e 之價格購買該商品。例如，當每單位價格為 p_1 時，消費者願意購買之數量為 x_1，但市場供需平衡之價格為低於 p_1 之 p_e，故實際上這些消費者以較低之市場價格 p_e 購買而獲得利益。

圖 8-11 中所示矩形之面積為 $p\,\Delta x$，可視為每單位價格為 p 時消費者購買 Δx 單位之商品所花費之總金額。因市場之實際價格為 p_e，當消費者購買 Δx 單位時僅需支付 $p_e\,\Delta x$，因此其所獲得之利益為

$$p\,\Delta x - p_e\,\Delta x = (p - p_e)\,\Delta x$$

上式就是高為 $p - p_e$ 且寬為 Δx 之矩形面積，如圖 8-12 所示。利用定積分求這些矩形由 $x=0$ 至 $x=x_e$ 的面積之總和，得

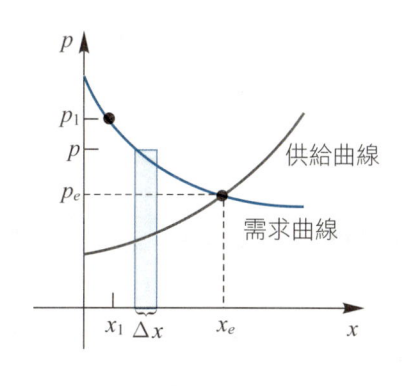

圖 8-11 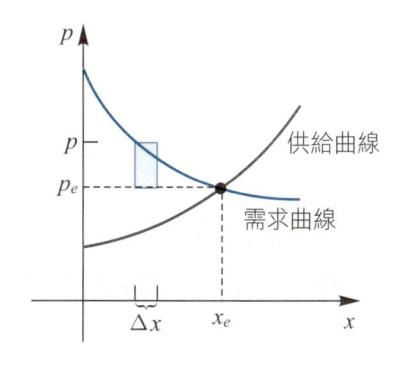　　　　　　　　　　圖 8-12

$$\int_0^{x_e} (p - p_e)\,dx \tag{8-8}$$

(8-8) 式在某些條件下，代表願意支付高於平衡價格之消費者所獲得之總利益，此總利益稱為消費者剩餘 (consumers' surplus)，簡稱 C.S.。若需求函數定義為 $p = d(x)$，則

$$C.S. = \int_0^{x_e} (d(x) - p_e)\,dx = \int_0^{x_e} d(x)\,dx - \int_0^{x_e} p_e\,dx$$

因 p_e 為常數，故

$$C.S. = \int_0^{x_e} d(x)\,dx - p_e x_e$$

定義 8-2

消費者剩餘定義為

$$C.S. = \int_0^{x_e} d(x)\,dx - p_e x_e$$

此處 $d(x)$ 為需求函數，p_e 為市場均衡價格，且 x_e 為市場均衡量。

上式定積分之幾何意義，如圖 8-13 所示，就是消費者剩餘為需求曲線 $p = d(x)$ 與 $p = p_e$ 之間，和直線 $x = 0$，$x = x_e$ 所圍成區域之面積。

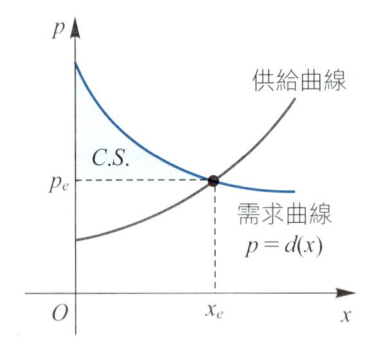

圖 8-13

【例題 1】設某商品的需求函數 $x = d(p)$ 於任意價格 p 時均為正，若 $p = k_0$ 為市場價格，則消費者的剩餘定義為瑕積分

$$\int_{k_0}^{\infty} d(p)\,dp$$

設一商品的供給函數與需求函數分別如下

$$s(p) = 9p - 8 \text{ , } d(p) = \frac{80}{(p+2)^{3/2}}$$

試證 $p = 2$ 為市場價格，並求消費者的剩餘。

【解】市場價格 p 滿足下式

$$s(p) = d(p) \Leftrightarrow 9p - 8 = \frac{80}{(p+2)^{3/2}}$$

因為

$$s(2) = 10 = d(2)$$

故知 $p = 2$ 為市場價格，而此時消費者剩餘為

$$C.S. = \int_2^\infty \frac{80}{(p+2)^{3/2}} dp = \lim_{t \to \infty} \int_2^t 80 \cdot (p+2)^{-3/2} dp$$

$$= \lim_{t \to \infty} \left(-160 \cdot \frac{1}{\sqrt{2+p}} \bigg|_2^t \right) = \lim_{t \to \infty} \left(80 - \frac{160}{\sqrt{2+t}} \right)$$

$$= 80$$

生產者剩餘

當某商品在市場上之平衡價格為 p_e，按供給函數之意義，有些生產者願意以低於 p_e 之價格供應市場，但實際上生產者以較高之價格 p_e 供應市場而獲得利益，故生產者所獲得之總利益稱為**生產者剩餘** (producers' surplus)，簡稱 *P.S.*。若供給函數定義為

$$p = s(x)$$

則願意以低於平衡價格 p_e 供應市場之生產者所獲得之總利益為

$$P.S. = \int_0^{x_e} (p_e - s(x)) dx = \int_0^{x_e} p_e \, dx - \int_0^{x_e} s(x) dx = p_e x_e - \int_0^{x_e} s(x) dx$$

現代商用微積分

定義 8-3

生產者剩餘定義為

$$P.S. = p_e x_e - \int_0^{x_e} s(x)\,dx$$

此處 $s(x)$ 為供給函數，p_e 為市場均衡價格，且 x_e 為市場均衡量。

以幾何意義而言，生產者剩餘為供給曲線 $p = s(x)$ 與 $p = p_e$ 之間，和直線 $x = 0$，$x = x_e$ 所圍成區域之面積，如圖 8-14 所示。

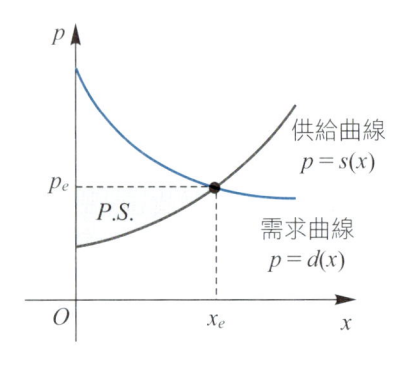

圖 8-14

【例題 2】某商品之需求函數 $d(x)$ 與供給函數 $s(x)$ 分別定義如下

$$p = d(x) = 100 - 0.05x$$

$$p = s(x) = 10 + 0.1x$$

當市場供需均衡時，試求消費者與生產者剩餘。

【解】首先求出均衡點 (x_e, p_e)，即求需求曲線與供給曲線之交點，解得

$$x_e = 600，p_e = 70$$

如圖 8-15 所示。消費者剩餘為

$$C.S. = \int_0^{x_e} d(x)\,dx - x_e p_e = \int_0^{600} (100 - 0.05x)\,dx - (600)(70)$$

$$= (100x - 0.025x^2)\Big|_0^{600} - 42{,}000 = 9{,}000$$

图 8-15

又生產者剩餘為

$$P.S. = x_e p_e - \int_0^{x_e} s(x)\,dx = (600)(70) - \int_0^{600}(10+0.1x)\,dx$$
$$= 42{,}000 - (10x + 0.05x^2)\Big|_0^{600} = 18{,}000$$

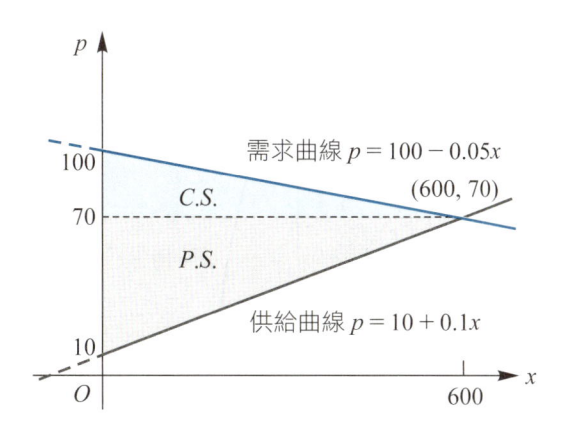

∎

【例題 3】 在獨占市場下的生產者追求利潤最大時，決定其銷售量及對應價格的需求函數 $p = d(x) = 16 - x^2$，邊際成本為 $C'(x) = x + 6$。試求對應的消費者剩餘。

【解】 因總收益為 $R(x) = xp = 16x - x^3$，故邊際收益為

$$R'(x) = 16 - 3x^2$$

因利潤最大時，邊際收益等於邊際成本，

即　　　　　　　　　　$16 - 3x^2 = x + 6$

或　　　　　　　　　　$3x^2 + x - 10 = 0$

得 $x = -2$ 或 $x = \dfrac{5}{3}$，故均衡點為 $\left(\dfrac{5}{3}, \dfrac{119}{9}\right)$。

圖 8-16 所示之上色部分即為消費者剩餘。於是，消費者剩餘

$$C.S. = \int_0^{5/3}(16 - x^2)\,dx - \left(\frac{119}{9}\right)\left(\frac{5}{3}\right) = \left(16x - \frac{x^3}{3}\right)\Big|_0^{5/3} - \frac{595}{27}$$
$$= \frac{250}{81} \approx 3.09$$

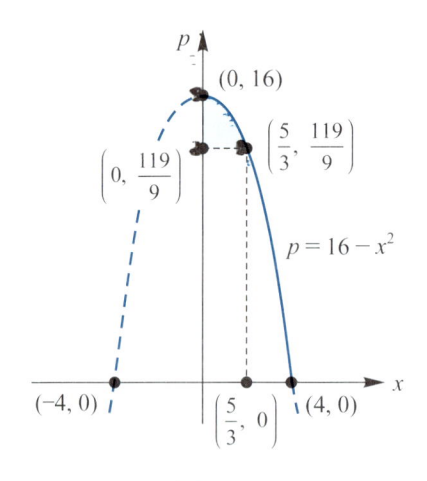

圖 8-16

習題 8-3

1. 已知需求曲線 $p = 30 - 6x^2$，供給曲線 $p = 2x^2 + 4x + 6$。
   (1) 試繪此兩曲線。
   (2) 試求消費者剩餘與生產者剩餘。

2. 假設供給函數為 $p = s(x) = \dfrac{5x}{500 - x}$。試求當價格水準為 20 元時之生產者剩餘。

3. 某公司銷售電視機的需求函數為

$$p = d(x) = \sqrt{9 - 0.02x}$$

   此處 p 為單價 (以千元為單位) 且 x 為每週的需求量，相對應的供給函數為

$$p = s(x) = \sqrt{1 + 0.02x}$$

   此處 x 為供給者在價格 p 下所願供給電視機之數量。試確定消費者剩餘及生產者剩餘各為若干？

4. 在獨占市場下的生產者追求利潤最大時，確定其銷售量及對應價格的需求函數為 $p = 20 - 4x^2$，邊際成本為 $C'(x) = 2x + 6$，試求相對應之消費者剩餘。

5. 已知需求函數為 $p = 20 - x^2$，供給函數為 $p = 2x^2$，求完全競爭下的生產者及消費者剩餘。

6. 某品牌個人電腦的需求函數為

$$p = d(x) = -0.001x^2 + 250$$

此處 p 表單位價格 (以元為單位)，且 x 為需求量 (以千為單位)。又這些個人電腦之供給函數為

$$p = s(x) = 0.0006x^2 + 0.02x + 100$$

此處 p 表單位價格 (以元為單位)，且 x 表個人電腦在市場上之供給量 (以千為單位)。若個人電腦之市場價格決定於其平衡價格，試求消費者剩餘及生產者剩餘。

8-4 定積分在商業上的應用

連續現金流量 (或錢流)

我們在第 4 章中曾經討論過現金以名目利率 (虛利率) 進行投資時，所作連續複利之計息。由於連續的投資，造成連續所得的現金流量，若現金流量之變化率為一連續函數 $f(t)$，則在一定之時間區間內，可求得全部之現金流量。

定義 8-4

若 $f(t)$ 為現金流量之變化率，則在時間區間 $[0, T]$ 內，全部現金流量定義為定積分

$$\int_0^T f(t)\,dt$$

全部現金流量有時稱為年金終值 (the amount of an annuity)，而年金一詞是指每隔一定期間支付一次之金額而言。

現代商用微積分

依照上述之定義，令連續函數 $f(t)$ 表每單位時間現金流量之變化率。若 t 是以年為單位且 $f(t)$ 是每年以元計，則在 $f(t)$ 圖形下方介於兩時間點間的面積，表示在已知時間區間內全部的現金流量。

如圖 8-17 的函數 $f(t) = 1,000$，表示每年 1,000 元現金流量之相同變化率。現金流量之圖形為一水平線，且於指定時間 T 之全部現金流量正好等於 f 圖形下方以及區間 $[0, T]$ 上方之矩形的面積。例如，在 $T = 5$ 年之全部現金流量為 $1,000(5) = 5,000$ 元。

但讀者應注意對於一變動連續函數 (現金流量可變之變化率)，例如，若 $f(t) = 1,000e^{0.08t}$，則在 5 年期間內，全部之現金流量就得利用定積分求之

$$\int_0^5 1,000e^{0.08t}dt \approx 6,147.81 \text{ 元}$$

如圖 8-18 所示。

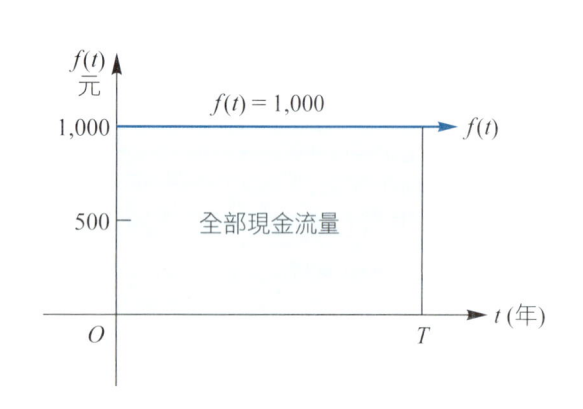

圖 8-17

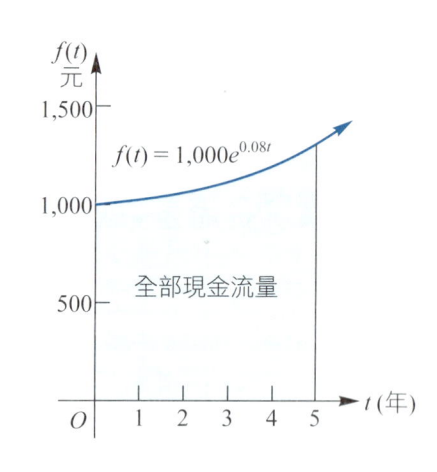

圖 8-18

【**例題 1**】某製冰機器之生產所得每年以元計恰為一自然指數成長。在機器裝置之初，產生之所得如果是連續，則每年產生 500 元之生產所得，在第一年末時，它以每年 510.10 元之變化率產生所得。試求此製冰機器在開始運作後的前 3 年所產生之全部所得。

【**解**】令 t 以年為單位表示自從機器裝置後之時間。因假設所得為自然指數成長，故利用初值等於 500，得知所得之變化率為

$$f(t) = 500e^k$$

其中 k 為待定常數。接著利用第一年末之值求 k

$$f(1) = 500e^k = 510.10$$
$$e^k \approx 1.0202$$
$$k \approx \ln 1.0202 \approx 0.02$$

故所得之變化率為連續函數 $f(t) = 500e^{0.02t}$。

$$\text{全部所得} = \int_0^3 500e^{0.02t}\, dt = \frac{500}{0.02} e^{0.02t} \Big|_0^3 = 25{,}000(e^{0.06} - 1) \approx 1{,}545.91$$

故此製冰機器開始運作後的前 3 年,將產生約 1,545.91 元之全部生產所得。

現金流量的現值

令 $f(t)$ 表連續現金流量之變化率,如圖 8-19 所示,我們將時間區間 $[0, T]$ 分割成 n 個相等之子區間,每個子區間之寬度為 Δt_i。現金在任何時間區間流量之總額為介於 t-軸與 f 曲線於指定時間區間上方的面積。在每個子區間上方之面積近似於高為 $f(t_i)$ 之矩形面積,此處 t_i 為第 i 個子區間之左端點,而每個矩形之面積為 $f(t_i)\,\Delta t_i$,它近似於現金在第 i 個時間區間流量之總額。在第 4 章中,我們曾討論到依年利率 r 連續複利 t 年,複利終值 S 之現值為 $P = Se^{-rt}$,今以 $f(t_i)\Delta t_i$ 代替 S,則在第 i 個子區間現金流量之現值約略等於

$$P_i = f(t_i)\Delta t_i\, e^{-rt_i}$$

全部之現值 P 約略等於下列之**黎曼和**

$$\sum_{i=1}^{n} f(t_i)\Delta t_i\, e^{-rt_i}$$

當 $n \to \infty$ 時,取極限,得現值為

$$P = \lim_{n\to\infty} \sum_{i=1}^{n} f(t_i)\Delta t_i\, e^{-rt_i}$$

此黎曼和之極限可表為定積分。

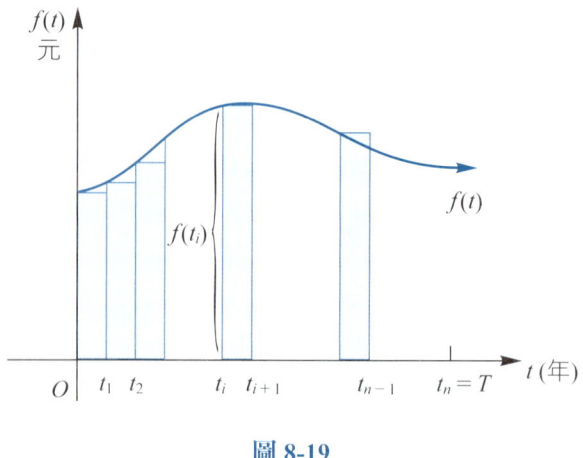

圖 8-19

定義 8-5

若 $f(t)$ 是依年利率 r 在 T 年內的連續現金流量之變化率，則現金流量之現值為

$$P = \int_0^T f(t)e^{-rt}\,dt$$

【例題 2】利台公司希望在 3 年期間內的年所得之變化率為

$$f(t) = 20{,}000t，0 \le t \le 3$$

若年利率為 4%，則於 3 年期間內所得之現值為何？

【解】利用定義 8-5，得

$$P = \int_0^3 20{,}000te^{-0.04t}\,dt = 20{,}000\int_0^3 te^{-0.04t}\,dt$$

由分部積分法得知

$$\int te^{-0.04t}\,dt = -25te^{-0.04t} - 625e^{-0.04t} + C$$

所以，

$$P = 20{,}000 \int_0^3 te^{-0.04t}\, dt$$
$$= 20{,}000(-25te^{-0.04t} - 625e^{-0.04t})\Big|_0^3$$
$$= 20{,}000[-25(3)e^{(-0.04)(3)} - 625e^{(-0.04)(3)} - (0 - 625)]$$
$$= 20{,}000(-75e^{-0.12} - 625e^{-0.12} + 625)$$
$$\approx 20{,}000(-66.5190 - 554.3253 + 625)$$
$$= 83{,}114$$

或大約 83,114 元。讀者應注意在 3 年期間內實際之所得應為

$$\text{全部現金流量} = \int_0^3 20{,}000t\, dt = 10{,}000t^2 \Big|_0^3 = 90{,}000$$

或 90,000 元，此意義係指如果目前投資一筆金額 83,114 元，依利率 4% 連續複利期間 3 年，就等於含利息之全部現金流量 90,000 元。

現金流量在時間 T 時的終值 (累積值)

要求在任何時間 T 現金流量含利息之總額，可由公式 $S = Pe^{rT}$ 解 P，得

$$P = Se^{-rT}$$

令上式等於 $P = \int_0^T f(t)e^{-rt}\, dt$ 式中現金流量之現值，則

$$Se^{-rT} = \int_0^T f(t)e^{-rt}\, dt$$

上式等號兩端同乘以 e^{rT}，可得下列之公式。

定義 8-6

若 $f(t)$ 表依年利率 r 在時間 T 之現金流量之變化率，則在時間 T，現金流量之終值為

$$S = e^{rT} \int_0^T f(t)e^{-rt}\, dt$$

【例題 3】一連續之現金流量以 5,000 元開始,且按每年 2% 成指數遞增。

(1) 試求 5 年末依利率 6% 連續複利之終值。

(2) 試求 5 年末依利率 4% 連續複利之現值。

【解】(1) 現金流量之指數型成長函數為

$$f(t) = 5{,}000 e^{0.02t}$$

以 $r = 0.06$,$T = 5$ 代入 $S = e^{rT} \int_0^T f(t) e^{-rt} \, dt$ 中,得

$$S = e^{(0.06)5} \int_0^5 5{,}000 e^{0.02t} \cdot e^{-0.06t} \, dt = (e^{0.3})(5{,}000) \int_0^5 e^{-0.04t} \, dt$$

$$= (e^{0.3})(5{,}000) \left(-\frac{1}{0.04} e^{-0.04t} \Big|_0^5 \right) = \frac{5{,}000 e^{0.3}}{-0.04} [e^{(-0.04)5} - e^0]$$

$$= \frac{5{,}000 e^{0.3}}{-0.04} (e^{-0.2} - 1) = \frac{5{,}000}{-0.04} (e^{0.1} - e^{0.3})$$

$$\approx 30{,}585$$

或 30,585 元。

(2) 以 $f(t) = 5{,}000 e^{0.02t}$,$r = 0.04$ 代入 $P = \int_0^T f(t) e^{-rt} \, dt$ 中,得

$$P = \int_0^5 5{,}000 e^{0.02t} \cdot e^{-0.04t} \, dt = 5{,}000 \int_0^5 e^{-0.02t} \, dt$$

$$= 5{,}000 \left(\frac{1}{-0.02} e^{-0.02t} \Big|_0^5 \right) = \frac{5{,}000}{-0.02} [e^{(-0.02)5} - e^0]$$

$$\approx 23{,}790$$

或 23,790 元。

年金終值與現值的近似求法

年金為在一定期之時間區間中,所作一系列的付款,而在這些付款當中的時間稱為**年金時期**。雖然付款的多少不必相等,但在許多重要的應用當中,它們是相等的,故在我們的討論中,將假設它們是相等的。年金的例子諸如:儲蓄帳戶的定期存款、每月的房屋抵押付款,及每月的保險費支付。

年金現值的定積分近似值可以利用 $P = \int_0^T f(t) e^{-rt} \, dt$ 來導出。令

$P =$ 年金每次付款的金額

$r =$ 連續複利的利率

$T =$ 年金時期 (以年為單位)

$m =$ 每年付款的次數

故年金的付款構成一個固定現金流量，每年 $f(t) = mP$ 元。代入 $P = \int_0^T f(t) e^{-rt} dt$ 中，得

$$\int_0^T f(t) e^{-rt} dt = \int_0^T mP e^{-rt} dt = mP \left(-\frac{e^{-rt}}{r} \Big|_0^T \right)$$

$$= mP \left(-\frac{e^{-rT}}{r} + \frac{1}{r} \right)$$

$$= \frac{mP}{r} (1 - e^{-rT})$$

定義 8-7

年金現值 P.V. (present value) 定義為

$$\text{P.V.} = mP \int_0^T e^{-rt} dt = \frac{mP}{r}(1 - e^{-rT})$$

【例題 4】某慈善機構想成立一項基金，並在未來 20 年，每個月提取 5,000 元作為社會慈善之用。如果此基金賺取連續複利之年利率 9% 的利息，試求必須成立多少錢的基金？

【解】我們想求得 $P = 5{,}000$ 元，$m = 12$，$r = 0.09$，$T = 20$ 的年金現值。

利用 $\text{P.V.} = mP \int_0^T e^{-rt} dt = \frac{mP}{r}(1 - e^{-rT})$，可得

$$\text{P.V.} = (12)(5{,}000) \int_0^{20} e^{-0.09t} dt = \frac{60{,}000}{0.09}[1 - e^{(-0.09)20}]$$

$$\approx 556{,}467.4$$

因此，該慈善機構必須建立大約 556,467 元的基金。

年金終值為每次付款金額加上所賺取利息之和,我們可以定積分方式求得近似年金終值的公式。與前述定義相同,以固定現金流量每年 $f(t) = mP$ 元代入 $S = e^{rT} \int_0^T f(t) e^{-rt} dt$,得

$$\text{F.V.} = \int_0^T mP e^{r(T-t)} dt = \frac{mP}{r}\left(-e^{r(T-t)}\Big|_0^T\right)$$

$$= \frac{mP}{r}(-e^0 + e^{rT})$$

$$= \frac{mP}{r}(e^{rT} - 1)$$

定義 8-8

年金終值 F.V. (future value) 定義為

$$\text{F.V.} = mP \int_0^T e^{r(T-t)} dt = \frac{mP}{r}(e^{rT} - 1)$$

【例題 5】某君於民國 74 年 1 月 1 日存 2,000 元於個人儲蓄帳戶中,此帳戶為連續複利,年利率為 10%。假設其每年 1 月 1 日均存入 2,000 元於此帳戶中,則至民國 90 年 1 月 1 日,該君儲蓄帳戶中有多少存款?

【解】我們利用 $\text{F.V.} = mP \int_0^T e^{r(T-t)} dt = \frac{mP}{r}(e^{rT} - 1)$,$P = 2{,}000$,$r = 0.1$,$T = 16$,$m = 1$,可得

$$\text{F.V.} = (1)(2{,}000) \int_0^{16} e^{0.1(16-t)} dt = \frac{2{,}000}{0.1}(e^{1.6} - 1)$$

$$\approx 79{,}060.65$$

因此,至民國 90 年 1 月 1 日,該君在儲蓄帳戶中約有存款 79,061 元。∎

習題 8-4

1. 若一投資的現金流量為

$$f(t) = 25{,}000 e^{0.09t}$$

試求投資 1 年與 10 年所產生之全部所得。

2. 某企業負責人考慮對其工廠革新及改進的兩個方案：計畫 A 為立即支出現金 250,000 元，而計畫 B 為立即支出現金 180,000 元。其預估採用計畫 A 將導致一淨所得流量，所得之產生率為每年

$$f(t) = 630,000 \text{ 元}$$

而採行計畫 B 會導致一淨所得流量，所得之產生率為 3 年內，每年

$$g(t) = 580,000 \text{ 元}$$

如果未來 5 年呈現的利率為每年 10%，則於第 3 年末哪一個計畫會產生較高之淨所得？

3. 若現金在 5 年內依 12% 的連續複利，以每年 2,000 元之固定比率存入某存款帳戶，試求下列各問題。

(1) 5 年期間之全部現金流量。

(2) 在時間 $t = 5$ 時，現金連續複利之終值 (累積值)。

(3) 在時間 $t = 5$ 時，現金連續複利之現值。

(4) 將終值 13,701.98 元代入 $S = Pe^{rt}$ 中，驗算 P 值，是否與 (3) 中所求得之 P 值一致？

4. 若連續現金流量之變化率為

$$f(t) = 1,000t^2 + 100t$$

試求依 10% 連續複利在 10 年末現金流量之現值。

5. 某公司以 80,000 元租用一部機器 8 年以從事生產，在 8 年中，每年所得流量為

$$S(t) = 10,000(1 + 0.04t)$$

若年利率 5% 連續複利，則租用此機器是否划算？

6. 某甲每月存入 150 元於一儲蓄帳戶中，年利率 8%，連續複利。試預估 15 年後，其帳戶中存款總額將為若干？

7. 如果每月存款 1,200 元，年利率 9%，連續複利 15 年，利用定積分預估年金現值。

本章摘要

1. 若函數 f 在 $[a, b]$ 為連續，則 f 在 $[a, b]$ 上之平均值 f_{ave} 為

$$f_{\text{ave}} = \frac{1}{b-a}\int_a^b f(x)\,dx$$

2. 設 f 與 g 在 $[a, b]$ 皆為連續，且 $f(x) \geq g(x)$ 對於 $[a, b]$ 中的所有 x 皆成立，則由兩曲線 $y = f(x)$，$y = g(x)$ 與兩直線 $x = a$ 及 $x = b$ 所圍成之區域的面積為

$$A = \int_a^b [f(x) - g(x)]\,dx$$

3. 介於兩曲線 $y = f(x)$，$y = g(x)$ 與兩直線 $x = a$ 及 $x = b$ 之間的區域面積為

$$A = \int_a^b |f(x) - g(x)|\,dx$$

4. 消費者剩餘 $C.S. = \int_0^{x_e} d(x)\,dx - p_e x_e$，其中 $d(x)$ 為需求函數，p_e 為市場均衡價格，且 x_e 為市場均衡量。

5. 生產者剩餘 $P.S. = p_e x_e - \int_0^{x_e} s(x)\,dx$，其中 $s(x)$ 為供給函數。

6. 現金流量之現值為 $P = \int_0^T f(t)e^{-rt}\,dt$，其中 r 為年利率。

7. 現金流量之終值為 $S = e^{rT}\int_0^T f(t)e^{-rt}\,dt$，其中 r 為年利率。

8. 年金現值 $P.V. = \dfrac{mP}{r}(1 - e^{-rT})$

9. 年金終值 $F.V. = \dfrac{mP}{r}(e^{-rT} - 1)$

CHAPTER 9

偏導數

9-1 多變數函數

地球表面上某點處的溫度 T 與該點的經度 x 以及緯度 y 有關，我們可視 T 為二變數 x 與 y 的函數，寫成 $T = f(x, y)$。

正圓柱的體積 V 與它的底半徑 r 以及高度 h 有關。事實上，我們知道 $V = \pi r^2 h$，我們稱 V 為 r 與 h 的函數，寫成 $V(r, h) = \pi r^2 h$。

定義 9-1

二變數函數是由二維空間 $I\!R^2$ 的某集合 A 映到 $I\!R$ (可視為 z-軸) 中的某集合 B 的一種對應關係，其中對 A 中的每一元素 (x, y)，在 B 中僅有唯一的實數 z 與其對應，以符號

$$z = f(x, y)$$

表示之。集合 A 稱為函數 f 的**定義域**，$f(A)$ 稱為 f 的**值域**。

圖 9-1 為二變數函數之圖示。

現代商用微積分

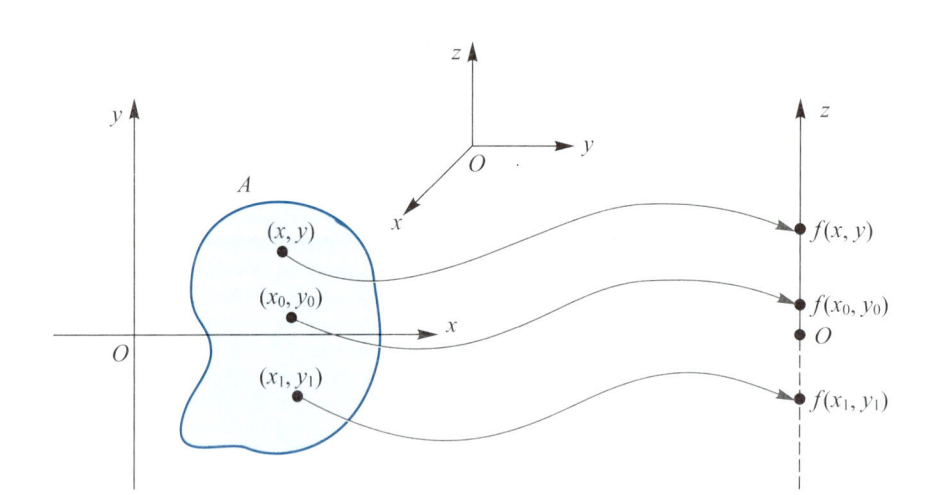

圖 9-1

【例題 1】試繪雙曲拋物面 (又名馬鞍面) $z = \dfrac{y^2}{b^2} - \dfrac{x^2}{a^2}$ (其中 a 與 b 皆為正數) 之圖形。

【解】此曲面在 xy-平面上的交線為一對交於原點的直線 $\dfrac{y}{b} = \pm \dfrac{x}{a}$，在 yz-平面上的交線為拋物線 $z = \dfrac{y^2}{b^2}$，在 xz-平面上的交線為開口向下的拋物線 $z = -\dfrac{x^2}{a^2}$，在平行於 xy-平面之平面上的交線為雙曲線，在平行於其他坐標平面之平面上的交線為拋物線。讀者應注意，原點為此曲面在 yz-平面上之交線的最低點，且為在 xz-平面上之交線的最高點，此點稱為曲面的鞍點。圖形如圖 9-2 所示。

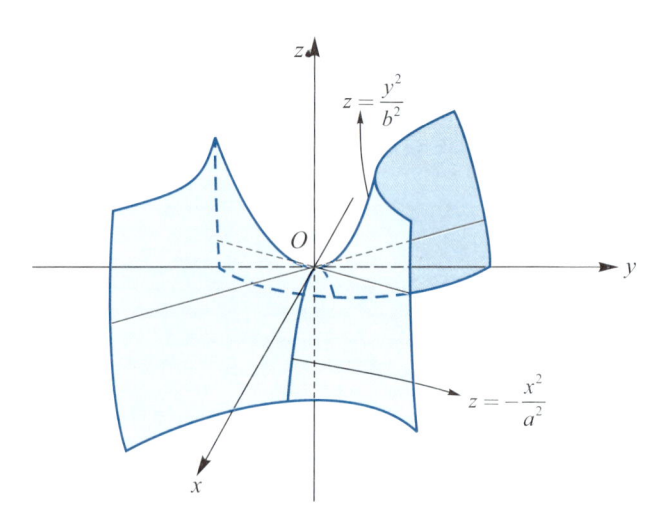

圖 9-2

第 9 章　偏導數

【例題 2】試繪橢圓拋物面 $z = \dfrac{x^2}{a^2} + \dfrac{y^2}{b^2}$ (其中 a 與 b 皆為正數) 的圖形。

【解】在橢圓拋物面的方程式中令 $z = 0$，則知此曲面在 xy-平面上的交線為原點，在 yz-平面上的交線為**拋物線** $z = \dfrac{y^2}{b^2}$，在 xz-平面上的交線為 $z = \dfrac{x^2}{a^2}$，在平行於 xy-平面之平面上的交線為**橢圓**，在平行於其他坐標平面之平面上的交線皆為拋物線。又因 $z \geq 0$，故曲面位於 xy-平面的上方，圖形如圖 9-3 所示。

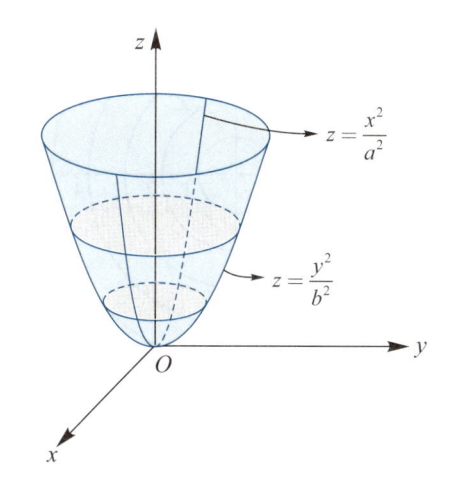

圖 9-3

　　水平面 $z = k$ 與曲面 $z = f(x, y)$ 的交線在 xy-平面上的垂直投影稱為函數 f 的**等高曲線**，其方程式為 $f(x, y) = k$，如圖 9-4 所示。

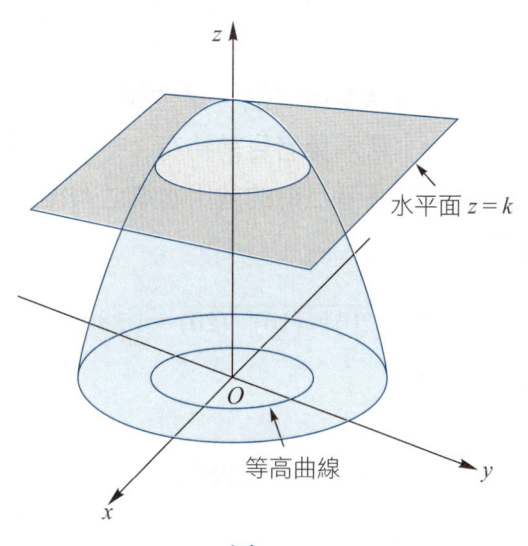

圖 9-4

【例題 3】試繪出函數 $f(x, y) = 25 - x^2 - y^2$ 的等高曲線。

【解】在 xy-平面上，等高曲線是形如 $f(x, y) = k$ 之方程式的圖形，亦即，
$$25 - x^2 - y^2 = k$$
或
$$x^2 + y^2 = 25 - k$$
這些皆是圓，倘若 $0 \leq k < 25$。在圖 9-5 中，我們繪出對應於 $k = 24, 21, 16, 9$ 與 0 的等高曲線。

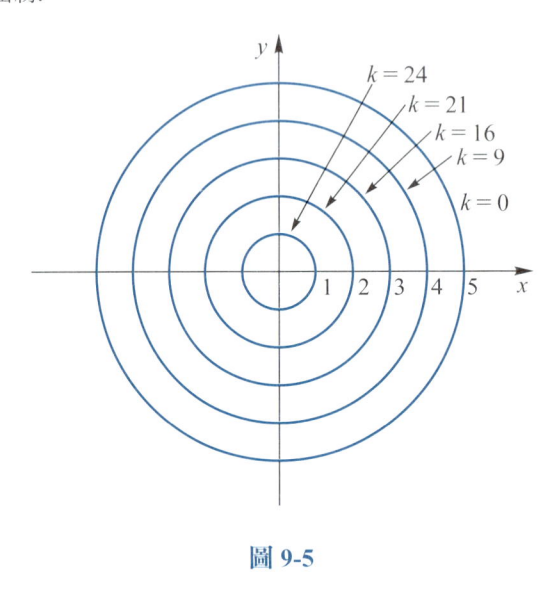

圖 9-5

等高曲線可應用於經濟理論中，例如，某生產過程產出 $Q(x, y)$ 是決定於兩個投入 x 與 y (例如，勞動時數與投資成本)，則等高曲線 $Q(x, y) = C$ 稱之為**等量生產曲線** C (the curve of constant product C) 或稱**等量曲線**。又**效用函數** (utility function) $U(x, y)$ 之等高曲線 $U(x, y) = C$ 稱之為**無異曲線** (indifference curve)。

【例題 4】假設效用導自消費者持有甲商品 x 單位與乙商品 y 單位，而決定一效用函數 $U(x, y) = x^{3/2}y$。若消費者目前持有 $x = 16$ 單位的甲商品與 $y = 20$ 單位的乙商品，試求消費者目前的效用水準並繪出對應之無異曲線。

【解】目前的效用水準為
$$U(16, 20) = (16)^{3/2}(20) = 1{,}280$$

且所對應之無異曲線為
$$x^{3/2}y = 1{,}280$$

或 $y = 1{,}280 x^{-3/2}$

此一曲線包含所有點 (x, y)，且在這些點上之效用水準 $U(x, y)$ 皆為 $1{,}280$。曲線 $x^{3/2} y = 1{,}280$ 與一些其他的曲線族 $x^{3/2} y = C$，如圖 9-6 所示。

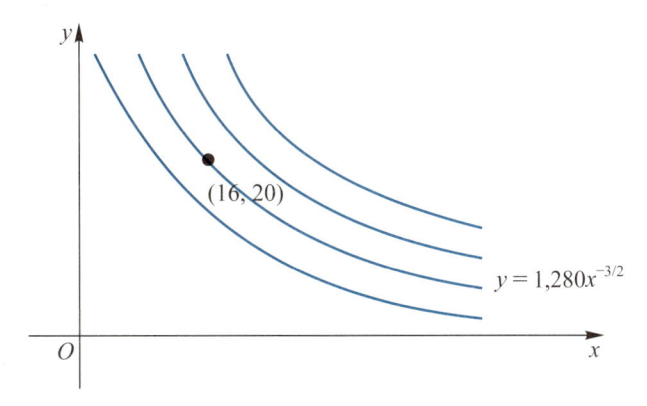

效用函數 $U(x, y) = x^{3/2} y$ 之無異曲線

圖 9-6

【例題 5】若 $f(x, y) = x^2 + y^2$，試求 (1) $f(1, 1)$，(2) $f(0, -2)$，並圖示之。

【解】(1) $f(1, 1) = 1^2 + 1^2 = 2$，(2) $f(0, -2) = 0^2 + (-2)^2 = 4$，如圖 9-7 所示。

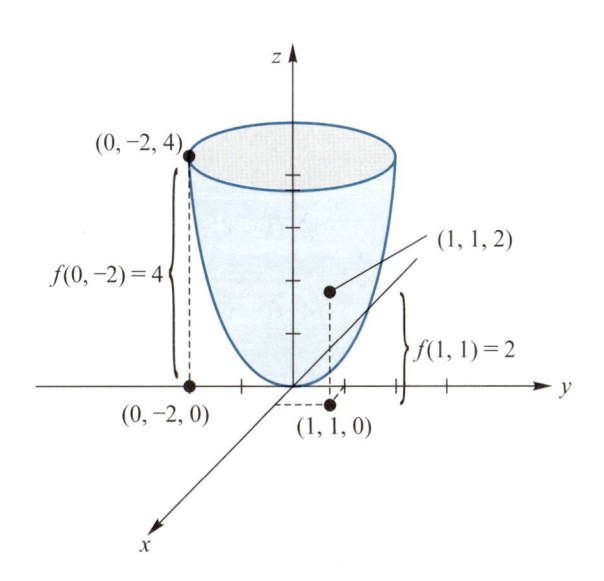

圖 9-7

【例題 6】 試確定函數 $f(x, y) = \dfrac{\sqrt{x+y+1}}{x-1}$ 的定義域。

【解】 欲使 $\sqrt{x+y+1}$ 的值有意義，必須是 $x+y+1 \geq 0$，故 f 的定義域為 $A = \{(x, y) | x+y+1 \geq 0, x \neq 1\}$，如圖 9-8 所示。

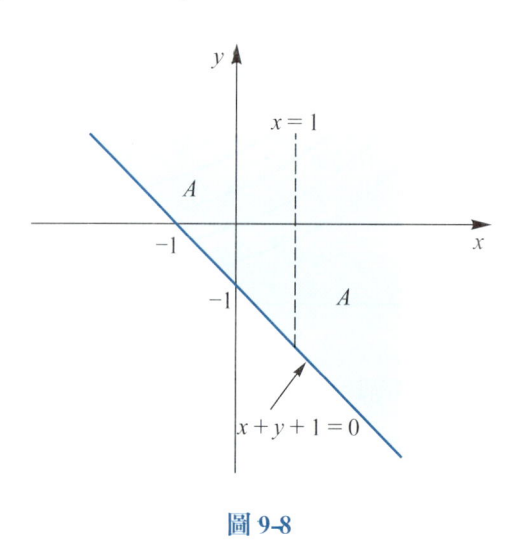

圖 9-8

習題 9-1

在下列各題中，確定各函數 f 的定義域。

1. $f(x, y) = \dfrac{x}{y}$

2. $f(x, y) = \dfrac{xy}{2x - y}$

3. $f(x, y) = \sqrt{1+x} - e^{x/y}$

4. $f(x, y) = \ln(1 - x^2 - y^2)$

5. $f(x, y) = \dfrac{\sqrt{1 - x^2 - y^2}}{x^2}$

6. 試繪 $f(x, y) = e^{\frac{1}{x^2 + y^2}}$ 的等高曲線。

7. 試繪 $f(x, y) = x^2 + \dfrac{1}{4} y^2$ 的等高曲線。

8. 假設效用導自消費者持有甲商品 x 單位與乙商品 y 單位，而決定一效用函數 $U(x, y) = 2x^3 y^2$。若消費者目前持有 $x = 5$ 單位的甲商品與 $y = 4$ 單位之乙商品，試求消費者目前的效用水準並繪出對應之無異曲線。

9-2 二元函數的極限與連續

多變數函數的極限與連續可由單變數函數的極限與連續觀念推廣而得。對單變數函數 f 而言，敘述

$$\lim_{x \to a} f(x) = L$$

意指"當 x 充分靠近 (但異於) a 時，$f(x)$ 的值任意地靠近 L。"同理，對二變數函數 f 而言，敘述

$$\lim_{(x, y) \to (a, b)} f(x, y) = L$$

意指"當點 (x, y) 充分靠近 (但異於) 點 (a, b) 時，$f(x, y)$ 的值任意地靠近 L。"

定理 2-2 與 2-7 所列的極限性質可推廣到二變數函數，而得二變數函數的極限定理如下：

定理 9-1

若 $\lim_{(x, y) \to (a, b)} f(x, y) = L$，$\lim_{(x, y) \to (a, b)} g(x, y) = M$，此處 L 與 M 皆為實數，則

(1) $\lim_{(x, y) \to (a, b)} [f(x, y) \pm g(x, y)] = \lim_{(x, y) \to (a, b)} f(x, y) \pm \lim_{(x, y) \to (a, b)} g(x, y) = L \pm M$

(2) $\lim_{(x, y) \to (a, b)} [cf(x, y)] = c \lim_{(x, y) \to (a, b)} f(x, y) = cL$，$c$ 為常數

(3) $\lim_{(x, y) \to (a, b)} [f(x, y)g(x, y)] = [\lim_{(x, y) \to (a, b)} f(x, y)][\lim_{(x, y) \to (a, b)} g(x, y)] = LM$

(4) $\lim_{(x, y) \to (a, b)} \dfrac{f(x, y)}{g(x, y)} = \dfrac{\lim_{(x, y) \to (a, b)} f(x, y)}{\lim_{(x, y) \to (a, b)} g(x, y)} = \dfrac{L}{M}$，$M \neq 0$

(5) $\lim_{(x, y) \to (a, b)} [f(x, y)]^{m/n} = [\lim_{(x, y) \to (a, b)} f(x, y)]^{m/n} = L^{m/n}$ (m 與 n 皆為整數)，倘若 $L^{m/n}$ 為實數。

【例題 1】 $\lim\limits_{(x,y)\to(1,3)}(5x^3y^2-2) = \lim\limits_{(x,y)\to(1,3)}5x^3y^2 - \lim\limits_{(x,y)\to(1,3)}2$
$= 5(\lim\limits_{(x,y)\to(1,3)}x)^3(\lim\limits_{(x,y)\to(1,3)}y)^2 - 2$
$= 5(1^3)(3^2) - 2 = 43$

【例題 2】 $\lim\limits_{(x,y)\to(1,2)}\dfrac{x+e^{x^2y}}{2x^2y^2} = \dfrac{\lim\limits_{(x,y)\to(1,2)}(x+e^{x^2y})}{\lim\limits_{(x,y)\to(1,2)}(2x^2y^2)} = \dfrac{\lim\limits_{(x,y)\to(1,2)}x + \lim\limits_{(x,y)\to(1,2)}e^{x^2y}}{2(\lim\limits_{(x,y)\to(1,2)}x)^2(\lim\limits_{(x,y)\to(1,2)}y)^2}$

$= \dfrac{1+e^2}{2(1)(4)}$

$= \dfrac{1+e^2}{8}$

【例題 3】求 $\lim\limits_{\substack{(x,y)\to(4,3)\\x-y\neq 1}}\dfrac{\sqrt{x}-\sqrt{y+1}}{x-y-1}$。

【解】 $\lim\limits_{\substack{(x,y)\to(4,3)\\x-y\neq 1}}\dfrac{\sqrt{x}-\sqrt{y+1}}{x-y-1} = \lim\limits_{\substack{(x,y)\to(4,3)\\x-y\neq 1}}\dfrac{(\sqrt{x}-\sqrt{y+1})(\sqrt{x}+\sqrt{y+1})}{(x-y-1)(\sqrt{x}+\sqrt{y+1})}$

$= \lim\limits_{\substack{(x,y)\to(4,3)\\x-y\neq 1}}\dfrac{x-y-1}{(x-y-1)(\sqrt{x}+\sqrt{y+1})}$

$= \lim\limits_{(x,y)\to(4,3)}\dfrac{1}{\sqrt{x}+\sqrt{y+1}} = \dfrac{1}{\sqrt{4}+\sqrt{3+1}}$

$= \dfrac{1}{4}$

二變數函數的連續性定義與單變數函數的連續性定義是類似的。

定義 9-2

若二變數函數 f 滿足下列條件：

(1) $f(a, b)$ 有定義。

(2) $\lim\limits_{(x,y)\to(a,b)} f(x, y)$ 存在。

(3) $\lim\limits_{(x,y)\to(a,b)} f(x, y) = f(a, b)$

則稱 f 在點 (a, b) 為連續。

若二變數函數在區域 R 的每一點為連續,則稱該函數在區域 R 為連續。

【例題 4】討論 $f(x, y) = \dfrac{x}{y - 2x}$ 的連續性。

【解】f 的定義域為 $\{(x, y) | y \neq 2x\}$。因有理函數在其定義域為連續,故 f 在 $\{(x, y) | y \neq 2x\}$ 為連續。即 $f(x, y)$ 除了在直線 $y = 2x$ 之點以外的其他點皆為連續。 ∎

習題 9-2

在 1～6 題中的極限是否存在?若存在,則求之。

1. $\lim\limits_{(x, y) \to (-1, 2)} \dfrac{x + y^3}{(x - y + 1)^2}$

2. $\lim\limits_{(x, y) \to (4, -2)} x \sqrt[3]{2x + y^3}$

3. $\lim\limits_{(x, y) \to (4, 3)} \dfrac{\sqrt{x} - \sqrt{y + 1}}{x - y - 1}$

4. $\lim\limits_{(x, y) \to (-1, 2)} \dfrac{xy - y^3}{(x + y + 1)^2}$

5. $\lim\limits_{(x, y) \to (1, 3)} e^{\frac{x}{y - 2x}}$

6. $\lim\limits_{(x, y) \to (0, 0)} \ln(x^2 + y^2 + 1)$

討論 7～10 題中函數 f 的連續性。

7. $f(x, y) = \ln(x^2 + y^2 + 2)$

8. $f(x, y) = \dfrac{xy}{x^2 - y^2}$

9. $f(x, y) = \dfrac{x^2 y}{x^2 + y^2}$

10. $f(x, y) = \dfrac{1}{\sqrt{2 - x^2 - y^2}}$

11. 令 $f(x, y) = \begin{cases} \dfrac{x^2 - 4y^2}{x - 2y}, & x \neq 2y \\ g(x), & x = 2y \end{cases}$,若 f 在整個坐標平面為連續函數,試問函數 $g(x)$ 為何?

9-3 偏導函數

我們在單變數函數 $y=f(x)$ 中,曾定義 $\lim\limits_{\Delta x \to 0} \dfrac{\Delta y}{\Delta x} = \lim\limits_{\Delta x \to 0} \dfrac{f(x+\Delta x) - f(x)}{\Delta x}$ 為函數 $f(x)$ 之**瞬時變化率**,此一變化率即為導數 $\dfrac{dy}{dx} = f'(x)$。但在多變數函數中,亦可仿照此極限導出 (9-1) 式。

設 $z = f(x, y)$,當 x 變動而 y 不變動時,z 隨之變動;當 x 不變動而 y 變動時,z 亦隨之變動;當 x 與 y 皆變動時,z 亦隨之變動。若 x 變動而 y 不變動,或 x 不變動而 y 變動,則 z 暫成為僅有一個自變數之函數,設

$$z + \Delta z = f(x + \Delta x, y)$$
$$\Delta z = f(x + \Delta x, y) - z = f(x + \Delta x, y) - f(x, y)$$

若 $\Delta z \neq 0$,

$$\frac{\Delta z}{\Delta x} = \frac{f(x + \Delta x, y) - f(x, y)}{\Delta x}$$

$$\lim_{\Delta x \to 0} \frac{\Delta z}{\Delta x} = \lim_{\Delta x \to 0} \frac{f(x + \Delta x, y) - f(x, y)}{\Delta x}$$

此式稱為函數 z 對於 x 之**偏導微函數**,或簡稱**偏導函數**,記為 $\dfrac{\partial z}{\partial x}$ 或 $f_x(x, y)$,故

$$\frac{\partial z}{\partial x} = \frac{\partial f}{\partial x} = f_x(x, y) = \lim_{\Delta x \to 0} \frac{f(x + \Delta x, y) - f(x, y)}{\Delta x} \tag{9-1}$$

同理,函數 z 對於 y 之偏導函數記為 $\dfrac{\partial z}{\partial y}$ 或 $f_y(x, y)$,故

$$\frac{\partial z}{\partial y} = \frac{\partial f}{\partial y} = f_y(x, y) = \lim_{\Delta y \to 0} \frac{f(x, y + \Delta y) - f(x, y)}{\Delta y} \tag{9-2}$$

【例題 1】試利用偏導數之定義 (9-1) 式與 (9-2) 式求二元函數 $f(x, y) = x^2 y$ 之偏導數。

【解】(1) $f_x(x, y) = \dfrac{\partial f}{\partial x} = \lim\limits_{\Delta x \to 0} \dfrac{f(x + \Delta x, y) - f(x, y)}{\Delta x}$

$$= \lim_{\Delta x \to 0} \frac{(x+\Delta x)^2 y - x^2 y}{\Delta x}$$

$$= \lim_{\Delta x \to 0} \frac{x^2 y + 2xy\Delta x + (\Delta x)^2 y - x^2 y}{\Delta x}$$

$$= \lim_{\Delta x \to 0} \frac{(2xy + (\Delta x)y)\Delta x}{\Delta x}$$

$$= \lim_{\Delta x \to 0} [2xy + (\Delta x)y] = 2xy$$

(2) $f_y(x,y) = \dfrac{\partial f}{\partial y} = \lim_{\Delta y \to 0} \dfrac{f(x, y+\Delta y) - f(x,y)}{\Delta y}$

$$= \lim_{\Delta y \to 0} \frac{x^2(y+\Delta y) - x^2 y}{\Delta y}$$

$$= \lim_{\Delta y \to 0} \frac{x^2 y + x^2 \Delta y - x^2 y}{\Delta y}$$

$$= \lim_{\Delta y \to 0} x^2 = x^2$$

由上述之例題及偏導數之定義得知：求多元函數對某一變數之偏導函數時，只要將其餘各變數視作常數，而對所指定的變數做微分即可，例如，$f(x,y) = 3xy^2$，則 $f_x(x,y) = 3y^2$，$f_y(x,y) = 6xy$。又求多元函數之偏導函數，亦可稱對此多元函數做**偏微分**。

一多元函數之偏導數亦為一多元函數，因此可以在變數之指定值上計算偏導函數值。例如 $\left.\dfrac{\partial f}{\partial x}\right|_{(a,b)}$ 或 $f_x(a,b)$ 代表函數 $\dfrac{\partial f}{\partial x}$ 在 $x = a$，$y = b$ 上計算之偏導函數值。

同理 $\left.\dfrac{\partial f}{\partial y}\right|_{(a,b)}$ 或 $f_y(a,b)$ 代表函數 $\dfrac{\partial f}{\partial y}$ 在 $x = a$，$y = b$ 上計算之偏導函數值。

定理 9-2

若 $u = u(x,y)$，$v = v(x,y)$，且 u 與 v 的偏導函數皆存在，r 為實數，則

(1) $\dfrac{\partial}{\partial x}(u \pm v) = \dfrac{\partial u}{\partial x} \pm \dfrac{\partial v}{\partial x}$ 　　　　$\dfrac{\partial}{\partial y}(u \pm v) = \dfrac{\partial u}{\partial y} \pm \dfrac{\partial v}{\partial y}$ 　　偏導數之和(差)法則

(2) $\dfrac{\partial}{\partial x}(cu) = c\dfrac{\partial u}{\partial x}$ 　　　　　　$\dfrac{\partial}{\partial y}(cu) = c\dfrac{\partial u}{\partial y}$ ，c 為常數　　偏導數之常數積法則

(3) $\dfrac{\partial}{\partial x}(uv) = u\dfrac{\partial v}{\partial x} + v\dfrac{\partial u}{\partial x}$ $\qquad \dfrac{\partial}{\partial y}(uv) = u\dfrac{\partial v}{\partial y} + v\dfrac{\partial u}{\partial y}$ 偏導數之乘積法則

(4) $\dfrac{\partial}{\partial x}\left(\dfrac{u}{v}\right) = \dfrac{v\dfrac{\partial u}{\partial x} - u\dfrac{\partial v}{\partial x}}{v^2}$ $\qquad \dfrac{\partial}{\partial y}\left(\dfrac{u}{v}\right) = \dfrac{v\dfrac{\partial u}{\partial y} - u\dfrac{\partial v}{\partial y}}{v^2}$ 偏導數之商法則

(5) $\dfrac{\partial}{\partial x}(u^r) = ru^{r-1}\dfrac{\partial u}{\partial x}$ $\qquad \dfrac{\partial}{\partial y}(u^r) = ru^{r-1}\dfrac{\partial u}{\partial y}$ 偏導數之乘冪法則

【例題 2】已知函數 $f(x, y) = x^2 - xy^2 + y^3$，求 $\dfrac{\partial f}{\partial x}$ 與 $\dfrac{\partial f}{\partial y}$。$f$ 在點 (1, 3) 沿 x-方向之變化率為何？f 在點 (1, 3) 沿 y-方向之變化率為何？

【解】
$$\dfrac{\partial f}{\partial x} = 2x - y^2 \text{，} \dfrac{\partial f}{\partial y} = -2xy + 3y^2$$

f 在點 (1, 3) 沿 x-方向之變化率為

$$f_x(1, 3) = \left.\dfrac{\partial f}{\partial x}\right|_{(1, 3)} = 2 - 3^2 = -7$$

亦即，當 y 恆為 3 時，在 x-方向每增加 1 單位，函數 f 便減少 7 單位。f 在點 (1, 3) 沿 y-方向之變化率為

$$f_y(1, 3) = \left.\dfrac{\partial f}{\partial y}\right|_{(1, 3)} = -2(1)(3) + 3(3)^2 = 21$$

亦即，當 x 恆為 1 時，在 y-方向每增加 1 單位，函數 f 便增加 21 單位。∎

【例題 3】若 $f(x, y) = x^3y^2 + 2x^2y - 3x$，求 (1) $f_x(x, y)$ 與 $f_y(x, y)$，(2) $f_x(1, -2)$ 與 $f_y(1, -2)$。

【解】(1) 視 y 為常數並對 x 微分，可得

$$f_x(x, y) = 3x^2y^2 + 4xy - 3$$

視 x 為常數並對 y 微分，可得

$$f_y(x, y) = 2x^3y + 2x^2$$

(2) 利用 (1) 的結果，
$$f_x(1, -2) = 12 - 8 - 3 = 1$$
$$f_y(1, -2) = -4 + 2 = -2$$

【例題 4】若 $f(x, y) = xe^{x^2 y}$，求 $f_x(x, y)$ 與 $f_y(x, y)$。

【解】
$$f_x(x, y) = \frac{\partial}{\partial x}(xe^{x^2 y}) = x\frac{\partial}{\partial x}(e^{x^2 y}) + e^{x^2 y}\frac{\partial}{\partial x}(x) \qquad \text{偏導數之乘積法則}$$
$$= xe^{x^2 y}(2xy) + e^{x^2 y} \qquad \text{y 視為常數對 x 微分}$$
$$= e^{x^2 y}(2x^2 y + 1) \qquad \text{提出 } e^{x^2 y}$$

$$f_y(x, y) = \frac{\partial}{\partial y}(xe^{x^2 y}) = x\frac{\partial}{\partial y}(e^{x^2 y}) + e^{x^2 y}\frac{\partial}{\partial y}(x) \qquad \text{偏導數之乘積法則}$$
$$= xe^{x^2 y}\frac{\partial}{\partial y}(x^2 y) \qquad \text{x 視為常數對 y 微分}$$
$$= xe^{x^2 y}x^2$$
$$= x^3 e^{x^2 y}$$

【例題 5】若 $u = (x^2 y + xy)^z$，求 $\dfrac{\partial u}{\partial x}$，$\dfrac{\partial u}{\partial y}$ 與 $\dfrac{\partial u}{\partial z}$。

【解】
$$\frac{\partial u}{\partial x} = \frac{\partial}{\partial x}(x^2 y + xy)^z \qquad \text{y 與 z 視為常數對 x 微分}$$
$$= z(x^2 y + xy)^{z-1}\frac{\partial}{\partial x}(x^2 y + xy) \qquad \text{偏導數之乘冪法則}$$
$$= z(x^2 y + xy)^{z-1}(2xy + y)$$

$$\frac{\partial u}{\partial y} = \frac{\partial}{\partial y}(x^2 y + xy)^z \qquad \text{x 與 z 視為常數對 y 微分}$$
$$= z(x^2 y + xy)^{z-1}\frac{\partial}{\partial y}(x^2 y + xy) \qquad \text{偏導數之乘冪法則}$$
$$= z(x^2 y + xy)^{z-1}(x^2 + x)$$

$$\frac{\partial u}{\partial z} = \frac{\partial}{\partial z}(x^2 y + xy)^z \qquad \text{x 與 y 視為常數對 z 微分}$$
$$= (x^2 y + xy)^z \ln(x^2 y + xy) \qquad \text{多元指數函數的微分}$$

由於一階偏導函數 f_x 與 f_y 皆為 x 與 y 的函數，所以，可以再對 x 或 y 微分。f_x 與 f_y 的偏導函數稱為 **f 的二階偏導函數**，如下所示

$$(f_x)_x = f_{xx} = \frac{\partial f_x}{\partial x} = \frac{\partial}{\partial x}\left(\frac{\partial f}{\partial x}\right) = \frac{\partial^2 f}{\partial x^2}$$

$$(f_x)_y = f_{xy} = \frac{\partial f_x}{\partial y} = \frac{\partial}{\partial y}\left(\frac{\partial f}{\partial x}\right) = \frac{\partial^2 f}{\partial y\, \partial x}$$

$$(f_y)_x = f_{yx} = \frac{\partial f_y}{\partial x} = \frac{\partial}{\partial x}\left(\frac{\partial f}{\partial y}\right) = \frac{\partial^2 f}{\partial x\, \partial y}$$

$$(f_y)_y = f_{yy} = \frac{\partial f_y}{\partial y} = \frac{\partial}{\partial y}\left(\frac{\partial f}{\partial y}\right) = \frac{\partial^2 f}{\partial y^2}$$

讀者應注意，在 f_{xy} 中的 x 與 y 的順序是先對 x 做偏微分，再對 y 做偏微分。但在 $\dfrac{\partial^2 f}{\partial x\, \partial y}$ 中，是先對 y 做偏微分，再對 x 做偏微分。

【例題 6】 若 $w = e^x + x \ln y + y \ln x$，試證 $w_{xy} = w_{yx}$。

【解】
$$w_x = \frac{\partial}{\partial x}(e^x + x \ln y + y \ln x) = e^x + \ln y + \frac{y}{x}$$

$$w_{xy} = \frac{\partial}{\partial y}\left(e^x + \ln y + \frac{y}{x}\right) = \frac{1}{y} + \frac{1}{x}$$

$$w_y = \frac{\partial}{\partial y}(e^x + x \ln y + y \ln x) = \frac{x}{y} + \ln x$$

$$w_{yx} = \frac{\partial}{\partial x}\left(\frac{x}{y} + \ln x\right) = \frac{1}{y} + \frac{1}{x}$$

故 $w_{xy} = w_{yx}$。

利用例題 6 之結果，我們可以得到下面定理。

定理 9-3

若 f, f_x, f_y, f_{xy} 與 f_{yx} 在開區域 R 皆為連續，則對 R 中的每一點 (x, y)，

$$f_{xy}(x, y) = f_{yx}(x, y)$$

【例題 7】 若 $f(x, y) = x \ln y + ye^x$,求 f_{xxy} 與 f_{yyx}。

【解】
$$f_x = \frac{\partial}{\partial x}(x \ln y + ye^x) = \ln y + ye^x$$

$$f_{xx} = \frac{\partial}{\partial x}(\ln y + ye^x) = ye^x$$

$$f_{xxy} = \frac{\partial}{\partial y}(ye^x) = e^x$$

$$f_y = \frac{\partial}{\partial y}(x \ln y + ye^x) = \frac{x}{y} + e^x$$

$$f_{yy} = \frac{\partial}{\partial y}\left(\frac{x}{y} + e^x\right) = -\frac{x}{y^2}$$

$$f_{yyx} = \frac{\partial}{\partial x}\left(-\frac{x}{y^2}\right) = -\frac{1}{y^2}$$ ■

習題 9-3

在 1～9 題中,求函數 f 的一階偏導函數。

1. $f(x, y) = \sqrt{3x^2 + y^2}$
2. $f(x, y) = \ln(x^2 - y^2)$
3. $f(x, y) = e^{y/x}$
4. $f(x, y) = 5^{\sqrt{x^2+y^2}}$
5. $f(x, y, z) = (y^2 + z^2)^x$
6. $f(x, y, z) = xe^z - ye^x + ze^{-y}$
7. $f(x, y, z) = x^{y/z}$
8. $f(x, y) = \int_x^y e^{t^2} dt$
9. $f(x, y) = \int_x^y \frac{e^t}{t} dt$
10. 若 $z = (x^2 + y^2)^{3/2}$,求 z_{xx}、z_{xy} 與 z_{yy}。
11. 若 $V = y \ln(x^2 + z^4)$,求 V_{zzy}。

9-4 偏導數在幾何上的應用

已知曲面 $z = f(x, y)$，若 y 固定，則平面 $y = y_0$ 平行於 xz-平面，它與曲面相交所成的曲線 $z = f(x, y_0)$ 通過 P 點，如圖 9-9 所示。於是，

$$f_x(x_0, y_0) = \lim_{\Delta x \to 0} \frac{f(x_0 + \Delta x, y_0) - f(x_0, y_0)}{\Delta x}$$

代表曲線 C_1 在 $P(x_0, y_0, z_0)$ 沿著 x-方向之切線的斜率。又曲面與平面 $y = y_0$ 的交線通過 P 點，而在平面 $y = y_0$ 上之**切線的方程式**為

$$\begin{cases} y = y_0 \\ z - z_0 = f_x(x_0, y_0)(x - x_0) \end{cases} \tag{9-3}$$

同理，若 x 固定，則平面 $x = x_0$ 平行於 yz-平面，它與曲面相交所成的曲線 $z = f(x_0, y)$ 通過 P 點，如圖 9-10 所示。而

$$f_y(x_0, y_0) = \lim_{\Delta y \to 0} \frac{f(x_0, y_0 + \Delta y) - f(x_0, y_0)}{\Delta y}$$

代表曲線 C_2 在 $P(x_0, y_0, z_0)$ 沿著 y-方向之切線的斜率。又曲面與平面 $x = x_0$ 的交線通過 P 點，而在平面 $x = x_0$ 上之切線的方程式為

$$\begin{cases} x = x_0 \\ z - z_0 = f_y(x_0, y_0)(y - y_0) \end{cases} \tag{9-4}$$

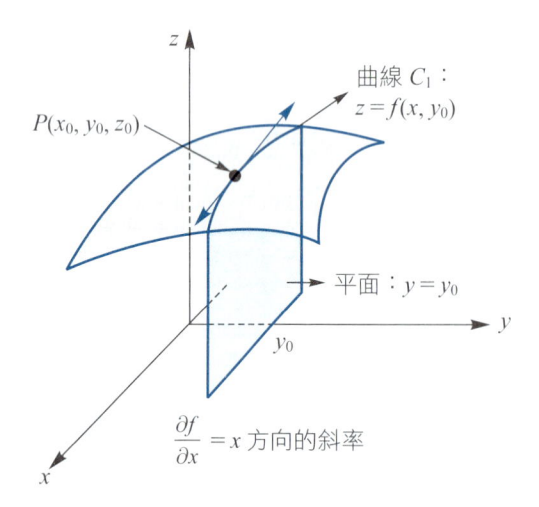

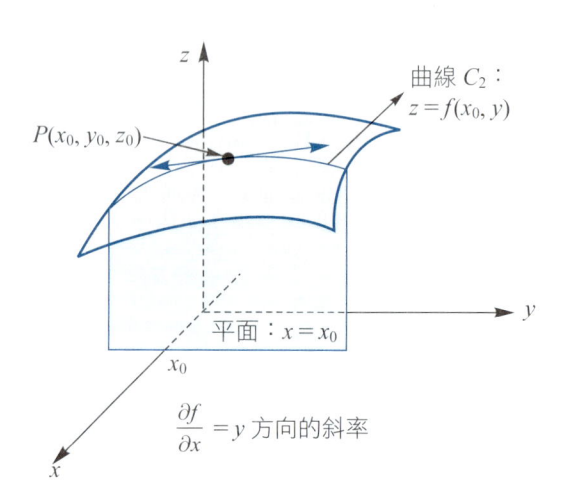

圖 9-9

圖 9-10

【例題 1】 求球面 $x^2+y^2+z^2=9$ 與平面 $y=2$ 的交線在點 $(1, 2, 2)$ 之切線方程式。

【解】 因 $z=f(x, y)=\sqrt{9-x^2-y^2}$，可知切線在點 $(1, 2, 2)$ 沿著 x-軸方向的斜率為

$$f_x(1, 2) = \left. \frac{-x}{\sqrt{9-x^2-y^2}} \right|_{(1, 2)} = -\frac{1}{2}$$

故所求之切線方程式為

$$\begin{cases} y=2 \\ z-2=-\frac{1}{2}(x-1) \end{cases}$$

即

$$\begin{cases} y=2 \\ x+2z=5 \end{cases}$$

習題 9-4

1. 試求曲面 $36z=4x^2+9y^2$ 與平面 $x=3$ 的交線在點 $(3, 2, 2)$ 之切線的斜率。
2. 試求曲面 $2z=\sqrt{9x^2+9y^2-36}$ 與平面 $y=1$ 之交線在點 $\left(2, 1, \frac{3}{2}\right)$ 之切線的方程式。
3. 試求曲面 $36z=4x^2+9y^2$ 與平面 $x=3$ 之交線在點 $(3, 2, 2)$ 之切線的方程式。
4. 試求橢球 $x^2+4y^2+z^2=16$ 與平面 $y=1$ 之交線在點 $(2, 1, 2\sqrt{2})$ 之切線的方程式。
5. 試求曲面 $z=e^x \ln y$ 與平面 $x=3$ 之交線在點 $(3, 1, 0)$ 之切線的方程式。

9-5 偏導數在經濟學上的應用

柯布-道格拉斯生產函數

在經濟學上有一非常重要之生產函數如下

$$Q = f(L, K) = aL^b K^{1-b} \tag{9-5}$$

其中 a 與 b 為正常數，且 $0 < b < 1$。此一生產函數稱為柯布-道格拉斯 (Cobb-Douglas) 生產函數，其中 Q 為產量，L 為勞動要素的投入金額，K 為資本設備的投入，例如，機器設備及其他生產工具等等。利用偏導函數可求得 $\dfrac{\partial Q}{\partial L}$ 與 $\dfrac{\partial Q}{\partial K}$。

1. $\dfrac{\partial Q}{\partial L}$ 稱為勞動邊際生產力 (marginal productivity of labor)，用以衡量當資本支出固定時，勞動支出變動對產量變動之變化率。

2. $\dfrac{\partial Q}{\partial K}$ 稱為資本邊際生產力 (marginal productivity of capital)，用來衡量當勞動支出固定時，資本支出變動對產量變動之變化率。

【例題 1】某國家經濟研究院發現該國之生產情形可敘述為

$$Q = f(L, K) = 30 L^{2/3} K^{1/3}$$

單位，其中 L 表勞動支出，K 表資本支出。
(1) 試計算 f_L 與 f_K。
(2) 當勞動支出與資本支出分別為 64 單位與 8 單位時，其相對應的勞動邊際生產力及資本邊際生產力各為多少？

【解】(1) $f_L = \dfrac{\partial}{\partial L} 30 L^{2/3} K^{1/3} = 30 \dfrac{\partial}{\partial L} L^{2/3} K^{1/3} = 30 \cdot \dfrac{2}{3} L^{-1/3} K^{1/3} = 20 \left(\dfrac{K}{L}\right)^{1/3}$

$f_K = \dfrac{\partial}{\partial K} 30 L^{2/3} K^{1/3} = 30 \dfrac{\partial}{\partial K} L^{2/3} K^{1/3} = 30 \cdot \dfrac{1}{3} L^{2/3} K^{-2/3} = 10 \left(\dfrac{L}{K}\right)^{2/3}$

(2) 勞動邊際生產力

$$f_L(64, 8) = 20\left(\frac{8}{64}\right)^{1/3} = 20\left(\frac{1}{2}\right) = 10$$

資本邊際生產力為

$$f_K(64, 8) = 10\left(\frac{64}{8}\right)^{2/3} = 40$$

替代商品與互補商品

首先我們考慮兩種商品間的相關需求。若一商品在需求上的減少導致另一商品在需求上的增加，我們稱此兩競爭性商品互稱為**替代商品** (substitute commodities)，例如，咖啡與茶即是競爭性替代商品。另一方面，若一商品的需求減少導致另一商品的需求也隨之減少，則此兩商品互稱為**互補商品** (complementary commodities)，例如，汽車與輪胎即是互補商品。現在我們將導出一準則來決定兩商品 A 與 B 是否為替代商品或為互補商品。

假設 Q_A 與 Q_B 分別表商品 A 與 B 之需求量，且 p_A 與 p_B 分別為它們的價格，則 Q_A 與 Q_B 為 p_A 及 p_B 之函數

$$Q_A = f(p_A, p_B)，關於商品 A 之需求函數$$
$$Q_B = g(p_A, p_B)，關於商品 B 之需求函數$$

我們可求得下列四個偏導函數

$$\frac{\partial Q_A}{\partial p_A}，A 對於 p_A 之邊際需求$$

$$\frac{\partial Q_A}{\partial p_B}，A 對於 p_B 之邊際需求$$

$$\frac{\partial Q_B}{\partial p_A}，B 對於 p_A 之邊際需求$$

$$\frac{\partial Q_B}{\partial p_B}，B 對於 p_B 之邊際需求$$

一般而言，若 B 之價格保持固定且 A 之價格遞增，則 A 之需求量會減少。於是，$\frac{\partial Q_A}{\partial p_A} < 0$。同理，$\frac{\partial Q_B}{\partial p_B} < 0$。此時，$\frac{\partial Q_A}{\partial p_B}$ 與 $\frac{\partial Q_B}{\partial p_A}$ 可能同時為正或同時為負。若

$$\frac{\partial Q_A}{\partial p_B} > 0 \quad \text{且} \quad \frac{\partial Q_B}{\partial p_A} > 0 \tag{9-6}$$

則 A 與 B 互稱為**替代商品**。在此種情況，若假設商品 A 之價格不變，商品 B 價格增加，導致商品 A 需求量增加。同樣地，當商品 B 之價格不變，商品 A 價格增加，導致商品 B 需求量增加。例如，奶油與人造奶油為替代商品。

與前述不同之情形，若

$$\frac{\partial Q_A}{\partial p_B} < 0 \quad \text{且} \quad \frac{\partial Q_B}{\partial p_A} < 0 \tag{9-7}$$

則稱 A 與 B 為**互補商品**。在此種情況，若商品 A 之價格不變，商品 B 價格增加，導致商品 A 需求量遞減。同理，當商品 B 之價格不變，商品 A 價格增加，導致商品 B 需求量遞減。例如，照相機與軟片為互補商品。

【例題 2】假設奶油每天的需求量為

$$Q_A = f(p_A, p_B) = \frac{6p_B}{(2 + p_A^2)^2}$$

且人造奶油每天的需求量為

$$Q_B = f(p_A, p_B) = \frac{4p_A}{1 + \sqrt{p_B}}, \quad p_A > 0, \quad p_B > 0$$

此處 p_A 與 p_B 分別表奶油與人造奶油每磅之價格 (以元計)，且 Q_A 與 Q_B 以百萬磅為單位。試決定這兩種商品是替代商品、互補商品，抑或都不是。

【解】我們計算

$$\frac{\partial Q_A}{\partial p_B} = \frac{\partial}{\partial p_B}\left(\frac{6p_B}{(2+p_A^2)^2}\right) = \frac{6}{(2+p_A^2)^2}$$

且

$$\frac{\partial Q_B}{\partial p_A} = \frac{\partial}{\partial p_A}\left(\frac{4p_A}{1+\sqrt{p_B}}\right) = \frac{4}{1+\sqrt{p_B}}$$

對所有 $p_A > 0$ 與 $p_B > 0$ 的值，因為 $\dfrac{\partial Q_A}{\partial p_B} > 0$ 且 $\dfrac{\partial Q_B}{\partial p_A} > 0$，故奶油與人造奶油為替代商品。

習題 9-5

1. 某國之生產函數為

$$f(L, K) = 60L^{1/3}K^{2/3}$$

   其中 L 表示勞動支出，K 表示資本支出。
   (1) 當勞動支出與資本支出分別為 125 單位與 8 單位時，其勞動邊際生產力及資本邊際生產力各為多少？
   (2) 在 (1) 的情況時，政府為了提高國家的生產力，是否應鼓勵資本投資而非增加勞動支出？

2. 假設奶油之每日需求為

$$Q_A = f(p_A, p_B) = \frac{3p_B}{1 + p_A^2}$$

   且人造奶油之每日需求為

$$Q_B = g(p_A, p_B) = \frac{2p_A}{1 + \sqrt{p_B}}, \ p_A > 0, \ p_B > 0$$

   其中 p_A 與 p_B 分別代表奶油與人造奶油之每公升價格 (以元計)，且 Q_A 與 Q_B 是以 10 公升為單位，試決定此兩商品為替代或互補商品，或者既非替代又非互補。

3. 若兩種商品 A 與 B 之需求函數分別為

$$Q_A = \frac{100}{p_A \sqrt{p_B}}, \ Q_B = \frac{500}{p_B \sqrt[3]{p_A}}$$

   試求四個邊際需求函數且決定 A 與 B 為替代商品、互補商品，抑或都不是。

9-6 全微分

若 f 為二變數 x 與 y 的函數，且 x 與 y 分別具有增量 Δx 與 Δy，則 Δz 代表因變數之對應增量，亦即，

$$\Delta z = f(x + \Delta x, y + \Delta y) - f(x, y) \tag{9-8}$$

於是，如果 (x, y) 變化到 $(x + \Delta x, y - \Delta y)$，則函數 $f(x, y)$ 之變化量 Δz 就稱為函數 f 的**全增量**，如圖 9-11 所示。

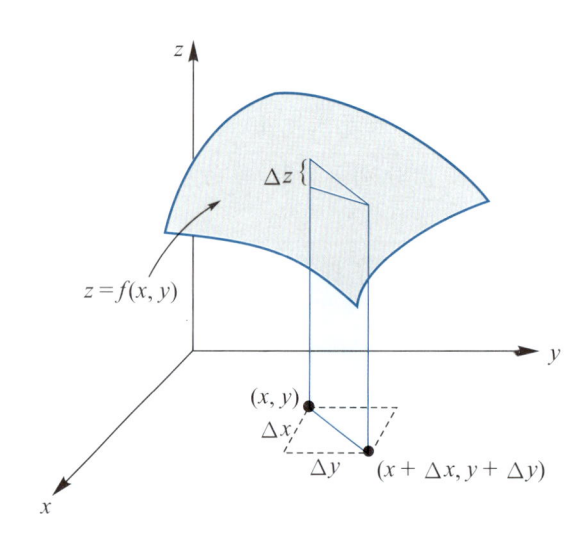

圖 9-11

【例題 1】設 $z = f(x, y) = x^2 - xy$，若 (x, y) 自 $(1, 1)$ 變化至 $(1.5, 0.6)$，則 $f(x, y)$ 之變化量為何？

【解】由 (9-8) 式知

$$\begin{aligned}\Delta z &= f(x + \Delta x, y + \Delta y) - f(x, y) \\ &= (x + \Delta x)^2 - (x + \Delta x)(y + \Delta y) - x^2 + xy \\ &= (2x - y)\Delta x - x(\Delta y) + (\Delta x)^2 - (\Delta x)(\Delta y)\end{aligned}$$

$f(x, y)$ 之變化量可用 $x = 1$，$y = 1$，$\Delta x = 0.5$，$\Delta y = -4$ 代入上式而得，

故　　$\Delta z = (2-1)(0.5) - (1)(-0.4) + (0.5)^2 - (0.5)(-0.4)$
$= 1.35$

定理 9-4

若 $z = f(x, y)$ 且 f、f_x 與 f_y 在包含點 (x, y) 的開區域 R 內連續，則

$$\Delta z = f_x(x, y)\Delta x + f_y(x, y)\Delta y + \varepsilon_1 \Delta x + \varepsilon_2 \Delta y \tag{9-9}$$

其中 ε_1 與 ε_2 均為 Δx 與 Δy 的函數，當 $(\Delta x, \Delta y) \to (0, 0)$ 時，$\varepsilon_1 \to 0$，$\varepsilon_2 \to 0$。

在 (9-9) 式中，當 $\Delta x \to 0$，$\Delta y \to 0$ 時，恆有

$$\Delta z \approx f_x(x, y)\Delta x + f_y(x, y)\Delta y \qquad (9\text{-}10)$$

定義 9-3

若 $z = f(x, y)$ 且偏導函數 f_x 與 f_y 皆存在，則
(1) 自變數的微分為

$$dx = \Delta x，dy = \Delta y$$

(2) 因變數 z 的全微分為

$$dz = f_x(x, y)dx + f_y(x, y)dy = \frac{\partial z}{\partial x}dx + \frac{\partial z}{\partial y}dy$$

因 $\varepsilon_1 \Delta x + \varepsilon_2 \Delta y$ 實際上遠小於 $dz = f_x \Delta x + f_y \Delta y$，故 dz 乃為 Δz 之線性部分。因而 Δx 與 Δy 均很小時，$\Delta z - dz \approx 0$，亦即 $dz \approx \Delta z$。

【例題 2】設 $z = f(x, y) = x^3 + xy - y^2$，求全微分 dz。若 x 由 2 變到 2.05，且 y 由 3 變到 2.96，計算 Δz 與 dz 的值。

【解】應用定義 9-3，

$$dz = f_x(x, y)\,dx + f_y(x, y)\,dy = (3x^2 + y)\,dx + (x - 2y)\,dy$$

取 $x = 2$，$y = 3$，$dx = \Delta x = 0.05$，$dy = \Delta y = -0.04$，可得

$$\begin{aligned}\Delta z &= f(2.05, 2.96) - f(2, 3) \\ &= [(2.05)^3 + (2.05)(2.96) - (2.96)^2] - (8 + 6 - 9) \\ &= 0.921525\end{aligned}$$

$$\begin{aligned}dz &= f_x(2, 3)(0.05) + f_y(2, 3)(-0.04) \\ &= [3(2^2) + 3](0.05) + [2 - 2(3)](-0.04) \\ &= 0.91\end{aligned}$$

【例題 3】 利用全微分求 $\sqrt{(2.95)^2+(4.03)^2}$ 的近似值。

【解】 令 $f(x,y)=\sqrt{x^2+y^2}$，則 $f_x(x,y)=\dfrac{x}{\sqrt{x^2+y^2}}$，$f_y(x,y)=\dfrac{y}{\sqrt{x^2+y^2}}$。

取 $x=3$，$y=4$，$dx=\Delta x=-0.05$，$dy=\Delta y=0.03$，可得

$$\begin{aligned}\sqrt{(2.95)^2+(4.03)^2}&=f(2.95,4.03)\approx f(3,4)+dz\\&=f(3,4)+f_x(3,4)\,dx+f_y(3,4)\,dy\\&=5+\frac{3}{5}(-0.05)+\frac{4}{5}(0.03)\\&=4.994\end{aligned}$$

習題 9-6

在 1～5 題中，求全微分 dw。

1. $w=e^{x^2+y^2}$
2. $w=10^{\sqrt{x^2+y^2}}$
3. $w=\ln(x^2+y^2)$
4. $w=x^2y^3z+e^{-2z}$
5. $w=x^2e^{yz}+y\ln z$
6. 若 (x,y) 由 $(-2,3)$ 變到 $(-2.02,3.01)$。利用微分求 $f(x,y)=x^2-3xy^2-2y^3$ 之變化量的近似值。
7. 利用微分求下列之近似值。

    (1) $\sqrt[3]{26.98}\sqrt{36.04}$

    (2) $\sqrt{5(0.98)^2+(2.01)^2}$

8. 某國家之生產函數為

$$f(L,K)=30L^{2/3}K^{1/3}$$

L 表勞動投入單位，K 表資本投入單位。若勞動投入單位由 125 單位減少到 123 單位，而資本投入單位則由 27 單位增加到 29 單位。試求產出之近似變動。

9-7　最佳化

在第 5 章中,我們已學會了如何求解單變數函數的極值問題。在本節中,我們將討論二變數函數的極值問題。在三維空間中,二變數函數 $z = f(x, y)$ 之圖形為一曲面,**相對極大點** (relative maximum point) 就如同一座山峰的頂點,而**相對極小點** (relative minimum point) 就如同山谷的谷底,如圖 9-12 所示。

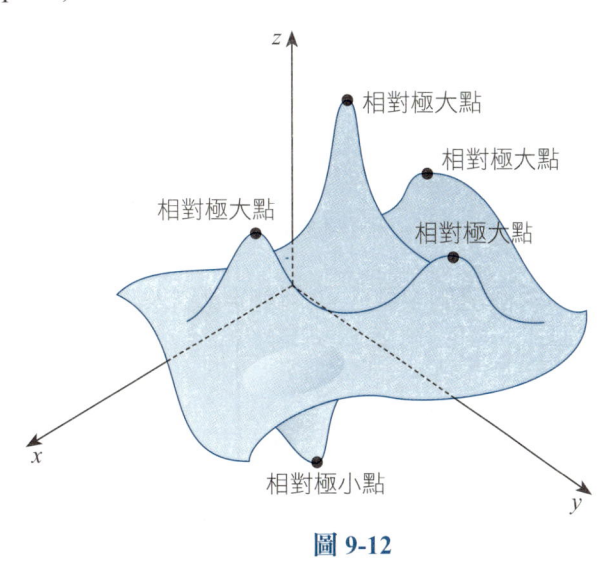

圖 9-12

定義 9-4

令 f 為二變數 x 與 y 的函數。

(1) 若存在以 (x_0, y_0) 為圓心的一圓,使得

$$f(x_0, y_0) \geq f(x, y)$$

對該圓內的所有點 (x, y) 皆成立,則稱 f 在點 (x_0, y_0) 有**相對極大值** (或**局部極大值**)。

(2) 若存在以 (x_0, y_0) 為圓心的一圓,使得

$$f(x_0, y_0) \leq f(x, y)$$

對該圓內的所有點 (x, y) 皆成立,則稱 f 在點 (x_0, y_0) 有**相對極小值** (或**局部極小值**)。

如圖 9-13 所示，函數 f 有**相對極大值**與**相對極小值**。

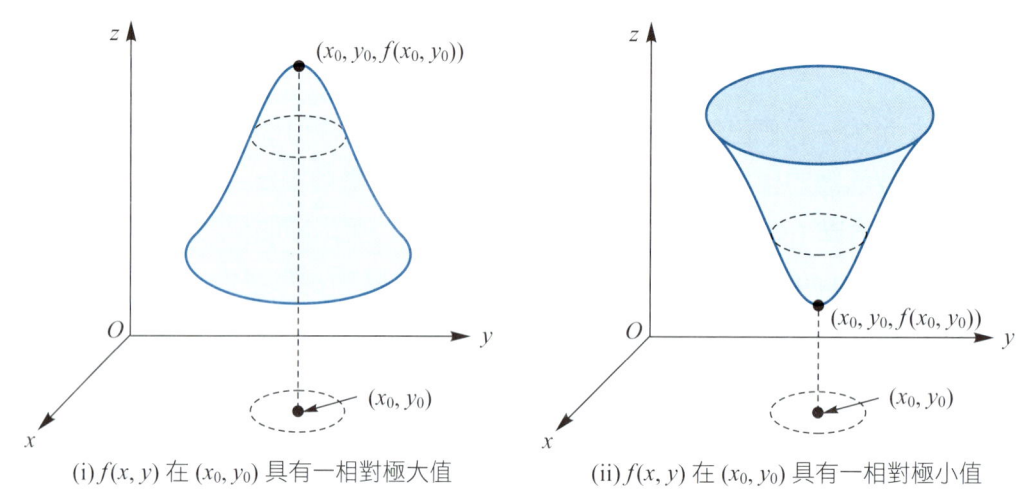

(i) $f(x, y)$ 在 (x_0, y_0) 具有一相對極大值　　(ii) $f(x, y)$ 在 (x_0, y_0) 具有一相對極小值

圖 9-13

仿照二變數函數相對極值的定義，我們可定義二變數函數之絕對極大值與絕對極小值。

> ### 定義 9-5
>
> 令 f 為二變數函數，且點 (x_0, y_0) 在 f 的定義域內。
> (1) 若 $f(x_0, y_0) \geq f(x, y)$ 對 f 的定義域內的所有點 (x, y) 皆成立，則稱 $f(x_0, y_0)$ 為 f 的**絕對極大值**。
> (2) 若 $f(x_0, y_0) \leq f(x, y)$ 對 f 的定義域內的所有點 (x, y) 皆成立，則稱 $f(x_0, y_0)$ 為 f 的**絕對極小值**。

如圖 9-14 所示。

(i) $f(x_0, y_0)$ 為絕對極大值　　(ii) $f(x_0, y_0)$ 為絕對極小值

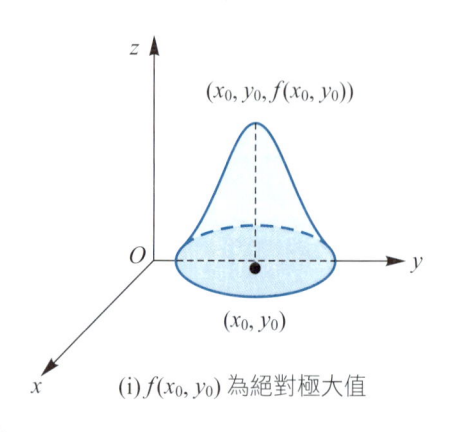

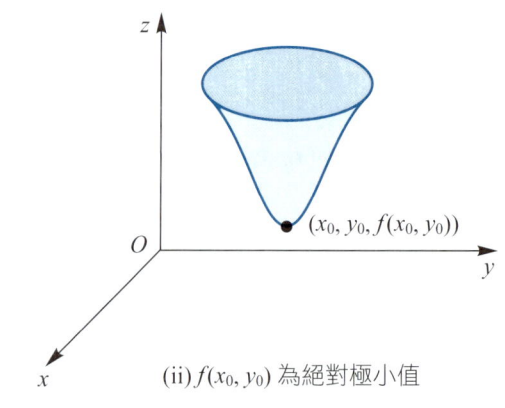

圖 9-14

第 9 章 偏導數

在第 5 章裡，我們曾經討論過函數 $f(x)$ 有相對極值之必要條件為 $f'(x) = 0$。對二個變數之函數 $f(x, y)$ 而言，如果假設 $f(x, y)$ 在 (x_0, y_0) 有相對極大值，則此函數有相對極大值之條件為何？首先設 x 為一常數，即設 $x = x_0$。如圖 9-15 所示，在曲面與平面 $x = x_0$ 之交線 C_1 上，我們有

$$f_y(x_0, y_0) = 0 \quad 且 \quad f_{yy}(x_0, y_0) \leq 0$$

同理，在曲面與平面 $y = y_0$ 之交線 C_2 上，我們有

$$f_x(x_0, y_0) = 0 \quad 且 \quad f_{xx}(x_0, y_0) \leq 0$$

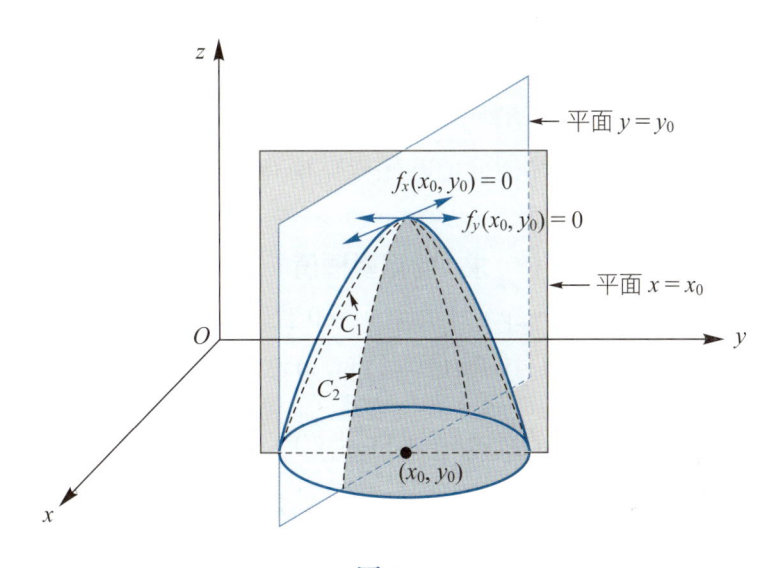

圖 9-15

定理 9-5

假設函數 $f(x, y)$ 在點 (x_0, y_0) 有相對極大值或相對極小值，且偏導數 $f_x(x_0, y_0)$ 與 $f_y(x_0, y_0)$ 皆存在，則

$$f_x(x_0, y_0) = f_y(x_0, y_0) = 0$$

證明 令 $G(x) = f(x, y_0)$，依假設，f 在 $x = x_0$ 有相對極值，且在 $x = x_0$ 為可微分。因此，

$$G'(x_0) = \lim_{h \to 0} \frac{G(x_0 + h) - G(x_0)}{h} = \lim_{h \to 0} \frac{f(x_0 + h, y_0) - f(x_0, y_0)}{h}$$
$$= f_x(x_0, y_0) = 0$$

同理，令 $H(y) = f(x_0, y)$，則它在 $y = y_0$ 有相對極值，且在 $y = y_0$ 為可微分。
因此，

$$H'(y_0) = \lim_{k \to 0} \frac{H(y_0 + k) - H(y_0)}{k}$$
$$= \lim_{k \to 0} \frac{f(x_0, y_0 + k) - f(x_0, y_0)}{k}$$
$$= f_y(x_0, y_0) = 0$$

於是，若 $f(x_0, y_0)$ 為 f 的相對極值，則 $f_x(x_0, y_0) = f_y(x_0, y_0) = 0$ 與單變數函數類似，而 $f_x(x_0, y_0) = f_y(x_0, y_0) = 0$ 為 f 在點 (x_0, y_0) 有相對極值的必要條件而非充分條件。若函數 f 在點 (x_0, y_0) 恆有 $f_x(x_0, y_0) = f_y(x_0, y_0) = 0$，或 $f_x(x_0, y_0)$ 與 $f_y(x_0, y_0)$ 之中有一者不存在，則稱 (x_0, y_0) 為函數 f 的臨界點。但讀者應注意，在臨界點處並不一定有極值發生，使函數 f 沒有相對極值的臨界點稱為 f 的鞍點。

【例題 1】若 $f(x, y) = 4 - x^2 - y^2$，求 f 的相對極值。

【解】$f_x(x, y) = -2x$，$f_y(x, y) = -2y$，令 $f_x(x, y) = 0$ 且 $f_y(x, y) = 0$，可得 $x = 0$，$y = 0$。
因此，$f(0, 0) = 4$ 為 f 僅有的極值。若 $(x, y) \neq (0, 0)$，則

$$f(x, y) = 4 - (x^2 + y^2) < 4$$

故 f 在點 $(0, 0)$ 有相對極大值 4，但如圖 9-16 所示，4 也是絕對極大值。

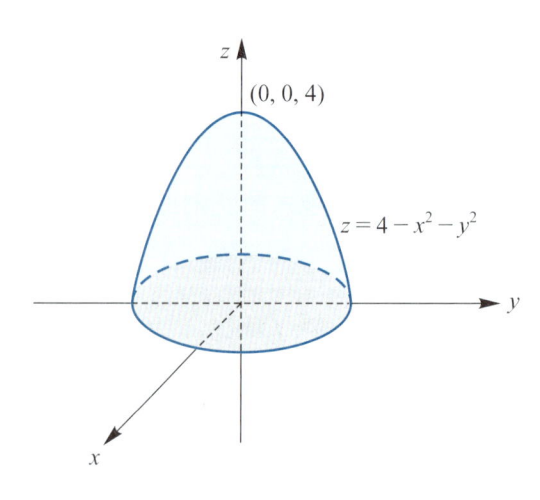

圖 9-16

【例題 2】若 $f(x, y) = y^2 - x^2$，求 f 的相對極值。

【解】由 $f_x(x, y) = -2x = 0$ 與 $f_y(x, y) = 2y = 0$，可得 $x = 0$，$y = 0$。然而，f 在 $(0, 0)$ 無相對極值。若 $y \neq 0$，則 $f(0, y) = y^2 > 0$；並且，若 $x \neq 0$，則 $f(x, 0) = -x^2 < 0$。因此，在 xy-平面上圓心為 $(0, 0)$ 的任一圓內，存在一些點 (在 y-軸上) 使 f 的值為正，且存在一些點 (在 x-軸上) 使 f 的值為負。因此，$f(0, 0) = 0$ 不是 $f(x, y)$ 在圓內的最大值也不是最小值，其圖形為雙曲拋物面，如圖 9-17 所示。

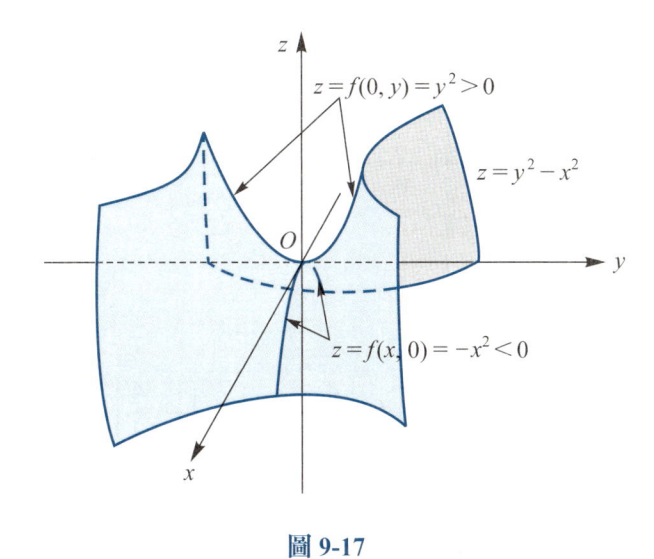

圖 9-17

在定理 9-5 中，$f_x(x_0, y_0) = f_y(x_0, y_0) = 0$ 係 f 在 (x_0, y_0) 有相對極值的**必要條件**。至於**充分條件**可由下述定理得知。

定理 9-6　二階偏導數判別法

令二變數函數 f 的二階偏導函數在以臨界點 (x_0, y_0) 為圓心的某圓內皆為連續，又令

$$\Delta = f_{xx}(x_0, y_0) f_{yy}(x_0, y_0) - [f_{xy}(x_0, y_0)]^2$$

(1) 若 $\Delta > 0$ 且 $f_{xx}(x_0, y_0) > 0$，則 $f(x_0, y_0)$ 為 f 的相對極小值。

(2) 若 $\Delta > 0$ 且 $f_{xx}(x_0, y_0) < 0$，則 $f(x_0, y_0)$ 為 f 的相對極大值。

(3) 若 $\Delta < 0$，則 f 在 (x_0, y_0) 無相對極值，(x_0, y_0) 為 f 的鞍點。

(4) 若 $\Delta = 0$，則無法確定 $f(x_0, y_0)$ 是否為 f 的相對極值。

【例題 3】 試求 $f(x, y) = x^3 - 4xy + 2y^2$ 之相對極值。

【解】 $f_x(x, y) = 3x^2 - 4y$，$f_y(x, y) = -4x + 4y$。令 $f_x(x, y) = 0$ 與 $f_y(x, y) = 0$，解方程組

$$\begin{cases} 3x^2 - 4y = 0 \\ -4x + 4y = 0 \end{cases}$$

得 $x = 0$ 或 $x = \dfrac{4}{3}$。所以，臨界點為 $(0, 0)$ 與 $\left(\dfrac{4}{3}, \dfrac{4}{3}\right)$。

$f_{xx}(x, y) = 6x$，$f_{yy}(x, y) = 4$，$f_{xy}(x, y) = -4$。

(i) 若 $x = 0$，$y = 0$，則

$$\begin{aligned}\Delta &= f_{xx}(0, 0) f_{yy}(0, 0) - [f_{xy}(0, 0)]^2 \\ &= 0(4) - (-4)^2 = -16 < 0\end{aligned}$$

所以點 $(0, 0)$ 為 f 之鞍點。

(ii) 若 $x = \dfrac{4}{3}$，$y = \dfrac{4}{3}$，則

$$\begin{aligned}\Delta &= f_{xx}\left(\dfrac{4}{3}, \dfrac{4}{3}\right) f_{yy}\left(\dfrac{4}{3}, \dfrac{4}{3}\right) - \left[f_{xy}\left(\dfrac{4}{3}, \dfrac{4}{3}\right)\right]^2 \\ &= \left(6 \times \dfrac{4}{3}\right)(4) - (-4)^2 \\ &= 32 - 16 = 16 > 0\end{aligned}$$

又 $$f_{xx}\left(\dfrac{4}{3}, \dfrac{4}{3}\right) = 6\left(\dfrac{4}{3}\right) = 8 > 0$$

於是，$f\left(\dfrac{4}{3}, \dfrac{4}{3}\right) = -\dfrac{32}{27}$ 為 f 之相對極小值。

【例題 4】 求 $f(x, y) = x^2 + y^3 - 6y$ 的相對極值。

【解】 $f_x(x, y) = 2x$，$f_y(x, y) = 3y^2 - 6$

$f_{xx}(x, y) = 2$，$f_{yy}(x, y) = 6y$，$f_{xy}(x, y) = 0$

令 $f_x(x, y) = 2x = 0$ 且 $f_y(x, y) = 3y^2 - 6 = 0$，可得 $x = 0$，$y = \pm\sqrt{2}$

(i) 若 $x = 0$，$y = \sqrt{2}$，則

$$\Delta = f_{xx}(0, \sqrt{2}) f_{yy}(0, \sqrt{2}) - [f_{xy}(0, \sqrt{2})]^2 = 12\sqrt{2} > 0$$

又 $$f_{xx}(0, \sqrt{2}) > 0$$

故 f 在點 $(0, \sqrt{2})$ 有相對極小值 $f(0, \sqrt{2}) = -4\sqrt{2}$

(ii) 若 $x = 0$, $y = -\sqrt{2}$, 則

$$\Delta = f_{xx}(0, -\sqrt{2})f_{yy}(0, -\sqrt{2}) - [f_{xy}(0, -\sqrt{2})]^2 = 12\sqrt{2} < 0$$

故 f 在點 $(0, -\sqrt{2})$ 無相對極值，此處 $(0, -\sqrt{2})$ 為 f 的鞍點。 ■

【例題 5】設 $f(x, y) = x^2 + xy + y^2$；R 為具頂點 (1, 2)，(1, −2) 與 (−1, −2) 的三角形區域，試求 f 在 R 上的絕對極大值與絕對極小值。

【解】 $f_x(x, y) = 2x + y$，$f_y(x, y) = x + 2y$

$f_{xx}(x, y) = 2$，$f_{xy}(x, y) = 1$，$f_{yy}(x, y) = 2$

解方程組 $\begin{cases} 2x + y = 0 \\ x + 2y = 0 \end{cases}$ 可得 $x = 0$，$y = 0$

若 $x = 0$，$y = 0$，則

$$\Delta = f_{xx}(0, 0)f_{yy}(0, 0) - [f_{xy}(0, 0)]^2 = 4 - 1 = 3 > 0$$

且 $f_{xx}(x, y) = 2 > 0$，故 $f(0, 0) = 0$ 為 f 的相對極小值。

但因點 (0, 0) 不在 f 之定義域 R 的內部，故在 R 的內部無相對極值。R 的三個邊界分別為 $x = 1$，$y = -2$ 及 $y = 2x$，如圖 9-18 所示。

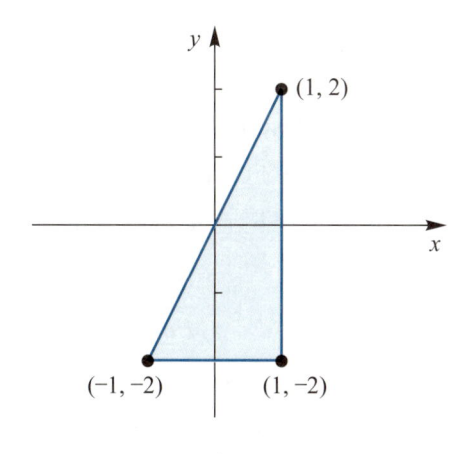

圖 9-18

因在各邊界上，f 可表成一單變數函數，故在邊界上的極值可依第 5 章所述方法求得，如下：

(i) 在邊界 $x = 1$ 上,$f(1, y) = 1 + y + y^2$,由 $\dfrac{d}{dy}(1 + y + y^2) = 1 + 2y = 0$,可得 $y = -\dfrac{1}{2}$。

又 $\dfrac{d}{dy}(1 + 2y) = 2 > 0$,故依二階導數判別法,$f$ 在點 $\left(1, -\dfrac{1}{2}\right)$ 有極小值 $f\left(1, -\dfrac{1}{2}\right) = \dfrac{3}{4}$。

(ii) 在邊界 $y = -2$ 上,$f(x, -2) = x^2 - 2x + 4$,由 $\dfrac{d}{dx}(x^2 - 2x + 4) = 2x - 2 = 0$ 可得 $x = 1$。

又 $\dfrac{d}{dx}(2x - 2) = 2 > 0$,故依二階導數判別法,$f$ 在點 $(1, -2)$ 有極小值 $f(1, -2) = 3$。

(iii) 在邊界 $y = 2x$ 上,$f(x, 2x) = 7x^2$,由 $\dfrac{d}{dx}(7x^2) = 14x = 0$,可得 $x = 0$。

又 $\dfrac{d}{dx}(14x) = 14 > 0$,故依二階導數判別法,$f$ 在點 $(0, 0)$ 有極小值 $f(0, 0) = 0$。

在三個頂點處,$f(1, 2) = 7$,$f(1, -2) = 3$,$f(-1, -2) = 7$。

比較上面各值,我們可得絕對極大值為 $f(1, 2) = f(-1, -2) = 7$,絕對極小值為 $f(0, 0) = 0$。∎

二變數函數之極值在經濟理論上占有極重要之地位。例如,生產者生產兩種商品 A、B。以 q_A 表示 A 的產量,q_B 表示 B 的產量。A 的需求函數為 $p_A = f(q_A)$,B 的需求函數為 $p_B = f(q_B)$,聯合成本函數 (joint cost function) 為 $C = h(q_A, q_B)$,利潤函數為 $\pi(q_A, q_B) = p_A q_A + p_B q_B - C$。生產者通常需要求出最佳產量來使所訂價格能獲得最大利潤,利用上述求極值之方法。利潤最大的必要條件為

$$\dfrac{\partial \pi}{\partial q_A} = 0 \quad \text{及} \quad \dfrac{\partial \pi}{\partial q_B} = 0$$

充分條件為

$$\dfrac{\partial^2 \pi}{\partial q_A^2} < 0,\dfrac{\partial^2 \pi}{\partial q_B^2} < 0$$

且

$$\left(\dfrac{\partial^2 \pi}{\partial q_A^2}\right) \cdot \left(\dfrac{\partial^2 \pi}{\partial q_B^2}\right) - \left(\dfrac{\partial^2 \pi}{\partial q_A \partial q_B}\right)^2 > 0$$

【例題 6】 設兩種商品之需求函數為 $p_A = 1 - q_A$，$p_B = 1 - q_B$，**聯合生產** (joint production) 的總成本函數為 $C = q_A q_B$。試求利潤的極大值及此時的產量與價格。

【解】 利潤函數為

$$\pi = p_A q_A + p_B q_B - q_A q_B = q_A - q_A^2 + q_B - q_B^2 - q_A q_B$$

利潤最大的必要條件為

$$\frac{\partial \pi}{\partial q_A} = 1 - 2q_A - q_B = 0$$

$$\frac{\partial \pi}{\partial q_B} = 1 - q_A - 2q_B = 0$$

解上述聯立方程式，得 $q_A = \frac{1}{3}$，$q_B = \frac{1}{3}$，故價格為 $p_A = \frac{2}{3}$，$p_B = \frac{2}{3}$，總成本為 $C = \frac{1}{9}$，總利潤為 $\pi = \frac{1}{3}$。我們現在檢查利潤 $\pi = \frac{1}{3}$ 是否為極大值。

依利潤最大之充分條件為

$$\frac{\partial^2 \pi}{\partial q_A^2} = -2 < 0 \, , \, \frac{\partial^2 \pi}{\partial q_B^2} = -2 < 0 \, , \, \frac{\partial^2 \pi}{\partial q_A \partial q_B} = -1$$

$$\left(\frac{\partial^2 \pi}{\partial q_A^2}\right)\left(\frac{\partial^2 \pi}{\partial q_B^2}\right) - \left(\frac{\partial^2 \pi}{\partial q_A \partial q_B}\right)^2 = (-2)(-2) - 1 = 3 > 0$$

由此可知 $q_A = \frac{1}{3}$，$q_B = \frac{1}{3}$，$p_A = \frac{2}{3}$，$p_B = \frac{2}{3}$ 時，利潤為最大，這時之利潤為 $\pi = \frac{1}{3}$。

以上我們所討論二變數函數的極值求法當中，自變數 x 與 y 並沒有受到任何條件之限制，如果變數 x 與 y 須滿足限制條件 $g(x, y) = 0$，這類問題就稱為受限制之極值問題。例如，下面兩個問題分別屬於不受限制之極值問題與受限制之極值問題，讀者應比較兩者之不同。

【例題 7】函數 $f(x, y) = x^2 + y^2$ 之極小值為 $f(0, 0) = 0$，如圖 9-19 所示。

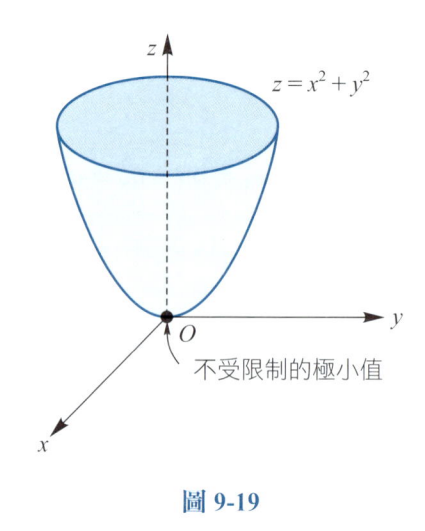

圖 9-19

【例題 8】函數 $f(x, y) = x^2 + y^2$ 之極小值受限制於 $x + y = 2$。該函數之極小值發生在曲面與平面之交線的最低點處，如圖 9-20 所示。

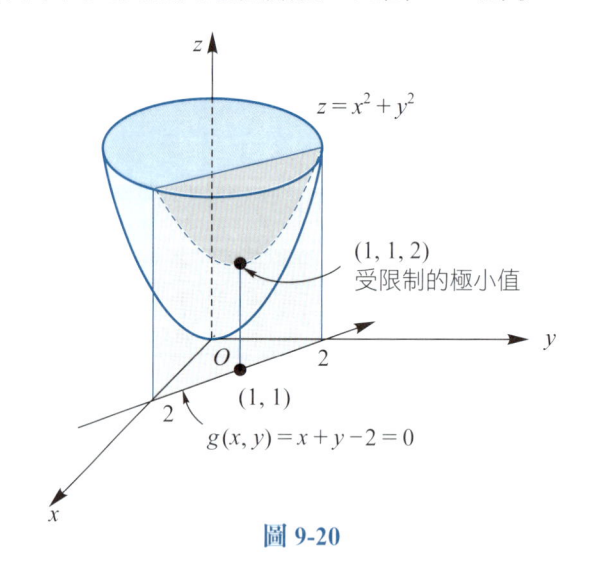

圖 9-20

在圖 9-20 中，我們不難發現等高曲線中恰好有一條曲線與直線 $x + y = 2$ 在點 $(1, 1)$ 處相切，該點就是受限制的極小值發生之處。如圖 9-21 所示。

有時，由受限制條件所獲得之方程式，可以代入二變數函數中，以求得極大值或極小值，因而就變成不受限制的極值問題，並且可以用前一節之方法求解函數之極值。但是，這種方法往往不切實際，尤其是求極大值或極小值的函數包含兩個變

圖 9-21

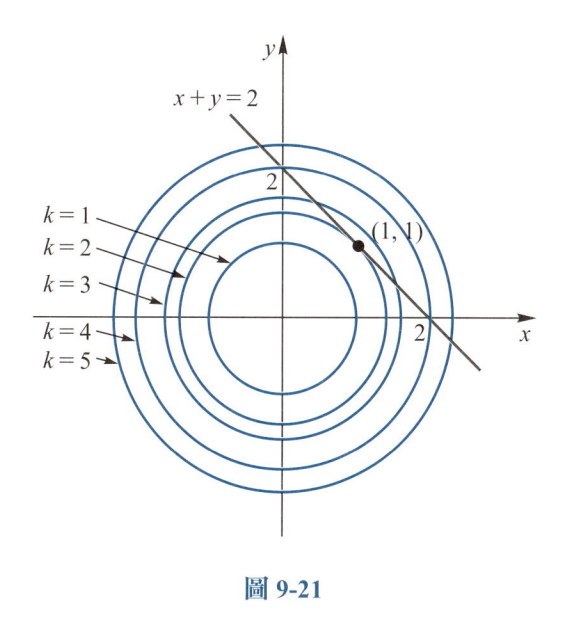

數或數個限制因素時為然。求受限制函數之極大值或極小值，最常用的方法為**拉格蘭吉乘數法**，此法係由法國大數學家拉格蘭吉 (1736～1813) 發現。

欲求 $f(x, y)$ 之極大值且受限制於 $g(x, y) = 0$，我們必須求 f 之最高等高曲線使它與受限制曲線相交。此一交點將會發生在受限制曲線與等高曲線相切之點上，如圖 9-22 所示。

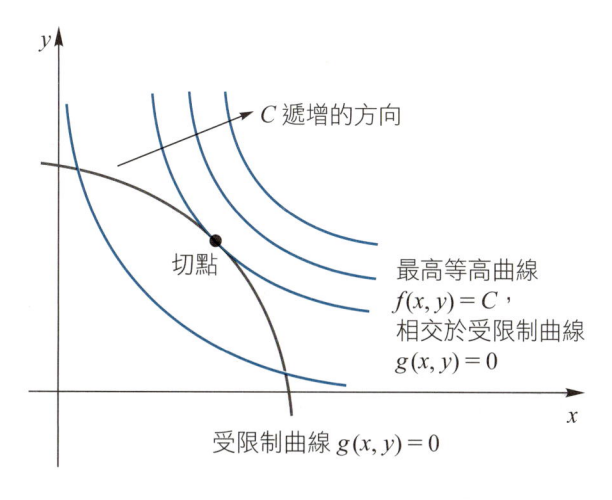

圖 9-22

在此切點上受限制曲線 $g(x, y) = 0$ 之斜率等於等高曲線 $f(x, y) = C$ 之斜率。

現在我們將二變數函數 $z = f(x, y)$ 在限制條件 $g(x, y) = 0$ 下求相對極值的步驟略述如下

1. 先定義一輔助函數如下

$$F(x, y, \lambda) = f(x, y) - \lambda g(x, y)$$

稱為**拉格蘭吉函數**，其中變數 λ 稱為**拉格蘭吉乘數**。

2. 決定 F 之**臨界點**，亦即解下列方程組

$$\begin{cases} F_x = f_x(x, y) - \lambda g_x(x, y) = 0 \\ F_y = f_y(x, y) - \lambda g_y(x, y) = 0 \\ F_\lambda = g(x, y) = 0 \end{cases}$$

由步驟 2 所求得 F 之每一個臨界點 (x, y) 都可能為 f 在受限制條件下發生相對極大值或相對極小值的地方。

【例題 9】試求函數 $f(x, y) = 2x^2 + y^2$ 在限制條件 $g(x, y) = x + y - 1 = 0$ 之下的相對極小值。

【解】令 $\quad F(x, y, \lambda) = f(x, y) - \lambda g(x, y) = 2x^2 + y^2 - \lambda(x + y - 1)$

則
$$F_x = 4x - \lambda$$
$$F_y = 2y - \lambda$$
$$F_\lambda = -(x + y - 1)$$

解方程組 $\begin{cases} 4x - \lambda = 0 \\ 2y - \lambda = 0 \\ x + y - 1 = 0 \end{cases}$，得 $x = \dfrac{1}{3}$，$y = \dfrac{2}{3}$，$\lambda = \dfrac{4}{3}$。

故函數之相對極小值為 $f\left(\dfrac{1}{3}, \dfrac{2}{3}\right) = 2\left(\dfrac{1}{3}\right)^2 + \left(\dfrac{2}{3}\right)^2 = \dfrac{2}{3}$。

【例題 10】試求函數 $f(x, y) = 2x^2 + xy - y^2 + y$ 之相對極值，受限制式為 $2x + 3y = 1$。

【解】令 $F(x, y, \lambda) = 2x^2 + xy - y^2 + y - \lambda(2x + 3y - 1)$，則
$$F_x = 4x + y - 2\lambda$$
$$F_y = x - 2y - 3\lambda$$
$$F_\lambda = -(2x + 3y - 1)$$

令 $F_x = 0$，$F_y = 0$，$F_\lambda = 0$，解聯立方程組

$$\begin{cases} 4x + y - 2\lambda = 0 \\ x - 2y - 3\lambda = 0 \\ 2x + 3y - 1 = 0 \end{cases}$$

得 $\quad x = -\dfrac{7}{16}$，$y = \dfrac{5}{8}$，$\lambda = -\dfrac{9}{16}$

求二階偏導數，$F_{xx} = 4$，$F_{yy} = -2$，$F_{xy} = 1$。

令 $\quad \Delta = F_{xx} \cdot F_{yy} - (F_{xy})^2$

則 $\quad \Delta = (4)(-2) - (1)^2 = -8 - 1 = -9 < 0$

故函數 $f(x, y)$ 在點 $\left(-\dfrac{7}{16}, \dfrac{5}{8}\right)$ 沒有相對極值，故為鞍點。 ■

【例題 11】試求 $f(x, y, z) = 2x^2 + y^2 + 3z^2$ 受限制於條件 $2x - 3y - 4z = 49$ 之下的極小值。

【解】令 $\quad g(x, y, z) = 2x - 3y - 4z - 49 = 0$

我們須解 $\quad \begin{cases} f_x(x, y, z) = \lambda g_x(x, y, z) \\ f_y(x, y, z) = \lambda g_y(x, y, z) \\ f_z(x, y, z) = \lambda g_z(x, y, z) \\ g(x, y, z) = 0 \end{cases}$

亦即，解 $\quad \begin{cases} 4x = 2\lambda & \cdots\cdots ① \\ 2y = -3\lambda & \cdots\cdots ② \\ 6z = -4\lambda & \cdots\cdots ③ \\ 2x - 3y - 4z - 49 = 0 & \cdots\cdots ④ \end{cases}$

由①、②與③解得 $x = \dfrac{\lambda}{2}$，$y = -\dfrac{3\lambda}{2}$，$z = -\dfrac{4\lambda}{6}$，代入④中，可得

$$2\left(\dfrac{\lambda}{2}\right) - 3\left(-\dfrac{3\lambda}{2}\right) - 4\left(-\dfrac{4\lambda}{6}\right) = 49$$

$$\lambda + \dfrac{9\lambda}{2} + \dfrac{16\lambda}{6} = 49 \text{，} \lambda = 6$$

故 $x = 3$，$y = -9$，$z = -4$。所以，f 的極小值為

$$f(3, -9, -4) = 2(3)^2 + (-9)^2 + 3(-4)^2 = 147$$

■

【例題 12】 假設對某製造過程，柯布-道格拉斯生產函數定義為

$$f(x, y) = 200x^{3/4}y^{1/4}$$

此處 x 代表勞動單位數量且 y 代表資本單位數量。如果一單位之勞動成本為 250 元，一單位之資本成本為 400 元，且全部之開銷限制為 120,000 元。試求最大之生產水準。

【解】 欲求生產函數 $f(x, y)$ 之極大值。依題意，受限制之條件為

$$250x + 400y = 120{,}000$$

令

$$F(x, y, \lambda) = 200x^{3/4}y^{1/4} - \lambda(250x + 400y - 120{,}000)$$

則

$$\frac{\partial F}{\partial x} = 150x^{-1/4}y^{1/4} - 250\lambda$$

$$\frac{\partial F}{\partial y} = 50x^{3/4}y^{-3/4} - 400\lambda$$

$$\frac{\partial F}{\partial \lambda} = -(250x + 400y - 120{,}000)$$

令上列三式為 0，可得

$$150x^{-1/4}y^{1/4} - 250\lambda = 0 \quad\cdots\cdots\cdots\cdots ①$$
$$50x^{3/4}y^{-3/4} - 400\lambda = 0 \quad\cdots\cdots\cdots\cdots ②$$
$$250x + 400y - 120{,}000 = 0 \quad\cdots\cdots\cdots\cdots ③$$

由①與②式解 λ，得

$$\lambda = \frac{3}{5}x^{-1/4}y^{1/4} \quad \text{與} \quad \lambda = \frac{1}{8}x^{3/4}y^{-3/4}$$

所以

$$\frac{3}{5}x^{-1/4}y^{1/4} = \frac{1}{8}x^{3/4}y^{-3/4}$$

上式等號兩邊乘以 $x^{1/4}y^{3/4}$，得

$$\frac{3}{5}y = \frac{1}{8}x \text{ 或 } x = \frac{24}{5}y$$

代入③式得

$$120,000 - 250\left(\frac{24y}{5}\right) - 400y = 0$$

$$1,600y = 120,000$$

解得 $y = 75$，因而 $x = 360$。

故生產之最大單位數量為

$$f(360, 75) = 200(360)^{3/4}(75)^{1/4} \approx 48,640。$$

習題 9-7

試求1～5題的相對極值。

1. $f(x, y) = x^2 - 3xy - y^2 + 2y - 6x$
2. $f(x, y) = x^3 + 3xy - y^3$
3. $f(x, y) = \dfrac{4y + x^2y^2 + 8x}{xy}$
4. $f(x, y) = 9xy - x^3 - y^3 - 6$
5. $f(x, y) = e^{-(x^2 + y^2 - 4y)}$

6. 某電子公司生產手提式與組合式之音響，每週實現之總收益為

$$R(x, y) = -\frac{x^2}{4} - \frac{3}{8}y^2 - \frac{xy}{4} + 300x + 240y \text{ (元)}$$

x 表每週生產並銷售手提式音響之數量，y 表組合式音響之數量，而每週生產這些音響之總成本為

$$C(x, y) = 180x + 140y + 5,000 \text{ (元)}$$

此處 x 及 y 與前述具有相同之意義。試問該電子公司每週應生產多少手提式與組合式之音響，才能使其利潤獲致最大？

7. 若 $f(x, y) = x^2 + xy + y^2$，且 f 的定義域為具頂點 (1, 2)、(1, -2) 與 (-1, -2) 之三角形區域，試求 f 之絕對極值。

8. 在完全競爭下，某廠商生產兩種產品，這兩種產品的價格分別為 12 及 18，產量

為 q_A 及 q_B，成本函數為 $C = 2q_A^2 + q_A q_B + 2q_B^2$，試求最大利潤時之產量。

9. 試求函數 $f(x, y) = 5x^2 + 6y^2 - xy$ 之相對極大值或相對極小值，限制式為 $x + 2y = 24$。

10. 試求函數 $f(x, y, z) = xyz$ ($x \geq 0$，$y \geq 0$，$z \geq 0$) 之極大值，其中 x、y 與 z 滿足 $x^3 + y^3 + z^3 = 1$。

11. 試求 $f(x, y) = 3x + 2y + z + 5$ 在限制條件 $9x^2 + 4y^2 - z = 0$ 之下的極小值。

12. 某電子公司由生產與銷售音響所實現之每週總利潤為

$$P(x, y) = -\frac{1}{4}x^2 - \frac{3}{8}y^2 - \frac{1}{4}xy + 120x + 100y - 5,000 \text{ (元)}$$

其中 x 表每週生產並銷售手提式音響之數量，y 表組合式之數量，今該公司之管理部門決定將這些音響的產量限制在總量為每週 230 單位，試問在此條件之下，該公司每週應生產多少手提式及組合式之音響，才能使公司每週之利潤為最大？

13. 假設某工廠生產兩種形式機器之數量為 x、y，其聯合成本函數為 $f(x, y) = x^2 + 2y^2 - xy$，如果共有 16 部機器，試問為了使成本最低，各式機器應生產幾部？

14. 假設家庭對 X 與 Y 貨品之效用函數及預算限制分別為

$$TU = 4X + 17Y - X^2 - XY - 3Y^2$$

與

$$X + 2Y = 7$$

(1) 在消費者均衡狀態之下，X 與 Y 貨品之購買量為多少？

(2) 消費者均衡狀態下之總效用為多少？

第 9 章　偏導數

本章摘要

1. 令 f 與 g 皆為二變數函數，且 $\lim_{(x,y)\to(a,b)} f(x,y) = L$，$\lim_{(x,y)\to(a,b)} g(x,y) = M$，此處 L 與 M 皆為實數，則

   (1) $\lim_{(x,y)\to(a,b)} [f(x,y) \pm g(x,y)] = \lim_{(x,y)\to(a,b)} f(x,y) \pm \lim_{(x,y)\to(a,b)} g(x,y) = L \pm M$

   (2) $\lim_{(x,y)\to(a,b)} [cf(x,y)] = c \lim_{(x,y)\to(a,b)} f(x,y) = cL$，$c$ 為常數

   (3) $\lim_{(x,y)\to(a,b)} [f(x,y)g(x,y)] = [\lim_{(x,y)\to(a,b)} f(x,y)][\lim_{(x,y)\to(a,b)} g(x,y)] = LM$

   (4) $\lim_{(x,y)\to(a,b)} \dfrac{f(x,y)}{g(x,y)} = \dfrac{\lim_{(x,y)\to(a,b)} f(x,y)}{\lim_{(x,y)\to(a,b)} g(x,y)} = \dfrac{L}{M}$，$M \neq 0$

2. 若二變數函數 f 滿足下列條件：

   (1) $f(a,b)$ 有意義。

   (2) $\lim_{(x,y)\to(a,b)} f(x,y)$ 存在。

   (3) $\lim_{(x,y)\to(a,b)} f(x,y) = f(a,b)$

   則稱 f 在 (a,b) 為連續。

3. 函數 $f(x,y)$ 的**一階偏導函數** f_x 與 f_y 分別定義如下：

$$f_x(x,y) = \lim_{\Delta x \to 0} \dfrac{f(x+\Delta x, y) - f(x,y)}{\Delta x}$$

$$f_y(x,y) = \lim_{\Delta y \to 0} \dfrac{f(x, y+\Delta y) - f(x,y)}{\Delta y}$$

4. **偏導數的公式**：若 u 與 v 皆為 x 與 y 的函數，u 與 v 的偏導函數皆存在，r 為實數，則

   (1) $\dfrac{\partial}{\partial x}(u \pm v) = \dfrac{\partial u}{\partial x} \pm \dfrac{\partial v}{\partial x}$，$\dfrac{\partial}{\partial y}(u \pm v) = \dfrac{\partial u}{\partial y} \pm \dfrac{\partial v}{\partial y}$

   (2) $\dfrac{\partial}{\partial x}(cu) = c\dfrac{\partial u}{\partial x}$，$\dfrac{\partial}{\partial y}(cu) = c\dfrac{\partial u}{\partial y}$，$c$ 為常數

   (3) $\dfrac{\partial}{\partial x}(uv) = u\dfrac{\partial v}{\partial x} + v\dfrac{\partial u}{\partial x}$，$\dfrac{\partial}{\partial y}(uv) = u\dfrac{\partial v}{\partial y} + v\dfrac{\partial u}{\partial y}$

(4) $\dfrac{\partial}{\partial x}\left(\dfrac{u}{v}\right) = \dfrac{v\dfrac{\partial u}{\partial x} - u\dfrac{\partial v}{\partial x}}{v^2}$ ， $\dfrac{\partial}{\partial y}\left(\dfrac{u}{v}\right) = \dfrac{v\dfrac{\partial u}{\partial y} - u\dfrac{\partial v}{\partial y}}{v^2}$

(5) $\dfrac{\partial}{\partial x}(u^r) = ru^{r-1}\dfrac{\partial u}{\partial x}$ ， $\dfrac{\partial}{\partial y}(u^r) = ru^{r-1}\dfrac{\partial u}{\partial y}$

5. **二階偏導函數**：設 f 為二變數函數，若 f_x 及 f_y 的一階偏導函數 (共有四個) 皆存在，則 f 之二階偏導函數記為

$$(f_x)_x = f_{xx} = \dfrac{\partial f_x}{\partial x} = \dfrac{\partial}{\partial x}\left(\dfrac{\partial f}{\partial x}\right) = \dfrac{\partial^2 f}{\partial x^2}$$

$$(f_x)_y = f_{xy} = \dfrac{\partial f_x}{\partial y} = \dfrac{\partial}{\partial y}\left(\dfrac{\partial f}{\partial x}\right) = \dfrac{\partial^2 f}{\partial y \partial x}$$

$$(f_y)_x = f_{yx} = \dfrac{\partial f_y}{\partial x} = \dfrac{\partial}{\partial x}\left(\dfrac{\partial f}{\partial y}\right) = \dfrac{\partial^2 f}{\partial x \partial y}$$

$$(f_y)_y = f_{yy} = \dfrac{\partial f_y}{\partial y} = \dfrac{\partial}{\partial y}\left(\dfrac{\partial f}{\partial y}\right) = \dfrac{\partial^2 f}{\partial y^2}$$

6. **二階偏導函數之重要性質**：設 f 為二變數函數，若 f、f_x、f_y、f_{xy} 與 f_{yx} 在開區域 R 皆為連續，則對 R 中的每一點 (x_0, y_0)，則

$$f_{xy}(x_0, y_0) = f_{yx}(x_0, y_0)$$

7. (1) 曲面 $z = f(x, y)$ 與平面 $y = y_0$ 相交之曲線在 $P(x_0, y_0, z_0)$ 沿 x-軸方向之切線方程式為

$$\begin{cases} y = y_0 \\ z - z_0 = f_x(x_0, y_0)(x - x_0) \end{cases}$$

(2) 曲面 $z = f(x, y)$ 與平面 $x = x_0$ 相交之曲線在 $P(x_0, y_0, z_0)$ 沿 y-軸方向之切線方程式為

$$\begin{cases} x = x_0 \\ z - z_0 = f_y(x_0, y_0)(y - y_0) \end{cases}$$

8. **全微分**：設 $z = f(x, y)$，則 $dz = f_x(x, y)dx + f_y(x, y)dy$ 稱為 z 的**全微分**。
9. **相對極值**：令 f 為二變數 x 與 y 的函數。

(1) 若存在以 (x_0, y_0) 為圓心的一圓，使得

$$f(x_0, y_0) \geq f(x, y)$$

對該圓內的所有點 (x, y) 皆成立，則稱 f 在 (x_0, y_0) 具有**相對極大值** (或**局部極大值**)。

(2) 若存在以 (x_0, y_0) 為圓心的一圓，使得

$$f(x_0, y_0) \leq f(x, y)$$

對該圓內的所有點 (x, y) 皆成立，則稱 f 在 (x_0, y_0) 具有**相對極小值** (或**局部極小值**)。

10. **絕對極值**：令 f 為二變數函數，且點 (x_0, y_0) 在 f 的定義域內。若 $f(x_0, y_0) \geq f(x, y)$ 對 f 的定義域內的所有點 (x, y) 皆成立，則稱 (x_0, y_0) 為 f 的**絕對極大值**。若 $f(x_0, y_0) \leq f(x, y)$ 對 f 的定義域內的所有點 (x, y) 皆成立，則稱 $f(x_0, y_0)$ 為 f 的**絕對極小值**。

11. 函數 $z = f(x, y)$ 極值存在的必要條件：假設函數 $f(x, y)$ 在點 (x_0, y_0) 具有相對極值，且偏導數 $f_x(x_0, y_0)$ 與 $f_y(x_0, y_0)$ 皆存在，則 $f_x(x_0, y_0) = f_y(x_0, y_0) = 0$。

12. 若 $(x_0, y_0) \in D_f$，$f_x(x_0, y_0) = 0 = f_y(x_0, y_0)$，或 $f_x(x_0, y_0)$ 與 $f_y(x_0, y_0)$ 兩者中至少有一個不存在，則稱點 (x_0, y_0) 為 f 的**臨界點**。

13. 函數 f 在點 (x_0, y_0) 有一相對極值 $\Rightarrow$ 點 (x_0, y_0) 為 f 的一個臨界點。

14. 若點 (x_0, y_0) 為 f 的一個臨界點，且 $f(x_0, y_0)$ 不是 f 的一個相對極值，則稱 (x_0, y_0) 為 f 的**鞍點**。

15. 函數 $z = f(x, y)$ 極值存在的充分條件：設 $f(x, y)$ 的二階偏導函數在以點 (x_0, y_0) 為圓心的某圓內皆為連續，令

$$\Delta = f_{xx}(x_0, y_0) f_{yy}(x_0, y_0) - [f_{xy}(x_0, y_0)]^2$$

(1) 若 $\Delta > 0$ 且 $f_{xx}(x_0, y_0) > 0$，則 $f(x_0, y_0)$ 為 f 的相對極小值。

(2) 若 $\Delta > 0$ 且 $f_{xx}(x_0, y_0) < 0$，則 $f(x_0, y_0)$ 為 f 的相對極大值。

(3) 若 $\Delta < 0$，則 f 在 (x_0, y_0) 無相對極值，(x_0, y_0) 為 f 的鞍點。

(4) 若 $\Delta = 0$，則無法確定 $f(x_0, y_0)$ 是否為 f 的相對極值。

現代商用微積分

CHAPTER 10

重積分

10-1 疊積分

偏積分

類似於偏微分的過程，我們可以定義**偏積分**，若 $F(x, y)$ 為一函數使得 $F_x(x, y) = f(x, y)$，則 **f 對 x 的偏積分**為

$$\int_{h_1(y)}^{h_2(y)} f(x, y)\, dx = F(x, y)\Big|_{h_1(y)}^{h_2(y)} = F(h_2(y), y) - F(h_1(y), y) \tag{10-1}$$

同理，若 $G(x, y)$ 為一函數使得 $G_y(x, y) = f(x, y)$，則 **f 對 y 的偏積分**為

$$\int_{g_1(x)}^{g_2(x)} f(x, y)\, dy = G(x, y)\Big|_{g_1(x)}^{g_2(x)} = G(x, g_2(x)) - G(x, g_1(x)) \tag{10-2}$$

換言之，在計算 $\int_{h_1(x)}^{h_2(x)} f(x, y)\, dx$ 時，將 y 視為常數，而在計算 $\int_{g_1(x)}^{g_2(x)} f(x, y)\, dy$ 時，將 x 視為常數。

【例題 1】計算 $\int_{-1}^{3} \left(6xy^2 - \dfrac{x}{3y} \right) dx$。

【解】$\int_{-1}^{3} \left(6xy^2 - \dfrac{x}{3y} \right) dx$ ← x 為積分變數且 y 視為常數

$$= \left(3x^2 y^2 - \dfrac{x^2}{6y} \right)\Bigg|_{x=-1}^{x=3} \qquad \text{對 } x \text{ 偏積分}$$

$$= \left(3(3)^2 y^2 - \frac{(3)^2}{6y}\right) - \left(3(-1)^2 y^2 - \frac{(-1)^2}{6y}\right)$$

代入 x 的積分上限　　代入 x 的積分下限

應用微積分基本定理

$$= \left(27y^2 - \frac{3}{2y}\right) - \left(3y^2 - \frac{1}{6y}\right)$$

$$= 24y^2 - \frac{4}{3y}$$

$$= \frac{4}{3y}(18y^3 - 1)$$

結果為 y 的函數

【例題 2】計算 $\int_x^{x^2} y e^{xy^2} \, dy$。

【解】
$$\int_x^{x^2} y e^{xy^2} \, dy = \int_x^{x^2} \frac{1}{2x} e^{xy^2} \cdot 2xy \, dy$$

$$= \frac{1}{2x} \int_x^{x^2} e^{xy^2} \cdot 2xy \, dy$$

$$= \frac{1}{2x} \int_x^{x^2} e^{xy^2} \, d(xy^2)$$

$$= \frac{1}{2x} \left(e^{xy^2} \Big|_{y=x}^{y=x^2} \right)$$

$$= \frac{1}{2x} (e^{x \cdot x^4} - e^{x \cdot x^2})$$

$$= \frac{1}{2x} (e^{x^5} - e^{x^3})$$

疊積分

由於 f 對 y 的偏積分 $\int_{g_1(x)}^{g_2(x)} f(x, y) \, dy$ 僅為 x 的函數，若此函數在 $[a, b]$ 為連續，我們再對 x 積分，而定義**疊積分**如下。

定義 10-1

$$\int_a^b \int_{g_1(x)}^{g_2(x)} f(x,y)\,dy\,dx = \int_a^b \left[\int_{g_1(x)}^{g_2(x)} f(x,y)\,dy \right] dx \qquad (10\text{-}3)$$

同理,我們可以考慮下面形式的**疊積分**。

定義 10-2

$$\int_c^d \int_{h_1(y)}^{h_2(y)} f(x,y)\,dx\,dy = \int_c^d \left[\int_{h_1(y)}^{h_2(y)} f(x,y)\,dx \right] dy \qquad (10\text{-}4)$$

【例題 3】試求疊積分 $\int_{-1}^{1} \int_{-1}^{1} x e^{xy}\,dy\,dx$。

【解】
$$\begin{aligned}
\int_{-1}^{1}\int_{-1}^{1} xe^{xy}\,dy\,dx &= \int_{-1}^{1}\int_{-1}^{1} e^{xy}\,d(xy)\,dx && \text{內層積分視 } x \text{ 為常數,} x\,dy = d(xy) \\
&= \int_{-1}^{1} \left(e^{xy} \Big|_{-1}^{1} \right) dx && \text{視 } u = xy \text{,利用 } \int e^u\,du = e^u + C \\
&= \int_{-1}^{1} (e^x - e^{-x})\,dx && \begin{array}{l}\text{微積分基本定理}\\ \text{代入 } y \text{ 的界限}\end{array} \\
&&& \text{求反導數} \\
&= e^x + e^{-x} \Big|_{-1}^{1} && \begin{array}{l}\text{微積分基本定理}\\ \text{代入 } x \text{ 的界限}\end{array} \\
&= e + e^{-1} - (e^{-1} + e)
\end{aligned}$$

【例題 4】試求疊積分 $\int_0^1 \int_1^2 \dfrac{1}{x+y}\,dx\,dy$。

【解】
$$\begin{aligned}
\int_0^1 \int_1^2 \frac{1}{x+y}\,dx\,dy &= \int_0^1 \int_1^2 \frac{d(x+y)}{x+y}\,dy && \text{內層積分視 } y \text{ 為常數} \\
&= \int_0^1 \ln(x+y) \Big|_1^2 dy && \text{視 } u = x+y \text{,利用 } \int \frac{du}{u} = \ln|u| + C \\
&= \int_0^1 [\ln(2+y) - \ln(1+y)]\,dy && \text{代入 } x \text{ 的界限} \\
&= \int_0^1 \ln(2+y)\,dy - \int_0^1 \ln(1+y)\,dy && \text{定積分之性質} \\
&= \int_0^1 \ln(2+y)\,d(2+y) - \int_0^1 \ln(1+y)\,d(1+y)
\end{aligned}$$

$$= [(2+y)\ln(2+y) - (2+y)]\Big|_0^1$$
$$\quad - [(1+y)\ln(1+y) - (1+y)]\Big|_0^1$$
$$= 3\ln 3 - 3 - 2\ln 2 + 2 - (2\ln 2 - 2 + 1)$$
$$= 3\ln 3 - 4\ln 2$$
$$= \ln\frac{27}{16}$$

利用積分公式

$$\int \ln u\, du = u\ln u - u + C$$

【例題 5】試求疊積分 $\int_0^3 \int_0^{\sqrt{9-y^2}} \frac{3}{\sqrt{9-y^2}}\, dx\, dy$。

【解】 $\int_0^3 \int_0^{\sqrt{9-y^2}} \frac{3}{\sqrt{9-y^2}}\, dx\, dy = \int_0^3 \left(\frac{3x}{\sqrt{9-y^2}} \Big|_0^{\sqrt{9-y^2}} \right) dy = \int_0^3 \frac{3\sqrt{9-y^2}}{\sqrt{9-y^2}}\, dy$

$$= \int_0^3 3\, dy = 3y\Big|_0^3$$
$$= 9$$

習題 10-1

計算 1～3 題之偏積分。

1. $\int_{-1}^3 (3xy - 5e^y)\, dx$
2. $\int_1^{4x} x^3 e^{xy}\, dy$
3. $\int_{\sqrt{y}}^{y^3} (8x^3 y - 4xy^2)\, dx$

計算 4～11 題中的積分。

4. $\int_0^2 \int_0^1 4xy\, dx\, dy$
5. $\int_{-1}^2 \int_1^4 (2x + 6x^2 y)\, dx\, dy$
6. $\int_0^1 \int_{-y}^y (x + y^2)\, dx\, dy$

7. $\int_1^2 \int_{x^3}^x e^{y/x}\, dy\, dx$
   (提示：視 x 為常數，$\int_1^2 \int_{x^3}^x e^{y/x}\, dy\, dx = \int_1^2 \int_{x^3}^x e^{y/x} \cdot x\, d\left(\frac{y}{x}\right) dx = \int_1^2 \int_{x^3}^x x e^{y/x}\, d\left(\frac{y}{x}\right) dx$)

8. $\int_{-3}^3 \int_0^{4x} (y - x)\, dy\, dx$

9. $\int_{-2}^2 \int_{-1}^1 y e^{xy}\, dx\, dy$
   (提示：視 y 為常數，$\int_{-2}^2 \int_{-1}^1 y e^{xy}\, dx\, dy = \int_{-2}^2 \int_{-1}^1 e^{xy}\, d(xy)\, dy$)

10. $\displaystyle\int_0^1 \int_0^1 xye^{-xy^2}\,dy\,dx$

11. $\displaystyle\int_{-3}^3 \int_0^3 y^2 e^{-x}\,dy\,dx$

10-2 二重積分

在本節中，我們將單變數函數的積分理論推廣到多變數的積分。

函數 $f(x, y)$ 在矩形區域上的二重積分

我們考慮二變數的函數 f 定義在封閉矩形區域

$$R = \{(x, y) \mid a \leq x \leq b,\ c \leq y \leq d\}$$

中，首先假設曲面 $z = f(x, y) \geq 0$，今考慮用一組水平及垂直的直線，將 R 分割成 n 個小矩形區域，分別標以 $R_1, R_2, R_3, \cdots, R_n$，如圖 10-1 所示，則我們稱集合 $P = \{R_i \mid i = 1, 2, 3, \cdots, n\}$ 為 R 的**內分割**。令 Δx_i 與 Δy_i 為 ΔR_i 的邊長，且 $\Delta A_i = \Delta x_i \Delta y_i$ 為 R_i 的面積，R_i 之對角線的最大長度記為 $\|P\|$，稱為分割 P 的**範數**。

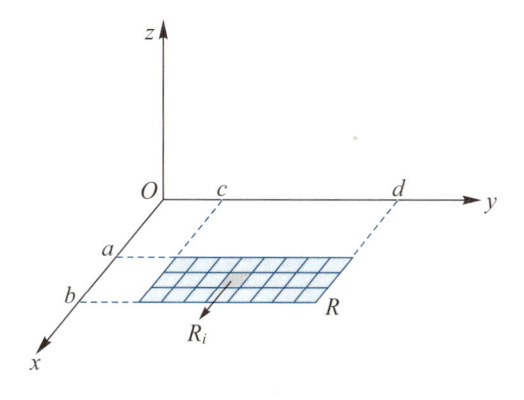

圖 10-1

定義 10-3　黎曼和

令 f 為定義在封閉矩形區域 R 的二變數函數,且 $P = \{R_i | i = 1, 2, 3, \cdots, n\}$ 為 R 的一內分割,若 $(\overline{x}_i, \overline{y}_i)$ 為 R_i 中的任一點,則 $\sum\limits_{i=1}^{n} f(\overline{x}_i, \overline{y}_i) \Delta A_i$ 稱為 f 對內分割 P 的黎曼和。

讀者應注意,二變數函數的黎曼和為:在 R 的內分割中,第 i 個小矩形區域內之一有序數對 $(\overline{x}_i, \overline{y}_i)$ 上計算二變數函數 $f(x, y)$ 的值,再以小矩形區域的面積 ΔA_i 乘以此數,而後將每一項 $f(\overline{x}_i, \overline{y}_i) \Delta A_i$ 相加。若 $f(x, y) \geq 0$,則黎曼和 $\sum\limits_{i=1}^{n} f(\overline{x}_i, \overline{y}_i) \Delta A_i$ 在幾何上可解釋為 n 個直立矩形柱體體積的總和,如圖 10-2 所示。因此,$\sum\limits_{i=1}^{n} f(\overline{x}_i, \overline{y}_i) \Delta A_i$ 為矩形區域 R 與曲面 $z = f(x, y)$ 之間的立體體積 V 的近似值。

n 個直立矩形柱體體積的總和

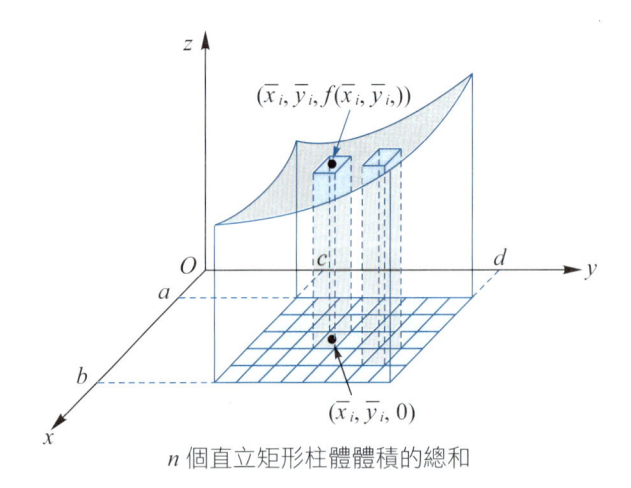

圖 10-2

定義 10-4　二重積分

令 f 為二變數函數定義在封閉矩形區域 R,若

$$\lim_{\|P\| \to 0} \sum_{i=1}^{n} f(\overline{x}_i, \overline{y}_i) \Delta A_i$$

存在,則稱此極限為 f 在 R 的二重積分,記成 $\iint\limits_{R} f(x, y) dA$,定義為

$$\iint_R f(x, y)dA = \lim_{\|P\|\to 0} \sum_{i=1}^{n} f(\bar{x}_i, \bar{y}_i)\Delta A_i$$

若極限存在,則稱 f 在 R 為可積分。

我們記得,若 $f(x) \geq 0$,則 $\int_a^b f(x)dx$ 表示在曲線 $y = f(x)$ 之下而介於 a 與 b 之間的面積。同理,若 $f(x, y) \geq 0$,則 $\iint_R f(x, y)dA$ 表示在曲面 $z = f(x, y)$ 的下方,矩形區域 R 的上方之立體的正確體積,如圖 10-3 所示。

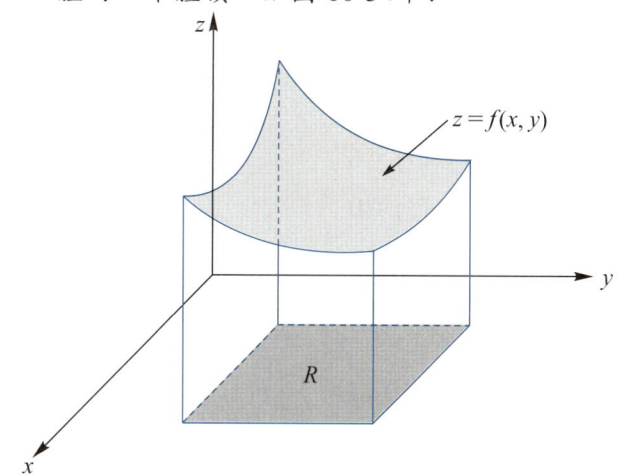

圖 10-3 $v = \iint_R f(x, y)dA$

定理 10-1 二重積分的性質

若二變數函數 f 與 g 在封閉矩形區域 R 皆為連續,則

(1) $\iint_R c f(x, y)dA = c \iint_R f(x, y)dA$,此處 c 為常數。

(2) $\iint_R [f(x, y) + g(x, y)]dA = \iint_R f(x, y)dA + \iint_R g(x, y)dA$

(3) $\iint_R f(x, y)dA = \iint_{R_1} f(x, y)dA + \iint_{R_2} f(x, y)dA$

此處 R 為兩個不重疊區域 R_1 與 R_2 的聯集。

【例題 1】令 R 是由頂點為 $(0, 0)$、$(4, 0)$、$(0, 8)$ 與 $(4, 8)$ 之矩形所圍成的區域，且 P 為 R 的內分割，其由具有 x-截距為 0、2、4 的垂直線與具有 y-截距為 0、2、4、6、8 的水平線所決定。若取 $(\overline{x}_i, \overline{y}_i)$ 為 R_i 的中心點，求 $f(x, y) = x^2 - 3y$ 佈於區域 R 之二重積分的近似值。

【解】區域 R 如圖 10-4 所示。

R_i 的中心點坐標與函數在中心點的函數值分別為

$(\overline{x}_1, \overline{y}_1) = (1, 1)$，　$f(\overline{x}_1, \overline{y}_1) = -2$

$(\overline{x}_2, \overline{y}_2) = (1, 3)$，　$f(\overline{x}_2, \overline{y}_2) = -8$

$(\overline{x}_3, \overline{y}_3) = (1, 5)$，　$f(\overline{x}_3, \overline{y}_3) = -14$

$(\overline{x}_4, \overline{y}_4) = (1, 7)$，　$f(\overline{x}_4, \overline{y}_4) = -20$

$(\overline{x}_5, \overline{y}_5) = (3, 1)$，　$f(\overline{x}_5, \overline{y}_5) = 6$

$(\overline{x}_6, \overline{y}_6) = (3, 3)$，　$f(\overline{x}_6, \overline{y}_6) = 0$

$(\overline{x}_7, \overline{y}_7) = (3, 5)$，　$f(\overline{x}_7, \overline{y}_7) = -6$

$(\overline{x}_8, \overline{y}_8) = (3, 7)$，　$f(\overline{x}_8, \overline{y}_8) = -12$

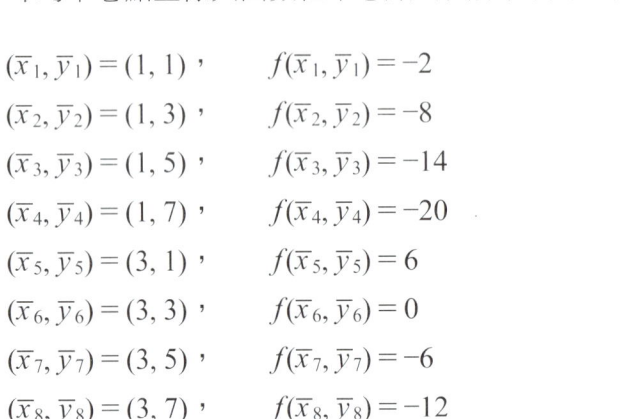

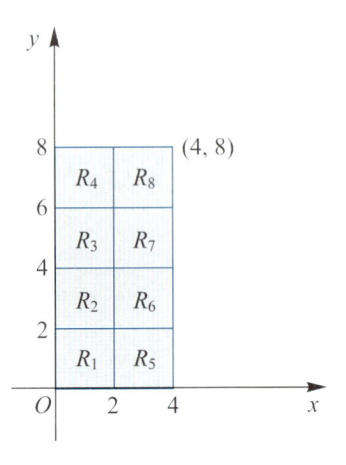

圖 10-4

則

$$\iint\limits_R f(x, y) dA \approx \sum_{i=1}^{8} f(\overline{x}_i, \overline{y}_i) \Delta A_i$$

因每一個小正方形的面積為 $\Delta A_i = 4$，$i = 1, 2, 3, \cdots, 8$，故

$$\sum_{i=1}^{8} f(\overline{x}_i, \overline{y}_i) \Delta A_i = 4 \sum_{i=1}^{8} f(\overline{x}_i, \overline{y}_i)$$

$$= 4(-2 - 8 - 14 - 20 + 6 + 0 - 6 - 12) = -224$$

所以，

$$\iint\limits_R f(x, y) dA \approx -224$$

定理 10-2　富比尼定理

若函數 f 在矩形區域 $R = \{(x, y) | a \leq x \leq b, c \leq y \leq d\}$ 為連續，則

$$\iint\limits_R f(x, y) dA = \int_c^d \int_a^b f(x, y) dx\, dy = \int_a^b \int_c^d f(x, y) dy\, dx \tag{10-5}$$

讀者應注意在應用**富比尼定理**時，若函數 $f(x, y)$ 可分解為 x 的連續函數與 y 的連續函數之乘積，即 $f(x, y) = g(x) h(y)$，且 $R = \{(x, y) | a \leq x \leq b, c \leq y \leq d\}$，則富比

尼定理可變為

$$\iint_R f(x,y)dA = \int_c^d \int_a^b g(x)h(y)dx\,dy = \int_c^d \left[\int_a^b g(x)h(y)dx\right]dy$$

內層積分的 y 視為常數，因而 $h(y)$ 為常數，所以

$$\int_c^d \left[\int_a^b g(x)h(y)dx\right]dy = \int_c^d \left[h(y)\left(\int_a^b g(x)dx\right)\right]dy$$

由於 $\int_a^b g(x)dx$ 為常數，所以，f 的二重積分可以寫成兩個單變數定積分之乘積，即

$$\int_a^b \left[\int_c^d g(x)h(y)dy\right]dx = \int_c^d \left[\int_a^b g(x)h(y)dx\right]dy$$
$$= \left(\int_a^b g(x)dx\right)\left(\int_c^d h(y)dy\right) \tag{10-6}$$

【例題 2】 試計算 $\iint_R (x+y)dA$，其中 $R = \{(x,y) \mid 1 \leq x \leq 3, -1 \leq y \leq 2\}$。

【解】
$$\iint_R (x+y)dA = \int_1^3 \int_{-1}^2 (x+y)dy\,dx \qquad \text{內層積分視 } x \text{ 為常數}$$

$$= \int_1^3 \left(xy + \frac{y^2}{2}\right)\bigg|_{y=-1}^{y=2} dx \qquad \text{對 } y \text{ 偏積分}$$

$$= \int_1^3 \left[(2x+2) - \left(-x + \frac{1}{2}\right)\right]dx \qquad \begin{array}{l}\text{微積分基本定理}\\\text{代入 } y \text{ 的界限}\end{array}$$

$$= \int_1^3 \left(3x + \frac{3}{2}\right)dx = \left(\frac{3}{2}x^2 + \frac{3}{2}x\right)\bigg|_{x=1}^{x=3} \qquad \text{定積分之計算}$$

$$= \left(\frac{27}{2} + \frac{9}{2}\right) - \left(\frac{3}{2} + \frac{3}{2}\right) = 18 - 3 = 15 \qquad \blacksquare$$

【例題 3】 求 $\int_0^1 \int_0^1 xye^{x^2+y^2} dy\,dx$。

【解】
$$\int_0^1 \int_0^1 xye^{x^2+y^2} dy\,dx = \int_0^1 \int_0^1 xye^{x^2}\cdot e^{y^2} dy\,dx \qquad e^{x^2+y^2} = e^{x^2}\cdot e^{y^2}$$

$$= \left(\int_0^1 xe^{x^2} dx\right)\left(\int_0^1 ye^{y^2} dy\right) \qquad \text{富比尼定理}$$

$$= \left(\int_0^1 xe^{x^2} dx\right)^2 \qquad x、y \text{ 為無意義變數}$$

$$= \left(\frac{1}{2}e^{x^2}\bigg|_0^1\right)^2 = \frac{1}{4}(e-1)^2 \qquad \blacksquare$$

【例題 4】 求 $\iint_R \dfrac{1+x}{1+y} dA$，其中 $R = \{(x, y) \mid -1 \leq x \leq 2, 0 \leq y \leq 1\}$。

【解】 $\iint_R \dfrac{1+x}{1+y} dA = \int_{-1}^{2} \int_0^1 \dfrac{1+x}{1+y} dy\, dx = \left(\int_0^1 \dfrac{1}{1+y} dy\right)\left(\int_{-1}^{2} (1+x) dx\right)$ 　　富比尼定理

$$= \left(\ln|1+y|\Big|_0^1\right)\left(x + \dfrac{x^2}{2}\Big|_{-1}^{2}\right) \qquad \int \dfrac{du}{u} = \ln|u| + C$$

$$= (\ln 2)\left(2 + 2 + 1 - \dfrac{1}{2}\right) = \dfrac{9}{2}\ln 2 \qquad ■$$

【例題 5】 試證 $\int_{-\infty}^{\infty} \int_{-\infty}^{\infty} e^{-x^2-y^2} dx\, dy = \lim_{b\to\infty} \int_{-b}^{b}\int_{-b}^{b} e^{-x^2-y^2} dx\, dy = 4\left(\int_0^{\infty} e^{-x^2} dx\right)^2$。

【解】 $\int_{-b}^{b}\int_{-b}^{b} e^{-x^2-y^2} dx\, dy = \int_{-b}^{b}\int_{-b}^{b} e^{-y^2} e^{-x^2} dx\, dy = \int_{-b}^{b} e^{-y^2}\left(\int_{-b}^{b} e^{-x^2} dx\right) dy$

$$= \left(\int_{-b}^{b} e^{-x^2} dx\right)\left(\int_{-b}^{b} e^{-y^2} dy\right)$$

$$= \left(\int_{-b}^{b} e^{-x^2} dx\right)^2 = \left(2\int_0^{b} e^{-x^2} dx\right)^2$$

$$= 4\left(\int_0^{b} e^{-x^2} dx\right)^2$$

當 $b \to \infty$ 時取極限，可得

$$\int_{-\infty}^{\infty}\int_{-\infty}^{\infty} e^{-x^2-y^2} dx\, dy = \lim_{b\to\infty}\int_{-b}^{b}\int_{-b}^{b} e^{-x^2-y^2} dx\, dy = 4\left(\int_0^{\infty} e^{-x^2} dx\right)^2 \qquad ■$$

函數 $f(x, y)$ 在非矩形區域上的二重積分

在討論非矩形區域上的二重積分之前，我們先討論如圖 10-5 所示之 xy-平面上的各型區域。若區域 R 為

$$R = \{(x, y) \mid a \leq x \leq b, \phi_1 \leq y \leq \phi_2(x)\}$$

其中函數 $\phi_1(x)$ 與 $\phi_2(x)$ 皆為連續函數，則我們稱它為**第 I 型區域**。又若

$$R = \{(x, y) \mid h_1(y) \leq x \leq h_2(y), c \leq y \leq d\}$$

第 10 章　重積分

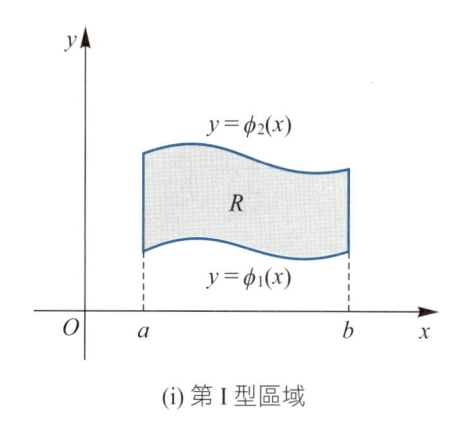

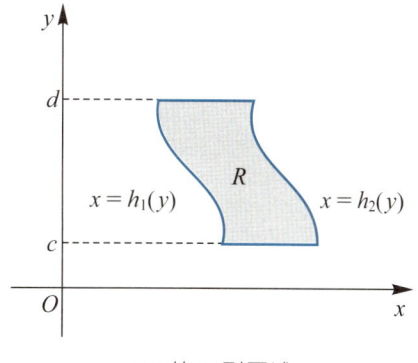

(i) 第 I 型區域

(ii) 第 II 型區域

圖 10-5

其中 $h_1(y)$ 與 $h_2(y)$ 皆為連續函數，則稱它為**第 II 型區域**。

假設 f 在區域 R 為連續，若 R 為第 I 型區域，則

$$\iint_R f(x,y)\,dA = \int_a^b \int_{\phi_1(x)}^{\phi_2(x)} f(x,y)\,dy\,dx \tag{10-7}$$

若 R 為第 II 型區域，則

$$\iint_R f(x,y)\,dA = \int_c^d \int_{h_1(y)}^{h_2(y)} f(x,y)\,dx\,dy \tag{10-8}$$

【例題 6】 求 $\iint_R e^{x+3y}\,dA$，其中 R 為由直線 $y=1$、$y=2$、$y=x$ 與 $y=-x+5$ 所圍成的梯形區域。

【解】 如圖 10-6 所示之梯形區域為第 II 型區域。於是，

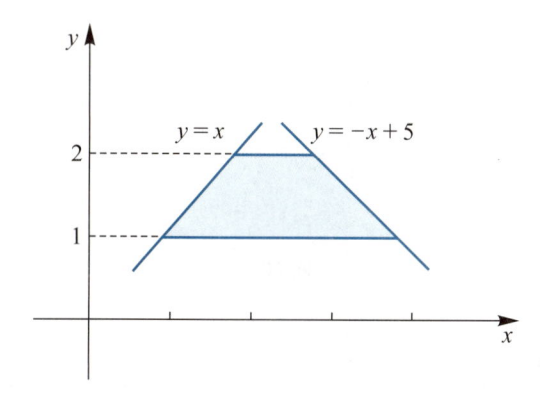

圖 10-6

$$\iint_R e^{x+3y}dA = \int_1^2 \int_y^{5-y} e^{x+3y}dx\,dy = \int_1^2 \left(e^{x+3y}\Big|_y^{5-y}\right)dy$$

$$= \int_1^2 (e^{5+2y} - e^{4y})dy = \left(\frac{1}{2}e^{5+2y} - \frac{1}{4}e^{4y}\right)\Big|_1^2$$

$$= \frac{1}{2}e^9 - \frac{1}{4}e^8 - \frac{1}{2}e^7 + \frac{1}{4}e^4$$

$$= \frac{e^4(2e^5 - e^4 - 2e^3 + 1)}{4}$$

雖然二重積分可利用 (10-7) 式與 (10-8) 式來計算。一般而言，選擇 $dy\,dx$ 或 $dx\,dy$ 的積分順序往往與 $f(x, y)$ 的形式及區域 R 有關，有時，所予二重積分的計算非常地困難，或甚至不可能；然而，若變換 $dy\,dx$ 或 $dx\,dy$ 的積分順序，或許可能求得易於計算之等值的二重積分。

【例題 7】試變換積分的順序計算 $\int_0^{2\sqrt{\ln 3}} \int_{\frac{y}{2}}^{\sqrt{\ln 3}} e^{x^2} dx\,dy$。

【解】因所予的積分順序為 $dx\,dy$，故視區域 R 為第 II 型區域，$x = \frac{y}{2}$ 至 $x = \sqrt{\ln 3}$；$y = 0$ 至 $y = 2\sqrt{\ln 3}$。今變換積分順序為 $dy\,dx$，則 $y = 0$ 至 $y = 2x$；$x = 0$ 至 $x = \sqrt{\ln 3}$，如圖 10-7 所示。

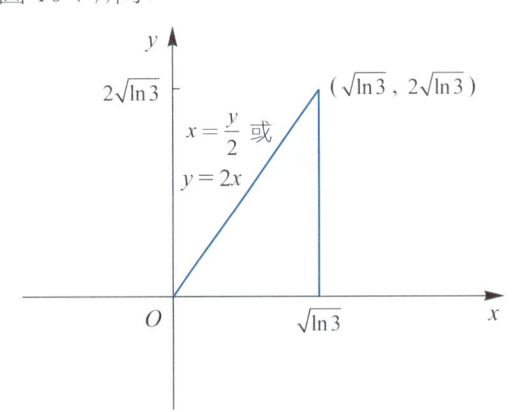

圖 10-7

所以，

$$\int_0^{2\sqrt{\ln 3}} \int_{\frac{y}{2}}^{\sqrt{\ln 3}} e^{x^2} dx\,dy = \int_{x=0}^{x=\sqrt{\ln 3}} \int_{y=0}^{y=2x} e^{x^2} dy\,dx = \int_{x=0}^{x=\sqrt{\ln 3}} 2xe^{x^2} dx = \int_{x=0}^{x=\sqrt{\ln 3}} d(e^{x^2})$$

$$= e^{x^2}\Big|_{x=0}^{x=\sqrt{\ln 3}} = e^{\ln 3} - e^0 = 3 - 1 = 2$$

習題 10-2

在 1～9 題中，將關於區域 R 的重積分表成疊積分，並求其值。

1. $\iint_R (2x+y)\,dA$，此處 $R = \{(x,y)\,|\,-1 \leq x \leq 2, -1 \leq y \leq 4\}$。

2. $\iint_R (x^2+y^2)\,dA$，此處 $R = \{(x,y)\,|\,0 \leq x \leq 2, 0 \leq y \leq 1\}$。

3. $\iint_R y^2 x\,dA$，此處 $R = \{(x,y)\,|\,-3 \leq x \leq 2, 0 \leq y \leq 1\}$。

4. $\iint_R (y-xy^2)\,dA$，此處 $R = \{(x,y)\,|\,0 \leq y \leq 1, -y \leq x \leq 1+y\}$。

   (提示：$\iint_R (y-xy^2)\,dA = \int_0^1 \int_{-y}^{1+y} (y-xy^2)\,dx\,dy$)

5. $\iint_R e^{x/y}\,dA$，此處 $R = \{(x,y)\,|\,1 \leq y \leq 2, y \leq x \leq y^3\}$。

   (提示：$\iint_R e^{x/y}\,dA = \int_1^2 \int_y^{y^3} e^{x/y}\,dx\,dy$)

6. $\iint_R xy^2\,dA$，此處 R 為具有頂點 $(0,0)$、$(3,1)$ 與 $(-2,1)$ 的三角形區域。

   (提示：積分區域如右圖所示，內層積分為
   $\int_{-2y}^{3y} xy^2\,dx$)

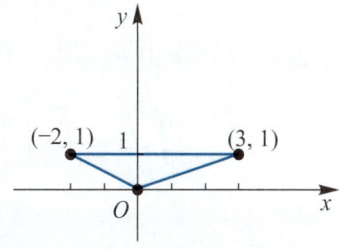

7. $\iint_R \dfrac{y}{1+x^2}\,dA$，此處 R 是由 $y=0$、$y=\sqrt{x}$ 與 $x=4$ 等圖形所圍成的區域。

   (提示：$\iint_R \dfrac{y}{1+x^2}\,dA = \int_0^4 \int_0^{\sqrt{x}} \dfrac{y}{1+x^2}\,dy\,dx$)

8. $\iint_R (x^2+2y)\,dA$，此處 R 是介於 $y=x^2$ 與 $y=\sqrt{x}$ 等圖形所圍成的區域。

9. $\iint_R e^{y/x}\,dA$，此處 R 是介於 $y=0$、$y=x^3$ 與 $x=0$、$x=1$ 等圖形所圍成的區域。

在 10～13 題中，顛倒積分的順序，並計算所得的積分。

10. $\int_0^1 \int_{3y}^3 e^{x^2}\,dx\,dy$

11. $\int_0^1 \int_{2x}^2 e^{y^2}\,dy\,dx$

12. $\int_1^e \int_0^{\ln x} y \, dy \, dx$

13. $\int_0^1 \int_{\sqrt{y}}^1 \sqrt{x^3+1} \, dx \, dy$

10-3 二重積分的應用

利用二重積分求面積

習慣上,我們以 $\iint_R dA$ 表示二重積分 $\iint_R dA$,故

$$A = \iint_R dA = \iint_R dy \, dx$$

或

$$A = \iint_R dA = \iint_R dx \, dy$$

若區域 R 為第 I 型區域,則

$$\iint_R dA = \int_a^b \int_{\phi_1(x)}^{\phi_2(x)} dy \, dx = \int_a^b \left[y \Big|_{\phi_1(x)}^{\phi_2(x)} \right] dx = \int_a^b [\phi_2(x) - \phi_1(x)] dx$$

若區域 R 為第 II 型區域,則

$$\iint_R dA = \int_c^d \int_{h_1(y)}^{h_2(y)} dx \, dy = \int_c^d \left[x \Big|_{h_1(y)}^{h_2(y)} \right] dy = \int_c^d [h_2(y) - h_1(y)] dy$$

【例題 1】試利用兩個不同之積分順序,求 xy-平面上由 $x = y^3$、$x + y = 2$ 與 $y = 0$ 等圖形所圍成區域 R 的面積。

【解】區域 R 如圖 10-8(i) 所示。若將區域 R 視為第 II 型區域,則其面積為

$$A = \iint_R dA = \int_0^1 \int_{y^3}^{2-y} dx \, dy = \int_0^1 \left(x \Big|_{y^3}^{2-y} \right) dy$$

$$= \int_0^1 (2 - y - y^3) dy = \left(2y - \frac{y^2}{2} - \frac{y^4}{4} \right) \Big|_0^1$$

$$= \frac{5}{4}$$

若將區域 R 視為第 I 型區域,則區域 R 必分割為 R_1 與 R_2,亦即,$R = R_1 \cup R_2$

如圖 10-8(ii) 所示。

$$A = \iint_R dA = \iint_{R_1} dA + \iint_{R_2} dA = \int_0^1 \int_0^{x^{1/3}} dy\, dx + \int_1^2 \int_0^{2-x} dy\, dx$$

$$= \int_0^1 \left(y \Big|_0^{x^{1/3}} \right) dx + \int_1^2 \left(y \Big|_0^{2-x} \right) dx = \int_0^1 x^{1/3} dx + \int_1^2 (2-x)\, dx$$

$$= \left(\frac{3}{4} x^{4/3} \Big|_0^1 \right) + \left(2x - \frac{x^2}{2} \Big|_1^2 \right) = \frac{3}{4} + 4 - 2 - 2 + \frac{1}{2}$$

$$= \frac{5}{4}$$

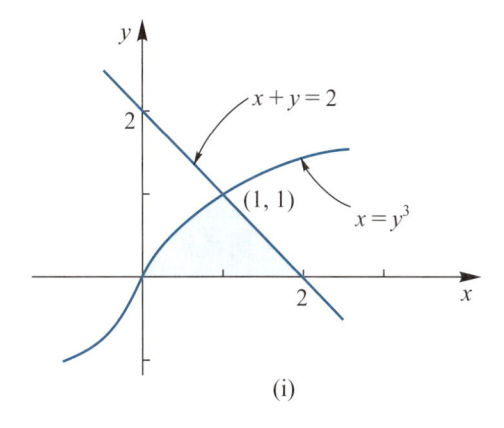

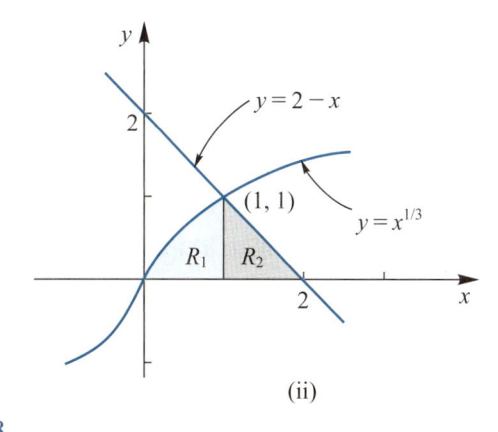

圖 10-8

利用二重積分求體積

設 R 為 xy-平面上之區域且令 f 在 R 為連續且非負值，則在曲面 $z = f(x, y)$ 之下方以及區域 R 之上方的立體體積為

$$V = \iint_R f(x, y)\, dA$$

【例題 2】試求由各坐標平面與平面 $x = 5$ 及 $y + 2z - 4 = 0$ 所圍成立體的體積。

【解】由平面方程式 $y + 2z - 4 = 0$，得

$$z = f(x, y) = \frac{4 - y}{2}$$

所圍成之立體如圖 10-9 所示。故體積

$$V = \int_0^5 \int_0^4 \frac{4-y}{2} dy\, dx$$
$$= \int_0^5 \left(2y - \frac{1}{4}y^2\right)\bigg|_0^4 dx$$
$$= \int_0^5 4\, dx = 20$$

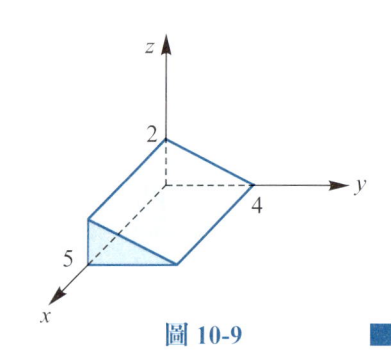

圖 10-9

習題 10-3

1. 試利用二重積分求由 $y = x - 3$ 及 $y^2 = x + 3$ 等圖形所圍成區域 R 的面積。
2. 試利用二重積分求由 $y = x^2$ 及 $y = 4 - x^2$ 等圖形所圍成區域 R 的面積。
3. 試求由各坐標平面與平面 $z = 6 - 2x - 3y$ 所圍成四面體之體積。
4. 試利用二重積分求由拋物線 $x^2 = 16 - 2y$ 與直線 $x + 2y - 4 = 0$ 所圍成區域 R 的面積。
5. 試求由平面 $x + y + z = 1$ 在第一卦限內所圍成立體之體積。
6. 試求二圓柱體 $x^2 + y^2 \leq a^2$ 與 $x^2 + z^2 \leq a^2$ 共有部分的體積 $(a > 0)$。

本章摘要

1. 下面形式之積分稱之為疊積分

(1) $\int_a^b \int_{g_1(x)}^{g_2(x)} f(x,y)\,dy\,dx = \int_a^b \left[\int_{g_1(x)}^{g_2(x)} f(x,y)\,dy \right] dx$

(2) $\int_c^d \int_{h_1(y)}^{h_2(y)} f(x,y)\,dx\,dy = \int_c^d \left[\int_{h_1(y)}^{h_2(y)} f(x,y)\,dx \right] dy$

2. 二重積分的定義：令 f 為定義在區域 R 上的二變數函數。若 $\lim\limits_{\|P\|\to 0} \sum\limits_{i=1} f(\bar{x}_i, \bar{y}_i)\Delta A_i$ 存在，則稱此極限為 f 在 R 的**二重積分**，記成

$$\iint_R f(x,y)\,dA$$

定義為 $\quad\iint_R f(x,y)\,dA = \lim\limits_{\|P\|\to 0} \sum\limits_{i=1}^n f(\bar{x}_i, \bar{y}_i)\Delta A_i$。

3. 二重積分的性質：若二變數函數 f 與 g 在區域 R 皆為連續，則

(1) $\iint_R c\,f(x,y)\,dA = c \iint_R f(x,y)\,dA$，$c$ 為常數。

(2) $\iint_R [f(x,y) \pm g(x,y)]\,dA = \iint_R f(x,y)\,dA \pm \iint_R g(x,y)\,dA$

(3) $\iint_R f(x,y)\,dA = \iint_{R_1} f(x,y)\,dA + \iint_{R_2} f(x,y)\,dA$，而 $R = R_1 \cup R_2$

4. 富比尼定理：若函數 f 在矩形區域 $R = \{(x,y) \mid a \le x \le b, c \le y \le d\}$ 為連續，則

$$\iint_R f(x,y)\,dA = \int_a^b \left[\int_c^d f(x,y)\,dy \right] dx = \int_c^d \left[\int_a^b f(x,y)\,dx \right] dy$$

5. 二重積分的計算：

(1) 設 $R = \{(x,y) \mid a \le x \le b, \phi_1(x) \le y \le \phi_2(x)\}$ 為連續，其中 ϕ_1 及 ϕ_2 在 $[a,b]$ 皆為連續，則

$$\iint_R f(x,y)\,dA = \int_a^b \int_{\phi_1(x)}^{\phi_2(x)} f(x,y)\,dy\,dx$$

(2) 設 $R = \{(x,y) \mid h_1(y) \le x \le h_2(y), c \le y \le d\}$ 為連續，其中 h_1 及 h_2 在 $[c,d]$ 皆為連續，則

$$\iint_R f(x,y)\,dA = \int_c^d \int_{h_1(y)}^{h_2(y)} f(x,y)\,dx\,dy$$

6. 若 f 在

$$R = \{(x, y) \mid a \leq x \leq b, \phi_1(x) \leq y \leq \phi_2(x)\}$$
$$= \{(x, y) \mid c \leq y \leq d, h_1(y) \leq x \leq h_2(y)\}$$

為連續,則

$$\int_a^b \int_{\phi_1(x)}^{\phi_2(x)} f(x, y) \, dy \, dx = \int_c^d \int_{h_1(y)}^{h_2(y)} f(x, y) \, dx \, dy$$

注意:此定理是特別指 f 在 R 為連續時,始具有變換積分順序性質。

CHAPTER 11

三角函數

11-1 三角函數與其極限

我們以前學過的六個三角 (或圓) 函數稱為**正弦**函數、**餘弦**函數、**正切**函數、**餘切**函數、**正割**函數與**餘割**函數，分別以符號 sin、cos、tan、cot、sec 與 csc 等記之。若 x 為一實數，則正弦函數結合 x 所得的實數記為 $\sin x$，同理，其他五個函數亦類似。我們假設所有的角皆以弳 (或弧度) 度量表示。

下面列出這六個三角函數的定義域與值域，函數圖形如圖 11-1 所示。

$$\sin : I\!R \to [-1, 1]$$
$$\cos : I\!R \to [-1, 1]$$
$$\tan : I\!R - \left\{ x \mid x = \frac{2n+1}{2}\pi, n \in \mathbb{Z} \right\} \to I\!R$$
$$\cot : I\!R - \{ x \mid x = n\pi, n \in \mathbb{Z} \} \to I\!R$$
$$\sec : I\!R - \left\{ x \mid x = \frac{2n+1}{2}\pi, n \in \mathbb{Z} \right\} \to (-\infty, -1] \cup [1, \infty)$$
$$\csc : I\!R - \{ x \mid x = n\pi, n \in \mathbb{Z} \} \to (-\infty, -1] \cup [1, \infty)$$

在求三角函數的導函數之前，先討論一些基本的三角函數極限。下面的結果對未來的發展很重要。

定理 11-1

若 x 表一實數，或一角的弧度量，則

(1) $\lim\limits_{x \to 0} \sin x = 0$

(2) $\lim\limits_{x \to 0} \cos x = 1$

(3) $\lim\limits_{x \to 0} \dfrac{\sin x}{x} = 1$

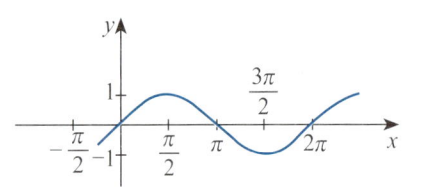

$y = \sin x$

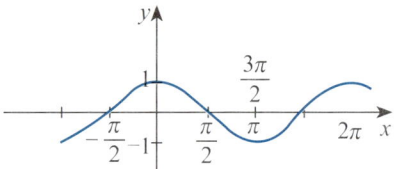

$y = \cos x$

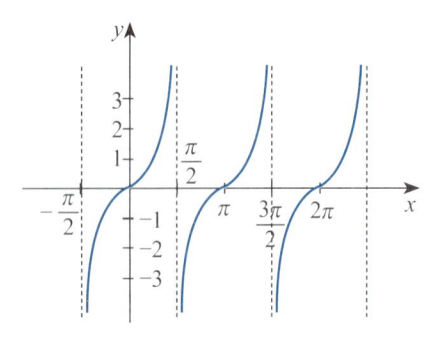

$y = \tan x$

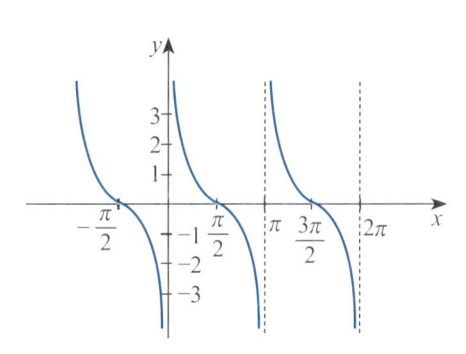

$y = \cot x$

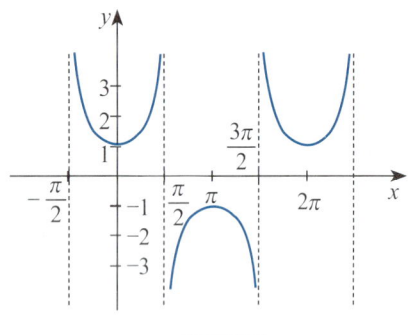

$y = \sec x$

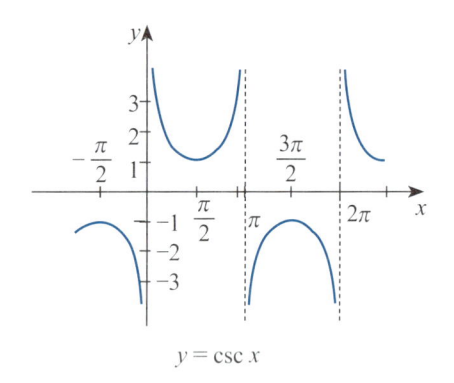

$y = \csc x$

圖 11-1

【例題 1】求 $\lim\limits_{t \to 0} \dfrac{\sin(1-\cos t)}{1-\cos t}$。

【解】令 $\theta = 1 - \cos t$，當 $t \to 0$ 時，$\theta \to 0$，故

$$\lim_{t \to 0} \frac{\sin(1-\cos t)}{1-\cos t} = \lim_{\theta \to 0} \frac{\sin \theta}{\theta} = 1$$

【例題 2】求 $\lim\limits_{x \to 0} \dfrac{\tan 3x}{\sin 8x}$。

【解】$\lim\limits_{x \to 0} \dfrac{\tan 3x}{\sin 8x} = \lim\limits_{x \to 0} \left(\dfrac{\sin 3x}{\cos 3x} \cdot \dfrac{1}{\sin 8x} \right)$

$$= \lim_{x \to 0} \left(\frac{\sin 3x}{\cos 3x} \cdot \frac{1}{\sin 8x} \cdot \frac{8x}{3x} \cdot \frac{3}{8} \right)$$

$$= \frac{3}{8} \lim_{x \to 0} \left(\frac{1}{\cos 3x} \right) \left(\frac{\sin 3x}{3x} \right) \left(\frac{8x}{\sin 8x} \right)$$

$$= \frac{3}{8} \left(\lim_{x \to 0} \frac{1}{\cos 3x} \right) \left(\lim_{x \to 0} \frac{\sin 3x}{3x} \right) \left(\lim_{x \to 0} \frac{1}{\frac{\sin 8x}{8x}} \right)$$

$$= \frac{3}{8} \cdot 1 \cdot 1 \cdot 1$$

$$= \frac{3}{8}$$

【例題 3】試求 $\lim_{x \to 0} x^2 \cos \left(\frac{1}{x} \right)$。

【解】讀者可能引用定理 2-2 (5)，求本題之極限，如下

$$\lim_{x \to 0} x^2 \cos \left(\frac{1}{x} \right) = (\lim_{x \to 0} x^2) \left(\lim_{x \to 0} \cos \left(\frac{1}{x} \right) \right) \cdots\cdots\cdots (*)$$

這是一個錯誤的作法，因為 $\cos \left(\frac{1}{x} \right)$ 在 −1 到 1 之間振盪。尤其，當 x 靠近 0 時，振盪得更快速，如圖 11-2 所示，故 $\lim_{x \to 0} \cos \left(\frac{1}{x} \right)$ 不存在。因此，(*) 式並不成立。由於，

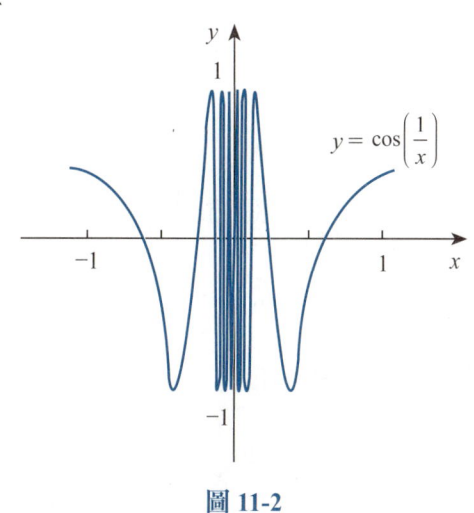

圖 11-2

現代商用微積分

$$-1 \leq \cos\left(\frac{1}{x}\right) \leq 1, \forall x \neq 0$$

又 $x^2 \geq 0$，今以 x^2 乘上述不等式，可得

$$-x^2 \leq x^2 \cos\left(\frac{1}{x}\right) \leq x^2, \forall x \neq 0$$

又 $\lim_{x \to 0}(-x^2) = 0$，$\lim_{x \to 0} x^2 = 0$

所以，利用夾擠定理得知，

$$\lim_{x \to 0} x^2 \cos\left(\frac{1}{x}\right) = 0$$

【例題 4】求 $\lim_{x \to a} \dfrac{\sin x - \sin a}{x - a}$。

【解】
$$\lim_{x \to a} \frac{\sin x - \sin a}{x - a} = \lim_{x \to a} \frac{2 \cos \dfrac{x+a}{2} \sin \dfrac{x-a}{2}}{x - a}$$

$$= \lim_{x \to a} \cos \frac{x+a}{2} \cdot \lim_{x \to a} \frac{\sin\left(\dfrac{x-a}{2}\right)}{\dfrac{x-a}{2}}$$

$$= \cos a \cdot 1$$

$$= \cos a$$

【例題 5】試證 $\lim_{x \to 0} x \sin \dfrac{1}{x} = 0$。

【解】若 $x \neq 0$，則 $\left|\sin \dfrac{1}{x}\right| \leq 1$，所以，

$$\left|x \sin \frac{1}{x}\right| = |x|\left|\sin \frac{1}{x}\right| \leq |x|$$

$$-|x| \leq x \sin \frac{1}{x} \leq |x|$$

視 $r = |x|$
$|x| \leq r \Leftrightarrow -r \leq x \leq r$

因 $\lim_{x \to 0} |x| = 0$，故由夾擠定理可知

$$\lim_{x \to 0} x \sin \frac{1}{x} = 0$$

【例題 6】求 $\lim\limits_{(x,y)\to(0,0)}\dfrac{1-\cos(x^2+y^2)}{x^2+y^2}$。

【解】令 $t=x^2+y^2$，則

$$\lim_{(x,y)\to(0,0)}\frac{1-\cos(x^2+y^2)}{x^2+y^2}=\lim_{t\to 0^+}\frac{1-\cos t}{t}=\lim_{t\to 0^+}\frac{\sin^2 t}{t(1+\cos t)}$$

$$=\left(\lim_{t\to 0^+}\frac{\sin t}{t}\right)\left(\lim_{t\to 0^+}\frac{\sin t}{1+\cos t}\right)$$

$$=1\cdot\frac{0}{1+1}=0$$

習題 11-1

在 1～7 題中，求各極限。

1. $\lim\limits_{\theta\to 0}\dfrac{\sin\theta}{\theta+\tan\theta}$

2. $\lim\limits_{x\to\pi}\dfrac{\tan x}{3(x-\pi)}$

3. $\lim\limits_{x\to 0}x\cot x$

4. $\lim\limits_{x\to 0}\dfrac{1-\cos 2x}{x\sin x}$

5. $\lim\limits_{x\to 0}\dfrac{\sin(a+x)-\sin(a-x)}{x}$

6. $\lim\limits_{x\to 0}\dfrac{\sin ax}{\sin bx}$，$b\neq 0$

7. $\lim\limits_{(x,y)\to(0,0)}\dfrac{\tan(x^2+y^2)}{x^2+y^2}$

8. 設 $f(x)=\begin{cases}x\sin\dfrac{1}{x}, & x\neq 0\\ 0, & x=0\end{cases}$，試證 f 在每一實數皆為連續。

9. 設 $f(x)=\begin{cases}x\sin\dfrac{1}{x}, & x\neq 0\\ 0, & x=0\end{cases}$，求 f 之圖形的水平漸近線。

11-2 三角函數的導函數

首先，我們先來討論正弦函數與餘弦函數的導函數。依導函數的定義，得知，

$$\frac{d}{dx}\sin x = \lim_{h \to 0}\frac{\sin(x+h)-\sin x}{h}$$
$$= \lim_{h \to 0}\left[\frac{\sin(h/2)\cos(x+h/2)}{h/2}\right]$$

因餘弦函數為處處連續，故 $\lim_{h \to 0}\cos(x+h/2) = \cos x$。又，依定理 11-1 (3) 可證得

$$\lim_{h \to 0}\frac{\sin(h/2)}{h/2} = 1$$

所以， $$\frac{d}{dx}\sin x = \cos x$$

因 $\cos x = \sin\left(\frac{\pi}{2} - x\right)$，故由連鎖法可得

$$\frac{d}{dx}\cos x = \frac{d}{dx}\sin\left(\frac{\pi}{2}-x\right) = \cos\left(\frac{\pi}{2}-x\right)\frac{d}{dx}\left(\frac{\pi}{2}-x\right)$$
$$= (\sin x)(-1)$$
$$= -\sin x$$

利用下列的關係式可得其餘三角函數的導函數，

$$\tan x = \frac{\sin x}{\cos x} \quad , \quad \cot x = \frac{\cos x}{\sin x} \quad , \quad \sec x = \frac{1}{\cos x} \quad , \quad \csc x = \frac{1}{\sin x}$$

例如，

$$\frac{d}{dx}\tan x = \frac{d}{dx}\left(\frac{\sin x}{\cos x}\right) = \frac{\cos x\frac{d}{dx}\sin x - \sin x\frac{d}{dx}\cos x}{\cos^2 x}$$
$$= \frac{\cos^2 x + \sin^2 x}{\cos^2 x} = \frac{1}{\cos^2 x}$$
$$= \sec^2 x$$

cot x、sec x 與 csc x 的導函數求法皆類似,留作習題。

下面定理中列出六個三角函數的導函數公式。

定理 11-2

$$\frac{d}{dx}\sin x = \cos x \qquad \frac{d}{dx}\cos x = -\sin x$$

$$\frac{d}{dx}\tan x = \sec^2 x \qquad \frac{d}{dx}\cot x = -\csc^2 x$$

$$\frac{d}{dx}\sec x = \sec x \tan x \qquad \frac{d}{dx}\csc x = -\csc x \cot x$$

若 $u = u(x)$ 為可微分函數,則由連鎖法則可得

$$\frac{d}{dx}\sin u = \cos u \frac{du}{dx} \qquad \frac{d}{dx}\cos u = -\sin u \frac{du}{dx}$$

$$\frac{d}{dx}\tan u = \sec^2 u \frac{du}{dx} \qquad \frac{d}{dx}\cot u = -\csc^2 u \frac{du}{dx}$$

$$\frac{d}{dx}\sec u = \sec u \tan u \frac{du}{dx} \qquad \frac{d}{dx}\csc u = -\csc u \cot u \frac{du}{dx}$$

【例題 1】若 $f(x) = \sin^2 x \cos x$,求 $f'(x)$。

【解】$f'(x) = \frac{d}{dx}(\sin^2 x \cos x)$

$$= \sin^2 x \frac{d}{dx}\cos x + \cos x \frac{d}{dx}\sin^2 x$$

$$= -\sin^3 x + 2\sin x \cos x \frac{d}{dx}\sin x$$

$$= -\sin^3 x + 2\sin x \cos^2 x$$

$$= \sin x (2\cos^2 x - \sin^2 x)$$

$$= \sin x (2 - 3\sin^2 x)$$

【例題 2】令 $f(x) = \begin{cases} x^2 \sin\dfrac{1}{x}, & \text{若 } x \neq 0 \\ 0, & \text{若 } x = 0 \end{cases}$,求 (1) $f'(x)$,$x \neq 0$;(2) $f'(0)$。

【解】(1) $f'(x) = \dfrac{d}{dx}\left(x^2 \sin\dfrac{1}{x}\right) = x^2 \dfrac{d}{dx}\sin\dfrac{1}{x} + \sin\dfrac{1}{x} \cdot \dfrac{d}{dx}x^2$

$= x^2 \cos\dfrac{1}{x}\left(-\dfrac{1}{x^2}\right) + 2x \cdot \sin\dfrac{1}{x}$

$= -\cos\left(\dfrac{1}{x}\right) + 2x\sin\left(\dfrac{1}{x}\right)$

$= 2x\sin\left(\dfrac{1}{x}\right) - \cos\left(\dfrac{1}{x}\right)$

(2) $f'(0) = \lim\limits_{x \to 0}\dfrac{f(x)-f(0)}{x-0} = \lim\limits_{x \to 0}\dfrac{x^2 \sin\dfrac{1}{x}-0}{x}$ 導數定義

$= \lim\limits_{x \to 0} x\sin\dfrac{1}{x} = 0$ 由 11-1 節例題 5

【例題 3】若 $f(x) = \sin(\cos(\tan x^2))$，求 $f'(x)$。

【解】$f'(x) = \dfrac{d}{dx}\sin(\cos(\tan x^2)) = \cos(\cos(\tan x^2))\dfrac{d}{dx}\cos(\tan x^2)$

$= \cos(\cos(\tan x^2))[-\sin(\tan x^2)]\dfrac{d}{dx}\tan x^2$

$= -\cos(\cos(\tan x^2))\sin(\tan x^2)\sec^2 x^2 \cdot 2x$

$= -2x\cos(\cos(\tan x^2))\sin(\tan x^2)\sec^2 x^2$

【例題 4】若 $\cos x + \sin y = 3$，求 $\dfrac{dy}{dx}$ 與 $\dfrac{d^2y}{dx^2}$。

【解】利用隱微分法

$$\dfrac{d}{dx}(\cos x + \sin y) = \dfrac{d}{dx}(3)$$

可得 $$-\sin x + \cos y \dfrac{dy}{dx} = 0$$

故 $$\dfrac{dy}{dx} = \dfrac{\sin x}{\cos y}，\cos y \neq 0$$

又 $$\dfrac{d^2y}{dx^2} = \dfrac{d}{dx}\left(\dfrac{dy}{dx}\right) = \dfrac{d}{dx}\left(\dfrac{\sin x}{\cos y}\right)$$

$$= \frac{\cos y \cos x + \sin x \sin y \dfrac{dy}{dx}}{\cos^2 y}$$

$$= \frac{\cos y \cos x + \sin x \sin y \cdot \dfrac{\sin x}{\cos y}}{\cos^2 y}$$

$$= \frac{\cos x \cos^2 y + \sin^2 x \sin y}{\cos^3 y} \qquad \blacksquare$$

【例題 5】求 $f(x) = 2\sin x + \cos 2x$ 在區間 $(0, 2\pi)$ 上的相對極值。

【解】
$$f'(x) = 2\cos x - 2\sin 2x = 2\cos x(1 - 2\sin x)$$
$$f''(x) = -2\sin 2x - 4\cos 2x$$

解 $f'(x) = 0$，可得 f 的臨界數為 $\dfrac{\pi}{6}$、$\dfrac{\pi}{2}$、$\dfrac{5\pi}{6}$ 與 $\dfrac{3\pi}{2}$。f'' 在這些臨界數的值分別為

$$f''\left(\frac{\pi}{6}\right) = -3 < 0 \text{ , } f''\left(\frac{\pi}{2}\right) = 2 > 0 \text{ , } f''\left(\frac{5\pi}{6}\right) = -3 < 0 \text{ , } f''\left(\frac{3\pi}{2}\right) = 6 > 0$$

$f(x)$ 在各臨界數之值分別為

$$f\left(\frac{\pi}{6}\right) = \frac{3}{2} \text{ , } f\left(\frac{5\pi}{6}\right) = \frac{3}{2} \text{ , } f\left(\frac{\pi}{2}\right) = 1 \text{ , } f\left(\frac{3\pi}{2}\right) = -3$$

利用二階導數判別法，我們得知 f 的相對極大值為 $\dfrac{3}{2}$，相對極小值為 1 與 -3。f 的圖形如圖 11-3 所示。

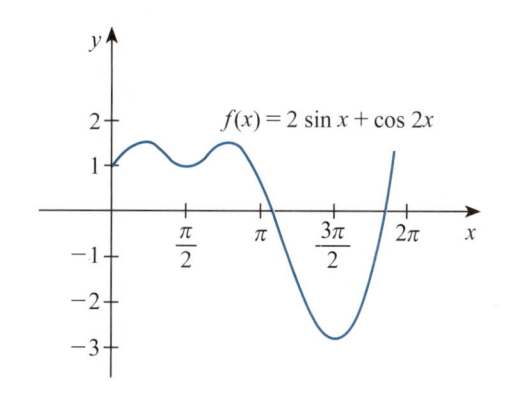

圖 11-3

【例題 6】 試證：若 $0 < x < \dfrac{\pi}{2}$，則 $\tan x > x$。

【解】 令 $f(x) = \tan x - x$，則 $f'(x) = \sec^2 x - 1$。

當 $0 < x < \dfrac{\pi}{2}$ 時，$\sec^2 x > 1$，故 $f'(x) = \sec^2 x - 1 > 0$。

因此，f 在 $\left[0, \dfrac{\pi}{2}\right)$ 為遞增。

尤其，若 $x > 0$，則 $f(x) > f(0)$。但 $f(0) = 0$，故
$$\tan x - x > 0$$
所以，
$$\tan x > x$$

【例題 7】 若 $\displaystyle\int_0^{x^2} f(t)dt = x\cos\pi x$，求 $f(4)$ 的值。

【解】 $\dfrac{d}{dx}\displaystyle\int_0^{x^2} f(t)dt = \dfrac{d}{dx}(x\cos\pi x)$ 　　　　$\dfrac{d}{dx}\displaystyle\int_0^{g(x)} f(t)dt = f(g(x)g'(x))$

$$\Rightarrow f(x^2) \cdot 2x = x\dfrac{d}{dx}\cos\pi x + \cos\pi x \cdot 1$$
$$= -\pi x\sin\pi x + \cos\pi x$$
$$f(x^2) = \dfrac{\cos\pi x - \pi x\sin\pi x}{2x}$$

令 $x = 2$ 代入上式，得
$$f(4) = \dfrac{\cos 2\pi - 2\pi\sin 2\pi}{4} = \dfrac{1}{4}$$

【例題 8】 若 $z = f(x, y) = x\cos y - ye^x$，求 $f_x(0, 0)$ 與 $f_y(0, 0)$ 之值。

【解】
$$f_x(x, y) = \dfrac{\partial}{\partial x}(x\cos y - ye^x) = \cos y - ye^x$$

$$f_y(x, y) = \dfrac{\partial}{\partial y}(x\cos y - ye^x) = -x\sin y - e^x$$

故　　　　$f_x(0, 0) = 1$，$f_y(0, 0) = -1$

習題 11-2

在 1～9 題中，求 $f'(x)$。

1. $f(x) = \dfrac{\cos x}{x \sin x}$

2. $f(x) = \dfrac{\sec x}{2 + \tan x}$

3. $f(x) = \csc \sqrt{x} \cot \sqrt{x}$

4. $f(x) = \dfrac{1 - \cos x}{1 - \sin x}$

5. $f(x) = \sin \sqrt{x} + \sqrt{\sin x}$

6. $f(x) = \cos^4 (\sin x^2)$

7. $f(x) = \sqrt{\cos \sqrt{x}}$

8. $f(x) = x \sin x \cos x$

9. $f(x) = \dfrac{x^2 \tan x}{\sec x}$

在 10～13 題中，求 $\dfrac{dy}{dx}$。

10. $\cos(x - y) = y \sin x$

11. $x \cos y + y \cos x = 2$

12. $x \sin y + \cos 2y = \cos y$

13. $xy = \tan(xy)$

14. 利用微分求 $\cos 31°$ 的近似值。

15. 求曲線 $y = \dfrac{1}{8} \csc^3 x$ 在點 $\left(\dfrac{\pi}{6}, 1\right)$ 的切線與法線的方程式。

16. 試求曲線 $y^3 - xy^2 + \cos xy = 2$ 在點 $(0, 1)$ 之切線方程式。

17. 求曲線 $xy^2 = \sin(x + 2y)$ 在原點的切線方程式。

在 18～20 題中，求 f 在所予閉區間上的極大值與極小值。

18. $f(x) = \sin x - \cos x$；$[0, \pi]$

19. $f(x) = 2 \sec x - \tan x$；$\left[0, \dfrac{\pi}{4}\right]$

20. $f(x) = \sin^2 x + \cos x$；$[-\pi, \pi]$

在 21～22 題中，求 f 的相對極值。

21. $f(x) = \tan(x^2 + 1)$

22. $f(x) = \dfrac{\sin x}{2 + \cos x}$，$0 < x < 2\pi$

23. 設 $z = f(x, y) = e^x \sin y + e^y \cos x$，試證明 $\dfrac{\partial^2 f}{\partial x^2} + \dfrac{\partial^2 f}{\partial y^2} = 0$。

現代商用微積分

11-3 與三角函數有關的積分

在本節中，我們只要利用每一三角函數的導函數及不定積分的定義，不難獲得三角函數的積分公式。如

$$\int \cos x \, dx = \sin x + C$$

$$\int \sin x \, dx = -\cos x + C$$

$$\int \sec^2 x \, dx = \tan x + C$$

$$\int \csc^2 x \, dx = -\cot x + C$$

$$\int \sec x \tan x \, dx = \sec x + C$$

$$\int \csc x \cot x \, dx = -\csc x + C$$

若以 u 代 x，則有下列的積分公式。

$$\int \cos u \, du = \sin u + C \tag{11-1}$$

$$\int \sin u \, du = -\cos u + C \tag{11-2}$$

$$\int \sec^2 u \, du = \tan u + C \tag{11-3}$$

$$\int \csc^2 u \, du = -\cot u + C \tag{11-4}$$

$$\int \sec u \tan u \, du = \sec u + C \tag{11-5}$$

$$\int \csc u \cot u \, du = -\csc u + C \tag{11-6}$$

【例題 1】求 $\int \dfrac{\cos \sqrt{x}}{\sqrt{x}} dx$。

【解】令 $u = \sqrt{x}$，則 $du = \dfrac{dx}{2\sqrt{x}}$，故

$$\int \cos \sqrt{x} \, \frac{1}{\sqrt{x}} dx = \int \cos u \cdot 2 \, du = 2 \int \cos u \, du = 2 \sin u + C$$

$$= 2 \sin \sqrt{x} + C$$

第 11 章 三角函數

【例題 2】求 $\int \sec x \tan x \sqrt{2+\sec x}\, dx$。

【解】令 $u = 2 + \sec x$，則 $du = \sec x \tan x\, dx$，故

$$\int \sec x \tan x \sqrt{2+\sec x}\, dx$$
$$= \int \sqrt{u}\, du = \frac{2}{3} u^{3/2} + C$$
$$= \frac{2}{3}(2+\sec x)^{3/2} + C$$

$\int u^n du = \dfrac{u^{n+1}}{n+1} + C$，$n \neq -1$

$u = 2 + \sec x$ 代入

【例題 3】求 $\int x \sin x\, dx$。

【解】令 $u = x$，$dv = \sin x\, dx$，則 $du = dx$，$v = -\cos x$，故
$$\int x \sin x\, dx = -x \cos x + \int \cos x\, dx = -x \cos x + \sin x + C$$

【例題 4】求 $\int_0^\pi 5(5 - 4\cos x)^{1/4} \sin x\, dx$。

【解】令 $u = 5 - 4\cos x$，則 $du = 4 \sin x\, dx$，$\dfrac{du}{4} = \sin x\, dx$，

當 $x = 0$ 時，$u = 5 - 4 = 1$；當 $x = \pi$ 時，$u = 5 + 4 = 9$。

$$\int_0^\pi 5(5 - 4\cos x)^{1/4} \sin x\, dx = \int_1^9 5u^{1/4} \left(\frac{du}{4}\right)$$

變數更換

$$= \frac{5}{4} \int_1^9 u^{1/4}\, du$$
$$= \frac{5}{4} \left(\frac{4}{5} u^{5/4} \bigg|_1^9 \right)$$
$$= 9^{5/4} - 1$$

【例題 5】求 $\int_{1/2}^1 \int_0^{2x} \cos(\pi x^2)\, dy\, dx$。

【解】
$$\int_{1/2}^1 \int_0^{2x} \cos(\pi x^2)\, dy\, dx = \int_{1/2}^0 y \cos(\pi x^2) \bigg|_{y=0}^{y=2x}\, dx$$

內層積分視 x 為常數對 y 偏積分

$$= \int_{1/2}^0 2x \cos(\pi x^2)\, dx$$

代入 y 之界限

$$= \int_{1/2}^0 \frac{1}{\pi} \cos(\pi x^2)\, d(\pi x^2)$$

視 $u = \pi x^2$，利用 $\int \cos u\, du = \sin u + C$

$$= \frac{1}{\pi} \sin(\pi x^2) \bigg|_{1/2}^1 = -\frac{\sqrt{2}}{2\pi}$$

微積分基本定理

【例題 6】 求 $\int_0^2 \int_{y^2}^4 y\cos x^2 \, dx \, dy$。

【解】 積分區域如圖 11-4 所示。

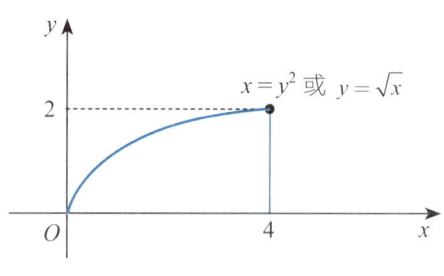

圖 11-4

$$\int_0^2 \int_{y^2}^4 y\cos x^2 \, dx \, dy = \int_{x=0}^{x=4} \int_{y=0}^{y=\sqrt{x}} \cos x^2 \, y \, dy \, dx$$

顛倒積分順序，視 x 為常數，內層先對 y 積分，y 的範圍由 $y=0$ 至 $y=\sqrt{x}$

$$= \int_{x=0}^{x=4} \cos x^2 \left. \frac{y^2}{2} \right|_{y=0}^{y=\sqrt{x}} dx$$

視 $\cos x^2$ 為常數，對 y 偏積分

$$= \int_{x=0}^{x=4} \frac{x}{2} \cos x^2 \, dx$$

代入 y 的界限

$$= \frac{1}{4} \int_{x=0}^{x=4} \cos x^2 \, d(x^2)$$

$$= \left. \frac{1}{4} \sin x^2 \right|_{x=0}^{x=4} = \frac{1}{4}\sin 16$$

微積分基本定理

習題 11-3

求下列各積分。

1. $\int \dfrac{dx}{(1-\sin^2 x)\sqrt{1+\tan x}}$

2. $\int \dfrac{1}{1-\sin x} dx$

3. $\int \dfrac{\cos x}{\sec x + \tan x} dx$

4. $\int_0^{\pi/2} (\cos\theta + 2\sin\theta) d\theta$

5. $\int \dfrac{\sin\sqrt{x}}{\sqrt{x}} dx$

6. $\int_0^{\pi/6} \sin 2x \sqrt{\cos 2x} \, dx$

7. $\displaystyle\int \frac{\sec^2 x}{\sqrt{2-\tan x}}\,dx$

8. $\displaystyle\int_{-\pi/2}^{\pi/2} \frac{x^2 \sin x}{x^6+1}\,dx$

9. $\displaystyle\int_{-1}^{1} \frac{\tan x}{x^4+x^2+1}\,dx$

10. $\displaystyle\int \frac{\sec^2\left(\frac{1}{x^3}+1\right)}{x^4} \sqrt[5]{\tan\left(\frac{1}{x^3}+1\right)}\,dx$

11. $\displaystyle\int_{\pi/3}^{\pi/2} \sqrt{1+\cos x}\,dx$

12. $\displaystyle\int x\cos 2x\,dx$

13. $\displaystyle\int_0^1 \int_0^x \frac{\sin x}{x}\,dy\,dx$

14. $\displaystyle\int_1^3 \int_{\pi/6}^{y^2} 2y\cos x\,dx\,dy$

本章摘要

1. 若 x 表一實數，或一角的弳度量，則

   (1) $\lim\limits_{x \to 0} \sin x = 0$ (2) $\lim\limits_{x \to 0} \cos x = 1$

   (3) $\lim\limits_{x \to 0} \dfrac{\sin x}{x} = 1$ (4) $\lim\limits_{x \to 0} \dfrac{1 - \cos x}{x} = 0$

   (5) $\lim\limits_{x \to 0} \dfrac{\tan x}{x} = 1$

2. 若 u 為 x 的可微分函數，則有關三角函數之導函數公式如下：

   (1) $\dfrac{d}{dx} \sin u = \cos u \dfrac{du}{dx}$ (2) $\dfrac{d}{dx} \cos u = -\sin u \dfrac{du}{dx}$

   (3) $\dfrac{d}{dx} \tan u = \sec^2 u \dfrac{du}{dx}$ (4) $\dfrac{d}{dx} \cot u = -\csc^2 u \dfrac{du}{dx}$

   (5) $\dfrac{d}{dx} \sec u = \sec u \tan u \dfrac{du}{dx}$ (6) $\dfrac{d}{dx} \csc u = -\csc u \cot u \dfrac{du}{dx}$

3. (1) $\int \cos u \, du = \sin u + C$ (2) $\int \sin u \, du = -\cos u + C$

   (3) $\int \sec^2 u \, du = \tan u + C$ (4) $\int \csc^2 u \, du = -\cot u + C$

   (5) $\int \sec u \tan u \, du = \sec u + C$ (6) $\int \csc u \cot u \, du = -\csc u + C$

習題答案

第○章 預備數學

習題 0-1

1. $a = \dfrac{5}{6}$

2. (1) $(-\infty, -3) \cup (2, \infty)$ (2) $[-3, 1]$ (3) $\left(1, \dfrac{7}{2}\right)$ (4) $(-\infty, -4] \cup \left[-\dfrac{1}{2}, \infty\right)$
   (5) $\left(1, \dfrac{3}{2}\right)$ (6) $(-\infty, -18] \cup [-10, \infty)$ (7) $\left(-13, \dfrac{11}{5}\right)$ (8) $(-\infty, -2) \cup (3, \infty)$

3. $4x - y - 5 = 0$ 4. $y = -2x + 4$ 5. $5x - 2y - 4 = 0$ 6. $y = -\dfrac{2}{3}x - 1$

7. 斜率 $m = -\dfrac{4}{5}$, y-截距為 $\dfrac{4}{5}$ 8. $y = \dfrac{3}{4}x - \dfrac{15}{4}$ 9. $x^2 + y^2 - 2x + 4y - 13 = 0$

10. $x^2 = -\dfrac{16}{3}y$ 11. $\dfrac{x^2}{25} + \dfrac{y^2}{9} = 1$ 12. $\dfrac{y^2}{1} - \dfrac{x^2}{8} = 1$

第一章 函數與圖形

習題 1-1

1. $f(1) = 2$, $f(3) = \sqrt{2} + 6$, $f(10) = 23$ 2. $f\left(\dfrac{1}{2}\right) = \dfrac{5}{2}$, $f\left(\dfrac{3}{2}\right) = \dfrac{5}{2}$

3. (1) $D_f = \{x | x \in \mathbb{R}\}$, $R_f = \{y | y \in \mathbb{R}, y \leqslant 4\}$
   (2) $D_f = \{x | x \in \mathbb{R}, x \geqslant 2 \text{ 或 } x \leqslant -2\}$, $R_f = \{y | y \in \mathbb{R}, y \geqslant 0\}$
   (3) $D_f = \{x | x \in \mathbb{R}\}$, $R_f = \{y | y \in \mathbb{R}, y \geqslant 0\}$
   (4) $D_f = \{x | x \in \mathbb{R}\}$, $R_f = \{y | y \in \mathbb{R}, y \geqslant -4\}$

4. (1) $f(x)$ 是一對一函數 (2) $f(x)$ 是一對一函數
   (3) $f(x)$ 非一對一函數 (4) $f(x)$ 非一對一函數

5. (1) 為偶函數，亦為奇函數. (2) 奇函數 (3) 奇函數

6. $a=\dfrac{3}{2}$, $b=\dfrac{1}{2}$, $c=1$ 7. (1) $h+2$ (2) $2x+p-4$

習題 1-2

1.

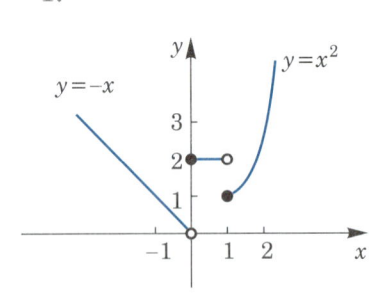

2.

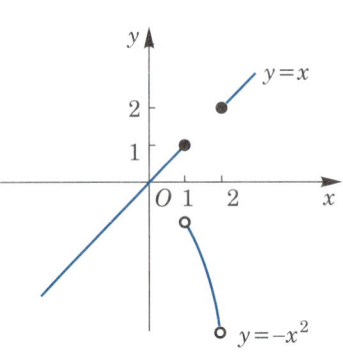

3.

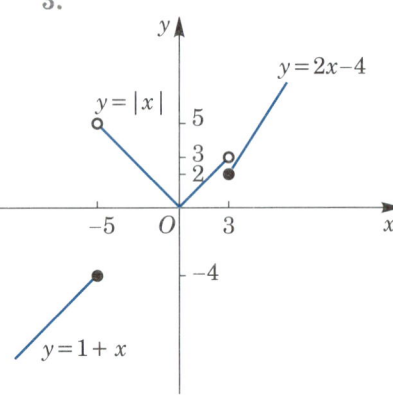

4.

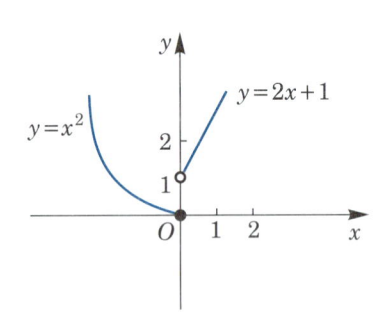

5.

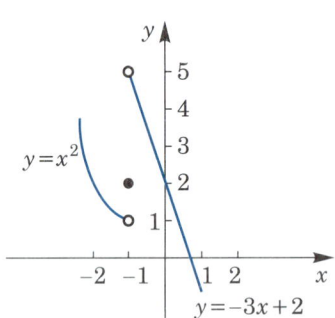

6.

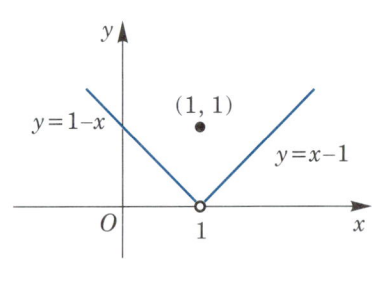

7.

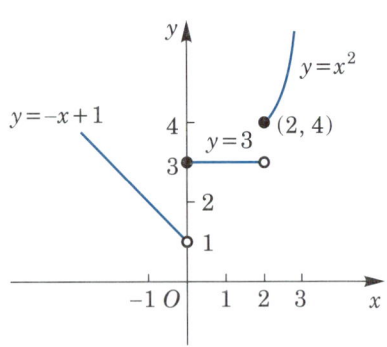

8.

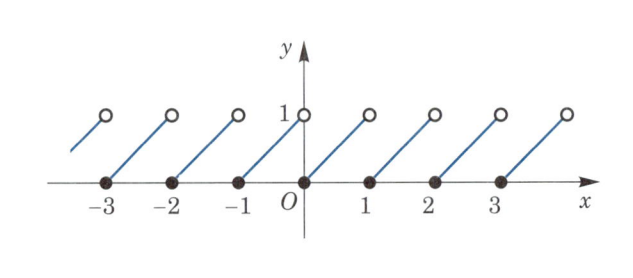

9.

10.

11.

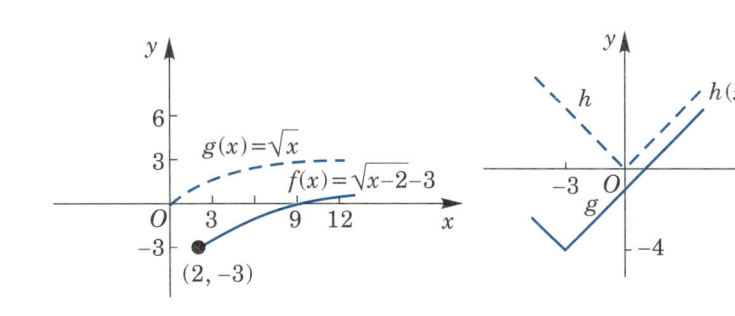

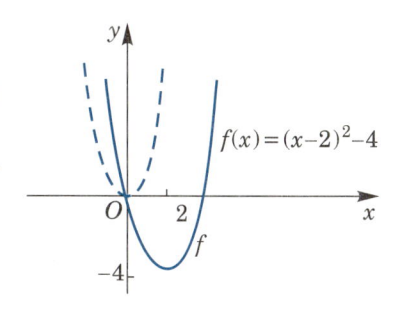

12.

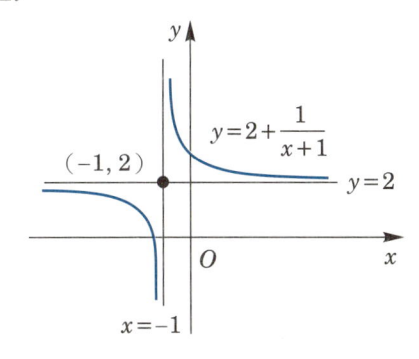

習題 1-3

1. $(f \circ g)(2)=1$，$(f \circ g)(4)=2$，$(g \circ f)(1)=3$，$(g \circ f)(3)=4$

2. (1) $(f \circ g)(x)=\sqrt{7x^2+5}$，$(g \circ f)(x)=\sqrt{7x^2+29}$

   (2) $(f \circ g)(x)=\dfrac{18x^4+24x^2+11}{9x^4+12x^2+4}$，$(g \circ f)(x)=\dfrac{1}{27x^4+36x^2+14}$

   (3) $(f \circ g)(x)=x$，$(g \circ f)(x)=x$

3. (1) $f(x)=\sqrt{x}$，$g(x)=x^2+x-1$ (2) $f(x)=x^2$，$g(x)=1-\dfrac{1}{x^2}$ (3) $f(x)=\sqrt[3]{x}$，$g(x)=2-3x$

4. 略   5. (1) 225   (2) 7   6. $p=-1$ 7. $f(x)=\dfrac{x-1}{x+1}$

習題 1-4

1. (1) ① 92 年銷售 2000 台   ② 95 年銷售 2900 台   ③ 96 年銷售 3200 台
   (2) 300 台/年

2. (1) $y = 82,500x + 850,000$

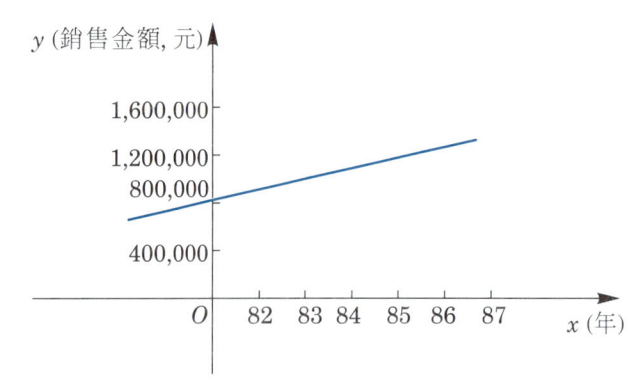

(2) 1,840,000 元　(3) 97 年

3. 總成本函數 $C(x) = 50,000 + 500x$，平均總成本函數 $\bar{C}(x) = \dfrac{C(x)}{x} = \dfrac{50,000}{x} + 500$

4. (1) 975,000 元　(2) 4.75 元　5. (1) 100 元　(2) 36 元　(3) 24 元　6. 5580 元

7. (2500, 50,000)　8. (7500, 75,000)　9. (1) 50 單位　(2) 75 單位　10. 399.5 元

11. (1) 均衡量為 15　(2) 均衡價格為 14　(3) 均衡點 $(x_e, p_e) = (15, 14)$

12. (1) 　(2) 均衡量為 7500 打，均衡價格為每打 3 元

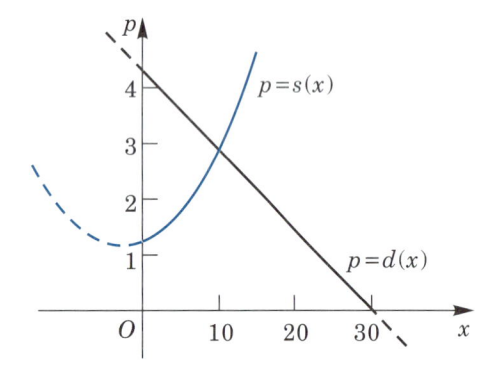

13. $p = 36x - 1600$

第二章　函數的極限與連續

習題 2-1

1. -3　2. $\dfrac{1}{2}$　3. -15　4. 4　5. $\dfrac{1}{2\sqrt{2}}$　6. 12　7. $-\dfrac{1}{x^2}$

8. $-\dfrac{1}{2}$　9. $\dfrac{1}{3}$　10. $\dfrac{2}{3}$　11. $-\dfrac{1}{16}$　12. 6　13. $\dfrac{1}{4}$

14. $4x+1$ 15. $2ax+b$ 16. $\dfrac{1}{2\sqrt{x+1}}$

習題 2-2

1. 60   2. 243   3. $\dfrac{3}{8}$ 4. 28   5. -2 6. $\dfrac{71}{96}$

7. -2 8. $-\dfrac{1}{2}$ 9. 略

習題 2-3

1. 1   2. $\dfrac{11}{5}$ 3. 0   4. 不存在   5. -1 6. 不存在

7. 不存在   8. -1 9. 0   10. 不存在

11. 不存在   12. 0 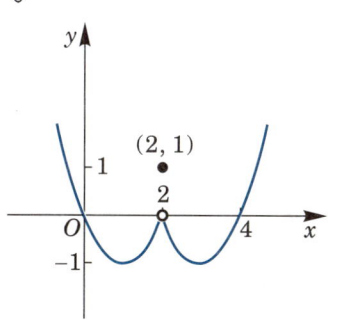   13. 6

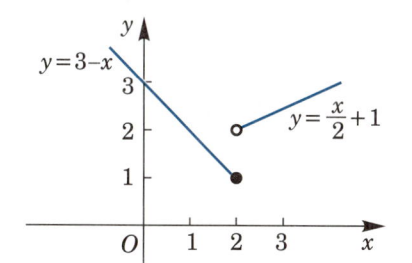

14. (1) 3   (2) -1 15. 錯誤

習題 2-4

1.

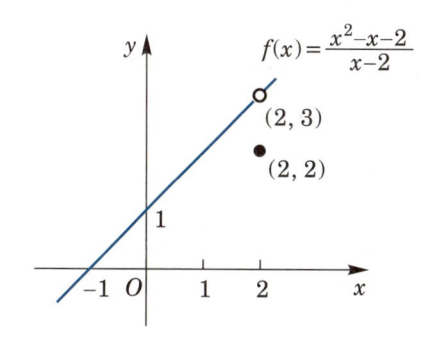

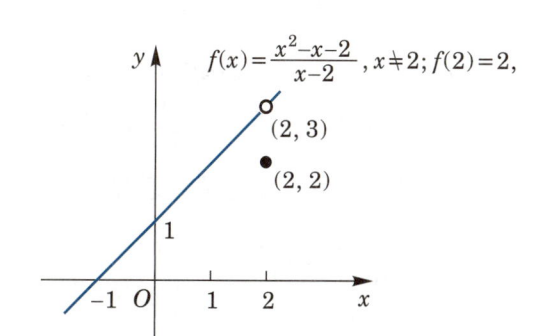

(3) $f(x)$ 在 $x=0$ 不連續   (4) $f(x)$ 在 $x=-1$ 不連續

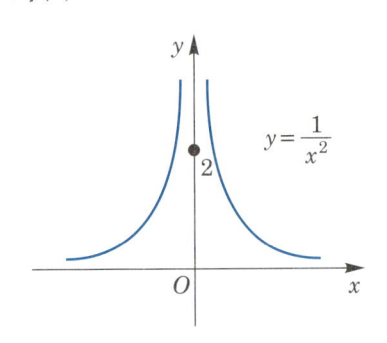

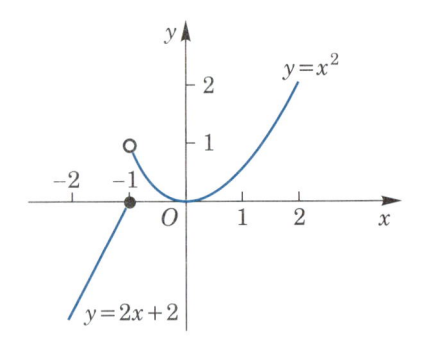

2. $k=4$ 3. 略   4. 略   5. 略   6. 略   7. -4 8. 略

習題 2-5

1. $\dfrac{1}{2}$ 2. 0   3. -4 4. $\dfrac{3}{2}$ 5. 0   6. $\dfrac{3}{2}$ 7. -5 8. ∞ 9. 4

10. 不存在   11. 0   12. $\dfrac{a}{2}$ 13. $\dfrac{a-b}{2}$ 14. -1 15. $a=1$, $b=3$, $\lim\limits_{x\to 2} f(x)=\dfrac{2}{3}$

16. (1) 直線 $y=0$ (x-軸) 為水平漸近線.   (2) 直線 $x=-2$ 為垂直漸近線.

17. (1) 直線 $y=2$ 為水平漸近線.   (2) 直線 $x=1$ 與 $x=-1$ 皆為垂直漸近線.

18. (1) 直線 $y=1$ 為水平漸近線.   (2) 無垂直漸近線.

19. (1) 直線 $y=2$ 為水平漸近線.   (2) 直線 $y=-2$ 為水平漸近線.

20. $x=2$ 為函數圖形的垂直漸近線，$y=\dfrac{3}{2}$ 為水平漸近線.

21. $x=3$ 為函數圖形的垂直漸近線，$y=-2$ 為函數圖形的水平漸近線.

22. $x=-3$ 為函數圖形的垂直漸近線，$y=1$ 為函數圖形的水平漸近線.

23. $x=\dfrac{9}{2}$ 為函數圖形的垂直漸近線，$y=\dfrac{3}{4}$ 為函數圖形的水平漸近線.

24. $x=2$ 與 $x=-2$ 為函數圖形的垂直漸近線，$y=1$ 與 $y=-1$ 為函數圖形的水平漸近線.

25. $y=x$ 為函數圖形的斜漸近線，$x=2$ 為函數圖形的垂直漸近線.

26. $x=-1$ 為 $y=f(x)$ 的垂直漸近線，$y=\dfrac{x}{2}-\dfrac{1}{2}$ 為斜漸近線.

27. $y=\dfrac{3}{4}x+\dfrac{11}{16}$ 為曲線 $3x^2+2x-1+y-4xy=0$ 的斜漸近線.

28. 略   29. 175 元

第三章 微 分

習題 3-1

1. $\dfrac{1}{4}$ 2. $-\dfrac{1}{4}$ 3. 0 4. $7x-y=12$ 5. $\left(\dfrac{5}{4}, \dfrac{1}{2}\right)$

6. $x=2$ 與 $x=3$ 處之斜率分別爲 1 與 -1 7. $\left(\dfrac{1}{2}, \dfrac{17}{4}\right)$

8. $f'(1)$, $f(x)=\sqrt{x}$，或 $f'(0)$, $f(x)=\sqrt{1+x}$ 9. $f'(2)$, $f(x)=x^3$

10. $f'(1)$, $f(x)=x^9$ 11. $f'(8)$, $f(x)=x^{1/3}$ 12. $14x$ 13. $-\dfrac{1}{(x-2)^2}$ 14. $-\dfrac{7}{2\sqrt{x^3}}$

15. -186 16. 1 17. (1) 不連續 (2) 不可微分 18. 略 19. 不可微分

習題 3-2

1. $-\dfrac{10}{x^6}+\dfrac{9}{x^4}$ 2. $-\dfrac{2x}{(x^2+5)^2}$ 3. $(x^2+1)(x-1)(x+5)\left[\dfrac{2x}{x^2+1}+\dfrac{1}{x-1}+\dfrac{1}{x+5}\right]$

4. $-\dfrac{4}{(1+2x)^2}$ 5. $6x(x^2-3)^2(3x^4+1)(7x^4-12x^2+1)$ 6. $\dfrac{3x(x^3+4)^2(x^3-3x-8)}{(x^2-1)^4}$

7. $\dfrac{2x(2x^2+1)}{3\sqrt[3]{(x^4+x^2+5)^2}}$ 8. $\dfrac{x(x^2+3)}{(x^2+1)^{3/2}}$ 9. $\begin{cases} -2, & \text{若 } x<-1 \\ 0, & \text{若 } -1<x<5 \\ 2, & \text{若 } x>5 \end{cases}$

10. (1) -1 (2) 8 (3) -8 (4) 8 11. $-63\dfrac{5}{8}$ 12. $\dfrac{6}{x^4}$ 13. $\dfrac{1}{4x\sqrt{x}}$

14. $\dfrac{4}{(3x-2)^{2/3}}$ 15. $\dfrac{1}{(x^2+1)^{3/2}}$ 16. $\dfrac{2x(x^2-3)}{(1+x^2)^3}$ 17. $2 \cdot 100!\ (3)^{-101}$

18. $f(x)=-2x^2+7x$

習題 3-3

1. $-16x^{-5}(x^{-4}+4)^3$ 2. $\dfrac{3x^2}{x^6+4x^3+5}$ 3. 2 4. $\dfrac{x^2+x+1}{|x^2+x+1|} \cdot (2x+1)$

5. $\dfrac{1+2\sqrt{x}+4\sqrt{x}\sqrt{x+\sqrt{x}}}{8\sqrt{x+\sqrt{x+\sqrt{x}}}\sqrt{x+\sqrt{x}}\sqrt{x}}$ 6. 0 7. (1) 略 (2) 略

習題 3-4

1. (1) $\dfrac{6}{(t+1)^2}$ 千人/每年 (2) 1500 人/每年 (3) 1000 人 (4) 60 人/每年

(5) 0.3093%/年

現代商用微積分

2. (1) 10,800 元/年 (2) 17.53%/年   3. 7.5%   4. 略   5. $a - \dfrac{c}{x^2}$ 6. $15 - 4x$

7. (1) $R(x) = -0.02x^2 + 300x$
      $P(x) = -0.000003x^3 + 0.02x^2 + 100x - 70,000$

   (2) $C'(x) = 0.000009x^2 - 0.08x + 200$
       $R'(x) = -0.04x + 300$
       $P'(x) = -0.000009x^2 + 0.04x + 100$

   (3) $\overline{C}'(x) = 0.000006x - 0.04 - \dfrac{70,000}{x^2}$

   (4) $C'(3000) = 41$，$R'(3000) = 180$，$P'(3000) = 139$，表示銷售 3001 台洗衣機的實際利潤為 139 元。

8. (1) $\overline{C}(x) = 20 + \dfrac{400}{x}$ (2) $\overline{C}'(x) = -\dfrac{400}{x^2}$

   (3) 在合乎要求的生產水準 x 值之下邊際平均成本函數都為負，故平均成本函數 $\overline{C}$ 之變化率 $\forall x > 0$ 時也為負；亦即當 x 值遞增時，$\overline{C}(x)$ 便隨之遞減。然而，$\overline{C}$ 之圖形恆位於水平線 $y = 20$ 之上方，並趨近於直線，因為

   $$\lim_{x \to \infty} \overline{C}(x) = \lim_{x \to \infty} \left(20 + \dfrac{400}{x}\right) = 20$$

   函數 $\overline{C}(x)$ 之圖形如下圖所示。

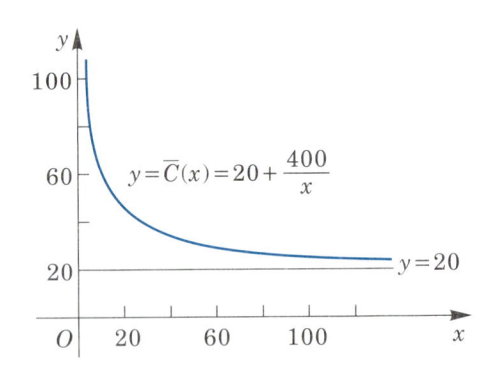

9. 增加生產一台電腦僅可增加利潤大約 3.96 元，且在 $x = 100$ 時，該公司對每台電腦僅有 150.00 元的成本，就可獲得售價 $p = 400/\sqrt{3} \approx 230.94$ 元，利潤大約是 80.94 元。

10. (1) $1000\left(1 + \dfrac{x}{1200}\right)^{119}$ (2) $A = 24{,}513.57$ 元，$A'(9) = 2433.11$ 元

11. 0.78 百萬/百萬元　　12. (1) 略　　(2) 0.22 百萬/百萬元

習題 3-5

1. $\dfrac{2x-y}{x-2y}$，$x-2y \neq 0$　　2. $\dfrac{y^7-6yx^2-6x^3}{2x^3-7xy^6}$　　3. $\dfrac{1}{\sqrt{x}(3\sqrt{y}+2)}$

4. $\dfrac{16\sqrt{y-1}}{3x^{1/3}}$　　5. $-\dfrac{(30+50x)}{3}$　　6. -6　　7. $\dfrac{3}{2}$

8. $\dfrac{18}{(x-2y)^3}$　　9. $x-13y+27=0$　　10. 略　　11. 略

12. 當需求量爲 $100 \cdot 10 = 1000$ 時，價格每變動 1 元，需求量減少約 1390。　13. 略　14. 略

習題 3-6

1. (1) $\dfrac{1}{4}x^{-3/4}\,dx$　(2) $\dfrac{2x^3+x}{\sqrt{x^4+x^2+1}}\,dx$　(3) $\dfrac{7}{(2x+3)^2}\,dx$　(4) $\dfrac{3x-1}{2\sqrt{x}}\,dx$

2. (1) $\Delta y = 10x\,\Delta x + 4\Delta x + 5(\Delta x)^2$，$dy = (10x+4)\,dx$
   (2) $\Delta y = 1.282$，$dy = 1.28$，兩者相差 0.002。

3. (1) ≈ 2.99667　(2) ≈ 0.124　(3) ≈ 253.44　(4) ≈ 4.033　(5) ≈ 0.400733

4. $L(x) = \dfrac{9}{5} + \dfrac{4}{5}x$

5. (1) $\dfrac{dy}{dx} = \dfrac{x^2-2xy}{x^2-y^2}$，$\dfrac{dx}{dy} = \dfrac{x^2-y^2}{x^2-2xy}$　(2) $\dfrac{dy}{dx} = -\dfrac{4y^2+2xy}{x^2+8xy}$，$\dfrac{dx}{dy} = -\dfrac{x^2+8xy}{4y^2+2xy}$

6. $-\dfrac{6xy+2}{3x^2}\,dx$　　7. $\dfrac{1+2xy^2}{1-2x^2y}\,dx$　　8. $\dfrac{y}{2\sqrt{xy}-x}\,dx$

9. 利潤變化之近似值爲 1160 元。　利潤的百分變化率 $= 2.67\%$

10. ≈ 0.236 立方厘米　　11. -0.02

第四章　對函數與指數函數的導函數

習題 4-1

1. (1) 略　(2) 略　　2. (1) $\sqrt{6-x}$，$0 \leqslant x \leqslant 6$　(2) $\sqrt[3]{\dfrac{x+5}{2}}$　(3) $(x-2)^3$　(4) $\dfrac{3x^2+1}{x^2}$

3. (1) $f^{-1}(x) = \dfrac{b-dx}{cx-a}$　(2) $bc-ad=0$ 時，$f(f^{-1}(x))$ 無意義。　　4. $\dfrac{1}{3}$　　5. $x-12y+21=0$

習題 4-2

1. (1) $D_f=(-\infty, 1)$, $R_f=\mathbb{R}$ (2) $D_g=(-2, 2)$, $R_g=(-\infty, \ln 4]$
   (3) $D_F=(1, \infty)$, $R_F=\mathbb{R}$ (4) $D_G=(-1, 0) \cup (1, \infty)$, $R_G=\mathbb{R}$

2. (1) $y=f(x)=e^x-3$ (2) $f^{-1}(x)=e^{\sqrt{x}}$ (3) $y=\ln\left(\dfrac{x-1}{x+1}\right)$ (4) $y=f(x)=\log_{10}(\log_2 x)$

3. (1) 1 (2) -1 (3) 0 (4) 0 (5) e^5 (6) e^3 (7) 0 (8) e^6

習題 4-3

1. $\dfrac{1}{3}$ 2. $\dfrac{x-5}{2(x+1)(x-2)}$ 3. $\dfrac{-1}{2\sqrt{x}\sqrt{x-1}}$ 4. $\dfrac{3x^2-1}{\ln 5(x^3-x)}$ 5. $\dfrac{x}{\ln 3(x^2-1)}$

6. $\dfrac{1}{x \ln x}$ 7. $\dfrac{1}{\ln 5}\left(\dfrac{1}{x}+\dfrac{1}{2}-\dfrac{1}{x-1}\right)$ 8. $(x^2+1)^{x/2}\left[\dfrac{x^2}{x^2+1}+\dfrac{1}{2}\ln(x^2+1)\right]$

9. $\dfrac{1}{(\ln 5)^3 x \log_5(\log_5 x) \log_5 x}$ 10. $\dfrac{y(2x^2-1)}{x(3y+1)}$ 11. $\dfrac{2x}{x^2+y^2-2y}$

12. $10x+y-21=0$ 13. $\dfrac{(5x-4)^3}{\sqrt{2x+1}}\left[\dfrac{15}{5x-4}-\dfrac{1}{2x+1}\right]$

14. $\dfrac{(2x-3)^4(3x+5)^5}{(5x+4)^6}\left(\dfrac{8}{2x-3}+\dfrac{15}{3x+5}-\dfrac{30}{5x+4}\right)$

15. (1) $60x+\dfrac{10x}{\ln x}$ (2) $60+\dfrac{10(\ln x-1)}{(\ln x)^2}$ 16. (1) $R'(x)=70+\dfrac{100}{x}$ (2) 75 元

習題 4-4

1. $-\dfrac{3e^{1/x^3}}{x^4}$ 2. $\dfrac{e^{2x}+1}{\sqrt{e^{2x}+2x}}$ 3. $\dfrac{e^{2x}-e^{-2x}}{e^{2x}+e^{-2x}}$ 4. $\dfrac{4}{(e^x+e^{-x})^2}$ 5. $(\ln 2)(\ln 3)\, 3^x\, 2^{3^x}$

6. $\pi(x^2+1)^{\pi-1}(2x)+\pi^{e^x}\ln\pi\, e^x$ 7. $(2^{e^x}e^x+2^{e x}e)\ln 2$

8. $(x^2+1)^{e^x}\left[\dfrac{2xe^x}{x^2+1}+\ln(x^2+1)e^x\right]$ 9. $x^{x^2+4}\left(\dfrac{x^2+4}{x}+2x\ln x\right)$ 10. $x^x(1+\ln x)$

11. $(\ln x)^x\left(\dfrac{1}{\ln x}+\ln(\ln x)\right)$ 12. $\dfrac{y}{2^y \ln 2-x}$, 若 $2^y \ln 2-x \neq 0$

13. $\dfrac{\ln y-\dfrac{y}{x}}{\ln x-\dfrac{x}{y}}$, 若 $\ln x-\dfrac{x}{y}\neq 0$ 14. $\dfrac{1-e^y-ye^x}{xe^y+e^x}$ 15. $\dfrac{ye^{xy}-2xy}{x^2-xe^{xy}}$

16. $\dfrac{\ln 2(4^x+4^{-x})-x}{y}$ 17. $y=(e+3)x-(e+1)$ 18. $y=3x+2\ln 2-2$

習題 4-5

1. (i) 12.3 元 (ii) 12.2 元 (iii) 0   2. 45,000   3. 2010.5   4. ≒7.74   5. 640 元
6. ≈7166.65 元   7. 4852.31 元   8. 2661.01 元   9. 20,328.5 元   10. 740,009.1 元

習題 4-6

1. (1) 0.2 或 20% (2) −20 (3) 0.1 或 10%   2. 略   3. 0.05 或 5%
4. 每年以 13.4% 之相對變化率遞增。   5. (1) 0.012 或 1.2%   (2) 15.3 年
6. (1) $E_p=0.01p$。
   (2) $E_p=0.01\times 200=2$，由於 $E_p>1$，故需求富於彈性，其意義為價格變動 1%，將使需求變動 2%。

7. (1) $p=25$，求得 $E_p=\dfrac{1}{3}\doteqdot 0.33$，因 $0.33<1$，需求不富於彈性，價格之百分變動將造成需求很小的百分變動。

   $p=75$，則 $E_p=3$，且因 $3>1$，需求不富於彈性。在此點價格之百分增加將造成需求很大之百分減少。

   (2) 50，意義即在此價格與需求之百分變動相同。

8. 當價格小於 12 元時，需求不富於彈性。
9. $p=1$，$E_p<1$. $p=10$，$E_p>1$.
   當 $E_p<1$ 時，需求不富於彈性，此發生於當 $p<6$.
   當 $E_p>1$ 時，需求富於彈性，此發生於當 $p>6$.
10. (1) $\dfrac{100-x}{50}$

    (2) $p>1$ 時富於彈性。$E_p<1$ 時，$p<1$ ⇒ 需求不富於彈性。$E_p=1$ 時 $p=1$ ⇒ 需求為單一彈性。

第五章　微分的應用

習題 5-1

1. $\left(-\infty, -\dfrac{5}{3}\right]$ 與 $[1, \infty)$ 為遞增區間，$\left[-\dfrac{5}{3}, 1\right]$ 為遞減區間。

2. $[-1, 0]$ 與 $[4, \infty)$ 為遞增區間，$(-\infty, -1]$ 與 $[0, 4]$ 為遞減區間。

3. $[-1, 1]$ 為遞增區間，$(-\infty, -1]$ 與 $[1, \infty)$ 為遞減區間。

4. $[0, 1]$ 為遞減區間，$[1, \infty)$ 為遞增區間。

5. $\left[0, \dfrac{1}{2}\right]$ 與 $[2, \infty)$ 為遞增區間, $(-\infty, 0]$ 與 $\left[\dfrac{1}{2}, 2\right]$ 為遞減區間.

6. $(-\infty, 0]$ 與 $\left[0, \dfrac{1}{8}\right]$ 為遞增區間, $\left[\dfrac{1}{8}, \infty\right)$ 為遞減區間.　　7. 略　　8. 略　　9. 略

習題 5-2

1. 極大值為 2, 極小值為 -2.　　2. 極大值為 $\dfrac{\sqrt{2}}{4}$, 極小值為 $-\dfrac{1}{3}$.

3. 極大值為 $2\sqrt[3]{18}$, 極小值為 0.　　4. 極大值為 1, 極小值為 0.

5. $f(1)=3$ 為極小值.　　6. $f(-2)=60$ 為相對極大值. $f(4)=-48$ 為相對極小值.

7. $f(-2)=-16$ 為相對極大值. $f(-1)=-38$ 為相對極小值.
   $f(1)=38$ 為相對極大值. $f(2)=16$ 為相對極小值.

8. $f(-3)=0$ 為相對極大值.
   $f(-1)=-\sqrt[3]{4}\approx -1.6$ 為相對極小值.
   $f(0)=0$ 非相對極大值亦非相對極小值.

9. $f(1)=1$ 為相對極小值.

10. $f(0)=0$ 為相對極小值, $f(1)=e^{-2}$ 為相對極大值.　　11. $f(1)=\dfrac{1}{2}$ 為相對極小值.

習題 5-3

1. $f(x)$ 之圖形在 $(-\infty, -1)$ 為上凹, 在 $(-1, \infty)$ 為下凹.
   故 $f(x)$ 圖形之反曲點為 $(-1, -70)$.

2. $f(x)$ 之圖形在 $(-\infty, -1)$ 與 $(1, \infty)$ 為上凹, 在 $(-1, 1)$ 為下凹.
   故 $f(x)$ 圖形之反曲點為 $(-1, -5)$ 與 $(1, -5)$.

3. $f(x)$ 之圖形在 $(-\infty, -1)$, $\left(-\dfrac{1}{\sqrt{5}}, \dfrac{1}{\sqrt{5}}\right)$ 與 $(1, \infty)$ 為上凹, 在 $\left(-1, -\dfrac{1}{\sqrt{5}}\right)$ 與 $\left(\dfrac{1}{\sqrt{5}}, 1\right)$ 為下凹.

   故 $f(x)$ 圖形之反曲點為 $(-1, 0)$, $\left(-\dfrac{1}{\sqrt{5}}, -\left(\dfrac{4}{5}\right)^{3}\right)$, $\left(\dfrac{1}{\sqrt{5}}, -\left(\dfrac{4}{5}\right)^{3}\right)$ 與 $(1, 0)$.

4. $f(x)$ 之圖形在 $(-\infty, 0)$ 為下凹, 在 $(0, \infty)$ 為上凹. 故 $f(x)$ 圖形之反曲點為 $(0, 0)$.

5. $a=\dfrac{39}{8}$, $b=\dfrac{13}{2}$.

6. 略　7. 略　8. $f(x)$ 無相對極值.

9. $f(-1)=4$ 為相對極大值. $f(1)=0$ 為相對極小值.

10. $f(0)=0$ 是相對極大值.

11. $f\left(-\dfrac{1}{\sqrt{2}}\right)=-\dfrac{1}{4}$ 為相對極小值. $f(0)=0$ 為相對極大值.

    $f\left(\dfrac{1}{\sqrt{2}}\right)=-\dfrac{1}{4}$ 為相對極小值.

12. $f(e^{-1/2})=-\dfrac{1}{2e}$ 為相對極小值.

13. $f(0)=1$ 為 f 的相對極大值.

區　間	$f''(x)$	凹　性
$\left(-\infty, -\dfrac{\sqrt{2}}{2}\right)$	+	上 凹
$\left(-\dfrac{\sqrt{2}}{2}, \dfrac{\sqrt{2}}{2}\right)$	−	下 凹
$\left(\dfrac{\sqrt{2}}{2}, \infty\right)$	+	上 凹

反曲點為 $\left(-\dfrac{\sqrt{2}}{2}, \dfrac{\sqrt{e}}{e}\right)$ 與 $\left(\dfrac{\sqrt{2}}{2}, \dfrac{\sqrt{e}}{e}\right)$.

14. (1) 100 台
    (2) 當 $t \to \infty$ 時，$e^{-t} \to 0$，故 $S(t) \to 1{,}000$ 為最大銷售量.
    (3) 成長率 $S'(t)$ 在 $t = \ln 9$ 時達到高峰.

習題 5-4

1.

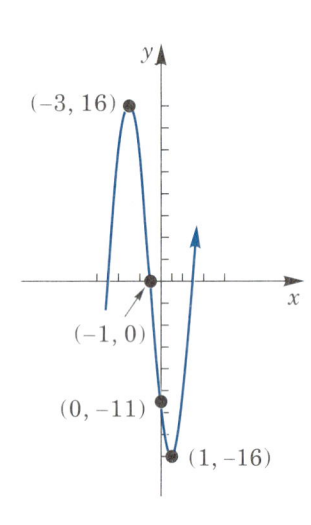

2.

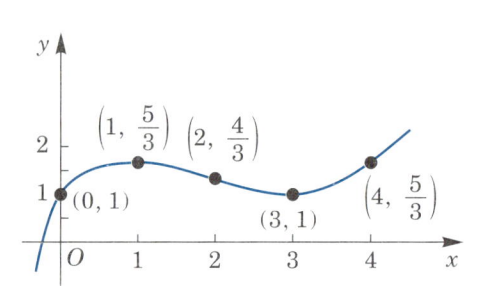

3.

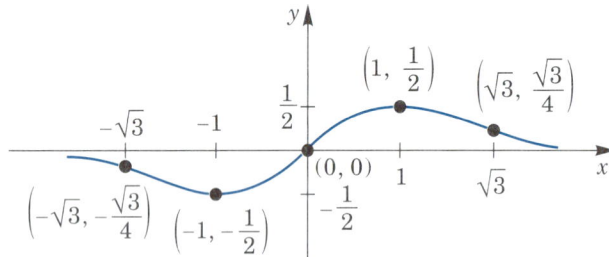

4.

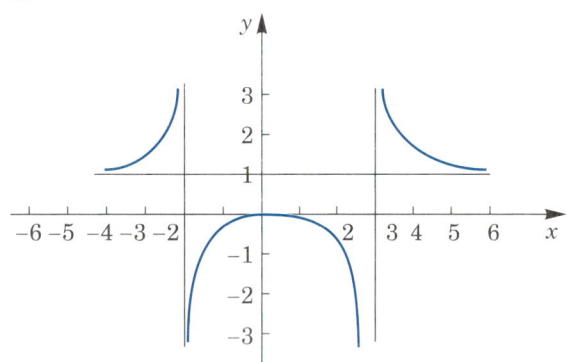

5.

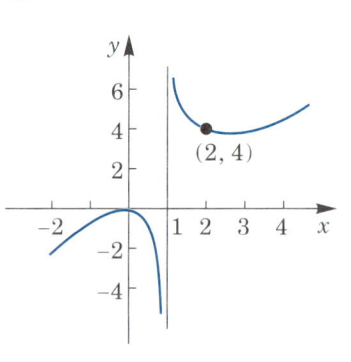

6.

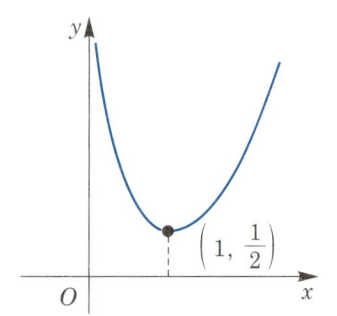

7. 略

習題 5-5

1. (1) $\dfrac{dA}{dt}=2\pi r\dfrac{dr}{dt}$ (2) 20π 平方厘米/秒

2. (1) $\dfrac{dV}{dt}=\pi\left(r^2\dfrac{dh}{dt}+2rh\dfrac{dr}{dt}\right)$

   (2) $\dfrac{dV}{dt}\bigg|_{\substack{h=6\\r=10}}=-20\pi$ 立方厘米/秒，體積在當時是減少．

3. 高以每分鐘 $\dfrac{8}{9\pi}$ 呎增加   4. (1) $\dfrac{dl}{dt}=\dfrac{1}{l}\left(x\dfrac{dx}{dt}+y\dfrac{dy}{dt}\right)$ (2) $\dfrac{1}{10}$ 呎/秒

5. 收益以每天 2400 元之變化率增加．

習題 5-6

1. $A=r^2$ 2. $\sqrt{2}a\times\sqrt{2}b$ 時，其面積為最大．   3. $h=\dfrac{2\sqrt{3}}{3}r$ 時，體積為最大．

4. 二數為 20 與 -20 5. 二正數皆為 20   6. 二正數皆為 8

7. 最接近的點為 $(\sqrt{2},1)$ 與 $(-\sqrt{2},1)$．   8. 37 棵

9. 每單位 35 元   10. 每週製造 6,000 隻球拍   11. 略

12. $x\approx 1,612$ 平均成本為最小，最小平均成本 5.22 元/台．

13. $x=2,500$ 為產生最大利潤時的生產量，最大利潤為 2,625 元．

14. 每單位商品之價格為 $p=1$ 元．   15. 年產 500 件時利潤最大．

16. 生產 2000 件產品時平均成本最小．   17. $x=11$ 時總收益最大，此時 $p=\sqrt{5}$．

習題 5-7

1. $c=-\dfrac{1}{2}$ 2. $c=2$ 3. $c=2-\sqrt{3}$ 4. $c=0$

5. 否，$f(x)$ 於 $x=0$ 處不可微分，所以無法找到一數 c 使得 $f'(c)=0$．

6. ≈ 2.00026

習題 5-8

1. $\dfrac{13}{3}$ 2. $\ln 2$ 3. $-\dfrac{1}{2}$ 4. 2   5. ∞ 6. 0   7. 0   8. 0   9. 1

10. $-\dfrac{1}{2}$ 11. 1   12. 1   13. 1   14. 1   15. e^a 16. e 17. 1

18. ∞ 19. 1   20. e 21. 1   22. 0

第六章　不定積分

習題 6-1

1. $2x^3 - 2x^2 + 3x + C$
2. $2x\sqrt{x} + 4\sqrt{x} + C$
3. $\dfrac{1}{3}x^3 - 2x - \dfrac{1}{x} + C$
4. $\dfrac{1}{3}x^3 + \dfrac{5}{2}x^2 + x + C$
5. $\dfrac{2}{3}x\sqrt{x} + 6x + 18\sqrt{x} + C$
6. $-\dfrac{1}{3(x^3-1)} + C$
7. $-\dfrac{1}{4}\left(1+\dfrac{1}{x}\right)^4 + C$
8. $-\dfrac{2}{1+\sqrt{x}} + C$
9. $-\dfrac{9}{4}(1-\sqrt[3]{x})^{4/3} + C$
10. $\sqrt{x^2+4} + C$
11. $F(x) = \dfrac{3}{4}x\sqrt[3]{x} + \dfrac{5}{4}$
12. $\displaystyle\int f''(x)\,dx = \dfrac{5x^3+2}{2\sqrt{x^3+1}} + C$

習題 6-2

1. $-\dfrac{1}{3(x^3-1)} + C$
2. $-\dfrac{1}{16}(3-x^4)^4 + C$
3. $-\dfrac{2}{1+\sqrt{x}} + C$
4. $\dfrac{4}{3}(4+\sqrt{x})^{3/2} - 16\sqrt{4+\sqrt{x}} + C$
5. $\dfrac{3}{7}(x+2)^{7/3} - \dfrac{3}{2}(x+2)^{4/3} + C$
6. $-\dfrac{9}{4}(1-\sqrt[3]{x})^{4/3} + C$
7. $-\dfrac{2}{9}\left(\dfrac{x^3+1}{x^3}\right)^{3/2} + C$
8. $-\dfrac{3}{8}(1-2x^2)^{2/3} + C$
9. $\dfrac{4}{9}(4+x\sqrt{x})^{3/2} + C$
10. $\dfrac{1}{5}\left(x+\dfrac{8}{3}\right)(2x-3)^{3/2} + C$
11. $\dfrac{x}{\sqrt{2x+1}} + C$
12. $-\dfrac{2}{3}\left(1+\dfrac{1}{x}\right)^{3/2} + C$
13. $-\dfrac{1}{4(x^2-4x+3)^2} + C$

習題 6-3

1. $\dfrac{1}{2}\ln|2x-1| + C$
2. $-\dfrac{1}{\ln x} + C$
3. $2\ln|x+1| + \dfrac{2}{x+1} + C$
4. $\dfrac{1}{3}(1+\ln x)^3 + C$
5. $2\ln 10\sqrt{\log x} + C$
6. $\dfrac{1}{5}[\ln(\ln x)]^5 + C$
7. $-\dfrac{1}{4}[\ln(1-x^2)]^2 + C$
8. $\ln|\ln(\ln x)| + C$
9. (1) 若 $n \neq -1$，$\displaystyle\int \dfrac{(\ln x)^n}{x}\,dx = \dfrac{(\ln x)^{n+1}}{n+1} + C$

　　(2) 若 $n = -1$，$\displaystyle\int \dfrac{(\ln x)^n}{x}\,dx = \ln|\ln x| + C$

10. $2\ln(1+e^{\sqrt{x}}) + C$
11. $2\ln|\sqrt{x}-1| + C$

习题 6-4

1. $\dfrac{1}{3} e^{3x+1}+C$ 2. $\ln(1+e^x)+C$ 3. $3e^{\sqrt[3]{x}}+C$ 4. $-\dfrac{1}{4} e^{4/x}+C$

5. $e^x-x-\ln(1+e^{-x})+C$ 6. $\dfrac{2}{\ln 10} 10^{\sqrt{x}}+C$ 7. $\dfrac{x^{\sqrt{3}+1}}{\sqrt{3}+1}+\dfrac{\sqrt{3}^x}{\ln\sqrt{3}}+C$

8. $\dfrac{1}{4} x^{4x}+C$ 9. $-\dfrac{1}{3}\cdot\dfrac{5^{(4-x)^3}}{\ln 5}+C$ 10. $e^{\sqrt{x^2+1}}+C$

习题 6-5

1. $\dfrac{1}{4}(2x-1)e^{2x}+C$ 2. $\dfrac{2}{3} x^{3/2}\ln x-\dfrac{4}{9} x^{3/2}+C$ 3. $x^2 e^x-2xe^x+2e^x+C$

4. $\dfrac{1}{2} x^2 e^{x^2}-\dfrac{1}{2} e^{x^2}+C$ 5. $\dfrac{x^4}{4}\ln x-\dfrac{1}{16} x^4+C$ 6. $x\ln(1+x)-x-\ln|1+x|+C$

7. $x[2-2\ln x+(\ln x)^2]+C$ 8. $-\dfrac{1}{2} x^2 e^{-x^2}-\dfrac{1}{2} e^{-x^2}+C$ 9. $x^2\sqrt{x^2+1}-\dfrac{2}{3}(x^2+1)^{3/2}+C$

10. $\dfrac{3^x}{(\ln 3)^2}[x\ln 3-1]+C$ 11. $\dfrac{2}{3}(x+1)^{3/2}\left[x-\dfrac{2}{5}(x+1)\right]+C$

12. $\dfrac{(x^2-1)^7}{14}\left[x^2-\dfrac{(x^2-1)^8}{8}\right]+C$ 13. $\dfrac{(x+a)^{n+1}}{n+1}\left[\ln(x+a)-\dfrac{1}{n+1}\right]+C$

14. $\int x^n e^x\,dx=x^n e^x-n\int x^{n-1} e^x\,dx$ 15. $\int(\ln x)^n\,dx=x(\ln x)^n-n\int(\ln x)^{n-1}\,dx$

习题 6-6

1. $\ln|(x-2)^4(x+1)^3|+C$ 2. $\ln\left|\dfrac{x^2-1}{x}\right|+C$

3. $\dfrac{1}{6}\ln\left|\dfrac{(x+2)(x-1)^2}{x^3}\right|+C$ 4. $\dfrac{x^2}{2}-4\ln(x^2+4)-\dfrac{8}{x^2+4}+C$

5. $\dfrac{x^2}{2}-\dfrac{3}{4}\ln|x|+\dfrac{27}{8}\ln|x-2|+\dfrac{27}{8}\ln|x+2|+C$ 6. $-\dfrac{1}{x^2}+\ln\left|\dfrac{x^3}{x+1}\right|+C$

7. $-3\ln|x-1|+\dfrac{1}{3}\ln|x+1|+\dfrac{17}{3}\ln|x-2|+C$ 8. $\dfrac{1}{2}\ln\left|\dfrac{e^x-1}{e^x+1}\right|+C$

习题 6-7

1. $C(x)=10x+12x^2-x^3+4$ 2. $C=65+2x+30x^2-\dfrac{5}{3} x^3,\ \dfrac{C}{x}=\dfrac{65}{x}+2+30x-\dfrac{5}{3} x^2$

3. $R(x)=12x-4x^2+\dfrac{1}{3} x^3,\ \overline{R}(x)=\dfrac{R(x)}{x}=12-4x+\dfrac{1}{3} x^2=\dfrac{1}{3}(6-x)^2,\ 0\leqslant x\leqslant 6$

4. $R(x) = 9 - \frac{3}{x} - 2\ln x$, $p = \frac{1}{x}\left(9 - \frac{3}{x} - 2\ln x\right)$

5. $C = \frac{2}{3}Y + 11$ 6. $C = 2Y + 10\sqrt{Y} + 5$

第七章　定積分

習題 7-1

1. 112   2. $\frac{1}{3}$ 3. (1) $\frac{51}{2}$ (2) $\frac{51}{2}$ 4. (1) $\frac{1}{3}$ (2) $\frac{1}{3}$

習題 7-2

1. $\int_0^1 (3x^2 - 5x)\,dx$ 2. $\int_0^4 2\pi x(1+x^3)\,dx$ 3. $\int_{-4}^{-3} (\sqrt[3]{x} + 2x)\,dx$

4. $\int_1^{12} f(x)\,dx$ 5. $\int_0^8 f(x)\,dx$ 6. $\int_7^{10} f(x)\,dx$ 7. $\int_0^6 f(x)\,dx$

8. $2xe^{x^2}$ 9. $2x\sqrt{x^2+1}$ 10. $(e^{2x}+1)e^x$ $(x+1)\frac{1}{2\sqrt{x}}\,(x>0)$

11. $2x\,\frac{1}{\ln(x^2+1)}\,\frac{2x}{x^2+1}$ 12. $\frac{16}{3}$ 13. 11.25   14. $\frac{1783}{96}$ 15. 15   16. $\frac{56}{3}$

17. $-\frac{656}{15}$ 18. $-\frac{1}{3}$ 19. $\frac{2}{3}(\ln 3)^{3/2}$ 20. $3\ln|1+\ln 2|$ 21. $\frac{1}{2}(e-1)$

22. $-\ln(\ln 2)$ 23. $3e^4+1$ 24. $\frac{5}{2}$ 25. $\frac{10}{3}$ 26. 1,120   27. 2,000 元

28. ∞ 29. 0   30. 1

習題 7-3

1. $\sqrt{2}\ 1$ 2. $\frac{1}{3}(e^8\ e)$ 3. $\frac{4(\sqrt{2}+1)}{15}$

4. $\frac{16-8\sqrt{2}}{3}$ 5. $\frac{28}{3}$ 6. $\frac{1}{12}(16\sqrt{2}-5\sqrt{5})$ 7. $\frac{1}{4}(e^4-e^2)$

8. $\frac{7}{3}$ 9. $\frac{1}{4}\ln 10$ 10. 2   11. $2(e^2-e^{\sqrt{2}})$ 12. $-\frac{64}{5}$

習題 7-4

1. 3，積分收斂.　　2. $-\dfrac{1}{4}$，積分收斂.　　3. $-\dfrac{1}{2}e^{-1}$，積分收斂.

4. $\dfrac{1}{\ln 2}$，積分收斂.　　5. ∞，積分發散.　　6. 0，積分收斂.

7. $\dfrac{1}{2}\ln 2$，積分收斂.　　8. 0，積分收斂.　　9. $\ln 2$，積分收斂.

第八章　定積分之應用

習題 8-1

1. (1) $\dfrac{1}{3}$　　(2) $\dfrac{9}{4}$　　(3) $\dfrac{38}{15}$　　(4) $\dfrac{1}{6}(e^{16}-e)$　　2. $b=\dfrac{3\pm\sqrt{5}}{2}$

3. $f(c)=\dfrac{7}{3}$　　4. $6\dfrac{1}{3}$ 萬元/每年

5. (1) $R(t)=0.0352t^3-550.9e^{-t}+10550.9$　　(2) $\$10{,}486.6$

習題 8-2

1. $A=\left(-\dfrac{8}{3}-2+12\right)-\left(9-\dfrac{9}{2}-18\right)\approx 20.8333$　　2. $A=\dfrac{37}{12}\approx 3.0833$

3. $A=9$　　4. $A=\dfrac{1}{3}$　　5. $A=2-2\ln 2$　　6. $A=\ln 2+\dfrac{1}{e^2}-\dfrac{1}{e}$

7. $A=\dfrac{2-\ln 2}{2\ln 2}$　　8. $A=3+\dfrac{1}{2}\ln 10\doteq 4.15$

習題 8-3

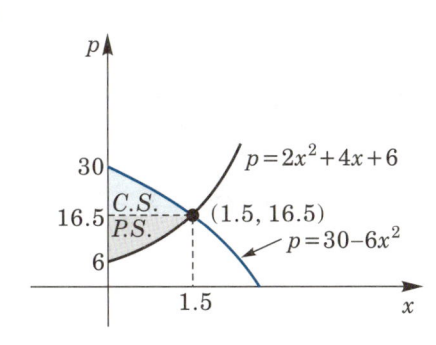

1. (1)　　　　　　　　　　　　　　(2) $C.S.=6.875$，$P.S.=9$

2. 生產者剩餘 $P.S.\approx 5.976$ 元

3. 消費者剩餘 $C.S.=-\dfrac{1}{0.03}(5^{3/2}-9^{3/2})-448\approx 79.32$

   生產者剩餘 $P.S.=448-\dfrac{1}{0.03}(5^{3/2}-1)\approx 108.660$

4. 消費者剩餘 $C.S.=\dfrac{8}{3}$

5. $C.S.=11.5$，$P.S.=23$

6. 消費者剩餘 $C.S.=18,000$ 或 $18,000,000$ 元，生產者剩餘 $P.S.=11,700$

習題 8-4

1. 投資 1 年所產生之全部所得為 26,159.52 元．

   投資 10 年所產生之全部所得為 405,445.31 元．

2. 計畫 A 於第三年末，將產生較高之淨所得．

3. (1) 10,000 元　(2) 13,701.98 元　(3) 7519.81 元

   (4) 7519.81 元，與 (3) 之 P 值一致．

4. 163,245.21 元　5. 不划算的　6. 帳戶存款之總額大約 52,203 元　7. $P.V.\approx 118,521.6$

第九章　偏導數

習題 9-1

1. $\{(x, y) \mid y \neq 0\}$　2. $\{(x, y) \mid y \neq 2x\}$　3. $\{(x, y) \mid x \geq -1, y \neq 0\}$

4. $\{(x, y) \mid 0 \leq x^2+y^2 < 1\}$　5. $\{(x, y) \mid x^2+y^2 \leq 1, x \neq 0\}$

6.

7.

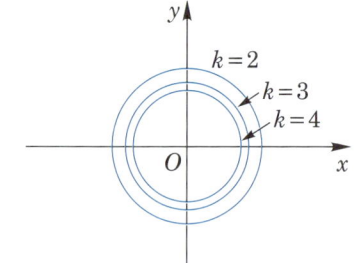

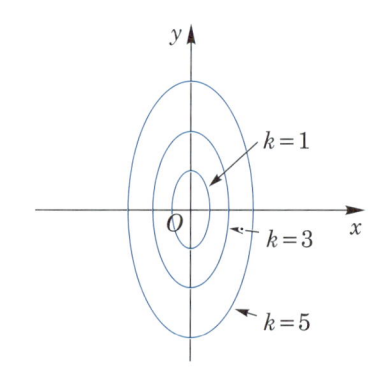

8. 消費者目前之效用水準為 $U(5, 4)=4,000$.

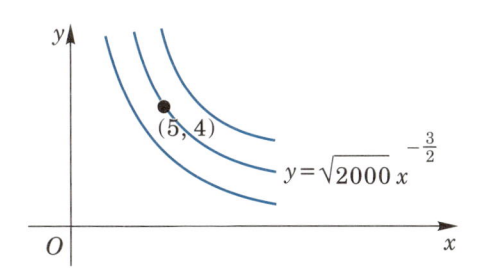

習題 9-2

1. $\dfrac{7}{4}$　2. 0　3. $\dfrac{1}{4}$　4. $-\dfrac{5}{2}$　5. e　6. 0　7. f 在 $\mathbb{R}^2$ 為連續

8. f 在 $\{(x, y)|x \neq y, x \neq -y\}$ 為連續　9. $f(x, y)$ 在原點以外的每一點皆連續

10. f 在 $\{(x, y)|x, y \in \mathbb{R}, 且\ x^2+y^2<4\}$ 為連續　11. $g(x)=x+2\left(\dfrac{x}{2}\right)=2x$

習題 9-3

1. $f_x(x, y)=\dfrac{3x}{\sqrt{3x^2+y^2}}$, $f_y(x, y)=\dfrac{y}{\sqrt{3x^2+y^2}}$

2. $f_x(x, y)=\dfrac{2x}{x^2-y^2}$, $f_y(x, y)=-\dfrac{2y}{x^2-y^2}$

3. $f_x(x, y)=-\dfrac{y}{x^2}e^{y/x}$, $f_y(x, y)=\dfrac{1}{x}e^{y/x}$

4. $f_x(x, y)=5^{\sqrt{x^2+y^2}}\ln 5\ \dfrac{x}{\sqrt{x^2+y^2}}$, $f_y(x, y)=5^{\sqrt{x^2+y^2}}\ln 5\ \dfrac{y}{\sqrt{x^2+y^2}}$

5. $f_x(x, y, z)=(y^2+z^2)^x \ln(y^2+z^2)$, $f_y(x, y, z)=2xy(y^2+z^2)^{x-1}$, $f_z(x, y, z)=2xz(y^2+z^2)^{x-1}$

6. $f_x(x, y, z)=e^z-ye^x$, $f_y(x, y, z)=-e^x-ze^{-y}$, $f_z(x, y, z)=xe^z+e^{-y}$

7. $f_x(x, y, z)=\dfrac{y}{z}x^{y/z-1}$, $f_y(x, y, z)=\dfrac{\ln x}{z}x^{y/z}$, $f_z(x, y, z)=-\dfrac{y}{z^2}x^{y/z}\ln x$

8. $f_x(x, y)=-e^{x^2}$, $f_y(x, y)=e^{y^2}$　9. $f_y(x, y)=\dfrac{e^y}{y}$

10. $z_{xx}=\dfrac{3(2x^2+y^2)}{\sqrt{x^2+y^2}}$, $z_{xy}=\dfrac{3xy}{\sqrt{x^2+y^2}}$, $z_{yy}=\dfrac{3(x^2+2y^2)}{\sqrt{x^2+y^2}}$　11. $V_{zzy}=\dfrac{4z^2(3x^2-z^4)}{(x^2+z^4)^2}$

習題 9-4

1. $f_y(3, 2)=1$
2. $\begin{cases} y=1 \\ 3x-z=\dfrac{9}{2} \end{cases}$
3. $\begin{cases} x=3 \\ y-z=0 \end{cases}$
4. $\begin{cases} x+\sqrt{2}z=6 \\ y=1 \end{cases}$
5. $\begin{cases} x=3 \\ z=e^3(y-1) \end{cases}$

習題 9-5

1. (1) 勞動邊際生產力為 $f_L(125, 8)=3.2$，資本邊際生產力為 $f_K(125, 8)=100$．
   (2) 該國政府應鼓勵資本支出而非勞動支出．
2. 奶油與人造奶油為替代商品． 3. A、B 皆為互補商品．

習題 9-6

1. $e^{x^2+y^2}(2x\,dx+2y\,dy)$
2. $10^{\sqrt{x^2+y^2}}\ln 10 \left(\dfrac{x}{\sqrt{x^2+y^2}}\,dx + \dfrac{y}{\sqrt{x^2+y^2}}\,dy \right)$
3. $\dfrac{1}{x^2+y^2}(2x\,dx+2y\,dy)$
4. $2xy^3z\,dx+3x^2y^2z\,dy+(x^2y^3-2e^{-2z})\,dz$
5. $2xe^{yz}\,dx+(x^2ze^{yz}+\ln z)\,dy+\left(x^2ye^{yz}+\dfrac{y}{z}\right)dz$
6. 0.44
7. (1) ≈ 18.0056 (2) ≈ 2.9733
8. 近似變動為 $\dfrac{284}{9}$ 單位

習題 9-7

1. 沒有相對極值
2. $f(1, -1)=-1$ 為相對極小值
3. 相對極小值 $f(2^{1/3}, 2^{4/3})=3 \cdot 2^{5/3}$
4. $f(3, 3)=21$ 為相對極小值
5. $f(0, 2)=e^4$ 為 f 之相對極大值
6. 生產 208 單位的手提式音響與 64 單位的組合式音響，其每週利潤即可獲致最大．由生產並銷售這些音響所能實現之每週最大利潤為 10,680 元．
7. 絕對極大值為 $f(1, 2)=7$，絕對極小值為 $f(0, 0)=0$．
8. 故知 $q_A=2$，$q_B=4$，$P_1=12$，$P_2=18$ 時有最大利潤 $\pi=48$．
9. 極小值 $f(6, 9)=612$
10. $f\left(\dfrac{1}{\sqrt[3]{3}}, \dfrac{1}{\sqrt[3]{3}}, \dfrac{1}{\sqrt[3]{3}}\right)=\dfrac{1}{3}$ 為極大值．
11. 極小值為 $f\left(-\dfrac{1}{6}, -\dfrac{1}{4}, \dfrac{1}{2}\right)=\dfrac{9}{2}$
12. 每週生產 180 單位手提式音響，及 50 單位組合式音響所實現之利潤為最大，每週利潤為 10,312.5 元．

13. $x=10$,$y=6$,成本最低.

14. (1) X 與 Y 貨品之購買量分別為 $X^*=1$ 與 $Y^*=3$ (2) 24 utils

第十章　重積分

習題 10-1

1. $12y-20e^y$ 2. $x^2 e^{4x^2}-x^2 e^x$ 3. $2y^{13}-2y^8$ 4. 4   5. 234   6. $\dfrac{1}{2}$

7. $\dfrac{e}{2}(4-e^3)$ 8. 72   9. 0   10. $\dfrac{1}{2}e-1$ 11. $9(e^3-e^{-3})$

習題 10-2

1. $\dfrac{75}{2}$ 2. $\dfrac{10}{3}$ 3. $-\dfrac{5}{6}$ 4. $\dfrac{3}{4}$ 5. $\dfrac{e}{2}(e^3-4)$

6.

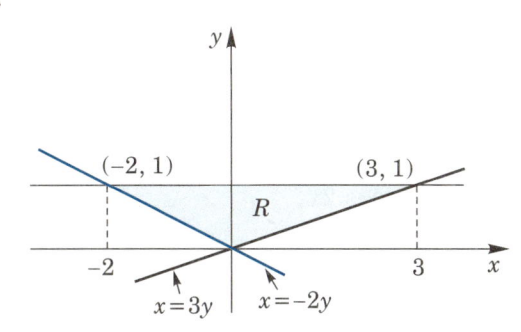

7.

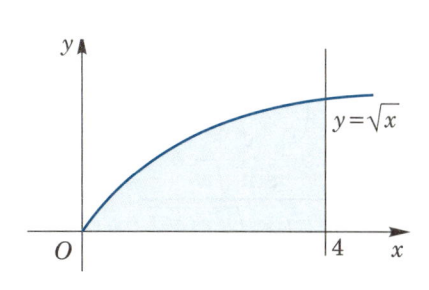

8.

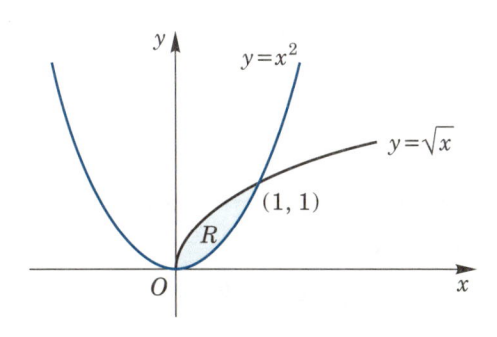

9.

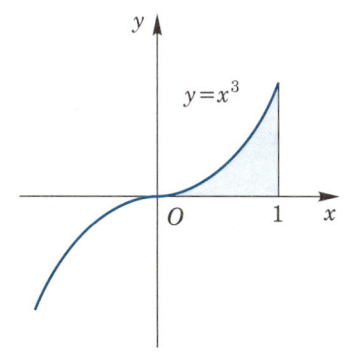

10. $\dfrac{1}{6}(e^9-1)$ 11. $\dfrac{1}{4}(e^4-1)$ 12. $\dfrac{e-2}{2}$ 13. $\dfrac{2}{9}[(2)^{3/2}-1]$

習題 10-3

1. $\dfrac{125}{6}$ 2. $\dfrac{16}{3}\sqrt{2}$ 3. 6 4. ≈ 28.58 5. $\dfrac{1}{6}$ 6. $\dfrac{16a^3}{3}$

第十一章　三角函數

習題 11-1

1. $\dfrac{1}{2}$ 2. $\dfrac{1}{3}$ 3. 1 4. 2 5. $2\cos a$ 6. $\dfrac{a}{b}$ 7. 1 8. 略

9. 直線 $y=1$ 為 f 之圖形的水平漸近線.

習題 11-2

1. $f'(x) = -\dfrac{x + \sin x \cos x}{x^2 \sin^2 x}$　　2. $f'(x) = \dfrac{\sec x(2\tan x - 1)}{(2 + \tan x)^2}$

3. $f'(x) = -\dfrac{\csc \sqrt{x}}{2\sqrt{x}}(1 + 2\cot^2 \sqrt{x})$　　4. $f'(x) = \dfrac{\sin x + \cos x - 1}{(1 - \sin x)^2}$

5. $f'(x) = \dfrac{1}{2}\left(\dfrac{\cos \sqrt{x}}{\sqrt{x}} + \dfrac{\cos x}{\sqrt{\sin x}}\right)$　　6. $f'(x) = -8x\cos^3(\sin x^2)\sin(\sin x^2)(\cos x^2)$

7. $f'(x) = -\dfrac{\sin \sqrt{x}}{4\sqrt{x}\sqrt{\cos \sqrt{x}}}$　　8. $f'(x) = \dfrac{1}{2}\sin 2x + x\cos 2x$

9. $f'(x) = 2x \sin x + x^2 \cos x$　　10. $\dfrac{dy}{dx} = \dfrac{\sin(x-y) + y\cos x}{\sin(x-y) - \sin x}$

11. $\dfrac{dy}{dx} = \dfrac{y\sin x - \cos y}{\cos x - x\sin y}$　　12. $\dfrac{dy}{dx} = \dfrac{\sin y}{2\sin 2y - x\cos y - \sin y}$

13. $\dfrac{dy}{dx} = -\dfrac{y}{x}$　　14. $\cos 31° \approx \dfrac{\sqrt{3}}{2} - \dfrac{\pi}{360} \approx 0.8573$

15. 切線方程式為 $6\sqrt{3}x + 2y - \sqrt{3}\pi - 2 = 0$，法線方程式為 $6\sqrt{3}x - 54y - \sqrt{3}\pi + 54 = 0$.

16. 切線方程式為 $x - 3y + 3 = 0$　　17. 切線方程式為 $x + 2y = 0$

18. f 的極大值為 $\sqrt{2}$，極小值為 -1.　　19. f 的極大值為 2，極小值為 $\sqrt{3}$.

20. f 的極大值為 $\dfrac{5}{4}$，極小值為 -1.　　21. $f(0) = \tan 1$ 為 f 的相對極小值

22. $f\left(\dfrac{2\pi}{3}\right) = \dfrac{\sqrt{3}}{3}$ 為 f 的相對極大值，$f\left(\dfrac{4\pi}{3}\right) = -\dfrac{\sqrt{3}}{3}$ 為 f 的相對極小值.　　23. 略

习题 11-3

1. $2\sqrt{1+\tan x}+C$ 2. $\tan x+\sec x+C$ 3. $x+\cos x+C$

4. 3 5. $-2\cos\sqrt{x}+C$ 6. $\dfrac{1}{3}\left[1-\left(\dfrac{1}{2}\right)^{3/2}\right]$ 7. $-2\sqrt{2-\tan x}+C$ 8. 0

9. 0 10. $-\dfrac{5}{18}\left(\tan\left(\dfrac{1}{x^3}+1\right)\right)^{6/5}+C$ 11. $2-\sqrt{2}$ 12. $\dfrac{x}{2}\sin 2x+\dfrac{1}{4}\cos 2x+C$

13. $-\cos 1+1\approx 0.46$ 14. $\cos 1-\cos 9-4$

積分表

基本積分

1. $\int du = u + C$

2. $\int a\, du = au + C$

3. $\int [f(u) + g(u)]\, du = \int f(u)\, du + \int g(u)\, du$

4. $\int u^n\, du = \dfrac{u^{n+1}}{n+1} + C \quad (n \neq -1)$

5. $\int \dfrac{du}{u} = \ln|u| + C$

含 $a + bu$ 的積分

6. $\int \dfrac{u\, du}{a + bu} = \dfrac{1}{b^2}[a + bu - a\ln|a + bu|] + C$

7. $\int \dfrac{u^2\, du}{a + bu} = \dfrac{1}{b^3}\left[\dfrac{1}{2}(a + bu)^2 - 2a(a + bu) + a^2\ln|a + bu|\right] + C$

8. $\int \dfrac{u\, du}{(a + bu)^2} = \dfrac{1}{b^2}\left[\dfrac{a}{a + bu} + \ln|a + bu|\right] + C$

9. $\int \dfrac{u^2\, du}{(a + bu)^2} = \dfrac{1}{b^3}\left[a + bu - \dfrac{a^2}{a + bu} - 2a\ln|a + bu|\right] + C$

10. $\int \dfrac{u\, du}{(a + bu)^3} = \dfrac{1}{b^2}\left[\dfrac{a}{2(a + bu)^2} - \dfrac{1}{a + bu}\right] + C$

11. $\int \dfrac{du}{u(a + bu)} = \dfrac{1}{a}\ln\left|\dfrac{u}{a + bu}\right| + C$

12. $\int \dfrac{du}{u^2(a + bu)} = -\dfrac{1}{au} + \dfrac{b}{a^2}\ln\left|\dfrac{a + bu}{u}\right| + C$

13. $\int \dfrac{du}{u(a + bu)^2} = \dfrac{1}{a(a + bu)} + \dfrac{1}{a^2}\ln\left|\dfrac{u}{a + bu}\right| + C$

含 $\sqrt{a + bu}$ 的積分

14. $\int u\sqrt{a + bu}\, du = \dfrac{2}{15b^2}(3bu - 2a)(a + bu)^{3/2} + C$

15. $\int u^2\sqrt{a + bu}\, du = \dfrac{2}{105b^3}(15b^2u^2 - 12abu + 8a^2)(a + bu)^{3/2} + C$

16. $\int u^n\sqrt{a + bu}\, du = \dfrac{2u^n(a + bu)^{3/2}}{b(2n + 3)} - \dfrac{2an}{b(2n + 3)}\int u^{n-1}\sqrt{a + bu}\, du$

17. $\int \dfrac{u\, du}{\sqrt{a + bu}} = \dfrac{2}{3b^2}(bu - 2a)\sqrt{a + bu} + C$

18. $\int \dfrac{u^2\, du}{\sqrt{a + bu}} = \dfrac{2}{15b^3}(3b^2u^2 - 4abu + 8a^2)\sqrt{a + bu} + C$

19. $\int \dfrac{u^n\, du}{\sqrt{a + bu}} = \dfrac{2u^n\sqrt{a + bu}}{b(2n + 1)} - \dfrac{2an}{b(2n + 1)}\int \dfrac{u^{n-1}\, du}{\sqrt{a + bu}}$

20. $\int \dfrac{du}{u\sqrt{a + bu}} = \begin{cases} \dfrac{1}{\sqrt{a}}\ln\left|\dfrac{\sqrt{a + bu} - \sqrt{a}}{\sqrt{a + bu} + \sqrt{a}}\right| + C, & \text{若 } a > 0 \\ \dfrac{2}{\sqrt{-a}}\tan^{-1}\sqrt{\dfrac{a + bu}{-a}} + C, & \text{若 } a < 0 \end{cases}$

21. $\int \dfrac{du}{u^n\sqrt{a + bu}} = -\dfrac{\sqrt{a + bu}}{a(n - 1)u^{n-1}} - \dfrac{b(2n - 3)}{2a(n - 1)}\int \dfrac{du}{u^{n-1}\sqrt{a + bu}}$

22. $\int \dfrac{\sqrt{a + bu}\, du}{u} = 2\sqrt{a + bu} + a\int \dfrac{du}{u\sqrt{a + bu}}$

23. $\int \dfrac{\sqrt{a + bu}\, du}{u^n} = -\dfrac{(a + bu)^{3/2}}{a(n - 1)u^{n-1}} - \dfrac{b(2n - 5)}{2a(n - 1)}\int \dfrac{\sqrt{a + bu}\, du}{u^{n-1}}$

含 $a^2 \pm u^2$ 的積分

24. $\int \dfrac{du}{a^2 + u^2} = \dfrac{1}{a}\tan^{-1}\dfrac{u}{a} + C$

25. $\int \dfrac{du}{a^2 - u^2} = \dfrac{1}{2a}\ln\left|\dfrac{u + a}{u - a}\right| + C = \begin{cases} \dfrac{1}{a}\tanh^{-1}\dfrac{u}{a} + C, & \text{若 } |u| < a \\ \dfrac{1}{a}\coth^{-1}\dfrac{u}{a} + C, & \text{若 } |u| > a \end{cases}$

26. $\int \dfrac{du}{u^2 - a^2} = \dfrac{1}{2a}\ln\left|\dfrac{u - a}{u + a}\right| + C = \begin{cases} -\dfrac{1}{a}\tanh^{-1}\dfrac{u}{a} + C, & \text{若 } |u| < a \\ -\dfrac{1}{a}\coth^{-1}\dfrac{u}{a} + C, & \text{若 } |u| > a \end{cases}$

含 $\sqrt{u^2 \pm a^2}$ 的積分

在公式 27～38 中，

以 $\sinh^{-1}\dfrac{u}{a}$ 代 $\ln(u + \sqrt{u^2 + a^2})$

以 $\cosh^{-1}\dfrac{u}{a}$ 代 $\ln|u + \sqrt{u^2 - a^2}|$

以 $\sinh^{-1}\dfrac{a}{u}$ 代 $\ln\left|\dfrac{a + \sqrt{u^2 + a^2}}{u}\right|$

27. $\displaystyle\int \dfrac{du}{\sqrt{u^2 \pm a^2}} = \ln|u + \sqrt{u^2 \pm a^2}| + C$

28. $\displaystyle\int \sqrt{u^2 \pm a^2}\, du = \dfrac{u}{2}\sqrt{u^2 \pm a^2} \pm \dfrac{a^2}{2}\ln|u + \sqrt{u^2 \pm a^2}| + C$

29. $\displaystyle\int u^2 \sqrt{u^2 \pm a^2}\, du = \dfrac{u}{8}(2u^2 \pm a^2)\sqrt{u^2 \pm a^2}$
$\qquad\qquad - \dfrac{a^4}{8}\ln|u + \sqrt{u^2 \pm a^2}| + C$

30. $\displaystyle\int \dfrac{\sqrt{u^2 + a^2}\, du}{u} = \sqrt{u^2 + a^2} - a\ln\left|\dfrac{a + \sqrt{u^2 + a^2}}{u}\right| + C$

31. $\displaystyle\int \dfrac{\sqrt{u^2 - a^2}\, du}{u} = \sqrt{u^2 - a^2} - a\sec^{-1}\left|\dfrac{u}{a}\right| + C$

32. $\displaystyle\int \dfrac{\sqrt{u^2 \pm a^2}\, du}{u^2} = -\dfrac{\sqrt{u^2 \pm a^2}}{u} + \ln|u + \sqrt{u^2 \pm a^2}| + C$

33. $\displaystyle\int \dfrac{u^2\, du}{\sqrt{u^2 \pm a^2}} = \dfrac{u}{2}\sqrt{u^2 \pm a^2} - \dfrac{\pm a^2}{2}\ln|u + \sqrt{u^2 \pm a^2}| + C$

34. $\displaystyle\int \dfrac{du}{u\sqrt{u^2 + a^2}} = -\dfrac{1}{a}\ln\left|\dfrac{a + \sqrt{u^2 + a^2}}{u}\right| + C$

35. $\displaystyle\int \dfrac{du}{u\sqrt{u^2 - a^2}} = \dfrac{1}{a}\sec^{-1}\left|\dfrac{u}{a}\right| + C$

36. $\displaystyle\int \dfrac{du}{u^2\sqrt{u^2 \pm a^2}} = -\dfrac{\sqrt{u^2 \pm a^2}}{\pm a^2 u} + C$

37. $\displaystyle\int (u^2 \pm a^2)^{3/2}\, du = \dfrac{u}{8}(2u^2 \pm 5a^2)\sqrt{u^2 \pm a^2}$
$\qquad\qquad + \dfrac{3a^4}{8}\ln|u + \sqrt{u^2 \pm a^2}| + C$

38. $\displaystyle\int \dfrac{du}{(u^2 \pm a^2)^{3/2}} = \dfrac{u}{\pm a^2 \sqrt{u^2 \pm a^2}} + C$

含 $\sqrt{a^2 - u^2}$ 的積分

39. $\displaystyle\int \dfrac{du}{\sqrt{a^2 - u^2}} = \sin^{-1}\dfrac{u}{a} + C$

40. $\displaystyle\int \sqrt{a^2 - u^2}\, du = \dfrac{u}{2}\sqrt{a^2 - u^2} + \dfrac{a^2}{2}\sin^{-1}\dfrac{u}{a} + C$

41. $\displaystyle\int u^2 \sqrt{a^2 - u^2}\, du = \dfrac{u}{8}(2u^2 - a^2)\sqrt{a^2 - u^2} + \dfrac{a^4}{8}\sin^{-1}\dfrac{u}{a} + C$

42. $\displaystyle\int \dfrac{\sqrt{a^2 - u^2}\, du}{u} = \sqrt{a^2 - u^2} - a\ln\left|\dfrac{a + \sqrt{a^2 - u^2}}{u}\right| + C$
$\qquad\qquad = \sqrt{a^2 - u^2} - a\cosh^{-1}\dfrac{a}{u} + C$

43. $\displaystyle\int \dfrac{\sqrt{a^2 - u^2}\, du}{u^2} = -\dfrac{\sqrt{a^2 - u^2}}{u} - \sin^{-1}\dfrac{u}{a} + C$

44. $\displaystyle\int \dfrac{u^2\, du}{\sqrt{a^2 - u^2}} = -\dfrac{u}{2}\sqrt{a^2 - u^2} + \dfrac{a^2}{2}\sin^{-1}\dfrac{u}{a} + C$

45. $\displaystyle\int \dfrac{du}{u\sqrt{a^2 - u^2}} = -\dfrac{1}{a}\ln\left|\dfrac{a + \sqrt{a^2 - u^2}}{u}\right| + C$
$\qquad\qquad = -\dfrac{1}{a}\cosh^{-1}\dfrac{a}{u} + C$

46. $\displaystyle\int \dfrac{du}{u^2\sqrt{a^2 - u^2}} = -\dfrac{\sqrt{a^2 - u^2}}{a^2 u} + C$

47. $\displaystyle\int (a^2 - u^2)^{3/2}\, du = -\dfrac{u}{8}(2u^2 - 5a^2)\sqrt{a^2 - u^2}$
$\qquad\qquad + \dfrac{3a^4}{8}\sin^{-1}\dfrac{u}{a} + C$

48. $\displaystyle\int \dfrac{du}{(a^2 - u^2)^{3/2}} = \dfrac{u}{a^2\sqrt{a^2 - u^2}} + C$

含 $2au - u^2$ 的積分

49. $\int \sqrt{2au - u^2}\, du = \dfrac{u-a}{2}\sqrt{2au-u^2} + \dfrac{a^2}{2}\cos^{-1}\left(1 - \dfrac{u}{a}\right) + C$

50. $\int u\sqrt{2au-u^2}\, du = \dfrac{2u^2 - au - 3a^2}{6}\sqrt{2au-u^2}$
$\qquad + \dfrac{a^3}{2}\cos^{-1}\left(1 - \dfrac{u}{a}\right) + C$

51. $\int \dfrac{\sqrt{2au-u^2}\, du}{u} = \sqrt{2au-u^2} + a\cos^{-1}\left(1 - \dfrac{u}{a}\right) + C$

52. $\int \dfrac{\sqrt{2au-u^2}\, du}{u^2} = -\dfrac{2\sqrt{2au-u^2}}{u} - \cos^{-1}\left(1 - \dfrac{u}{a}\right) + C$

53. $\int \dfrac{du}{\sqrt{2au-u^2}} = \cos^{-1}\left(1 - \dfrac{u}{a}\right) + C$

54. $\int \dfrac{u\, du}{\sqrt{2au-u^2}} = -\sqrt{2au-u^2} + a\cos^{-1}\left(1 - \dfrac{u}{a}\right) + C$

55. $\int \dfrac{u^2\, du}{\sqrt{2au-u^2}} = -\dfrac{(u+3a)}{2}\sqrt{2au-u^2}$
$\qquad + \dfrac{3a^2}{2}\cos^{-1}\left(1 - \dfrac{u}{a}\right) + C$

56. $\int \dfrac{du}{u\sqrt{2au-u^2}} = -\dfrac{\sqrt{2au-u^2}}{au} + C$

57. $\int \dfrac{du}{(2au-u^2)^{3/2}} = \dfrac{u-a}{a^2\sqrt{2au-u^2}} + C$

58. $\int \dfrac{u\, du}{(2au-u^2)^{3/2}} = \dfrac{u}{a\sqrt{2au-u^2}} + C$

含三角函數的積分

59. $\int \sin u\, du = -\cos u + C$

60. $\int \cos u\, du = \sin u + C$

61. $\int \tan u\, du = \ln|\sec u| + C$

62. $\int \cot u\, du = \ln|\sin u| + C$

63. $\int \sec u\, du = \ln|\sec u + \tan u| + C$
$\qquad = \ln|\tan(\tfrac{1}{4}\pi + \tfrac{1}{2}u)| + C$

64. $\int \csc u\, du = \ln|\csc u - \cot u| + C$
$\qquad = \ln|\tan \tfrac{1}{2}u| + C$

65. $\int \sec^2 u\, du = \tan u + C$

66. $\int \csc^2 u\, du = -\cot u + C$

67. $\int \sec u \tan u\, du = \sec u + C$

68. $\int \csc u \cot u\, du = -\csc u + C$

69. $\int \sin^2 u\, du = \tfrac{1}{2}u - \tfrac{1}{4}\sin 2u + C$

70. $\int \cos^2 u\, du = \tfrac{1}{2}u + \tfrac{1}{4}\sin 2u + C$

71. $\int \tan^2 u\, du = \tan u - u + C$

72. $\int \cot^2 u\, du = -\cot u - u + C$

73. $\int \sin^n u\, du = -\dfrac{1}{n}\sin^{n-1} u \cos u + \dfrac{n-1}{n}\int \sin^{n-2} u\, du$

74. $\int \cos^n u\, du = \dfrac{1}{n}\cos^{n-1} u \sin u + \dfrac{n-1}{n}\int \cos^{n-2} u\, du$

75. $\int \tan^n u\, du = \dfrac{1}{n-1}\tan^{n-1} u - \int \tan^{n-2} u\, du$

76. $\int \cot^n u\, du = -\dfrac{1}{n-1}\cot^{n-1} u - \int \cot^{n-2} u\, du$

77. $\int \sec^n u\, du = \dfrac{1}{n-1}\sec^{n-2} u \tan u + \dfrac{n-2}{n-1}\int \sec^{n-2} u\, du$

78. $\int \csc^n u\, du = -\dfrac{1}{n-1}\csc^{n-2} u \cot u + \dfrac{n-2}{n-1}\int \csc^{n-2} u\, du$

79. $\int \sin mu \sin nu\, du = -\dfrac{\sin(m+n)u}{2(m+n)} + \dfrac{\sin(m-n)u}{2(m-n)} + C$

80. $\int \cos mu \cos nu\, du = \dfrac{\sin(m+n)u}{2(m+n)} + \dfrac{\sin(m-n)u}{2(m-n)} + C$

81. $\int \sin mu \cos nu\, du = -\dfrac{\cos(m+n)u}{2(m+n)} - \dfrac{\cos(m-n)u}{2(m-n)} + C$

82. $\int u \sin u\, du = \sin u - u \cos u + C$

83. $\int u \cos u\, du = \cos u + u \sin u + C$

84. $\int u^2 \sin u\, du = 2u \sin u + (2 - u^2)\cos u + C$

85. $\int u^2 \cos u\, du = 2u \cos u + (u^2 - 2)\sin u + C$

86. $\int u^n \sin u\, du = -u^n \cos u + n\int u^{n-1} \cos u\, du$

87. $\int u^n \cos u\, du = u^n \sin u - n\int u^{n-1} \sin u\, du$

88. $\int \sin^m u \cos^n u\, du$
$\qquad = -\dfrac{\sin^{m-1} u \cos^{n+1} u}{m+n} + \dfrac{m-1}{m+n}\int \sin^{m-2} u \cos^n u\, du$
$\qquad = \dfrac{\sin^{m+1} u \cos^{n-1} u}{m+n} + \dfrac{n-1}{m+n}\int \sin^m u \cos^{n-2} u\, du$

含反三角函數的積分

89. $\int \sin^{-1} u \, du = u \sin^{-1} u + \sqrt{1 - u^2} + C$

90. $\int \cos^{-1} u \, du = u \cos^{-1} u - \sqrt{1 - u^2} + C$

91. $\int \tan^{-1} u \, du = u \tan^{-1} u - \ln \sqrt{1 + u^2} + C$

92. $\int \cot^{-1} u \, du = u \cot^{-1} u + \ln \sqrt{1 + u^2} + C$

93. $\int \sec^{-1} u \, du = u \sec^{-1} u - \ln |u + \sqrt{u^2 - 1}| + C$
$= u \sec^{-1} u - \cosh^{-1} u + C$

94. $\int \csc^{-1} u \, du = u \csc^{-1} u + \ln |u + \sqrt{u^2 - 1}| + C$
$= u \csc^{-1} u + \cosh^{-1} u + C$

含指數函數與對數函數的積分

95. $\int e^u \, du = e^u + C$

96. $\int a^u \, du = \dfrac{a^u}{\ln a} + C$

97. $\int u e^u \, du = e^u(u - 1) + C$

98. $\int u^n e^u \, du = u^n e^u - n \int u^{n-1} e^u \, du$

99. $\int u^n a^u \, du = \dfrac{u^n a^u}{\ln a} - \dfrac{n}{\ln a} \int u^{n-1} a^u \, du + C$

100. $\int \dfrac{e^u \, du}{u^n} = -\dfrac{e^u}{(n-1)u^{n-1}} + \dfrac{1}{n-1} \int \dfrac{e^u \, du}{u^{n-1}}$

101. $\int \dfrac{a^u \, du}{u^n} = -\dfrac{a^u}{(n-1)u^{n-1}} + \dfrac{\ln a}{n-1} \int \dfrac{a^u \, du}{u^{n-1}}$

102. $\int \ln u \, du = u \ln u - u + C$

103. $\int u^n \ln u \, du = \dfrac{u^{n+1}}{(n+1)^2}[(n+1) \ln u - 1] + C$

104. $\int \dfrac{du}{u \ln u} = \ln |\ln u| + C$

105. $\int e^{au} \sin nu \, du = \dfrac{e^{au}}{a^2 + n^2}(a \sin nu - n \cos nu) + C$

106. $\int e^{au} \cos nu \, du = \dfrac{e^{au}}{a^2 + n^2}(a \cos nu + n \sin nu) + C$

含雙曲線函數的積分

107. $\int \sinh u \, du = \cosh u + C$

108. $\int \cosh u \, du = \sinh u + C$

109. $\int \tanh u \, du = \ln |\cosh u| + C$

110. $\int \coth u \, du = \ln |\sinh u| + C$

111. $\int \operatorname{sech} u \, du = \tan^{-1}(\sinh u) + C$

112. $\int \operatorname{csch} u \, du = \ln |\tanh \tfrac{1}{2}u| + C$

113. $\int \operatorname{sech}^2 u \, du = \tanh u + C$

114. $\int \operatorname{csch}^2 u \, du = -\coth u + C$

115. $\int \operatorname{sech} u \tanh u \, du = -\operatorname{sech} u + C$

116. $\int \operatorname{csch} u \coth u \, du = -\operatorname{csch} u + C$

117. $\int \sinh^2 u \, du = \tfrac{1}{4} \sinh 2u - \tfrac{1}{2} u + C$

118. $\int \cosh^2 u \, du = \tfrac{1}{4} \sinh 2u + \tfrac{1}{2} u + C$

119. $\int \tanh^2 u \, du = u - \tanh u + C$

120. $\int \coth^2 u \, du = u - \coth u + C$

121. $\int u \sinh u \, du = u \cosh u - \sinh u + C$

122. $\int u \cosh u \, du = u \sinh u - \cosh u + c$

123. $\int e^{au} \sinh nu \, du = \dfrac{e^{au}}{a^2 - n^2}(a \sinh nu - n \cosh nu) + C$

124. $\int e^{au} \cosh nu \, du = \dfrac{e^{au}}{a^2 - n^2}(a \cosh nu - n \sinh nu) + C$